"十三五"江苏省高等学校重点教材（编号：2016-1-118）

工业工程专业新形态系列教材

运 筹 学

（第四版）

党耀国　朱建军　关叶青　编著

科 学 出 版 社
北 京

内 容 简 介

本书系统地介绍了运筹学中的主要内容，重点讲解了应用广泛的线性规划、运输问题、整数规划、动态规划、图论与网络计划、存储论、决策分析与排队论等定量分析和优化的理论与方法及各部分实验内容。本书强调学以致用，以大量实际问题为背景引出运筹学各分支的基本概念、模型和方法，具有很强的实用性；在基本原理和方法的介绍方面，本书尽量避免复杂的理论证明，通过大量通俗易懂的例子进行理论方法的讲解，具有较强的趣味性，又不失理论性，理论难度由浅入深，适合不同层次的读者。

本书可作为高等院校经济类、管理类、工程类各专业的本科生教材和部分专业研究生教材，也可供各类管理人员及相关人员参考。

图书在版编目（CIP）数据

运筹学 / 党耀国，朱建军，关叶青编著. —4 版. —北京：科学出版社，2021.3

“十三五”江苏省高等学校重点教材　工业工程专业新形态系列教材

ISBN 978-7-03-059079-4

Ⅰ. ①运…　Ⅱ. ①党…　②朱…　③关…　Ⅲ. ①运筹学－高等学校－教材　Ⅳ. ①O22

中国版本图书馆 CIP 数据核字（2018）第 234922 号

责任编辑：郝　静/ 责任校对：杨　赛
责任印制：张　伟/ 封面设计：蓝正设计

科学出版社 出版
北京东黄城根北街 16 号
邮政编码：100717
http://www.sciencep.com

北京天宇星印刷厂印刷

科学出版社发行　各地新华书店经销

*

2008 年 12 月第 一 版　开本：787 × 1092　1/16
2012 年 2 月第 二 版　印张：19 1/2
2015 年 6 月第 三 版　字数：460 000
2021 年 3 月第 四 版　2025 年 3 月第二十一次印刷

定价：58.00 元

（如有印装质量问题，我社负责调换）

作 者 简 介

党耀国，南京航空航天大学经济与管理学院教授、博士生导师。主要从事灰色系统理论、项目评价、产业规划等领域的教学和研究工作。主持国家课题多项，在国内外学术刊物上发表论文300多篇，其中被SCI/SSCI检索100余次。

担任 IEEE 灰色系统专业委员会副主任；中国灰色系统理论学会副理事长；中国优选法、统筹法与经济数学研究会理事；出版专著4部、教材6部。获国家教学成果二等奖1项，运筹学课程被教育部认定为国家精品在线开放课程。获江苏省社会科学哲学优秀成果一等奖1项，江苏省科学技术奖一等奖1项，江苏省科技进步二等奖2项，中国高校自然科学奖二等奖2项。

前 言

党的二十大报告对推动高质量发展做出战略部署，要求加快构建新发展格局，提升国家竞争力和创新能力[①]。为实现这个目标，我们需要具备科学的决策能力和优化的资源配置。运筹学作为一门研究如何在有限的资源下，优化系统性能和效率的学科，正好满足这一需求。运筹学既能在目标确定的情况下最节约的完成任务；也可以在资源一定的情况下使资源发挥最大作用。

运筹学是从实际问题中抽象而来的模型化手段，是一种解决实际问题的系统化思想，它帮助人们学会如何从实践中发现、提出和分析问题，基于定性和定量相结合的方法，对实际问题进行数学建模、模型求解以寻求最优的解决方案。运筹学已经广泛应用于工业、农业、交通运输、商业、国防、建筑、通信、政府机关等各个部门领域，涉及生产管理实践中的最优生产计划、最优分配、最佳设计、最优决策、最佳管理等实际问题。掌握运筹学的基本理论与方法，是高等院校管理科学与工程、经济管理类专业学生和各级各类管理人员必须具备的基本素质。

对以解决实际问题为目标的经济管理类专业的学生而言，最重要的是通过本书的学习，培养系统的解决问题的能力，建立运用模型解决问题的习惯，储备一定的数学建模、求解与利用 Excel 求解的能力。为此，本书以生产管理实践中的实际问题为基本素材，强调实践中的理念和悟性，书中编写了大量实际案例的分析和案例讨论，可以加深读者对实际问题的认识，增强其学习兴趣；深入浅出地讲解各种模型的基本概念和求解思路，尽力避开纯粹数学上的复杂推导，易于学生理解和自学；教材体系结构清晰，涵盖了运筹学的经典理论模型和方法，内容选择安排合理，简单实用。本书适用于高等院校经济管理类专业的本科生和研究生包括工商管理硕士（master of business administration，MBA），面向实际应用的工程类、管理类和各类管理干部进修班的学员。

本书编写组成员具有丰富的教学和科研经验，由党耀国教授负责的“运筹学”课程被评为江苏省精品课程（2010 年）、国家精品在线开放课程（2018 年）和首批国家级线上线下混合式一流课程（2020 年）；《运筹学》教材被评为“十二五”江苏省高等学校重点教材（2013 年）和“十三五”江苏省高等学校重点教材（2016 年）。本书是在第三版的基础上，根据教学过程中有关专家、学者的意见，对部分内容进行了修订。主要增加了数字资源辅助教学；对各章的案例与例题进行了调整；对实验部分进一步充实和完善；对习题进行了补充和修订。

全书共分十章，其中第 1、2、3 章由党耀国教授、王俊杰副教授执笔，第 4、8 章由

---

① 《习近平：高举中国特色社会主义伟大旗帜 为全面建设社会主义现代化国家而团结奋斗——在中国共产党第二十次全国代表大会上的报告》，https://www.gov.cn/xinwen/2022-10/25/content_5721685.htm，2022 年 10 月 25 日。

朱建军教授执笔，第 5、10 章由徐海燕教授执笔，第 6、7 章由关叶青副教授执笔，第 9 章由章玲教授执笔，全书数字资源由王俊杰副教授执笔，全书由党耀国教授统稿。

由于笔者水平有限，不足之处在所难免，敬请专家、学者及读者不吝指正。

作者团队

2024 年 6 月

目　　录

第1章

线性规划的数学模型与单纯形算法

线性规划是运筹学的一个重要分支，它是研究在给定的约束条件下，求所考察的目标函数在某种意义下的极值问题。自 1947 年美国数学家丹捷格（G. B. Dantzig）提出求解线性规划问题的方法——单纯形算法之后，线性规划在理论上趋于成熟，在实际中的应用日益广泛与深入。特别是在能用计算机来处理成千上万个约束条件和变量的大规模线性规划问题之后，它的适用领域更加广泛，从解决技术问题中的最优化设计到工业、农业、商业、交通运输业、军事、经济计划与管理、决策等各个领域均可发挥重要作用；从应用范围来看，小到一个小组的日常工作和计划安排，大至整个部门乃至国民经济计划的最优方案的提出，都有用武之地。线性规划具有适应性强、应用广泛、计算技术比较简单的特点，是现代管理科学的重要基础和手段之一。

1.1 线性规划问题及其数学模型

1.1.1 线性规划问题的数学模型

在生产管理和经济活动中，经常会遇到线性规划问题。下面举例来说明如何利用线性规划的方法进行分析。

例 1.1 （计划安排问题）某工厂在计划期内安排生产Ⅰ、Ⅱ两种产品，已知生产单位产品需要消耗原材料 A、B、C，具体数据见表 1.1。

表 1.1 生产单位产品原材料消耗

材料类型	Ⅰ	Ⅱ	资源总量
原材料 A/吨	0	3	15
原材料 B/吨	4	0	12
原材料 C/吨	2	2	14

工厂每生产一单位产品Ⅰ可获利润 2 万元，每生产一单位产品Ⅱ可获利润 3 万元，问：工厂应如何合理安排这两种产品的产量，使得在资源有限的条件下工厂获得利润最大？

解：工厂目前要决策的问题是生产多少单位产品Ⅰ和生产多少单位产品Ⅱ才能使工厂获利最大。我们把在计划期内生产单位产品Ⅰ和生产单位产品Ⅱ的单位数用变量 x_1、x_2 来表示，则称 x_1、x_2 为决策变量。因为在计划期内原材料 A 的可利用数量是 15，所以在确定单位产品Ⅰ、Ⅱ的产量时，有不等式：

$$3x_2 \leqslant 15$$

同理，因在计划期内原材料 B 的限制，有不等式：

$$4x_1 \leqslant 12$$

原材料 C 的限制，有不等式：

$$2x_1 + 2x_2 \leqslant 14$$

若用 Z 表示该工厂的利润，则该工厂的利润值：

$$Z=2x_1+3x_2\text{（万元）}$$

综上所述，该工厂的计划安排问题可用数学模型表示为

$$\text{目标函数：}\max Z=2x_1+3x_2$$

$$\text{约束条件：}\begin{cases} 3x_2 \leqslant 15 \\ 4x_1 \leqslant 12 \\ 2x_1 + 2x_2 \leqslant 14 \\ x_1, x_2 \geqslant 0 \end{cases}$$

例 1.2 （成本问题）某炼油厂每季度需供应给合同单位汽油 15 万吨、煤油 12 万吨、重油 12 万吨。该厂计划从 A、B 两处运回原油提炼，已知两处的原油成分含量见表 1.2；又已知从 A 处采购的原油价格为每吨（包括运费）200 元，B 处采购的原油价格为每吨（包括运费）290 元，问：该炼油厂该如何从 A、B 两处采购原油，在满足供应合同的条件下，使购买成本最小？

表 1.2 A、B 两处的原油成分含量

成分	A	B
汽油	15%	50%
煤油	20%	30%
重油	50%	15%
其他	15%	5%

分析：很明显，该厂可以有多种不同的方案从 A、B 两处采购原油，但最优方案应是使购买成本最小的一个，即在满足供应合同单位的前提下，使成本最小的一个采购方案。

解：设 x_1、x_2 分别表示从 A、B 两处采购的原油量（单位：万吨），则所有的采购方案均应同时满足：

$$\begin{cases} 0.15x_1 + 0.50x_2 \geqslant 15 \\ 0.20x_1 + 0.30x_2 \geqslant 12 \\ 0.50x_1 + 0.15x_2 \geqslant 12 \\ x_1 \geqslant 0, x_2 \geqslant 0 \end{cases}$$

采购成本为 x_1 、 x_2 的函数，即 $S = 200x_1 + 290x_2$（万元）。

最终目标是求满足约束条件和使采购成本最小时的解。由此，建立的数学模型为

$$\min S = 200x_1 + 290x_2$$

$$\text{s.t.}\begin{cases} 0.15x_1 + 0.50x_2 \geqslant 15 \\ 0.20x_1 + 0.30x_2 \geqslant 12 \\ 0.50x_1 + 0.15x_2 \geqslant 12 \\ x_1 \geqslant 0, x_2 \geqslant 0 \end{cases}$$

从以上两个例子的数学模型可以看出，目标函数为决策变量的线性函数，约束条件也为决策变量的线性不等式（或等式），该类数学模型具有如下特点：

（1）有一组非负的决策变量（decision or control variable），这组决策变量的值都代表一个具体方案；

（2）有一组约束条件：含有决策变量的线性不等式（或等式）组（linear function constraints）；

（3）有一个含有决策变量的线性目标函数（objective linear function），按研究问题的不同，要求目标函数实现最大化或最小化。

我们把满足上述三个条件的数学模型称为线性规划数学模型。如果目标函数是决策变量的非线性函数，或约束条件含有决策变量的非线性不等式（或等式），我们称这类数学模型为非线性规划数学模型。

线性规划数学模型的一般形式如下：

$$(\min)\max Z = c_1x_1 + c_2x_2 + \cdots + c_nx_n \tag{1.1}$$

$$\text{s.t.}\begin{cases} a_{11}x_1 + a_{12}x_2 + \cdots + a_{1n}x_n \leqslant (=,\geqslant) b_1 \\ a_{21}x_1 + a_{22}x_2 + \cdots + a_{2n}x_n \leqslant (=,\geqslant) b_2 \\ \quad\cdots\cdots & (1.2) \\ a_{m1}x_1 + a_{m2}x_2 + \cdots + a_{mn}x_n \leqslant (=,\geqslant) b_m \\ x_1, x_2, \cdots, x_n \geqslant 0 & (1.3) \end{cases}$$

在该数学模型中，式（1.1）称为目标函数；式（1.2）称为约束条件；式（1.3）称为变量的非负约束条件。

1.1.2　线性规划问题的标准型

由前面所举的例子可知，线性规划问题可能有各种不同的形式。目标函数根据实际问题的要求可能是求最大化，也可能是求最小化；约束条件可以是“⩽”形式、“⩾”形式的不等式，也可以是等式的形式。决策变量有时有非负限制，有时没有非负限制，

这种多样性给讨论问题带来了不便。为了便于讨论，我们规定线性规划问题描述为如下的标准形式。

$$\max Z = c_1x_1 + c_2x_2 + \cdots + c_nx_n$$
$$\text{s.t.}\begin{cases} a_{11}x_1 + a_{12}x_2 + \cdots + a_{1n}x_n = b_1 \\ a_{21}x_1 + a_{22}x_2 + \cdots + a_{2n}x_n = b_2 \\ \qquad\qquad \cdots\cdots \\ a_{m1}x_1 + a_{m2}x_2 + \cdots + a_{mn}x_n = b_m \\ x_1, x_2, \cdots, x_n \geqslant 0 \end{cases} \tag{1.4}$$

这里我们假设 $b_i \geqslant 0$（i=1,2,⋯,m）。

以上模型的简写形式为

$$\max Z = \sum_{j=1}^{n} c_j x_j$$
$$\text{s.t.}\begin{cases} \sum\limits_{j=1}^{n} a_{ij}x_j = b_i & (i = 1,2,\cdots,m) \\ x_j \geqslant 0 & (j = 1,2,\cdots,n) \end{cases} \tag{1.5}$$

用向量形式表达时，上述模型可以写为

$$\max Z = \boldsymbol{CX}$$
$$\text{s.t.}\begin{cases} \sum\limits_{j=1}^{n} \boldsymbol{P}_j x_j = \boldsymbol{b} & (i = 1,2,\cdots,m) \\ \boldsymbol{X} \geqslant \boldsymbol{0} & (j = 1,2,\cdots,n) \end{cases} \tag{1.6}$$

用矩阵形式表达时，上述模型可以写为

$$\max Z = \boldsymbol{CX}$$
$$\text{s.t.}\begin{cases} \boldsymbol{AX} = \boldsymbol{b} \\ \boldsymbol{X} \geqslant \boldsymbol{0} \end{cases} \tag{1.7}$$

其中，$\boldsymbol{C} = (c_1, c_2, \cdots, c_n)$；$\boldsymbol{X} = (x_1, x_2, \cdots, x_n)^{\mathrm{T}}$；$\boldsymbol{b} = (b_1, b_2, \cdots, b_m)^{\mathrm{T}}$；$\boldsymbol{P}_j = (a_{1j}, a_{2j}, \cdots, a_{mj})^{\mathrm{T}}$，$j$=1,2,⋯,$n$；$\boldsymbol{A} = (\boldsymbol{P}_1, \boldsymbol{P}_2, \cdots, \boldsymbol{P}_n)$；$\boldsymbol{0} = (0, 0, \cdots, 0)^{\mathrm{T}}$。

我们称 $\boldsymbol{A}$ 为约束方程组的系数矩阵（$m \times n$ 阶），一般情况下 $m<n$，m，n 为正整数，分别表示约束条件的个数和决策变量的个数，$\boldsymbol{C}$ 为价值向量，$\boldsymbol{X}$ 为决策向量，通常 $a_{ij}, b_i, c_j\ (i = 1,2,\cdots,m; j = 1,2,\cdots,n)$ 为已知常数。

实际上，具体问题的线性规划数学模型是各式各样的，需要把它们化成标准型，并借助标准型的求解方法进行求解。

以下就具体讨论如何把一般的线性规划模型化成标准型。

1. 目标函数的转化

若原问题的目标函数是求最小化，即 $\min Z = \boldsymbol{CX}$，这时只需要将目标函数的最小值变换为求目标函数的最大值，即 $\min Z = \max(-Z)$。令 $Z' = -Z$，就是将目标函数乘以

−1 后转化为如下最大化问题：

$$\max Z' = -\boldsymbol{CX}$$

2. 不等式约束转化为等式约束

不等式约束有两种情况：一是约束条件为“⩽”形式的不等式，则在“⩽”号的左边加入非负的松弛变量，把原“⩽”形式的不等式转化为等式；二是约束条件为“⩾”形式的不等式，则可在“⩾”号的左边减去一个非负的剩余变量，把原“⩾”形式的不等式转化为等式。同时相应的松弛变量或剩余变量在目标函数中的价值系数取值为 0。

3. 变量约束的转换

若原线性规划问题中某个变量无非负要求，即某一个变量 x_j 取正值或负值都可以。这时为了满足标准型对变量的非负要求，可令 $x_j = x_j' - x_j''$，其中：x_j'、$x_j'' \geqslant 0$，将其代入原问题，即在原问题中将 x_j 用两个非负变量之差代替。

上述的标准型具有如下特点：

（1）目标函数求最大值；

（2）所求的决策变量都要求是非负的；

（3）所有的约束条件都是等式；

（4）常数项为非负。

综合以上的讨论，我们可以把任意形式的线性规划问题通过上述手段化成标准型的线性规划问题。现举例如下。

例 1.3　将例 1.1 的线性规划数学模型化为标准型。

解：引进 3 个新的非负变量 x_3、x_4、x_5，使不等式变为等式，标准型为

$$\max Z = 2x_1 + 3x_2$$

$$\text{s.t.}\begin{cases} 3x_2 + x_3 = 15 \\ 4x_1 + x_4 = 12 \\ 2x_1 + 2x_2 + x_5 = 14 \\ x_1, x_2, x_3, x_4, x_5 \geqslant 0 \end{cases}$$

例 1.4　试将线性规划问题化成标准型。

$$\min Z = -x_1 + 2x_2 - 3x_3$$

$$\text{s.t.}\begin{cases} x_1 + x_2 + x_3 \leqslant 7 \\ x_1 - x_2 + x_3 \geqslant 2 \\ -3x_1 + x_2 + 2x_3 = 5 \\ x_1, x_2 \geqslant 0, x_3\text{无限制} \end{cases}$$

解：由于 x_3 无限制，令 $x_3=x_4-x_5$，x_4，$x_5 \geqslant 0$，第 1 个约束不等式左端加上非负松弛变量 x_6，第 2 个约束不等式左端减去非负剩余变量 x_7，由于目标函数求最小化，令 $Z' = -Z$，同时将目标函数及约束条件中的 x_3 换为 $x_3=x_4-x_5$，则可将上述线性规划问题化成如下的标准型：

$$\max Z' = x_1 - 2x_2 + 3x_4 - 3x_5 + 0x_6 + 0x_7$$
$$\text{s.t.}\begin{cases} x_1 + x_2 + x_4 - x_5 + x_6 = 7 \\ x_1 - x_2 + x_4 - x_5 - x_7 = 2 \\ -3x_1 + x_2 + 2x_4 - 2x_5 = 5 \\ x_1, x_2, x_4, \cdots, x_7 \geqslant 0 \end{cases}$$

1.2 线性规划问题的图解法及几何意义

1.2.1 线性规划问题解的概念

在讨论线性规划问题的求解之前，要先了解线性规划问题解的概念。由前面讨论可知线性规划问题的标准型如式（1.8）~式（1.10）所示。

$$\max Z = \sum_{j=1}^{n} c_j x_j \tag{1.8}$$

$$\text{s.t.}\begin{cases} \sum\limits_{j=1}^{n} a_{ij} x_j = b_i \quad (i = 1, 2, \cdots, m) & (1.9) \\ x_j \geqslant 0 \qquad (j = 1, 2, \cdots, n) & (1.10) \end{cases}$$

1. 可行解

满足约束条件式（1.9）和式（1.10）的解 $\boldsymbol{X}=(x_1, x_2, \cdots, x_n)^{\mathrm{T}}$ 称为线性规划问题的可行解；所有可行解的集合称为可行解集或可行域。

2. 最优解

满足约束条件及目标函数式（1.8）的可行解称为线性规划问题的最优解。

3. 基

假设 $\boldsymbol{A}$ 是约束方程组的系数矩阵，其秩数为 m，$\boldsymbol{B}$ 是矩阵 $\boldsymbol{A}$ 中由 m 列构成的非奇异子矩阵（$\boldsymbol{B}$ 的行列式值不为 0），则称 $\boldsymbol{B}$ 是线性规划问题的一个基。这就是说，矩阵 $\boldsymbol{B}$ 是由 m 个线性无关的列向量组成的。不失一般性，可假设：

$$\boldsymbol{B} = \begin{bmatrix} a_{11} & a_{12} & \cdots & a_{1m} \\ \vdots & \vdots & & \vdots \\ a_{m1} & a_{m2} & \cdots & a_{mm} \end{bmatrix} = (\boldsymbol{P}_1, \boldsymbol{P}_2, \cdots, \boldsymbol{P}_m)$$

为线性规划问题的一个基。

在例 1.3 中我们得到该问题的数学模型的标准型为

$$\max Z = 2x_1 + 3x_2$$

$$\text{s.t.}\begin{cases} 3x_2 + x_3 = 15 \\ 4x_1 + x_4 = 12 \\ 2x_1 + 2x_2 + x_5 = 14 \\ x_1, x_2, x_3, x_4, x_5 \geqslant 0 \end{cases}$$

该问题有 3 个约束方程，它的系数矩阵为

$$\boldsymbol{A} = (\boldsymbol{p}_1, \boldsymbol{p}_2, \boldsymbol{p}_3, \boldsymbol{p}_4, \boldsymbol{p}_5) = \begin{bmatrix} 0 & 3 & 1 & 0 & 0 \\ 4 & 0 & 0 & 1 & 0 \\ 2 & 2 & 0 & 0 & 1 \end{bmatrix}$$

其中，$\boldsymbol{p}_j$ 为系数矩阵 $\boldsymbol{A}$ 中第 j 列的列向量，在 $\boldsymbol{A}$ 中存在一个不为零的 3 阶子式，在此例中

$$\boldsymbol{B}_1 = \begin{bmatrix} 3 & 0 & 0 \\ 0 & 1 & 0 \\ 2 & 0 & 1 \end{bmatrix} \text{与} \boldsymbol{B}_2 = \begin{bmatrix} 1 & 0 & 0 \\ 0 & 1 & 0 \\ 0 & 0 & 1 \end{bmatrix}$$

都是该线性规划问题的一个基。

4. 基向量与非基向量

在基 $\boldsymbol{B} = \begin{bmatrix} a_{11} & a_{12} & \cdots & a_{1m} \\ \vdots & \vdots & & \vdots \\ a_{m1} & a_{m2} & \cdots & a_{mm} \end{bmatrix} = (\boldsymbol{P}_1, \boldsymbol{P}_2, \cdots, \boldsymbol{P}_m)$ 中各列向量 $\boldsymbol{P}_1$，$\boldsymbol{P}_2$，…，$\boldsymbol{P}_m$ 称为基向量，而系数矩阵 $\boldsymbol{A}$ 中剩余的 $n-m$ 个列向量称为非基向量，其子矩阵记为 $\boldsymbol{N}$。

在例 1.3 中，对于基

$$\boldsymbol{B}_1 = \begin{bmatrix} 3 & 0 & 0 \\ 0 & 1 & 0 \\ 2 & 0 & 1 \end{bmatrix}$$

它的每一列向量都是基 $\boldsymbol{B}_1$ 的基向量。

在 $\boldsymbol{A}$ 中除了基 $\boldsymbol{B}_1$ 之外的任意一列都称为非基向量。在例 1.3 中对

$$\boldsymbol{B}_1 = \begin{bmatrix} 3 & 0 & 0 \\ 0 & 1 & 0 \\ 2 & 0 & 1 \end{bmatrix} \text{与} \boldsymbol{B}_2 = \begin{bmatrix} 1 & 0 & 0 \\ 0 & 1 & 0 \\ 0 & 0 & 1 \end{bmatrix}$$

来说，向量 $(3,0,2)^{\mathrm{T}}$ 是基 $\boldsymbol{B}_1$ 的基向量，同时还是基 $\boldsymbol{B}_2$ 的非基向量。

5. 基变量与非基变量

与基向量 $\boldsymbol{P}_j$ 对应的变量称为基变量，基变量有 m 个，在例 1.3 中，x_2、x_4、x_5 都是 $\boldsymbol{B}_1$ 的基变量，x_3、x_4、x_5 是 $\boldsymbol{B}_2$ 的基变量。

与非基向量 $\boldsymbol{P}_i$ 对应的变量称为非基变量，非基变量有 $n-m$ 个，在例 1.3 中，x_1、x_3 是 $\boldsymbol{B}_1$ 的非基变量，x_1、x_2 是 $\boldsymbol{B}_2$ 的非基变量。

6. 基本解与基本可行解

设方程组系数矩阵 $\boldsymbol{A}$ 的秩为 m，因 $m<n$，所以线性方程组 $\boldsymbol{AX}=\boldsymbol{b}$ 有无穷多个解。假设前 m 个变量的系数列向量是线性无关的，这时线性方程组 $\boldsymbol{AX}=\boldsymbol{b}$ 可改写为

$$\begin{bmatrix} a_{11} \\ \vdots \\ a_{m1} \end{bmatrix} x_1 + \cdots + \begin{bmatrix} a_{1m} \\ \vdots \\ a_{mm} \end{bmatrix} x_m = \boldsymbol{b} - \begin{bmatrix} a_{1m+1} \\ \vdots \\ a_{mm+1} \end{bmatrix} x_{m+1} - \cdots - \begin{bmatrix} a_{1n} \\ \vdots \\ a_{mn} \end{bmatrix} x_n$$

或

$$\sum_{j=1}^{m} \boldsymbol{P}_j x_j = \boldsymbol{b} - \sum_{j=m+1}^{n} \boldsymbol{P}_j x_j$$

将系数矩阵 $\boldsymbol{A}$ 写成如下的分块矩阵形式：

$$\boldsymbol{A} = (\boldsymbol{B}, \boldsymbol{N})$$

将基变量组成的向量记为 $\boldsymbol{X_B} = (x_1, x_2, \cdots, x_m)^{\mathrm{T}}$，非基变量组成的向量记为 $\boldsymbol{X_N} = (x_{m+1}, x_{m+2}, \cdots, x_n)^{\mathrm{T}}$，则 $\boldsymbol{X}$ 也可以写成如下的分块矩阵形式：

$$\boldsymbol{X} = \begin{pmatrix} \boldsymbol{X_B} \\ \boldsymbol{X_N} \end{pmatrix}$$

这时约束方程组 $\boldsymbol{AX}=\boldsymbol{b}$ 就可以写成：

$$\boldsymbol{BX_B} = \boldsymbol{b} - \boldsymbol{NX_N} \tag{1.11}$$

由于 $\boldsymbol{B}$ 是线性规划问题的一个基，由式（1.11）可得

$$\boldsymbol{X_B} = \boldsymbol{B}^{-1}(\boldsymbol{b} - \boldsymbol{NX_N}) = \boldsymbol{B}^{-1}\boldsymbol{b} - \boldsymbol{B}^{-1}\boldsymbol{NX_N}$$

若令非基变量 $\boldsymbol{X_N}=\boldsymbol{0}$，即 $x_{m+1}=\cdots=x_n=0$，可得 $\boldsymbol{X_B}=\boldsymbol{B}^{-1}\boldsymbol{b}$，得线性方程组 $\boldsymbol{AX}=\boldsymbol{b}$ 的一个解 $\boldsymbol{X}=\begin{pmatrix} \boldsymbol{B}^{-1}\boldsymbol{b} \\ \boldsymbol{0} \end{pmatrix}$，这个解的非 0 分量的数目不大于方程的个数 m，这时称解 $\boldsymbol{X}$ 为线性规划问题的基本解。

在例 1.3 中，$\boldsymbol{B}_1$ 是该线性规划的一个基，令这个基的非基变量 $x_1=0, x_3=0$，这时求得基变量的唯一解 $x_2=5, x_4=12, x_5=4$，这样就求得该线性规划的一个基本解 $(0,5,0,12,4)^{\mathrm{T}}$。

由于基本解不能保证所有分量都大于等于零，也就是说，基本解不一定是可行解。满足非负条件式（1.10）的基本解，即 $\boldsymbol{B}^{-1}\boldsymbol{b} \geqslant \boldsymbol{0}$ 时，称 $\boldsymbol{X}$ 为线性规划问题的基本可行解。由此可见，基本可行解的非 0 分量的数目不大于 m，并且都是非负的。此时对应的基称为可行基。一般说来，判断一个基是否为可行基，只有在求出基本解以后，当其基本解所有分量都大于等于零时，才能判定这个解是基本可行解，这个基是可行基。

以上提到的几种解的概念，可用图 1.1 来表示。

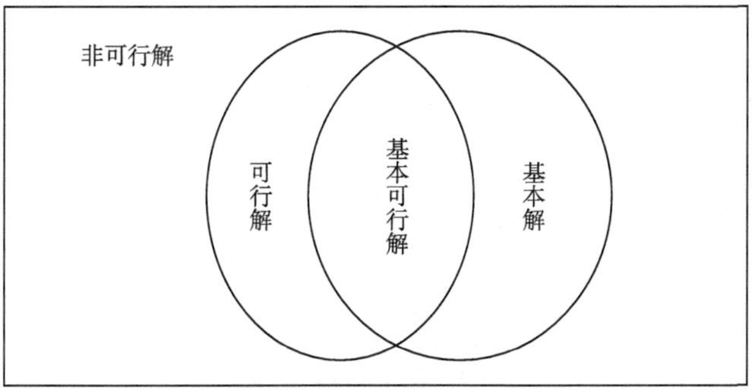

图 1.1　线性规划解的关系图

1.2.2　线性规划问题的图解法

对于简单的线性规划问题（只有两个决策变量的线性规划问题），我们可以通过图解法对它进行求解。图解法简单直观，有助于我们了解线性规划问题求解的基本原理。我们以例 1.3 为例，介绍具体的图解法求解线性规划的方法。

例 1.5　用图解法求解线性规划问题。

$$\max Z=2x_1+3x_2$$

$$\text{s.t.}\begin{cases}3x_2 \leqslant 15\\4x_1 \leqslant 12\\2x_1+2x_2 \leqslant 14\\x_1,x_2 \geqslant 0\end{cases}$$

解：对于上述只有两个变量的线性规划问题，以 x_1 和 x_2 为坐标轴建立直角坐标系。从图 1.2 中可知，同时满足约束条件的点必然落在由两个坐标轴与三条直线所围成的多边形 *OABCD* 的区域内或该多边形的边界上，该多边形区域内及边界上的点就是满足约束条件的解的集合，就是该线性规划的可行域；画两条目标函数 $Z=2x_1+3x_2$ 的等值线，找出其递增的方向，用箭头表示目标函数值递增的方向。沿箭头方向移动目标函数的等值线，平移等值线直至与可行域 *OABCD* 相切或融合为一条直线，此时就得到最优解为 *B* 点，其坐标可通过解方程组得到：

$$\begin{cases}2x_1+2x_2=14\\3x_2=15\end{cases}$$

解得

$$\begin{cases}x_1=2\\x_2=5\end{cases}$$

（2,5）就是该线性规划问题的最优解。

此时相应的目标函数的最大值为

$$Z=2\times 2+3\times 5=19$$

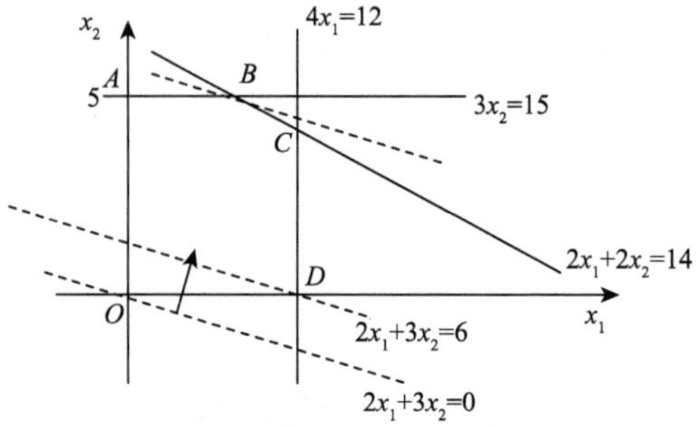

图 1.2　例 1.5 的可行域图

例 1.6　用图解法求解线性规划问题。

$$\max Z=40x_1+80x_2$$

$$\text{s.t.}\begin{cases} x_1+2x_2 \leqslant 30 \\ 3x_1+2x_2 \leqslant 60 \\ 2x_2 \leqslant 24 \\ x_1, x_2 \leqslant 0 \end{cases}$$

解：以 x_1 和 x_2 为坐标轴建立直角坐标系。从图 1.3 中可知，同时满足约束条件的点必然落在多边形 *OABCD* 的区域内或该多边形的边界上；虚线为目标函数 $Z=40x_1+80x_2$ 的等值线，箭头方向为目标函数值递增的方向。沿箭头方向移动目标函数的等值线，平移等值线直至与可行域 *OABCD* 相切或融合为一条直线，此时就得到最优解为 *B*、*C* 两点，即最优解为 *BC* 线段上任一点，其坐标可通过解方程组得到：

$$B \text{ 点为 } X(1)=(6,12)\text{；} C \text{ 点为 } X(2)=(15,7.5)$$

$$X=\alpha X(1)+(1-\alpha)X(2)\quad(0\leqslant \alpha \leqslant 1)$$

即

$$x_1=6\alpha+(1-\alpha)\times 15$$

$$x_2=12\alpha+(1-\alpha)\times 7.5$$

整理得

$$x_1=15-9\alpha$$

$$x_2=7.5+4.5\alpha\ (0\leqslant \alpha \leqslant 1)$$

$$\max Z=1\ 200$$

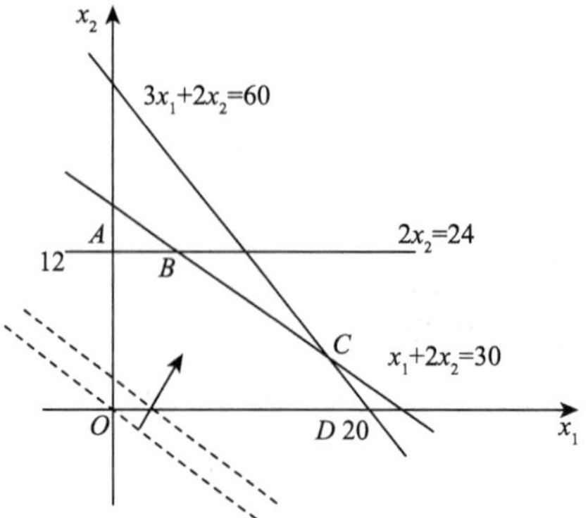

图 1.3　例 1.6 的可行域图

例 1.7　用图解法求解线性规划问题。

$$\max Z=2x_1+4x_2$$

$$\text{s.t.}\begin{cases}2x_1+x_2\geqslant 8\\-2x_1+x_2\leqslant 2\\x_1,x_2\geqslant 0\end{cases}$$

解：以 x_1 和 x_2 为坐标轴建立直角坐标系。由于该线性规划的可行域是无界的，做目标函数等值线，如图 1.4 中虚线所示，并用箭头标出其函数值增加的方向，由此可以看出，该问题无有限最优解。

若目标函数由 $\max Z=2x_1+4x_2$ 改为 $\min Z=2x_1+4x_2$，虽然可行域是无界的，但该线性规划问题有最优解 $x_1=4$，$x_2=0$，即 B（4,0）。

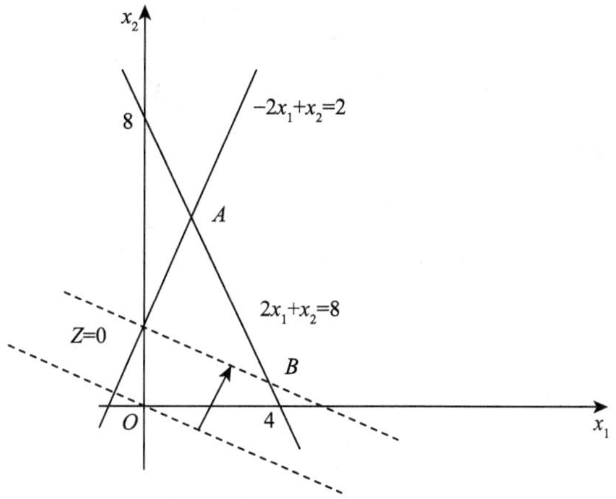

图 1.4　例 1.7 的可行域图

图解法求解只有两个决策变量的线性规划问题具体步骤如下：

（1）以 x_1 和 x_2 为坐标轴建立直角坐标系。找出所有约束条件都同时满足的区域，即可行域。

（2）给定目标函数一个特定的值，画出目标函数等值线。对于目标函数最大化问题，找出目标函数值增加的方向，沿目标函数值递增的方向平移等值线直至与可行域相切或融合为一条直线，此时交点就是所求的最优解，交点坐标由联立方程组求得。

通过以上各题图解法可以得出：

（1）线性规划的所有可行解构成的可行域一般是凸多边形，有些可行域可能是无界的；

（2）若存在最优解，则一定在可行域的某顶点得到；

（3）若在两个顶点上同时得到最优解，则在这两点的连线内的任一点都是最优解；

（4）若可行域无界，则可能发生最优解无界的情况；

（5）若可行域是空集，此时无最优解。

上述理论具有普遍意义，对于两个以上变量的线性规划问题都成立。

图解法虽然具有直观、简便等优点，但在变量多的情况下，即在多维的情况下，它就无能为力了。因此，需要介绍一种代数方法——单纯形算法，为了以后介绍方便，需要研究有关线性规划问题解的一些基本定理。

1.2.3 基本定理

定义 1.1 假设 K 是 n 维欧氏空间的一个点集，若对于 K 中的任意两点 $\boldsymbol{X}_1$、$\boldsymbol{X}_2$，其连线内的所有点 $a\boldsymbol{X}_1+(1-a)\boldsymbol{X}_2(0\leqslant a\leqslant 1)$ 都在集合 K 中，即 $a\boldsymbol{X}_1+(1-a)\boldsymbol{X}_2\in K(0\leqslant a\leqslant 1)$，则称 K 为凸集。

从直观上讲，凸集无凹入部分，其内部没有洞。

如实心圆、实心球、实心立方体等都是凸集。两个凸集的交集仍是凸集，但两个凸集的并集不一定是凸集。

定义 1.2 设 $\boldsymbol{X}_1,\boldsymbol{X}_2,\cdots,\boldsymbol{X}_k$ 是 n 维欧氏空间 E^n 中的 k 个点，若存在 $a_1,a_2,\cdots,a_k$，且 $0\leqslant a_i\leqslant 1$，$i=1,2,\cdots,k$，$\sum_{i=1}^{k}\alpha_i=1$，使 $\boldsymbol{X}=a_1\boldsymbol{X}_1+a_2\boldsymbol{X}_2+\cdots+a_k\boldsymbol{X}_k$，则称 $\boldsymbol{X}$ 为由点 $\boldsymbol{X}_1,\boldsymbol{X}_2,\cdots,\boldsymbol{X}_k$ 所构成的凸组合。

按照定义 1.2，凡是由 x、y 的凸组合表示的点都在 x、y 的连线内，反之亦反。

定义 1.3 假设 K 是凸集，$\boldsymbol{X}\in K$；$\boldsymbol{X}$ 若不能用 K 中不同的两个点 $\boldsymbol{X}_1$、$\boldsymbol{X}_2\in K$ 的线性组合表示为

$$\boldsymbol{X}=a\boldsymbol{X}_1+(1-a)\boldsymbol{X}_2\ \ (0<a<1)$$

则称 $\boldsymbol{X}$ 为凸集 K 的一个顶点（或称为极点）。

顶点不位于凸集 K 中的任意不同两点的连线内。

定理 1.1 若线性规划问题存在可行域 D，则其可行域

$$D=\{\boldsymbol{X}|\boldsymbol{A}\boldsymbol{X}=\boldsymbol{b},\boldsymbol{X}\geqslant\boldsymbol{0}\}$$

是凸集。

引理 1.1 线性规划问题的可行解 $\boldsymbol{X}$ 为基本可行解的充分必要条件是 $\boldsymbol{X}$ 的正分量所对应的系数列向量是线性无关的。

定理 1.2 线性规划问题的基本可行解 $\boldsymbol{X}$ 对应于可行域 D 的顶点。

定理 1.3 若可行域有界，则线性规划问题的目标函数一定可以在其可行域的某个顶点上达到最优解，即一定存在一个基本可行解是最优解。

定理 1.4 若线性规划问题在 k 个顶点上达到最优解（$k\geqslant 2$），则在这些顶点的凸组合上也达到最优解。

根据以上讨论可以得到如下的结论：

（1）线性规划问题的所有可行解的集合是凸集，它可以是有界的区域，也可以是无界的区域；但仅有有限个顶点。

（2）线性规划问题的每一个基本可行解对应于可行域的一个顶点。若线性规划问题有最优解，必定在可行域的某顶点处取得。

（3）如果一个线性规划问题存在多个最优解，那么至少有两个相邻的顶点处是线性规划问题的最优解。

（4）如果可行域为无界，则线性规划问题可能无最优解，也可能有最优解；若有最优解，必定在可行域的某顶点处取得。

虽然可行域的顶点个数是有限的（它不超过 C_n^m 个），采用“枚举法”可以找出所有基本可行解，然后一一比较它们目标函数值的大小，最终可以找到最优解。但当 m、n 的数目很大时，这种办法实际上是行不通的。因此，我们需要讨论一种代数方法——单纯形算法，通过逐步迭代保证能逐步改进，并最终求出最优解。

1.3 单纯形算法

单纯形算法的基本思路：根据线性规划问题的标准型，从可行域中某个基本可行解（顶点）开始，转换到另一个基本可行解（顶点），并使得每次的转换，目标函数值均有所改善，最终得到最优解。

从线性规划解的性质定理可知，线性规划问题的可行域是凸多边形或凸多面体，而且如果一个线性规划问题有最优解，就一定可以在可行域的某个顶点上达到。换言之，若某线性规划问题只有唯一的最优解，那么这个最优解所对应的点一定是可行域的一个顶点，若该线性规划问题有多个最优解，那么它一定可以在可行域的顶点中找到至少两个相邻顶点对应于该线性规划问题的最优解。

现在需要解决的问题：

（1）为了使目标函数逐步变优，应如何从可行域的一个顶点转移到可行域的另一个顶点？

（2）目标函数何时达到最优值？判断标准是什么？

1.3.1 确定初始基可行解

当线性规划问题的约束条件均为“⩽”形式的不等式时，可以利用转化为标准型的方法，在每个约束条件的左端加上一个松弛变量，其松弛变量 $x_{s1},x_{s2},\cdots,x_{sm}$ 的系数矩阵为单位矩阵；对于约束条件为“⩾”形式的不等式或等式，若系数矩阵中不存在单位矩阵，就采用构造人造基的办法，即对不等式约束减去一个非负的剩余变量后，再加上一个非负的人工变量；对于等式约束，加上一个非负的人工变量，这样总可以找到一个单位矩阵。关于这个方法将在 1.4 节中讨论。

若线性规划问题的标准型（简称 LP）：

$$\max Z = \sum_{j=1}^{n} c_j x_j \tag{1.12}$$

$$\text{s.t.}\begin{cases} \sum_{j=1}^{n} a_{ij}x_j = b_i & (i=1,2,\cdots,m) \quad (1.13) \\ x_j \geqslant 0 & (j=1,2,\cdots,n) \quad (1.14) \end{cases}$$

或

$$\max Z = \boldsymbol{CX}$$
$$\begin{cases} \boldsymbol{AX} = \boldsymbol{b} \\ \boldsymbol{X} \geqslant \boldsymbol{0} \end{cases}$$

若可以从系数矩阵 $\boldsymbol{A}$ 中直接观察到一个单位矩阵，我们不妨设为

$$\boldsymbol{B} = (\boldsymbol{P}_1, \boldsymbol{P}_2, \cdots, \boldsymbol{P}_m) = \begin{bmatrix} 1 & 0 & \cdots & 0 \\ 0 & 1 & \cdots & 0 \\ \vdots & \vdots & & \vdots \\ 0 & 0 & \cdots & 1 \end{bmatrix} \tag{1.15}$$

在约束条件中把非基变量项移到等式的右边得

$$\begin{cases} x_1 = b_1 - a_{1,m+1}x_{m+1} - \cdots - a_{1n}x_n \\ x_2 = b_2 - a_{2,m+1}x_{m+1} - \cdots - a_{2n}x_n \\ \quad\cdots\cdots \\ x_m = b_m - a_{m,m+1}x_{m+1} - \cdots - a_{mn}x_n \end{cases} \tag{1.16}$$

令所有非基变量 $x_{m+1} = x_{m+2} = \cdots = x_n = 0$，得

$$\boldsymbol{X} = (b_1, b_2, \cdots, b_m, 0, \cdots, 0)^{\mathrm{T}}$$

又由于 $b_i \geqslant 0$，故 $\boldsymbol{X}$ 满足所有的约束条件，所以它是一个基本可行解。

式（1.16）就是把基变量用非基变量表示的形式。

1.3.2 最优性检验

假定已求得线性规划问题的一个基本可行解 $\boldsymbol{X}^{(0)}$，为叙述方便，不失一般性，假设：

$$\begin{cases} x_1 = b_1' - a_{1,m+1}'x_{m+1} - \cdots - a_{1n}'x_n \\ x_2 = b_2' - a_{2,m+1}'x_{m+1} - \cdots - a_{2n}'x_n \\ \quad\cdots\cdots \\ x_m = b_m' - a_{m,m+1}'x_{m+1} - \cdots - a_{mn}'x_n \end{cases} \tag{1.17}$$

令所有非基变量 $x_{m+1} = x_{m+2} = \cdots = x_n = 0$，得

$$\boldsymbol{X}^{(0)} = (b_1', b_2', \cdots, b_m', 0, \cdots, 0)^{\mathrm{T}}$$

把式（1.17）代入目标函数得

$$z = \sum_{i=1}^{m} c_i b_i' + \sum_{j=m+1}^{n} \left(c_j - \sum_{i=1}^{m} c_i a_{ij}' \right) x_j \tag{1.18}$$

式（1.18）就是把目标函数用非基变量表示的形式。

令

$$z_0 = \sum_{i=1}^{m} c_i b_i', \quad z_j = \sum_{i=1}^{m} c_i a_{ij}', \quad j = m+1, \cdots, n$$

于是得

$$z = z_0 + \sum_{j=m+1}^{n} \left(c_j - z_j\right) x_j$$

再令

$$\sigma_j = c_j - z_j \text{，} \quad j = m+1, \cdots, n$$

得

$$z = z_0 + \sum_{j=m+1}^{n} \sigma_j x_j \tag{1.19}$$

在式（1.19）中，非基变量的系数 σ_j 称为非基变量 $x_j = \left(j = m+1, \cdots, n\right)$ 的检验数。

以上可用矩阵表示，线性规划的矩阵形式通过矩阵分组可表示为

$$\max Z = \left(\boldsymbol{C_B}, \boldsymbol{C_N}\right)\begin{bmatrix} \boldsymbol{X_B} \\ \boldsymbol{X_N} \end{bmatrix}$$

$$\text{s.t.}\begin{cases} \left(\boldsymbol{B}, \boldsymbol{N}\right)\begin{bmatrix} \boldsymbol{X_B} \\ \boldsymbol{X_N} \end{bmatrix} = \boldsymbol{b} \\ \boldsymbol{X_B}, \boldsymbol{X_N} \geqslant \boldsymbol{0} \end{cases}$$

经过变换整理得

$$\begin{gathered} \max Z = \boldsymbol{C_B B^{-1} b} + \left(\boldsymbol{C_N} - \boldsymbol{C_B B^{-1} N}\right)\boldsymbol{X_N} \\ \text{s.t.}\begin{cases} \boldsymbol{X_B} = \boldsymbol{B^{-1} b} - \boldsymbol{B^{-1} N X_N} \\ \boldsymbol{X_B}, \boldsymbol{X_N} \geqslant \boldsymbol{0} \end{cases} \end{gathered} \tag{1.20}$$

式（1.20）就是线性规划的典则形式。

对于线性规划的典则形式，令非基变量 $\boldsymbol{X_N} = \boldsymbol{0}$，即可得以下结论：

（1）线性规划的目标函数值为 $\boldsymbol{C_B B^{-1} b}$；

（2）基变量的解为 $\boldsymbol{B^{-1} b}$；

（3）对于给定的基 $\boldsymbol{B}$，非基变量的检验数向量为 $\boldsymbol{\sigma_N} = \boldsymbol{C_N} - \boldsymbol{C_B B^{-1} N}$。

定理 1.5　最优解判别定理：若 $\boldsymbol{X}^{(0)} = \left(b_1', b_2', \cdots, b_m', 0, \cdots, 0\right)^{\mathrm{T}}$ 为对应于基 $\boldsymbol{B}$ 的基本可行解，且对于一切 $j - m+1, \cdots, n$，有 $\sigma_j \leqslant 0$，则 $\boldsymbol{X}^{(0)}$ 为线性规划问题的最优解。

定理 1.6　无穷多最优解判别定理：若 $\boldsymbol{X}^{(0)} = \left(b_1', b_2', \cdots, b_m', 0, \cdots, 0\right)^{\mathrm{T}}$ 为对应于基 $\boldsymbol{B}$ 的基本可行解，且对于一切 $j = m+1, \cdots, n$，有 $\sigma_j \leqslant 0$，又存在某个非基变量的检验数 $\sigma_{m+k} = 0$，则线性规划问题有无穷多最优解。

定理 1.7　无有限最优解判别定理：若 $\boldsymbol{X}^{(0)} = \left(b_1', b_2', \cdots, b_m', 0, \cdots, 0\right)^{\mathrm{T}}$ 为对应于基 $\boldsymbol{B}$ 的基本可行解，有一个 $\sigma_{m+k} > 0$，而对于 $i = 1, 2, \cdots, m$，有 $a_{i,m+k}' \leqslant 0$，则线性规划问题无有限最优解（也称为无最优解）。

以上讨论的都是针对标准型的，即求目标函数极大化问题。当求目标函数极小化时，一种情况如前所述，将其化为标准型；另一种情况是将判别定理中的检验数 σ_j 取反方向即可。

1.3.3 基变换

若上面所求的基本可行解还不是最优解，下面我们将介绍如何通过基变换求一个新的基本可行解，如何保证基变换后新的目标函数更优。

若初始基本可行解 $\boldsymbol{X}^{(0)}$ 不是最优解或不能判别无界时，需要找一个新的基本可行解，即进入迭代过程，具体做法是从原基本可行解的基中用一个非基列向量换一个基列向量（变换后还必须保证这些向量线性无关），得到一个新的基本可行解基，这称为基变换。为了换基，先要确定换入变量，再确定换出变量，让它们相应的系数列向量进行对换，这样就找到一个新的基本可行解。

1. 换入变量的确定

由式（1.19）可知，当某些非基变量的检验数 $\sigma_j > 0$ 时，如果 x_j 增加，则目标函数值还可以增加。当有两个或两个以上 $\sigma_j > 0$ 时，那么选哪个非基变量作为换入变量呢？为了使目标函数值增加得最快，我们一般选择 $\sigma_j > 0$ 中的最大者，即

$$\sigma_j = \max_l \left\{ \sigma_l \middle| \sigma_l > 0 \right\}$$

σ_j 所对应的变量 x_j 为换入变量（就是下一个基的基变量）。

2. 换出变量的确定

因为基变量个数总是 m，所以换入一个变量之后还必须换出一个变量。下面我们来考虑如何选择换出变量。

确定换出变量的原则是保持解的可行性。这就是说，要使原基本可行解的某一个正分量 x_l 变为 0，同时保持其余分量均非负。具体实现是按“最小比例原则”进行，也称 θ 原则。若

$$\min_i \left\{ \frac{b'_i}{a'_{ij}} \mid a'_{ij} > 0 \right\} = \frac{b'_l}{a'_{il}} = \theta_l$$

则对应的变量 x_l 为换出变量。

3. 旋转运算（迭代运算）

在确定了换入变量 x_j 与换出变量 x_l 之后，要把 x_j 和 x_l 的位置对换，就是说，要把 x_j 所对应的列向量 $\boldsymbol{p}_j$ 变成单位向量。这时只需对系数矩阵的增广矩阵进行行变换即可，称 a_{lj} 为旋转元。

由以上讨论可以构造线性规划问题的初始单纯形表，具体见表 1.3。

表 1.3 初始单纯形表

c		c_1	⋯	c_l	⋯	c_m	c_{m+1}	⋯	c_j	⋯	c_n	θ
$\boldsymbol{X}_B$	$\boldsymbol{b}^*$	x_1	⋯	x_k	⋯	x_m	x_{m+1}	⋯	x_j	⋯	x_n	
x_1	b_1^*	1	⋯	0	⋯	0	a_{1m+1}	⋯	a_{1j}	⋯	a_{1n}	
⋯	⋯	⋯		⋯		⋯	⋯	⋯	⋯		⋯	
x_l	b_l^*	0	⋯	1	⋯	0	a_{lm+1}	⋯	a_{lj}	⋯	a_{ln}	

续表

c		c_1	$\cdots$	c_l	$\cdots$	c_m	c_{m+1}	$\cdots$	c_j	$\cdots$	c_n	θ
X_B	b^*	x_1	$\cdots$	x_k	$\cdots$	x_m	x_{m+1}	$\cdots$	x_j	$\cdots$	x_n	
$\cdots$	$\cdots$	$\cdots$		$\cdots$		$\cdots$	$\cdots$		$\cdots$		$\cdots$	
x_m	b_m^*	0	$\cdots$	0	$\cdots$	1	a_{mm+1}	$\cdots$	a_{mj}	$\cdots$	a_{mn}	
$-Z$	0	0	$\cdots$	0	$\cdots$	0	σ_{m+1}		σ_j	$\cdots$	σ_n	

以表 1.3 中的元素 a_{lj}（称为主元素或旋转元）进行基变换：将第 l 行每个元素除以 a_{lj}，再将第 l 行每个元素乘以 $-a_{ij}/a_{lj}$ 加到第 $i\left(i=1,2,\cdots,m,i\neq l\right)$ 行上，将第 l 行每个元素乘以 $-\sigma_j/a_{lj}$ 加到检验数行，这样就可以把与变量 x_j 对应的列向量化为单位列向量，同时新的目标函数值为

$$Z_1=Z_0+\sigma_j\frac{b_l^*}{a_{lj}}$$

经过基变换之后，针对新基 $\boldsymbol{B}_1$ 的基本可行解为

$$x_i^{(1)}=\begin{cases}b_j^*-\dfrac{b_l^*}{a_{lj}}=\overline{b_i}, & i=1,2,\cdots,m,i\neq l\\ \dfrac{b_l^*}{a_{lj}}=\overline{b_j}, & i=j\left(\text{原来的}l\text{位置}\right)\\ 0, & i=l\end{cases}$$

综合以上的讨论，单纯形算法的计算步骤可归结如下：

第一步：找出初始可行基，确定初始基本可行解，建立初始单纯形表；

第二步：检查对应于非基变量的检验数 σ_k，$k\in I_N$（I_N 为非基变量指标集），若所有 $\sigma_k\leqslant 0$，$k\in I_N$，则已得到最优解，停止计算，否则转入下一步；

第三步：在所有 $\sigma_k>0$，$k\in I_N$ 中，若有一个 σ_j 对应的系数列向量的所有分量 $a_{ij}\leqslant 0$，则此问题没有有限最优解，停止计算，否则转入下一步；

第四步：根据 $\max\left\{\sigma_k\middle|\sigma_k>0,k\in I_N\right\}=\sigma_j$，确定 x_j 为换入变量（新基的基变量），再根据：

$$\theta_l=\frac{b_l^*}{a_{lj}}=\min\left\{\frac{b_i^*}{a_{ij}}\middle|a_{ij}>0,1\leqslant i\leqslant m\right\}$$

确定 x_l 为换出变量（新基的非基变量），转下一步；

第五步：以 a_{lj} 为主元素进行基变换，转回第二步。

例 1.8　利用单纯形算法求解例 1.3 的线性规划问题。

$$\max Z = 2x_1 + 3x_2$$
$$\text{s.t.}\begin{cases} 3x_2 + x_3 = 15 \\ 4x_1 + x_4 = 12 \\ 2x_1 + 2x_2 + x_5 = 14 \\ x_1, x_2, x_3, x_4, x_5 \geqslant 0 \end{cases}$$

解：（1）由标准型得到初始单纯形表（表 1.4）。

表 1.4　例 1.8 的初始单纯形表

c_j		2	3	0	0	0	θ_i
X_B	b	x_1	x_2	x_3	x_4	x_5	
x_3	15	0	[3]	1	0	0	5
x_4	12	4	0	0	1	0	
x_5	14	2	2	0	0	1	7
$-Z$	0	2	3	0	0	0	

（2）$\max\{\sigma_1, \sigma_2\} = 3 = \sigma_2$，所以 x_2 为换入变量。

（3）因为 $\sigma_1 = 2$，$\sigma_2 = 3$ 都大于 0，且 $\boldsymbol{p}_1$，$\boldsymbol{p}_2$ 的坐标有正分量存在

$$\theta = \min_i \left\{ \frac{b_i}{a_{i2}} \middle| a_{i2} > 0 \right\} = \min\{5, 7\} = 5$$

因为 $\theta = 5$ 与 x_3 那一行相对应，所以 x_3 为换出变量。

故 x_2 对应列与 x_3 对应行的相交处的 3 为主元素。

（4）以“3”为主元素进行旋转计算，对表 1.4 进行相应的行初等变换，得表 1.5。

表 1.5　例 1.8 的单纯形计算表

c_j		2	3	0	0	0	θ_i
X_B	b	x_1	x_2	x_3	x_4	x_5	
x_2	5	0	1	1/3	0	0	
x_4	12	4	0	0	1	0	3
x_5	4	[2]	0	−2/3	0	1	2
$-Z$	−15	2	0	−1	0	0	

重复以上步骤得表 1.6。

表 1.6　例 1.8 的最优表

c_j		2	3	0	0	0	θ_i
X_B	b	x_1	x_2	x_3	x_4	x_5	
x_2	5	0	1	1/3	0	0	
x_4	4	0	0	4/3	1	−2	
x_1	2	1	0	−1/3	0	1/2	
$-Z$	−19	0	0	−1/3	0	−1	

这时，检验数全部小于等于 0，即目标函数已不可能再增大，于是得到最优解：

$$X^* = (2,5,0,4,0)^{\mathrm{T}}$$

目标函数的最大值为 $Z^* = 19$ 。

例 1.9　利用单纯形算法求解线性规划问题。

$$\max Z = 4x_1 + 3x_2 + 0x_3 + 0x_4 + 0x_5$$

$$\text{s.t.}\begin{cases} 2x_1 + 2x_2 + x_3 = 1\,600 \\ 5x_1 + 2.5x_2 + x_4 = 2\,500 \\ x_1 + x_5 = 400 \\ x_1, x_2, x_3, x_4, x_5 \geqslant 0 \end{cases}$$

解：（1）由标准型得到初始单纯形表（表 1.7）。

表 1.7　例 1.9 的初始单纯形表

c_j		4	3	0	0	0	θ_i
X_B	b	x_1	x_2	x_3	x_4	x_5	
x_3	1 600	2	2	1	0	0	800
x_4	2 500	5	2.5	0	1	0	500
x_5	400	[1]	0	0	0	1	400
$-Z$	0	4	3	0	0	0	

（2）由单纯形算法得表 1.8~表 1.10。

表 1.8　例 1.9 的单纯形计算表（1）

c_j		4	3	0	0	0	θ_i
X_B	b	x_1	x_2	x_3	x_4	x_5	
x_3	800	0	2	1	0	−2	400
x_4	500	0	[2.5]	0	1	−5	200
x_1	400	1	0	0	0	1	
$-Z$	−1 600	0	3	0	0	−4	

表 1.9　例 1.9 的单纯形计算表（2）

c_j		4	3	0	0	0	θ_i
X_B	b	x_1	x_2	x_3	x_4	x_5	
x_3	400	0	0	1	−0.8	[2]	200
x_2	200	0	1	0	0.4	−2	
x_1	400	1	0	0	0	1	400
$-Z$	−2 200	0	0	0	−1.2	2	

表 1.10　例 1.9 的最优表

c_j		4	3	0	0	0	θ_i
X_B	b	x_1	x_2	x_3	x_4	x_5	
x_5	200	0	0	0.5	−0.4	1	
x_2	600	0	1	1	−0.4	0	
x_1	200	1	0	−0.5	0.4	0	
$-Z$	−2 600	0	0	−1	−0.4	0	

这时，检验数全部小于等于 0，即目标函数已达到最大，因此得到最优解：

$$X^* = (200, 600, 0, 0, 200)^{\mathrm{T}}$$

目标函数的最大值为 $Z^* = 2\,600$ 。

例 1.10 利用单纯形算法求解线性规划问题。

$$\max Z = 2x_1 + 3x_2 + 0x_3 + 0x_4 + 0x_5 + 0x_6$$

$$\text{s.t.}\begin{cases} 2x_1 + 2x_2 + x_3 = 12 \\ x_1 + 2x_2 + x_4 = 8 \\ 4x_1 + x_5 = 16 \\ 4x_2 + x_6 = 12 \\ x_1, x_2, x_3, x_4, x_5, x_6 \geqslant 0 \end{cases}$$

解：由标准型得到初始单纯形表（表 1.11），由单纯形算法得表 1.12 和表 1.13。

表 1.11 例 1.10 的初始单纯形表

c_j		2	3	0	0	0	0	θ_i
X_B	b	x_1	x_2	x_3	x_4	x_5	x_6	
x_3	12	2	2	1	0	0	0	6
x_4	8	1	2	0	1	0	0	4
x_5	16	4	0	0	0	1	0	
x_6	12	0	[4]	0	0	0	1	3
$-Z$	0	2	3	0	0	0	0	

表 1.12 例 1.10 的单纯形计算表（1）

c_j		2	3	0	0	0	0	θ_i
X_B	b	x_1	x_2	x_3	x_4	x_5	x_6	
x_3	6	2	0	1	0	0	−1/2	3
x_4	2	[1]	0	0	1	0	−1/2	2
x_5	16	4	0	0	0	1	0	4
x_2	3	0	1	0	0	0	1/4	
$-Z$	−9	2	0	0	0	0	−3/4	

表 1.13 例 1.10 的单纯形计算表（2）

c_j		2	3	0	0	0	0	θ_i
X_B	b	x_1	x_2	x_3	x_4	x_5	x_6	
x_3	2	0	0	1	−2	0	1/2	4
x_1	2	1	0	0	1	0	−1/2	
x_5	8	0	0	0	−4	1	[2]	4
x_2	3	0	1	0	0	0	1/4	12
$-Z$	−13	0	0	0	−2	0	1/4	

在求解过程中，有时会出现最小的 θ 有两个或更多个相同问题，这种情况出现时，我们称为出现了退化问题。表 1.13 就出现了退化问题，在出现退化问题时，即最小的 θ 有两个或更多的 θ 相同时，在最小相同 θ 对应的变量中选择变量下标最大的那个基变量

为换出变量；同时如果出现大于零且最大的检验数 σ 有两个或更多个相同时，在最大相同 σ 对应的变量中选择变量下标最小的那个变量为换入变量，这样会避免出现“死循环”的现象。对于表 1.13，我们选择 x_5 为换出变量，计算如表 1.14 所示。

表 1.14　例 1.10 的最优表

c_j		2	3	0	0	0	0	θ_i
X_B	b	x_1	x_2	x_3	x_4	x_5	x_6	
x_3	0	0	0	1	−1	−1/4	0	
x_1	4	1	0	0	0	1/4	0	
x_6	4	0	0	0	−2	1/2	1	
x_2	2	0	1	0	1/2	−1/8	0	
$-Z$	−14	0	0	0	−3/2	−1/8	0	

这时，检验数全部小于等于 0，即目标函数已不可能再增大，于是得到最优解目标函数的最大值为 $Z^*=14$，$\boldsymbol{X}^*=(4,2,0,0,0,4)^{\mathrm{T}}$。

1.4　单纯形算法的进一步讨论

1.4.1　初始基本可行解的确定

利用单纯形算法的一个根本前提是要有一个初始的基本可行解。这对于一些简单问题，利用观察或其他手段是容易得到的；但对于较复杂的问题，利用这种方法几乎是不可能的。这就引起了人们对求初始基本可行解的思考。

以下我们分几种情形进行讨论。

（1）对于 $\boldsymbol{AX}=\boldsymbol{b}$，若人们从系数矩阵 $\boldsymbol{A}$ 中能够观测到一个单位矩阵。这时取初始基 $\boldsymbol{B}$ 就是该单位矩阵，对应的基变量为 $\boldsymbol{X_B}$，非基变量为 $\boldsymbol{X_N}$。这时

$$\begin{pmatrix}\boldsymbol{X_B}\\ \boldsymbol{X_N}\end{pmatrix}=\begin{pmatrix}\boldsymbol{b}\\ \boldsymbol{0}\end{pmatrix}(\text{这里假设}\boldsymbol{b}\geqslant\boldsymbol{0})$$

然后按单纯形算法计算步骤便可得到。这种情况包含了 $\boldsymbol{AX}\leqslant\boldsymbol{b}$ 的情形。

（2）对于 $\boldsymbol{AX}=\boldsymbol{b}$ 及 $\boldsymbol{AX}\geqslant\boldsymbol{b}$ 的情形，对于 $\boldsymbol{AX}\geqslant\boldsymbol{b}$ 中左边减去一个剩余变量，转化为等式，并且不能够从系数矩阵 $\boldsymbol{A}$ 中观测到一个单位矩阵。这时分别给每一个约束条件加入一个人工变量 $x_{n+1},\cdots,x_{n+m}$，得

$$\begin{cases}a_{11}x_1+\cdots+a_{1n}x_n+x_{n+1}=b_1\\ a_{21}x_1+\cdots+a_{2n}x_n+x_{n+2}=b_2\\ \qquad\cdots\cdots\\ a_{m1}x_1+\cdots+a_{mn}x_n+x_{n+m}=b_m\\ x_1,\cdots,x_n,x_{n+1},\cdots,x_{n+m}\geqslant 0\end{cases}\tag{1.21}$$

由此可以得到一个 m 阶单位矩阵。以 $x_{n+1},\cdots,x_{n+m}$ 为基变量，令非基变量 $x_1,\cdots,x_n$ 为 0，

便可得到一个初始基本可行解 $\boldsymbol{X}^{(0)}$， $\boldsymbol{X}^{(0)}=\left(0,\cdots,0,b_1,\cdots,b_m\right)^{\mathrm{T}}$。

因为人工变量是在原约束方程组中加入的非负人工变量，因此在最优解中人工变量必须取 0（否则就破坏方程组两边相等的约束），这就要求人工变量要从基变量中逐渐替换掉。若经过基变换，基变量中不再包含有人工变量，这就表示原问题有解；若经过基变换，当所有的 $\sigma_j \leqslant 0$ 时，而在基中至少还有一个人工变量，这就意味着原问题无可行解。

1.4.2 大 *M* 法

对于加入人工变量线性规划问题的目标函数如何处理？我们希望人工变量对目标函数取值不产生影响，因此只有在迭代过程中，把人工变量从基变量中换出，让它成为非基变量。为此，就必须假定人工变量在目标函数中的价值系数为（$-M$）（对于极大化目标），M 为充分大的正数。这样，对于要求实现目标函数最大化的线性规划问题来讲，只要在基变量中还存在人工变量，目标函数就不可能实现最大化，这就是大 M 法。以下举例加以说明。

例 1.11 试用大 M 法求解如下线性规划问题的最优解。

$$\min Z=-3x_1+x_2+x_3$$

$$\text{s.t.}\begin{cases}x_1-2x_2+x_3\leqslant 11\\-4x_1+x_2+2x_3\geqslant 3\\-2x_1+x_3=1\\x_1,x_2,x_3\geqslant 0\end{cases}$$

解：在上述问题中加入松弛变量、剩余变量和人工变量得

$$\max Z'=3x_1-x_2-x_3-Mx_6-Mx_7$$

$$\text{s.t.}\begin{cases}x_1-2x_2+x_3+x_4=11\\-4x_1+x_2+2x_3-x_5+x_6=3\\-2x_1+x_3+x_7=1\\x_1,\cdots,x_7\geqslant 0\end{cases}$$

这里 M 是一个充分大的正数，取基变量为 x_4、x_6、x_7，可得表 1.15。

表 1.15 例 1.11 的原始数据表

c_j		3	−1	−1	0	0	$-M$	$-M$
$\boldsymbol{X_B}$	$\boldsymbol{b}$	x_1	x_2	x_3	x_4	x_5	x_6	x_7
x_4	11	1	−2	1	1	0	0	0
x_6	3	−4	1	2	0	−1	1	0
x_7	1	−2	0	1	0	0	0	1
$-Z'$	0	3	−1	−1	0	0	$-M$	$-M$

x_4、x_6、x_7 为基变量，因此它们对应的检验数行的检验数必须为 0，经变换得初始单

纯形表（表 1.16）。

表 1.16　例 1.11 的初始单纯形表

c_j		3	−1	−1	0	0	−M	−M	θ
$\boldsymbol{X_B}$	$\boldsymbol{b}$	x_1	x_2	x_3	x_4	x_5	x_6	x_7	
x_4	11	1	−2	1	1	0	0	0	11
x_6	3	−4	1	2	0	−1	1	0	1.5
x_7	1	−2	0	[1]	0	0	0	1	1
$-Z'$	$4M$	$3-6M$	$M-1$	$3M-1$	0	$-M$	0	0	

由单纯形算法得表 1.17~表 1.19。

表 1.17　例 1.11 的单纯形计算表（1）

c_j		3	−1	−1	0	0	−M	−M	θ
$\boldsymbol{X_B}$	$\boldsymbol{b}$	x_1	x_2	x_3	x_4	x_5	x_6	x_7	
x_4	10	3	−2	0	1	0	0	−1	
x_6	1	0	[1]	0	0	−1	1	−2	1
x_3	1	−2	0	1	0	0	0	1	
$-Z'$	$M+1$	1	$M-1$	0	0	$-M$	0	$1-3M$	

表 1.18　例 1.11 的单纯形计算表（2）

c_j		3	−1	−1	0	0	−M	−M	θ
$\boldsymbol{X_B}$	$\boldsymbol{b}$	x_1	x_2	x_3	x_4	x_5	x_6	x_7	
x_4	12	[3]	0	0	1	−2	2	−5	4
x_2	1	0	1	0	0	−1	1	−2	
x_3	1	−2	0	1	0	0	0	1	
$-Z'$	2	1	0	0	0	−1	$1-M$	$-1-M$	

表 1.19　例 1.11 的最优表

c_j		3	−1	−1	0	0	−M	−M	θ
$\boldsymbol{X_B}$	$\boldsymbol{b}$	x_1	x_2	x_3	x_4	x_5	x_6	x_7	
x_1	4	1	0	0	1/3	−2/3	2/3	−5/3	
x_2	1	0	1	0	0	−1	1	−2	
x_3	9	0	0	1	2/3	−4/3	4/3	−7/3	
$-Z'$	−2	0	0	0	−1/3	−1/3	$1/3-M$	$2/3-M$	

在表 1.19 中，所有的 $\sigma_j \leqslant 0$，故得到最优解：

$$\boldsymbol{X}^* = (4,1,9,0,0,0,0)^{\mathrm{T}}$$

目标函数值 $Z' = 2$，原问题的最优目标值为 $Z^* = -2$。

1.4.3 两阶段法

大 M 法的求解思想比较直观，适合于手工计算不太复杂的线性规划问题。若是利用计算机求解，就必须先给出 M 足够大的值，这会带来数值计算上的困难。因此在商业线性规划软件中使用大 M 法的较少。为了克服计算机处理 M 的困难，可将约束条件中添加人工变量后的线性规划问题分两个阶段来计算，称为两阶段法。其中，第一阶段就是建立辅助线性规划并求解，以判断原线性规划是否存在基本可行解；第二阶段就是将第一阶段的最优解作为原线性规划问题的初始基本可行解来求最优解。具体由定理 1.8 给出。

定理 1.8 设原线性规划问题记成(LP)，由它而引入的新线性规划问题记成$(\mathrm{LP})^*$。分别表示如下：

$$(\mathrm{LP}):\max Z=\boldsymbol{C}^{\mathrm{T}}\boldsymbol{X}\qquad (\mathrm{LP})^*:\min W=\boldsymbol{e}^{\mathrm{T}}\boldsymbol{X}^*$$

$$\begin{cases}\boldsymbol{AX}=\boldsymbol{b}\\ \boldsymbol{X}\geqslant\boldsymbol{0}\end{cases}\qquad\qquad \begin{cases}\boldsymbol{AX}+\boldsymbol{IX}^*=\boldsymbol{b}\\ \boldsymbol{X}\geqslant\boldsymbol{0},\boldsymbol{X}^*\geqslant\boldsymbol{0}\end{cases}$$

$$\boldsymbol{X}^*=\left(x_{n+1},\cdots,x_{n+m}\right)^{\mathrm{T}},\boldsymbol{e}=\overbrace{(1,\cdots,1)}^{m个}{}^{\mathrm{T}}$$

（1）若$(\mathrm{LP})^*$有最优基本可行解$\begin{pmatrix}\tilde{\boldsymbol{X}}\\ \tilde{\boldsymbol{X}}^*\end{pmatrix}$，且$\tilde{\boldsymbol{X}}^*=\boldsymbol{0}$，即$W=0$，则$(\mathrm{LP})$是可行的，而$\tilde{\boldsymbol{X}}$即$(\mathrm{LP})$的一个基可行解。

（2）若$(\mathrm{LP})^*$的最优基本可行解为$\begin{pmatrix}\tilde{\boldsymbol{X}}\\ \tilde{\boldsymbol{X}}^*\end{pmatrix}$，而$\tilde{\boldsymbol{X}}^*\neq\boldsymbol{0}$，即$W\neq 0$，则$(\mathrm{LP})$一定没有最优解。

由定理 1.8 可知，我们可以根据新线性规划问题$(\mathrm{LP})^*$判断原线性规划问题(LP)是否存在基本可行解，利用单纯形算法，若得到$W=0$，即所有人工变量为非基变量，这表示原线性规划问题已得到了一个基本可行解。于是只需要将第一阶段最终计算表中的目标函数行的数字换成原线性规划问题的目标函数的数字，就得到了求解原线性规划问题的初始单纯形表，再进行第二阶段的求解。若第一阶段的最终计算表出现$W>0$，这就表明原线性规划问题(LP)无可行解，应停止计算。

各阶段的计算方法及步骤与前述单纯形法计算完全相同，下面用例子说明该方法的具体应用。

例 1.12 试用两阶段法求解如下线性规划问题。

$$\max Z=3x_1-x_2-x_3$$

$$\text{s.t.}\begin{cases}x_1-2x_2+x_3\leqslant 11\\ -4x_1+x_2+2x_3\geqslant 3\\ -2x_1+x_3=1\\ x_1,x_2,x_3\geqslant 0\end{cases}$$

解：先在以上问题的约束条件中加入松弛变量、剩余变量、人工变量，给出第一阶段的线性规划问题：

$$\min W = x_6 + x_7$$

$$\Rightarrow \quad \max W' = -x_6 - x_7$$

$$\text{s.t.}\begin{cases} x_1 - 2x_2 + x_3 + x_4 = 11 \\ -4x_1 + x_2 + 2x_3 - x_5 + x_6 = 3 \\ -2x_1 + x_3 + x_7 = 1 \\ x_1, \cdots, x_7 \geqslant 0 \end{cases}$$

以 x_4、x_6、x_7 为基变量得表 1.20。

表 1.20　第一阶段的原始数据表

c_j		0	0	0	0	0	−1	−1
X_B	b	x_1	x_2	x_3	x_4	x_5	x_6	x_7
x_4	11	1	−2	1	1	0	0	0
x_6	3	−4	1	2	0	−1	1	0
x_7	1	−2	0	1	0	0	0	1
$-W'$	0	0	0	0	0	0	−1	−1

x_4、x_6、x_7 为基变量，因此它们对应的检验数行的检验数必须为 0，经变换得第一阶段的初始单纯形表（表 1.21）。

表 1.21　第一阶段的初始单纯形表

c_j		0	0	0	0	0	−1	−1	θ
X_B	b	x_1	x_2	x_3	x_4	x_5	x_6	x_7	
x_4	11	1	−2	1	1	0	0	0	11
x_6	3	−4	1	2	0	−1	1	0	1.5
x_7	1	−2	0	[1]	0	0	0	1	1
$-W'$	4	−6	1	3	0	1	0	0	

由单纯形算法得表 1.22 和表 1.23。

表 1.22　第一阶段的单纯形计算表

c_j		0	0	0	0	0	−1	−1	θ
X_B	b	x_1	x_2	x_3	x_4	x_5	x_6	x_7	
x_4	10	3	−2	0	1	0	0	−1	
x_6	1	0	[1]	0	0	−1	1	−2	1
x_3	1	−2	0	1	0	0	0	1	
$-W'$	1	0	1	0	0	−1	0	−3	

表 1.23 第一阶段的最优表

c_j		0	0	0	0	0	−1	−1	θ
$\boldsymbol{X_B}$	$\boldsymbol{b}$	x_1	x_2	x_3	x_4	x_5	x_6	x_7	
x_4	12	3	0	0	1	−2	2	−5	
x_2	1	0	1	0	0	−1	1	−2	
x_3	1	−2	0	1	0	0	0	1	
$-W'$	0	0	0	0	0	0	−1	−1	

这里 x_6、x_7 是人工变量。第一阶段我们已求得 $W'=0$，最优解中因人工变量 $x_6=x_7=0$，所以 $(0,1,1,12,0)^{\mathrm{T}}$ 是原线性规划问题的一个基本可行解。于是可以开始第二阶段的计算。将第一阶段的最优表（表1.23）中的人工变量列去掉，并将目标函数系数换成原问题的目标函数系数，重新计算检验数行，可得第二阶段的初始单纯形表（表 1.24）；应用单纯形算法求解得第二阶段的最优表（表 1.25）。

表 1.24 第二阶段的初始单纯形表

c_j		3	−1	−1	0	0	θ
$\boldsymbol{X_B}$	$\boldsymbol{b}$	x_1	x_2	x_3	x_4	x_5	
x_4	12	[3]	0	0	1	−2	4
x_2	1	0	1	0	0	−1	
x_3	1	−2	0	1	0	0	
$-Z$	2	1	0	0	0	−1	

表 1.25 第二阶段的最优表

c_j		3	−1	−1	0	0	θ
$\boldsymbol{X_B}$	$\boldsymbol{b}$	x_1	x_2	x_3	x_4	x_5	
x_1	4	1	0	0	1/3	−2/3	
x_2	1	0	1	0	0	−1	
x_3	9	0	0	1	2/3	−4/3	
$-Z$	−2	0	0	0	−1/3	−1/3	

表 1.25 中所有检验数 $\sigma_j \leqslant 0$，所以 $x_1=4$，$x_2=1$，$x_3=9$ 是原线性规划问题的最优解。目标函数值为 $Z^*=2$。

1.4.4 检验数的几种表示方法

以 $\max Z=\boldsymbol{CX}, \boldsymbol{AX}=\boldsymbol{b}, \boldsymbol{X}\geqslant \boldsymbol{0}$ 作为标准型，以 $\sigma_j=c_j-z_j\leqslant 0$ 作为最优解的判别准则。还有其他形式，下面把几种检验数的表示方法及判别准则汇总于表 1.26。

表 1.26　几种检验数的表示方法及判别准则汇总表

检验数 σ	$\max Z=CX$ $AX=b,\ X\geqslant 0$	$\min Z=CX$ $AX=b,\ X\geqslant 0$
c_j-z_j	$\leqslant 0$	$\geqslant 0$
z_j-c_j	$\geqslant 0$	$\leqslant 0$

对于目标函数求极小值的问题采用上述任何一种处理方法，其单纯形算法的步骤与求极大值的方法相同。

这里提醒读者注意，在阅读其他有关线性规划的教科书时，一定要注意该书规定的标准型是目标函数求极大值还是求极小值，检验数是c_j-z_j还是z_j-c_j，不同的组合会使判别准则不同，但单纯形算法的计算步骤是不变的。

有关线性规划问题可以利用 Excel 软件进行求解，具体求解过程参见 10.2 节的内容。

1.5　应用举例

线性规划的应用非常广泛，特别是在经济管理领域有大量的实际问题可以归纳为线性规划问题来研究，有些问题，它们的背景不同、表现各异，但它们的数学模型有着完全相同的形式。尽可能多地掌握一些典型模型不但有助于深刻理解线性规划本身的理论，而且有利于灵活地处理千差万别的问题，提高解决实际问题的能力。下面举例说明线性规划在经济管理方面的应用与分析。

例 1.13　（生产计划安排问题）某厂生产三种产品Ⅰ、Ⅱ、Ⅲ，每种产品要经过 A、B 两道工序加工。设该厂有两种规格的设备能完成 A 工序，它们以 A_1、A_2表示；有三种规格的设备能完成 B 工序，它们以 B_1、B_2、B_3表示。产品Ⅰ可在 A、B 任何一种规格设备上加工；产品Ⅱ可在任何规格的 A 设备上加工，但在完成 B 工序时，只能在 B_1 设备上加工；产品Ⅲ只能在 A_2 与 B_2 设备上加工。已知在各种机床设备的单件工时、原材料费、产品销售价格、各种设备的有效台时及满负荷操作时机床设备的费用，如表 1.27 所示，要求安排最优的生产计划，使该厂的利润最大。

表 1.27　例 1.13 的数据表

产品设备	产品			设备的有效台时	满负荷时的设备费用/元
	Ⅰ	Ⅱ	Ⅲ		
A_1	5	10		6 000	300
A_2	7	9	12	10 000	321
B_1	6	8		4 000	250
B_2	4		11	7 000	780
B_3	7			4 000	200
原材料费/（元/件）	0.25	0.35	0.50		
单价/（元/件）	1.25	2.00	2.80		

解：首先列出所有可能生产产品Ⅰ、Ⅱ、Ⅲ的工序组合形式，并假设按各种工序的组合形式进行生产的产量。具体如下：

按（A_1，B_1）组合方式生产产品Ⅰ，其产量设为 x_1；

按（A_1，B_2）组合方式生产产品Ⅰ，其产量设为 x_2；

按（A_1，B_3）组合方式生产产品Ⅰ，其产量设为 x_3；

按（A_2，B_1）组合方式生产产品Ⅰ，其产量设为 x_4；

按（A_2，B_2）组合方式生产产品Ⅰ，其产量设为 x_5；

按（A_2，B_3）组合方式生产产品Ⅰ，其产量设为 x_6；

按（A_1，B_1）组合方式生产产品Ⅱ，其产量设为 x_7；

按（A_2，B_1）组合方式生产产品Ⅱ，其产量设为 x_8；

按（A_2，B_2）组合方式生产产品Ⅲ，其产量设为 x_9。

目标函数应为

$$
\begin{aligned}
\max Z=&(1.25-0.25)(x_1+\cdots+x_6)+(2.00-0.35)(x_7+x_8)+(2.80-0.50)x_9\\
&-300/6\,000\left[5(x_1+x_2+x_3)+10x_7\right]-321/10\,000\left[7(x_4+x_5+x_6)+9x_8+12x_9\right]\\
&-250/4\,000\left[6(x_1+x_4)+8(x_7+x_8)\right]+780/7\,000\left[4(x_2+x_5)+11x_9\right]-200/400\left[7(x_3+x_6)\right]
\end{aligned}
$$

整理即可得出所求的线性规划数学模型为

$$\max Z=0.37x_1+0.31x_2+0.40x_3+0.34x_4+0.34x_5+0.43x_6+0.65x_7+0.86x_8+0.68x_9$$

A_1台时约束 $\rightarrow 5(x_1+x_2+x_3)+10x_7\leqslant 6\,000$

A_2台时约束 $\rightarrow 7(x_4+x_5+x_6)+9x_8+12x_9\leqslant 10\,000$

B_1台时约束 $\rightarrow 6(x_1+x_4)+8(x_7+x_8)\leqslant 4\,000$

B_2台时约束 $\rightarrow 4(x_2+x_5)+11x_9\leqslant 7\,000$

B_3台时约束 $\rightarrow 7(x_3+x_6)\leqslant 4\,000$

决策变量的非负约束 $\rightarrow x_j\geqslant 0, j=1,\cdots,9$

利用 Excel 线性规划问题求解软件进行求解，可得计算结果为

$$x_1=0,x_2=1\,200,x_3=0,x_4=0,x_5=214.285\,7,x_6=571.428\,6,x_7=0,x_8=500,x_9=0,Z=1120.57$$

例 1.14 （配料问题）某工厂要用三种原材料 C、P、H 混合调出三种不同规格的产品 A、B、D。已知产品的规格要求、产品单价、每天能供应的原材料数量及原材料单价，分别见表 1.28、表 1.29。问：该厂应如何安排生产，使利润收入最大？

表 1.28 产品规格及单价

产品名称	规格要求	单价/（元/千克）
A	原材料 C 不少于 50% 原材料 P 不超过 25%	50
B	原材料 C 不少于 25% 原材料 P 不超过 50%	35
D	不限	25

表 1.29 原材料供应量及单价

原材料名称	每天最多供应量/千克	单价/（元/千克）
C	100	65
P	100	25
H	60	35

解：设 A_C 表示产品 A 中 C 的成分，用 x_1 表示；

A_P 表示产品 A 中 P 的成分，用 x_2 表示；

A_H 表示产品 A 中 H 的成分，用 x_3 表示；

B_C 表示产品 B 中 C 的成分，用 x_4 表示；

B_P 表示产品 B 中 P 的成分，用 x_5 表示；

B_H 表示产品 B 中 H 的成分，用 x_6 表示；

D_C 表示产品 D 中 C 的成分，用 x_7 表示；

D_P 表示产品 D 中 P 的成分，用 x_8 表示；

D_H 表示产品 D 中 H 的成分，用 x_9 表示。

依条件有

$$A_C \geqslant \frac{1}{2}A; A_P \leqslant \frac{1}{4}A; A_H \geqslant 0, A_C + A_P + A_H = A$$

$$B_C \geqslant \frac{1}{4}B; B_P \leqslant \frac{1}{2}B; B_H \geqslant 0, B_C + B_P + B_H = B$$

由 $A_C \geqslant \frac{1}{2}A$ 可得，$A_C \geqslant \frac{1}{2}(A_C + A_P + A_H)$ 即

$$-\frac{1}{2}A_C + \frac{1}{2}A_P + \frac{1}{2}A_H \leqslant 0$$

同理可得

$$-\frac{1}{4}A_C + \frac{3}{4}A_P - \frac{1}{4}A_H \leqslant 0$$

$$-\frac{3}{4}B_C + \frac{1}{4}B_P + \frac{1}{4}B_H \leqslant 0$$

$$-\frac{1}{2}B_C + \frac{1}{2}B_P - \frac{1}{2}B_H \leqslant 0$$

又由于原料总限额已给定，加入产品 A、B、D 的原材料 C 总量每天不超过 100 千克，P 总量不超过 100 千克，H 总量不超过 60 千克。由此有

$$A_C + B_C + D_C \leqslant 100$$

$$A_P + B_P + D_P \leqslant 100$$

$$A_H + B_H + D_H \leqslant 60$$

我们的目的是使利润最大，即产品价格减去原材料的价格为最大。

产品的价格为

对于产品 A　$50(A_C + A_P + A_H) = 50(x_1 + x_2 + x_3)$

对于产品 B　$35(B_C+B_P+B_H)=35(x_4+x_5+x_6)$

对于产品 D　$25(D_C+D_P+D_H)=25(x_7+x_8+x_9)$

原材料价格为

对于原材料 C　$65(A_C+B_C+D_C)=65(x_1+x_4+x_7)$

对于原材料 P　$25(A_P+B_P+D_P)=25(x_2+x_5+x_8)$

对于原材料 H　$35(A_H+B_H+D_H)=35(x_3+x_6+x_9)$

目标函数：

$$\begin{aligned}\max Z&=50(x_1+x_2+x_3)+35(x_4+x_5+x_6)+25(x_7+x_8+x_9)\\&\quad-65(x_1+x_4+x_7)-25(x_2+x_5+x_8)-35(x_3+x_6+x_9)\\&=-15x_1+25x_2+15x_3-30x_4+10x_5+0x_6-40x_7+0x_8-10x_9\end{aligned}$$

约束条件：

$$\begin{aligned}&-1/2x_1+1/2x_2+1/2x_3\leqslant 0\\&-1/4x_1+3/4x_2-1/4x_3\leqslant 0\\&-3/4x_4+1/4x_5+1/4x_6\leqslant 0\\&-1/2x_4+1/2x_5-1/2x_6\leqslant 0\\&x_1+x_4+x_7\leqslant 100\\&x_2+x_5+x_8\leqslant 100\\&x_3+x_6+x_9\leqslant 60\\&x_1,\cdots,x_9\geqslant 0\end{aligned}$$

上述数学模型，利用 Excel 线性规划问题求解软件进行求解，计算结果为：每天只生产产品 A 为 200 千克，分别需要用原料 C 为 100 千克，P 为 50 千克，H 为 50 千克。总利润收入 Z=500 元/天。

例 1.15　（连续投资问题）某部门在今后 5 年内考虑给下列项目投资，已知：

项目 A：从第一年到第四年每年年初需要投资，并于次年末回收本利 115%；

项目 B：第三年年初需要投资，到第五年年末能回收本利 125%，但规定最大投资额不超过 4 万元；

项目 C：第二年年初需要投资，到第五年年末能回收本利 140%，但规定最大投资额不超过 3 万元；

项目 D：5 年内每年年初可购买公债，于当年年末归还，并加利息 6%。

已知该部门现有资金 10 万元，问：它应如何确定给这些项目每年的投资额，使到第五年年末拥有资金的本利总额最大？

解：（1）确定变量：这是一个连续投资问题，与时间有关，但这里设法用线性规划方法静态地处理。设：

x_{iA}：表示第 i 年年初给项目 A 的投资额，$i=1,\cdots,5$；

x_{iB}：表示第 i 年年初给项目 B 的投资额，$i=1,\cdots,5$；

x_{iC}：表示第 i 年年初给项目 C 的投资额，$i=1,\cdots,5$；

x_{iD}：表示第 i 年年初给项目 D 的投资额，$i=1,\cdots,5$。

它们都是待定的未知变量。

（2）投资额应等于手中拥有的资金额。项目 D 每年都可以投资，并且当年末即可收回本息，所以该部门每年应把资金全部投出，手中不应当有剩余的呆滞资金。

因此有

$$\begin{cases} x_{1A}+x_{1D}=100\,000 \\ x_{2A}+x_{2C}+x_{2D}=1.06x_{1D} \\ x_{3A}+x_{3B}+x_{3D}=1.15x_{1A}+1.06x_{2D} \\ x_{4A}+x_{4D}=1.15x_{2A}+1.06x_{3D} \\ x_{5D}=1.15x_{3A}+1.06x_{4D} \end{cases}$$

（3）目标函数：目标要求是在第五年年末该部门手中拥有的资金额达到最大。这个目标函数可表示为

$$\max Z=1.15x_{4A}+1.25x_{3B}+1.40x_{2C}+1.06x_{5D}$$

（4）数学模型：

$$\max Z=1.15x_{4A}+1.25x_{3B}+1.40x_{2C}+1.06x_{5D}$$

$$\text{s.t.}\begin{cases} x_{1A}+x_{1D}=100\,000 \\ -1.06x_{1D}+x_{2A}+x_{2C}+x_{2D}=0 \\ -1.15x_{1A}-1.06x_{2D}+x_{3A}+x_{3B}+x_{3D}=0 \\ -1.15x_{2A}-1.06x_{3D}+x_{4A}+x_{4D}=0 \\ -1.15x_{3A}-1.06x_{4D}+x_{5D}=0 \\ x_{2C}\leqslant 30\,000 \\ x_{3B}\leqslant 40\,000 \\ x_{iA},x_{iB},x_{iC},x_{iD}\geqslant 0(i=1,\cdots,5) \end{cases}$$

（5）利用 Excel 线性规划问题求解软件进行求解，可计算得出结果为 $x_{1A}=34\,783$ 元，$x_{1D}=65\,217$ 元，$x_{2A}=39\,130$ 元，$x_{2C}=30\,000$ 元，$x_{2D}=0$，$x_{3A}=0$，$x_{3B}=40\,000$ 元，$x_{3D}=0$，$x_{4A}=45\,000$ 元，$x_{4D}=0$，$x_{5D}=0$，到第五年年末该部门拥有资金总额为 143 750 元，即盈利 43.75%。

例 1.16 （人力资源分配问题）某昼夜服务的公交公司的公交线路每天各时段内所需司机和乘务人员如表 1.30 所示。

表 1.30 各时段内所需司机和乘务人员

班次	时间	所需人数/个
1	6：00~10：00	60
2	10：00~14：00	70
3	14：00~18：00	60
4	18：00~22：00	50
5	22：00~2：00	20
6	2：00~6：00	30

设司机和乘务人员分别在各时段开始时上班，并连续工作 8 小时。

问题：

该公司公交线路应如何安排司机和乘务人员，既能满足工作需要，又使配备司机和乘务人员的人数最少？

解：设 x_i 表示第 i 班次开始上班的司机和乘务人员人数，这样可以知道在第 i 班工作的人数应包括第 i−1 班次开始上班的人数和第 i 班次开始上班的人数，如 $x_1 + x_2 \geqslant 70$，又要求这 6 个班次开始上班的人数最少，即可以建立如下的数学模型：

$$\min Z = x_1 + x_2 + x_3 + x_4 + x_5 + x_6$$

$$\text{s.t.}\begin{cases} x_1 + x_2 \geqslant 70 \\ x_2 + x_3 \geqslant 60 \\ x_3 + x_4 \geqslant 50 \\ x_4 + x_5 \geqslant 20 \\ x_5 + x_6 \geqslant 30 \\ x_1 + x_6 \geqslant 60 \\ x_1, x_2, x_3, x_4, x_5, x_6 \geqslant 0 \end{cases}$$

利用 Excel 线性规划问题求解软件进行求解，可计算得出结果为

$$x_1 = 50, x_2 = 20, x_3 = 50, x_4 = 0, x_5 = 20, x_6 = 10$$

$$\text{或}\ x_1 = 50, x_2 = 20, x_3 = 40, x_4 = 10, x_5 = 10, x_6 = 20$$

一共需要司机和乘务人员 150 个人。

1.6 案例分析

案例 1.6.1 某印染公司应如何合理使用技术培训费

1）问题的提出

为适应现代科学技术的发展，提高工人的技术水平，必须下功夫搞好职工的技术培训，通过提高技术工人的水平，提高产品质量，获取最大的经济效益。因此要对可利用的有限资金进行合理的分配和利用，这就需要对智力投资的资金进行规划。

2）有关数据

某印染公司需要的技术工人分为初级、中级和高级三个层次。统计资料显示：培养出来的每个初级工每年可为公司增加产值 1 万元，每个中级工每年可为公司增加产值 4 万元，每个高级工每年可为公司增加产值 5.5 万元。

公司计划在今后三年中拨出 150 万元作为培训费，其中第一年投资 55 万元，第二年投资 45 万元，第三年投资 50 万元。

通过公司过去培养初级工、中级工、高级工的经历并经过咨询，预计培养一名初级工，在高中毕业后需要一年，费用为 1 000 元；培养一名中级工，在高中毕业后需要三

年，第一年和第二年费用各为3 000元，第三年的费用为1 000元；培养一名高级工，在高中毕业后也需要三年，第一年的费用为3 000元，第二年费用为2 000元，第三年的费用为 4 000 元。

目前公司共有初级工 226 人，中级工 560 人，高级工 496 人。若通过提高目前技术工人的水平来增加中级工和高级工的人数，其培养时间和培养费用分别如下：由初级工培养为中级工，需要一年时间，费用为 2 800 元；由初级工直接培养为高级工需要两年时间，第一年的费用为2 000元，第二年费用为3 200元；由中级工培养为高级工需要一年时间，费用为 3 600 元。

由于公司目前的师资力量不足，教学环境有限，每年可培养的职工人数受到一定限制。根据目前情况，每年在培的初级工不超过 90 人，在培的中级工不超过 80 人，在培的高级工不超过 80 人。

问题：

为了利用有限的职工培训费培养更多的技术工人，并为公司创造更大的经济效益，要确定直接由高中毕业生中培养初、中、高级技术工人各多少，通过提高目前技术工人的水平来增加中级工和高级工的初级工和中级工分别为多少，才能使企业增加的产值最多。

解：变量的设置如表 1.31 所示，其中 x_{ij} 为第 i 类培训方式在第 j 年培训的人数。

表 1.31　变量设置表

培养类别	第一年	第二年	第三年
1.高中生升初级工	x_{11}	x_{12}	x_{13}
2.高中生升中级工	x_{21}		
3.高中生升高级工	x_{31}		
4.初级工升中级工	x_{41}	x_{42}	x_{43}
5.初级工升高级工	x_{51}	x_{52}	
6.中级工升高级工	x_{61}	x_{62}	x_{63}

则每年年底培养出来的初级工、中级工和高级工人数如表 1.32 所示。

表 1.32　每年培养人数

工人类型	第一年底	第二年底	第三年底
初级工	x_{11}	x_{12}	x_{13}
中级工	x_{41}	x_{42}	$x_{21}+x_{43}$
高级工	x_{61}	$x_{51}+x_{62}$	$x_{31}+x_{52}+x_{63}$

则第一年的总成本（total cost，TC）TC1 为

$$1\,000x_{11}+3\,000x_{21}+3\,000x_{31}+2\,800x_{41}+2\,000x_{51}+3\,600x_{61}\leqslant 550\,000$$

第二年的总成本 TC2 为

$$1\,000x_{12}+3\,000x_{21}+2\,000x_{31}+2\,800x_{42}+\left(3\,200x_{51}+2\,000x_{52}\right)+3\,600x_{62}\leqslant 450\,000$$

第三年的总成本 TC3 为

$1\,000x_{13}+1\,000x_{21}+4\,000x_{31}+2\,800x_{43}+3\,200x_{52}+3\,600x_{63}\leqslant 500\,000$

总成本 $TC=TC1+TC2+TC3\leqslant 1\,500\,000$

其他约束条件为

$$x_{41}+x_{42}+x_{43}+x_{51}+x_{52}\leqslant 226$$
$$x_{61}+x_{62}+x_{63}\leqslant 560$$
$$x_{1j}\leqslant 90\left(j=1,2,3\right)$$
$$x_{21}+x_{41}\leqslant 80$$
$$x_{21}+x_{42}\leqslant 80$$
$$x_{21}+x_{43}\leqslant 80$$
$$x_{31}+x_{51}+x_{61}\leqslant 80$$
$$x_{31}+x_{51}+x_{52}+x_{62}\leqslant 80$$
$$x_{31}+x_{52}+x_{63}\leqslant 80$$

以下计算因培训而增加的产值。

$\max TO=\left(x_{11}+x_{12}+x_{13}\right)+4\left(x_{41}+x_{42}+x_{21}+x_{43}\right)+5.5\left(x_{61}+x_{51}+x_{62}+x_{31}+x_{52}+x_{63}\right)$

经计算可得

$x_{11}=38$； $x_{41}=80$； $x_{42}=59$； $x_{43}=77$； $x_{61}=80$； $x_{62}=79$； $x_{63}=79$；其余变量都为 0。

$TO=2\,211$。

案例 1.6.2 动物饲料配制

有一家牛饲料公司要生产两种类型的动物饲料：粉状饲料和颗粒状饲料。生产这些饲料所需的原料有燕麦、玉米和糖渣。首先需要将燕麦和玉米磨碎，糖渣不需要磨碎；其次将所有原料混合形成饲料产品。在最后一道生产工序中，需要将半成品制成粉状饲料和颗粒状饲料，从而得到最终产品。

每种饲料产品都需要满足一些营养成分需求，表 1.33 列出了原料含有的和最终产品要求的蛋白质、脂肪和纤维素含量百分比。

表 1.33 营养成分含量百分比

原料	蛋白质	脂肪	纤维素
燕麦	13.6	7.1	7
玉米	4.1	2.4	3.7
糖渣	5	0.3	25
要求含量	⩾ 9.5	⩾ 2	⩽ 6

各种原料的可用量也有限制。表 1.34 列出了每天各种原料的可用量及对应的价格。

表 1.34　原料的可用量与价格

原料	可用量/千克	价格/（元/千克）
燕麦	11 900	1.3
玉米	23 500	1.7
糖渣	750	1.2

表 1.35 列出了各道工序的成本。

表 1.35　加工成本　　单位：元

磨碎	混合	结粒	筛粉
2.5	0.5	4.2	1.7

如果每天需求量为 9 吨颗粒状饲料，12 吨粉状饲料，则各种原材料应分别使用多少，并应怎样混合才能够使总成本最低？

解：设颗粒状饲料与粉状饲料分别生产 x_1、x_2 千克，生产饲料 i 用原料 r 的量为 $u_{ri}\left(r=1,2,3;i=1,2\right)$。

则目标是要使生产总成本最小。在总成本中，一个是原料的采购成本，另一个是饲料的各种工序的加工成本。

原料的采购成本为 $\sum_{i=1}^{2}1.3u_{1i}+\sum_{i=1}^{2}1.7u_{2i}+\sum_{i=1}^{2}1.2u_{3i}$；

磨碎工序的加工成本为 $\sum_{r=1}^{2}\sum_{i=1}^{2}2.5u_{ri}$（由于糖渣不需要磨碎工序）；

混合工序的加工成本为 $\sum_{r=1}^{3}\sum_{i=1}^{2}0.5u_{ri}$；

结粒工序的加工成本为 $\sum_{r=1}^{3}4.2u_{r1}$（由于只有颗粒状饲料才有结粒工序）；

筛粉工序的加工成本为 $\sum_{r=1}^{3}1.7u_{r2}$（由于只有粉状饲料才有筛粉工序）。

所以目标函数为

$$\min Z=\sum_{i=1}^{2}1.3u_{1i}+\sum_{i=1}^{2}1.7u_{2i}+\sum_{i=1}^{2}1.2u_{3i}+\sum_{r=1}^{2}\sum_{i=1}^{2}2.5u_{ri}+\sum_{r=1}^{3}\sum_{i=1}^{2}0.5u_{ri}+\sum_{r=1}^{3}4.2u_{r1}+\sum_{r=1}^{3}1.7u_{r2}$$

约束条件：

颗粒状饲料的生产量等于生产这种产品的各种原料使用量之和：

$$\sum_{r=1}^{3}u_{r1}=x_1$$

粉状饲料的生产量等于生产这种产品的各种原料使用量之和：

$$\sum_{r=1}^{3}u_{r2}=x_2$$

营养成分蛋白质的需求：

$$13.6u_{11}+4.1u_{21}+5u_{31}\geqslant 9.5x_1$$
$$13.6u_{12}+4.1u_{22}+5u_{32}\geqslant 9.5x_2$$

营养成分脂肪的需求：

$$7.1u_{11}+2.4u_{21}+0.3u_{31}\geqslant 2x_1$$
$$7.1u_{12}+2.4u_{22}+0.3u_{32}\geqslant 2x_2$$

营养成分纤维素的需求：

$$7u_{11}+3.7u_{21}+25u_{31}\leqslant 6x_1$$
$$7u_{12}+3.7u_{22}+25u_{32}\leqslant 6x_2$$

保证原料的用量不超过每天原料的供给量：

$$u_{11}+u_{12}\leqslant 11\,900$$
$$u_{21}+u_{22}\leqslant 23\,500$$
$$u_{31}+u_{32}\leqslant 750$$

每天的生产量要满足需求：

$$x_1\geqslant 9\,000$$
$$x_2\geqslant 12\,000$$

因此可得原问题的数学模型：

$$\min Z=\sum_{i=1}^{2}1.3u_{1i}+\sum_{i=1}^{2}1.7u_{2i}+\sum_{i=1}^{2}1.2u_{3i}+\sum_{r=1}^{2}\sum_{i=1}^{2}2.5u_{ri}+\sum_{r=1}^{3}\sum_{i=1}^{2}0.5u_{ri}+\sum_{r=1}^{3}4.2u_{r1}+\sum_{r=1}^{3}1.7u_{r2}$$

$$\text{s.t.}\begin{cases}\sum_{r=1}^{3}u_{r1}=x_1\\ \sum_{r=1}^{3}u_{r2}=x_2\\ 13.6u_{11}+4.1u_{21}+5u_{31}\geqslant 9.5x_1\\ 13.6u_{12}+4.1u_{22}+5u_{32}\geqslant 9.5x_2\\ 7.1u_{11}+2.4u_{21}+0.3u_{31}\geqslant 2x_1\\ 7.1u_{12}+2.4u_{22}+0.3u_{32}\geqslant 2x_2\\ 7u_{11}+3.7u_{21}+25u_{31}\leqslant 6x_1\\ 7u_{12}+3.7u_{22}+25u_{32}\leqslant 6x_2\\ u_{11}+u_{12}\leqslant 11\,900\\ u_{21}+u_{22}\leqslant 23\,500\\ u_{31}+u_{32}\leqslant 750\\ x_1\geqslant 9\,000\\ x_2\geqslant 12\,000\\ u_{ri}\geqslant 0,x_i\geqslant 0,i=1,2;r=1,2,3\end{cases}$$

经计算得，生产 9 吨颗粒状饲料，12 吨粉状饲料，最低总成本为 15 086.8 元，各种原材料的使用量如表 1.36 所示。

表 1.36　饲料生产的最佳方案

饲料类型	燕麦/千克	玉米/千克	糖渣/千克	蛋白质	脂肪	纤维素
颗粒状饲料	5 098.56	3 719.53	181.91	9.50%	5.02%	6.00%
粉状饲料	6 798.07	4 959.37	242.55	9.50%	5.02%	6.00%

案例 1.6.3　北方化工厂月生产计划安排

1）问题的提出

根据经营现状和目标，合理制订生产计划和有效组织生产，是一个企业提高效益的核心，特别是对于一个化工厂而言，由于其原料品种多、生产工艺复杂、原材料和产成品存储费用较高，并有一定的危险性，对其生产计划做出合理安排就显得尤为重要。

现要求对北方化工厂的生产计划做出合理安排。

2）有关数据

（1）生产概况。

北方化工厂现有两套提取生产线，每套生产线容量为800千克，该厂每天24小时连续生产，从原料投入到产品出线平均需要10小时，成品率约为60%，该厂有4吨卡车1辆，可供原材料运输。

（2）产品结构及有关资料。

该厂目前的产品可分为5类，所有原料15种，根据厂方提供的资料，经整理得表1.37。

表 1.37　各种产品含量及原料价格、产品价格

原料	产品 1	产品 2	产品 3	产品 4	产品 5	原料价格/（元/千克）
原料 1	47.1%	44.4%	47.0%	47.1%	44.4%	5.71
原料 2	19.2%	19.7%	20.3%	19.7%	19.2%	0.45
原料 3	9.4%	5.4%	4.5%	1.7%	8.6%	0.22
原料 4	5.5%	18.7%	20.7%	1.9%	19.7%	0.80
原料 5	4.0%	7.0%	6.2%	6.1%	6.3%	0.17
原料 6		0.2%	0.6%	13.9%		4.50
原料 7	12.0%	3.0%				1.45
原料 8					0.1%	16.80
原料 9	0.7%	1.6%	0.6%			0.45
原料 10				5.8%		1.50
原料 11				2.5%		52.49
原料 12				0.3%		1.20
原料 13					1.3%	1.45
原料 14	2.1%			1.0%	0.4%	1.80
原料 15			0.1%			11.40
产品价格/（元/千克）	7.50	8.95	8.30	31.80	9.80	

3）供销情况

（1）根据现有运输条件，原料 3 从外地购入，每月只能购入 1 车；

（2）根据前几个月的购销情况，产品 1 和产品 3 应占总产量的 70%，产品 2 的产量最好不超过总产量的 5%，产品 1 的产量不要低于产品 3 和产品 4 的产量之和。

问题：

（1）请制订该厂的月生产计划，使得该厂的总利润最高。

（2）找出阻碍该厂提高生产能力的瓶颈问题，提出解决办法。

案例 1.6.4　生产战略

某健身公司在某自由港设有一个生产厂，最近公司设计了两种适合各种体型的家庭健身器材。这两种器材都使用了 Better 塑形专利技术，大大增加了健身者的活动范围，可以满足各种运动动作的需要。现在这种功能只有昂贵笨重的物理理疗器才有。

在最近的贸易展览会上，由于这种器材的参与，公司的收效显著。事实上，订单要求的生产数量已经大大超过了公司现阶段的生产能力。于是公司的管理层决定生产这两种器材，这两种器材分别为贝贝加 100 型和贝贝加 200 型，是由不同的原材料生产出来的。

贝贝加 100 型由一个框架单元、压力源和 pec-dec 源组成。制造每个框架需要用 4 个小时进行制形和焊接，2 个小时进行喷漆和成型。每个压力源需要 2 个小时进行制形和焊接，1 个小时进行喷漆和成型。每个 pec-dec 源需要 2 个小时进行制形和焊接，2 个小时进行喷漆和成型。此外对于每个贝贝加 100 型器材，还需要 2 个小时进行装配、调试和包装。框架单元的原材料价格是 450 元，压力源的原材料价格是 300 元，pec-dec 源的原材料价格是 250 元，包装的成本预算是 50 元/台。

贝贝加 200 型由一个框架单元、压力源、pec-dec 源和腿压源组成。制造每个框架需要用 5 个小时进行制形和焊接，4 个小时进行喷漆和成型。每个压力源需要 3 个小时进行制形和焊接，2 个小时进行喷漆和成型。每个 pec-dec 源需要 2 个小时进行制形和焊接，2 个小时进行喷漆和成型。每个腿压源需要 2 个小时进行制形和焊接，2 个小时进行喷漆和成型。此外对于每个贝贝加 200 型器材，还需要 2 个小时进行装配、调试和包装。框架单元的原材料价格是 650 元，压力源的原材料价格是 450 元，pec-dec 源的原材料价格是 250 元，包装的成本预算是 75 元/台。

预计在下一个生产周期里，制形和焊接的可用时间是 600 小时，喷漆和成型的可用时间是 450 小时，调试和包装的可用时间是 140 小时。现在制形和焊接的劳动力费用是 20 元/小时，喷漆和成型的劳动力费用是 15 元/小时，调试和包装的劳动力费用是 12 元/小时。虽然公司是唯一能够生产这种器械的公司，但在市场上仍有竞争，预计贝贝加 100 型的市场价是 2 400 元，贝贝加 200 型的市场价是 3 500 元。公司正式委托的零售商可以 70%的市场价格进货。

该健身公司的老板相信贝贝加 200 型的独特魅力可以帮助公司成为行业的领先者。因此他决定贝贝加 200 型的产品必须至少占总产量的 25%。

问题：

（1）你建议贝贝加 200 型和贝贝加 100 型运动器材各应该生产多少？

（2）贝贝加 200 型器材至少要占总产量的 25%这个要求对利润会产生什么影响？

（3）为了增加利润，还应该做什么努力？

习　题　1

1. 某工厂准备生产三种型号的产品，每种型号产品所消耗的材料、所需人力及销售利润如表 1.38 所示。

表 1.38　资源消耗及销售利润表

项目内容	A	B	C
工时/（小时/件）	7	3	6
材料/（千克/件）	40	40	50
利润/（元/件）	40	20	30

工厂每天只能保证供应 2 000 千克原材料，能利用的劳动力最多为 150 个人（按每天每人工作 8 小时计），为使该工厂利润最大化，每天应生产 A、B、C 三种型号的产品各多少件？试建立这个问题的数学模型。

2. 将下述线性规划化为标准形式。

（1）

$$\max Z = x_1 + 2x_2 + 4x_3$$

$$\text{s.t.}\begin{cases} 2x_1 + x_2 - x_3 \leqslant 9 \\ -3x_1 + x_2 + 4x_3 \geqslant 25 \\ 4x_1 + x_2 - 4x_3 = -30 \\ x_1 \leqslant 0, x_2 \geqslant 0, x_3\text{取值无约束} \end{cases}$$

（2）

$$\min Z = x_1 + 2x_2 + 4x_3$$

$$\text{s.t.}\begin{cases} -3x_1 + 2x_2 + 2x_3 \leqslant 19 \\ -4x_1 + 3x_2 + 4x_3 \geqslant 14 \\ 5x_1 - 2x_2 - 4x_3 = -26 \\ x_1 \leqslant 0, x_2 \geqslant 0, x_3\text{取值无约束} \end{cases}$$

3. 用图解法求解下列线性规划问题。

（1）

$$\max Z = 8x_1 + 5x_2$$

$$\text{s.t.}\begin{cases} 8x_1 + 4x_2 \geqslant 20 \\ 3x_1 + 6x_2 \geqslant 18 \\ x_1 + 5x_2 \leqslant 16 \\ x_1, x_2 \geqslant 0 \end{cases}$$

（2）

$$\max Z = 42x_1 + 3x_2$$
$$\text{s.t.}\begin{cases} 2x_2 \leqslant 8 \\ x_1 \leqslant 6 \\ 2x_1 + 3x_2 \leqslant 18 \\ x_1, x_2 \geqslant 0 \end{cases}$$

4. 用单纯形算法求解下列线性规划问题。

（1）

$$\min Z = 5x_1 - 2x_2 + 3x_3 + 2x_4$$
$$\text{s.t.}\begin{cases} x_1 + 2x_2 + 3x_3 + 4x_4 \leqslant 7 \\ 2x_1 + 2x_2 + x_3 + 2x_4 \leqslant 3 \\ x_1, x_2, x_3, x_4 \geqslant 0 \end{cases}$$

（2）

$$\max Z = 2x_1 - x_2 + x_3$$
$$\text{s.t.}\begin{cases} 3x_1 + x_2 + x_3 \leqslant 60 \\ x_1 - x_2 + 2x_3 \leqslant 10 \\ x_1 + x_2 - 2x_3 \leqslant 20 \\ x_1, x_2, x_3 \geqslant 0 \end{cases}$$

5. 分别用大 M 法和两阶段法求解下列线性规划问题。

（1）

$$\max Z = 2x_1 + 3x_2 - 5x_3$$
$$\text{s.t.}\begin{cases} x_1 + x_2 + x_3 = 7 \\ 2x_1 - 5x_2 + x_3 \geqslant 10 \\ x_1, x_2, x_3 \geqslant 0 \end{cases}$$

（2）

$$\min Z = 4x_1 + x_2$$
$$\text{s.t.}\begin{cases} 3x_1 + x_2 = 3 \\ 4x_1 + 3x_2 - x_3 = 6 \\ x_1 + 2x_2 + x_4 = 4 \\ x_1, x_2, x_3, x_4 \geqslant 0 \end{cases}$$

（3）

$$\max Z = 10x_1 + 15x_2 + 12x_3$$
$$\text{s.t.}\begin{cases} 5x_1 + 3x_2 + x_3 \leqslant 9 \\ -5x_1 + 6x_2 + 15x_3 \leqslant 15 \\ 2x_1 + x_2 + x_3 \geqslant 5 \\ x_1, x_2, x_3 \geqslant 0 \end{cases}$$

第2章

线性规划的对偶理论与灵敏度分析

2.1 线性规划的对偶理论

2.1.1 对偶问题

对偶理论是线性规划问题的最重要的内容之一。每一个线性规划问题必然有与之相伴而生的另一个线性规划问题，即任何一个求 $\max Z$ 的线性规划问题都有一个求 $\min W$ 的线性规划问题。其中的一个问题叫“原问题”，记为 LP，另一个叫“对偶问题”，记为 DP。下面举例加以说明。

例 2.1 （资源的合理利用问题）某工厂在计划期内安排生产Ⅰ、Ⅱ两种产品，已知资料如表 2.1 所示，问：应如何安排生产计划使得既能充分利用现有资源又使总利润最大?

表 2.1 生产资料消耗

项目	Ⅰ	Ⅱ	资源总量
原材料 A	2	3	24
原材料 B	3	4	30
设备工时	5	2	26
利润/元	4	3	

假设 x_1、x_2 分别表示在计划期内生产产品Ⅰ、Ⅱ的件数，其数学模型为

$$\max Z = 4x_1 + 3x_2$$

$$\text{s.t.}\begin{cases} 2x_1 + 3x_2 \leqslant 24 & (\text{材料约束A}) \\ 3x_1 + 4x_2 \leqslant 30 & (\text{材料约束B}) \\ 5x_1 + 2x_2 \leqslant 26 & (\text{工时约束}) \\ x_1, x_2 \geqslant 0 \end{cases}$$

现从另一角度考虑此问题。假设有客户提出要求，租赁工厂的设备工时和购买工厂的原材料，为其加工生产别的产品，由客户支付工时费和材料费，此时工厂应考虑如何为工时和各种原材料定价，同样使其获得的利润最大？

分析问题：

（1）设备工时和各种原材料定价不能低于自己生产时的可获利润；

（2）设备工时和各种原材料定价又不能太高，要使对方能够接受。

解：（1）决策变量：设 y_1、y_2、y_3 分别表示出售单位原材料 A、单位原材料 B 的价格（含附加值）和出租设备单位工时的租金。

（2）目标函数：此时工厂的总收入为 $W = 24y_1 + 30y_2 + 26y_3$，这也是租赁方需要付出的成本。在这个问题中，是企业不生产，将自己的资源出售或出租，因此，此时起决定作用的是租赁方，所以此时的目标函数为

$$\min W = 24y_1 + 30y_2 + 26y_3$$

（3）约束条件：工厂决策者考虑：

出售原材料和出租设备应不少于自己生产产品的获利，否则不如自己生产为好。因此有

$$\begin{cases} 2y_1 + 3y_2 + 5y_3 \geqslant 4 \\ 3y_1 + 4y_2 + 2y_3 \geqslant 3 \\ y_1, y_2, y_3 \geqslant 0 \end{cases}$$

价格应尽量低，否则没有竞争力（此价格可成为与客户谈判的底价）。

租赁者考虑：希望价格越低越好，否则另找他人。因此能够使双方共同接受的模型为

$$\min W = 24y_1 + 30y_2 + 26y_3$$

$$\begin{cases} 2y_1 + 3y_2 + 5y_3 \geqslant 4 \\ 3y_1 + 4y_2 + 2y_3 \geqslant 3 \\ y_1, y_2, y_3 \geqslant 0 \end{cases}$$

上述两个线性规划问题的数学模型是在同一企业的资源状况和生产条件下，从不同角度考虑所产生的模型，因此两者密切相关。我们称这两个线性规划问题是互为对偶的两个线性规划问题。其中一个是原问题，记为（LP），另一个为原问题的对偶问题，记为（DP）。

一般地，对于任何一个线性规划问题都有一个与之相对应的对偶问题。原问题与对偶问题的一般形式为

原问题（LP）

$$\max Z = c_1x_1 + c_2x_2 + \cdots + c_nx_n$$

$$\text{s.t.}\begin{cases} a_{11}x_1 + a_{12}x_2 + \cdots + a_{1n}x_n \leqslant b_1 \\ a_{21}x_1 + a_{22}x_2 + \cdots + a_{2n}x_n \leqslant b_2 \\ \cdots\cdots \\ a_{m1}x_1 + a_{m2}x_2 + \cdots + a_{mn}x_n \leqslant b_m \\ x_j \geqslant 0 (j = 1, 2, \cdots, n) \end{cases}$$

对偶问题（DP）

$$\min W = b_1y_1 + b_2y_2 + \cdots + b_my_m$$

$$\text{s.t.}\begin{cases} a_{11}y_1 + a_{21}y_2 + \cdots + a_{m1}y_m \geqslant c_1 \\ a_{12}y_1 + a_{22}y_2 + \cdots + a_{m2}y_m \geqslant c_2 \\ \cdots\cdots \\ a_{1n}y_1 + a_{2n}y_2 + \cdots + a_{mn}y_m \geqslant c_n \\ y_i \geqslant 0 (i = 1, 2, \cdots, m) \end{cases}$$

相应的矩阵形式为

$$\max Z = \boldsymbol{CX} \qquad \text{s.t.}\begin{cases} \boldsymbol{AX} \leqslant \boldsymbol{b} \\ \boldsymbol{X} \geqslant \boldsymbol{0} \end{cases}$$

$$\min W = \boldsymbol{Yb} \qquad \text{s.t.}\begin{cases} \boldsymbol{YA} \geqslant \boldsymbol{C} \\ \boldsymbol{Y} \geqslant \boldsymbol{0} \end{cases}$$

2.1.2　对偶理论

1. 原问题与对偶问题的关系

对称形式的对偶问题为

（LP）
$$\max Z = \boldsymbol{CX} \qquad \text{s.t.}\begin{cases} \boldsymbol{AX} \leqslant \boldsymbol{b} \\ \boldsymbol{X} \geqslant \boldsymbol{0} \end{cases}$$

（DP）
$$\min W = \boldsymbol{Yb} \qquad \text{s.t.}\begin{cases} \boldsymbol{YA} \geqslant \boldsymbol{C} \\ \boldsymbol{Y} \geqslant \boldsymbol{0} \end{cases}$$

由以上两模型可知，原问题与对偶问题之间具有如下关系。

（1）原问题中目标函数求最大值，在其对偶问题中目标函数则为求最小值。

（2）原问题中目标函数的系数是其对偶问题中约束条件的右端项；原问题中的右端项是其对偶问题中目标函数的系数。

（3）原问题中约束条件为“⩽”，则在其对偶问题中的决策变量为“⩾”；原问题中决策变量为“⩾”，则在其对偶问题中的约束条件为“⩾”。

（4）原问题中的约束条件个数等于它的对偶问题中的变量个数；原问题中的变量个数等于它的对偶问题中的约束条件个数。

（5）原问题中约束系数矩阵与对偶问题中约束系数矩阵互为转置关系。

例 2.2　写出下述线性规划问题的对偶问题。

$$\max Z = 4x_1 + 5x_2$$

$$\text{s.t.}\begin{cases} 3x_1 + 2x_2 \leqslant 20 \\ 4x_1 - 3x_2 \leqslant 10 \\ x_1, x_2 \geqslant 0 \end{cases}$$

解：按照上述规则，该问题的对偶线性规划为

$$\min W = 20y_1 + 10y_2$$

$$\text{s.t.}\begin{cases} 3y_1 + 4y_2 \geqslant 4 \\ 2y_1 - 3y_2 \geqslant 5 \\ y_1, y_2 \geqslant 0 \end{cases}$$

当线性规划的约束条件为等式约束时，原问题与其对偶问题之间的变量关系就是非对称形式的对偶关系。

此时，原问题为

$$\max Z = \sum_{j=1}^{n} c_j x_j$$

$$\text{s.t.}\begin{cases} \sum_{j=1}^{n} a_{ij} x_j = b_i, & i = 1, 2, \cdots, m \\ x_j \geqslant 0, & j = 1, 2, \cdots, n \end{cases}$$

则对偶问题为

$$\min W = \sum_{i=1}^{m} b_i y_i$$

$$\text{s.t.}\begin{cases} \sum_{i=1}^{m} a_{ij} y_i \geqslant c_j, & j = 1, 2, \cdots, n \\ y_i \text{符号不限}, & i = 1, 2, \cdots, m \end{cases}$$

该对偶问题的特点：对偶变量符号不限，系数矩阵为原问题系数矩阵的转置矩阵。

对于等式约束可以把它写成两个不等式约束，对于“⩾”的不等式，可以两边同乘“−1”，再根据对称形式的对偶关系写出对偶问题，然后进行适当的整理，使式中出现的所有系数与原问题中的系数相对应。

根据上述思想，考虑可能出现的各种情况，归纳出原问题与对偶问题之间的对应关系，可以用表 2.2 表示。

表 2.2 原问题与对偶问题之间的对应关系

原问题 max（对偶问题）	对偶问题 min（原问题）
约束条件数=m	变量个数=m
第 i 个约束条件为“⩽” 第 i 个约束条件为“⩾” 第 i 个约束条件为“=”	第 i 个变量⩾0 第 i 个变量⩽0 第 i 个变量无限制
变量个数=n	约束条件个数=n
第 i 个变量⩾0 第 i 个变量⩽0 第 i 个变量无限制	第 i 个约束条件为“⩾” 第 i 个约束条件为“⩽” 第 i 个约束条件为“=”
第 i 个约束条件的右端项 目标函数第 i 个变量的系数	目标函数第 i 个变量的系数 第 i 个约束条件的右端项
约束条件第 i 个变量的系数 第 i 个约束条件中各变量的系数	第 i 个约束条件中各变量的系数 约束条件第 i 个变量的系数

例 2.3　写出下述线性规划问题的对偶问题。

$$\max Z = 4x_1 + 5x_2 + 2x_3$$

$$\text{s.t.}\begin{cases} 3x_1 + 2x_2 + x_3 \leqslant 20 \\ 4x_1 - 3x_2 + 3x_3 \geqslant 10 \\ x_1 + x_2 + 2x_3 = 5 \\ x_1 \geqslant 0, x_2\text{无约束}, x_3 \leqslant 0 \end{cases}$$

按照表 2.2 将线性规划问题化为对偶问题。

$$\min W = 20y_1 + 10y_2 + 5y_3$$

$$\text{s.t.}\begin{cases} 3y_1 + 4y_2 + y_3 \geqslant 4 \\ 2y_1 - 3y_2 + y_3 = 5 \\ y_1 + 3y_2 + 2y_3 \leqslant 2 \\ y_1 \geqslant 0, y_2 \leqslant 0, y_3\text{无约束} \end{cases}$$

例 2.4　写出下述线性规划问题的对偶问题。

$$\min Z = 3x_1 + 2x_2 - 4x_3 + x_4$$

$$\text{s.t.}\begin{cases} x_1 + x_2 - 3x_3 + x_4 \geqslant 10 \\ 2x_1 + 2x_3 - x_4 \leqslant 8 \\ x_2 + x_3 + x_4 = 6 \\ x_1 \leqslant 0, x_2, x_3 \geqslant 0, x_4\text{无约束} \end{cases}$$

按照表 2.2 将线性规划问题化为对偶问题。

$$\max W = 10y_1 + 8y_2 + 6y_3$$

$$\text{s.t.}\begin{cases} y_1 + 2y_2 \geqslant 3 \\ y_1 + y_3 \geqslant 2 \\ 3y_1 - 2y_2 - y_3 \geqslant 4 \\ y_1 - y_2 + y_3 = 1 \\ y_1 \geqslant 0, y_2 \leqslant 0, y_3\text{无约束} \end{cases}$$

2. 对偶问题的基本定理

在下面的讨论中，我们假定线性规划的原问题为

$$\max Z = \boldsymbol{CX}$$

$$\text{s.t.}\begin{cases} \boldsymbol{AX} \leqslant \boldsymbol{b} \\ \boldsymbol{X} \geqslant \boldsymbol{0} \end{cases}$$

相应的对偶问题为

$$\min W = \boldsymbol{Yb}$$

$$\text{s.t.}\begin{cases} \boldsymbol{YA} \geqslant \boldsymbol{C} \\ \boldsymbol{Y} \geqslant \boldsymbol{0} \end{cases}$$

定理 2.1　（对称性）对偶问题的对偶是原问题。

证：设原问题是

$$\max Z = \boldsymbol{CX}$$
$$\text{s.t.}\begin{cases}\boldsymbol{AX} \leqslant \boldsymbol{b} \\ \boldsymbol{X} \geqslant \boldsymbol{0}\end{cases}$$

其对偶问题为

$$\min W = \boldsymbol{Yb}$$
$$\text{s.t.}\begin{cases}\boldsymbol{YA} \geqslant \boldsymbol{C} \\ \boldsymbol{Y} \geqslant \boldsymbol{0}\end{cases}$$

若将上式两边取负号，又因为 $\min W = \max(-W)$，可得到

$$\max(-W) = -\boldsymbol{Yb}$$
$$\text{s.t.}\begin{cases}-\boldsymbol{YA} \leqslant -\boldsymbol{C} \\ \boldsymbol{Y} \geqslant \boldsymbol{0}\end{cases}$$

根据对称变换关系，上式的对偶问题是

$$\min(-W') = -\boldsymbol{CX}$$
$$\text{s.t.}\begin{cases}-\boldsymbol{AX} \geqslant -\boldsymbol{b} \\ \boldsymbol{X} \geqslant \boldsymbol{0}\end{cases}$$

又因为

$$\min(-W') = \max W'$$

可得

$$\max W' = \max Z = \boldsymbol{CX}$$
$$\text{s.t.}\begin{cases}\boldsymbol{AX} \leqslant \boldsymbol{b} \\ \boldsymbol{X} \geqslant \boldsymbol{0}\end{cases}$$

这就是原问题。

定理 2.2 （弱对偶定理）若 $\boldsymbol{X}^{(0)}$ 是原问题的可行解，$\boldsymbol{Y}^{(0)}$ 是对偶问题的可行解，则一定有

$$\boldsymbol{CX}^{(0)} \leqslant \boldsymbol{Y}^{(0)}\boldsymbol{b}$$

证：设原问题是

$$\max Z = \boldsymbol{CX}$$
$$\text{s.t.}\begin{cases}\boldsymbol{AX} \leqslant \boldsymbol{b} \\ \boldsymbol{X} \geqslant \boldsymbol{0}\end{cases}$$

因 $\boldsymbol{X}^{(0)}$ 是原问题的可行解，所以满足约束条件，即 $\boldsymbol{AX}^{(0)} \leqslant \boldsymbol{b}$。

若 $\boldsymbol{Y}^{(0)}$ 是给定的一组值，设它是对偶问题的可行解，将 $\boldsymbol{Y}^{(0)}$ 左乘上式，得到

$$\boldsymbol{Y}^{(0)}\boldsymbol{AX}^{(0)} \leqslant \boldsymbol{Y}^{(0)}\boldsymbol{b}$$

原问题的对偶问题是

$$\min W = \boldsymbol{Yb}$$

$$\text{s.t.}\begin{cases}\boldsymbol{YA} \geqslant \boldsymbol{C} \\ \boldsymbol{Y} \geqslant \boldsymbol{0}\end{cases}$$

因为$\boldsymbol{Y}^{(0)}$是对偶问题的可行解，所以满足：

$$\boldsymbol{Y}^{(0)}\boldsymbol{A} \geqslant \boldsymbol{C}$$

将$\boldsymbol{X}^{(0)}$右乘上式，得到

$$\boldsymbol{Y}^{(0)}\boldsymbol{AX}^{(0)} \geqslant \boldsymbol{CX}^{(0)}$$

故

$$\boldsymbol{CX}^{(0)} \leqslant \boldsymbol{Y}^{(0)}\boldsymbol{AX}^{(0)} \leqslant \boldsymbol{Y}^{(0)}\boldsymbol{b}$$

即在原问题和对偶问题都存在可行解的情况下，原问题的目标函数值以对偶问题目标函数值为上界，对偶问题的目标函数值以原问题的目标函数值为下界。

定理 2.3 （无界性）若原问题（对偶问题）为无界解，则其对偶问题（原问题）无可行解。

证：设原问题（对偶问题）为无界解，$\boldsymbol{X}^{(0)}$（$\boldsymbol{Y}^{(0)}$）为其可行解，对偶问题（原问题）有可行解为$\boldsymbol{Y}^{(0)}$（$\boldsymbol{X}^{(0)}$），那么由弱对偶性可得

$$\boldsymbol{CX}^{(0)} \leqslant \boldsymbol{Y}^{(0)}\boldsymbol{b}$$

这与条件相矛盾，因此定理得证。

注意定理 2.3 的逆命题不一定成立。当原问题（对偶问题）无可行解时，其对偶问题（原问题）具有无界解或无可行解。

定理 2.4 （最优性定理）若$\boldsymbol{X}^{(0)}$、$\boldsymbol{Y}^{(0)}$分别是原问题和对偶问题的可行解，且$\boldsymbol{CX}^{(0)} = \boldsymbol{Y}^{(0)}\boldsymbol{b}$，则$\boldsymbol{X}^{(0)}$、$\boldsymbol{Y}^{(0)}$分别是原问题和对偶问题的最优解。

证：若$\boldsymbol{CX}^{(0)} = \boldsymbol{Y}^{(0)}\boldsymbol{b}$，根据定理 2.2 知，对偶问题的所有可行解$\boldsymbol{Y}$都存在$\boldsymbol{Yb} \geqslant \boldsymbol{CX}^{(0)}$，因为$\boldsymbol{CX}^{(0)} = \boldsymbol{Y}^{(0)}\boldsymbol{b}$，所以$\boldsymbol{Yb} \geqslant \boldsymbol{Y}^{(0)}\boldsymbol{b}$，可见$\boldsymbol{Y}^{(0)}$是使目标函数取值最小的可行解，因而$\boldsymbol{Y}^{(0)}$是对偶问题的最优解。同样可以证明：对于原问题的所有可行解$\boldsymbol{X}$，存在$\boldsymbol{CX}^{(0)} = \boldsymbol{Y}^{(0)}\boldsymbol{b} \geqslant \boldsymbol{CX}$，所以$\boldsymbol{X}^{(0)}$是原问题的最优解。

定理 2.5 （强对偶定理）若原问题和对偶问题之一有最优解，则另一问题必有最优解，且它们的目标函数值相等。

证：设$\boldsymbol{X}^*$是原问题的最优解，它对应的基矩阵$\boldsymbol{B}$必存在$\boldsymbol{C} - \boldsymbol{C}_B\boldsymbol{B}^{-1}\boldsymbol{A} \leqslant \boldsymbol{0}$，即得到$\boldsymbol{Y}^*\boldsymbol{A} \geqslant \boldsymbol{C}$，其中，$\boldsymbol{Y}^* = \boldsymbol{C}_B\boldsymbol{B}^{-1}$。

若$\boldsymbol{Y}^*$是对偶问题的可行解，它使

$$\omega = \boldsymbol{Y}^*\boldsymbol{b} = \boldsymbol{C}_B\boldsymbol{B}^{-1}\boldsymbol{b}$$

因原问题的最优解是$\boldsymbol{X}^*$，使目标函数取值

$$z = \boldsymbol{CX}^* = \boldsymbol{C}_B\boldsymbol{B}^{-1}\boldsymbol{b}$$

由此，得到

$$\boldsymbol{Y}^*\boldsymbol{b} = \boldsymbol{C}_B\boldsymbol{B}^{-1}\boldsymbol{b} = \boldsymbol{CX}^*$$

可见，$\boldsymbol{Y}^*$是对偶问题的最优解。

从上述性质中，可看到原问题与对偶问题的解必然是下列三种情况之一：

（1）原问题与对偶问题都有最优解，且 $\boldsymbol{CX}=\boldsymbol{Yb}$；

（2）一个问题具有无界解，则它的对偶问题无可行解；

（3）两个问题均无可行解。

定理 2.6 （互补松弛性）若 $\boldsymbol{X}^*$、$\boldsymbol{Y}^*$ 分别是原问题和对偶问题的可行解，则 $\boldsymbol{X}^*$、$\boldsymbol{Y}^*$ 分别是原问题和对偶问题最优解的充分必要条件是 $\boldsymbol{Y}^*\boldsymbol{X_S}=0$，$\boldsymbol{Y_S X}^*=0$（其中 $\boldsymbol{X_S}$、$\boldsymbol{Y_S}$ 分别是原问题和对偶问题的松弛变量向量）。

证：设原问题和对偶问题的标准型是

原问题

$$\max Z=\boldsymbol{CX}$$

$$\text{s.t.}\begin{cases}\boldsymbol{AX}+\boldsymbol{IX_S}=\boldsymbol{b}\\ \boldsymbol{X},\boldsymbol{X_S}\geqslant \boldsymbol{0}\end{cases}$$

对偶问题

$$\min W=\boldsymbol{Yb}$$

$$\text{s.t.}\begin{cases}\boldsymbol{YA}-\boldsymbol{IY_S}=\boldsymbol{C}\\ \boldsymbol{Y},\boldsymbol{Y_S}\geqslant \boldsymbol{0}\end{cases}$$

将原问题目标函数中的系数向量 $\boldsymbol{C}$ 用 $\boldsymbol{YA}-\boldsymbol{IY_S}$ 代替后，得到

$$Z=\left(\boldsymbol{YA}-\boldsymbol{IY_S}\right)\boldsymbol{X}=\boldsymbol{YAX}-\boldsymbol{Y_S X}$$

将对偶问题的目标函数中的系数向量 $\boldsymbol{b}$，用 $\boldsymbol{AX}+\boldsymbol{IX_S}$ 代替后，得到

$$W=\boldsymbol{Y}\left(\boldsymbol{AX}+\boldsymbol{IX_S}\right)=\boldsymbol{YAX}+\boldsymbol{YX_S}$$

若 $\boldsymbol{Y_S X}^*=0,\boldsymbol{Y}^*\boldsymbol{X_S}=0$，则 $\boldsymbol{Y}^*\boldsymbol{b}=\boldsymbol{Y}^*\boldsymbol{AX}^*=\boldsymbol{CX}^*$。

故 $\boldsymbol{X}^*$、$\boldsymbol{Y}^*$ 是最优解。

又若 $\boldsymbol{X}^*$、$\boldsymbol{Y}^*$ 分别是原问题和对偶问题的最优解，则

$$\boldsymbol{CX}^*=\boldsymbol{Y}^*\boldsymbol{AX}^*=\boldsymbol{Y}^*\boldsymbol{b}$$

必有 $\boldsymbol{Y}^*\boldsymbol{X_S}=0$，$\boldsymbol{Y_S X}^*=0$。　　证毕

由 $\boldsymbol{Y}^*\boldsymbol{X_S}=0,\boldsymbol{Y}^*\geqslant\boldsymbol{0},\boldsymbol{X_S}\geqslant\boldsymbol{0}$，我们可以得到如下结论：

（1）$y_i\neq 0,x_{si}=0$。若对偶变量值不等于零，则其对应的原问题约束方程中的松弛变量必定为 0，即该约束方程取严格等式。

（2）$x_{si}\neq 0,y_i=0$。若原问题中某个松弛变量不等于零，即该约束方程取严格不等式，则对应的对偶问题中的变量必定为 0。

由 $\boldsymbol{Y_S X}^*=0,\boldsymbol{Y_S}\geqslant\boldsymbol{0},\boldsymbol{X}^*\geqslant\boldsymbol{0}$，我们可以得到如下结论：

（1）$y_{sj}\neq 0,x_j=0$。若对偶问题中某个剩余变量不等于零，即该对偶问题中约束方程取严格不等式，则对应的原问题中的变量必定为 0。

（2）$x_j\neq 0,y_{sj}=0$。若原问题的变量值不等于零，则其对偶问题中对应的松弛变量必定为 0，即对偶问题中该约束方程取严格等式。

一般而言，我们把某一可行点（如 $\boldsymbol{X}^*$ 和 $\boldsymbol{Y}^*$）处的严格不等式约束（包括对变量的非负约束）称为松约束，而把严格等式约束称为紧约束。所以有如下结论。

设一对对偶问题都有可行解，若原问题的某一约束是某个最优解的松约束，则它的对偶约束一定是其对偶问题最优解的紧约束。

例 2.5　已知

$$\min Z = 3x_1 + 4x_2 + 2x_3 + 5x_4 + 9x_5$$

$$\text{s.t.}\begin{cases} x_2 + x_3 - 5x_4 + 3x_5 \geqslant 2 \\ x_1 + x_2 - x_3 + x_4 + 2x_5 \geqslant 3 \\ x_1, \mathrm{L}\ , x_5 \geqslant 0 \end{cases}$$

试通过求对偶问题的最优解来求解原问题的最优解。

解：对偶问题为

$$\max W = 2y_1 + 3y_2$$

$$\text{s.t.}\begin{cases} y_2 \leqslant 3 & (1) \\ y_1 + y_2 \leqslant 4 & (2) \\ y_1 - y_2 \leqslant 2 & (3) \\ -5y_1 + y_2 \leqslant 5 & (4) \\ 3y_1 + 2y_2 \leqslant 9 & (5) \\ y_1, y_2 \geqslant 0 \end{cases}$$

用图解法可求得对偶问题的最优解：$\boldsymbol{Y}^* = (1,3)$，$W = 11$。

将 $y_1^* = 1$，$y_2^* = 3$ 代入对偶约束条件，知式（1）、式（2）、式（5）为紧约束，式（3）、式（4）为松约束。

令原问题的最优解为 $\boldsymbol{X}^* = (x_1, x_2, x_3, x_4, x_5)$，则根据互补松弛条件，必有 $x_3 = x_4 = 0$。又由于 $y_1^* = 1$，$y_2^* = 3$，原问题的约束必为等式，即

$$\begin{cases} x_2 + 3x_5 = 2 \\ x_1 + x_2 + 2x_5 = 3 \end{cases}$$

化简为

$$\begin{cases} x_1 = 1 + x_5 \\ x_2 = 2 - 3x_5 \end{cases}$$

此方程组为无穷多解。

令 $x_5 = 0$，得到 $x_1 = 1$，$x_2 = 2$，即 $\boldsymbol{X}_1^* = (1,2,0,0,0)$ 为原问题的一个最优解，$Z = 11$。

再令 $x_5 = 2/3$，得到 $x_1 = 5/3$，$x_2 = 0$，即 $\boldsymbol{X}_2^* = (5/3,0,0,0,2/3)$ 也是原问题的一个最优解，$Z = 11$。

2.1.3　对偶解的经济解释

影子价格

1. 影子价格

我们在单纯形迭代中，知道目标函数 $Z = \boldsymbol{C_B B}^{-1}\boldsymbol{b} + \left(\boldsymbol{C_N} - \boldsymbol{C_B B}^{-1}\boldsymbol{N}\right)\boldsymbol{X_N}$，当非基变量 $\boldsymbol{X_N} = \boldsymbol{0}$ 时，有 $Z = \boldsymbol{C_B B}^{-1}\boldsymbol{b}$，令 $\boldsymbol{Y} = \boldsymbol{C_B B}^{-1} = (y_1, y_2, \cdots, y_m)$，则得

$$Z = \boldsymbol{C_B B}^{-1}\boldsymbol{b} = \boldsymbol{Yb} = \sum_{i=1}^{m} b_i y_i = W$$

其中，b_i是线性规划原问题第i个约束条件的右端常数项，它代表第i种资源的可用量。

在一对线性规划问题和对偶规划问题中，若线性规划问题的某个约束条件右端项常数b_i增加一个单位时，所引起的目标函数最优值Z^*的改变量y_i^*称为第i个约束条件的影子价格，又称为边际价格。

$$\max Z = \boldsymbol{CX} \qquad\qquad \min W = \boldsymbol{Yb}$$

$$\text{LP}\ \begin{cases}\boldsymbol{AX} \leqslant \boldsymbol{b}\\ \boldsymbol{X} \geqslant \boldsymbol{0}\end{cases} \qquad\qquad \text{DP}\ \begin{cases}\boldsymbol{YA} \geqslant \boldsymbol{C}\\ \boldsymbol{Y} \geqslant \boldsymbol{0}\end{cases}$$

设：$\boldsymbol{B}$是线性规划问题的最优基，$y_i^*(i=1,2,\cdots,m)$是对偶规划问题的最优解。

$$Z^* = \boldsymbol{C_B B^{-1} b} = \boldsymbol{Y^* b} = \sum_{i=1}^{m} b_i y_i^*$$

当b_i变为b_i+1时（其余右端项不变，也不影响$\boldsymbol{B}$），则目标函数最优值变为

$$Z'^* = y_1^* b_1 + y_2^* b_2 + \cdots + y_i^*(b_i+1) + \cdots + y_m^* b_m$$

所以有$\Delta Z^* = Z'^* - Z^* = y_i^*$

在目标函数$Z = \boldsymbol{C_B B^{-1} b} + \left(\boldsymbol{C_N} - \boldsymbol{C_B B^{-1} N}\right)\boldsymbol{X_N}$中，求$Z$关于$b_i$的偏导数，得到

$$\frac{\partial Z^*}{\partial b_i} = \boldsymbol{C_B B^{-1}} = Y_i^*\left(i=1,2,\cdots,m\right)$$

即y_i^*表示Z^*对b_i的变化率，即对偶解是原问题目标函数关于b_i的一阶偏导数。由偏导数的意义可知其经济意义：在其他条件不变的情况下，单位资源变化所引起的目标函数最优值的变化，即对偶变量y_i就是第i个约束条件的影子价格。

影子价格不是一种真实价格，而是系统资源价值的映象表现。但是可以通过影子价格对系统资源的利用情况做出客观评价，从而决定企业的经营策略。因此影子价格是在最优决策下对资源的一种估价，没有最优决策就没有影子价格，所以影子价格又称“最优计划价格”“预测价格”等。

资源的影子价格定量地反映了单位资源在最优生产方案中为总收益所做出的贡献，因此，资源的影子价格也可称为在最优方案中投入生产的机会成本。

若第i种资源的单位市场价格为m_i，当$y_i^* > m_i$时，企业愿意购进这种资源，单位纯利为$y_i^* - m_i$，则有利可图；如果$y_i^* < m_i$，则企业有偿转让这种资源，可获单位纯利$m_i - y_i^*$，否则，企业无利可图，甚至亏损。

例 2.6 某公司生产甲、乙两种产品，需要消耗两种原材料 A、B，其中生产消耗参数及产品售价见表 2.3。问：该公司如何安排生产才能使销售利润最大？

表 2.3 生产消耗参数及产品售价

项目	甲产品	乙产品	每天可供量	资源单位成本
原材料 A	2	3	25 单位	5（万元/单位）
原材料 B	1	2	15 单位	10（万元/单位）
产品售价/万元	23	40		

解：本问题可以建立线性规划来求解。根据给定的资料，有两种建模方法。建立模

型如下。

模型一：设生产甲、乙两种产品的数量分别为 x_1 、 x_2 ；两种原材料 A、B 的使用量分别为 x_3 、 x_4 。

则有

$$\max Z = 23x_1 + 40x_2 - 5x_3 - 10x_4$$

$$\text{s.t.}\begin{cases} 2x_1 + 3x_2 - x_3 = 0 \\ x_1 + 2x_2 - x_4 = 0 \\ x_3 \leqslant 25 \\ x_4 \leqslant 15 \\ x_1, x_2, x_3, x_4 \geqslant 0 \end{cases}$$

其最优解为 $\boldsymbol{X} = (5,5,25,15)^{\mathrm{T}}$ ， $Z = 40$ ，对偶解为 $\boldsymbol{Y} = (6,11,1,1)^{\mathrm{T}}$ 。

模型二：直接计算出目标函数系数的销售利润，建立模型。

设生产甲、乙两种产品的数量分别为 x_1 、 x_2 。

则有

$$\max Z = 3x_1 + 5x_2$$

$$\text{s.t.}\begin{cases} 2x_1 + 3x_2 \leqslant 25 \\ x_1 + 2x_2 \leqslant 15 \\ x_1, x_2 \geqslant 0 \end{cases}$$

其最优解为 $\boldsymbol{X} = (5,5)^{\mathrm{T}}$ ， $Z = 40$ ，对偶解为 $\boldsymbol{Y} = (1,1)^{\mathrm{T}}$ 。

这两个模型在本质上没有什么差别，但求出的对偶解明显不同。在模型一中，对偶解为 $\boldsymbol{Y} = (6,11,1,1)^{\mathrm{T}}$ ，而在模型二中的对偶解为 $\boldsymbol{Y} = (1,1)^{\mathrm{T}}$ 。在模型一中，对偶解是真正意义上的影子价格， $y_1 = 6$ 表明，在这个系统中，原材料 A 的真正价值是 6 万元，同该原材料的采购成本 5 万元相比，每增加一个单位的投入可以使企业净增加 1 万元收入，其恰好是第 3 个约束的对偶解； $y_2 = 11$ 也可以依此进行解释。模型二不是真正意义上的影子价格。

模型一与模型二在结构上是有区别的。模型一将生产产品的资源成本和单位产品销售收入一并纳入模型的目标函数，成本因素在目标函数中有显性表现；模型二将产品销售收入与生产产品的资源成本事先做了相减处理，因而目标函数的系数是单位产品的净利润。

2. 影子价格的决策作用

1）指出企业挖潜革新的途径

影子价格大于 0，说明该资源已耗尽，成为短线资源。

影子价格等于 0，说明该资源有剩余，成为长线资源。

2）对市场资源的最优配置起着推进作用

即在配置资源时，对于影子价格大的企业，资源应优先供给。

3）可以预测产品的价格

产品的机会成本为 $\boldsymbol{C}_{\boldsymbol{B}}\boldsymbol{B}^{-1}\boldsymbol{A}-\boldsymbol{C}$ ，只有产品价格定在机会成本之上，企业才有利可图。

4）可作为同类企业经济效益评估指标之一

对于资源影子价格越大的企业，资源的利用所带来的收益就越大，经济效益就越好。

通过以上讨论可知：利用对偶解及影子价格进行经营决策，我们分两种情况进行讨论。

第一种情况，对偶解不是真正意义上的影子价格，其经营决策的原则：

（1）某种资源的对偶解大于 0，表明该资源在系统中有获利能力，应该买入该资源；

（2）某种资源的对偶解小于 0，表明该资源在系统中无获利能力，应该卖出该资源；

（3）某种资源的对偶解等于 0，表明该资源在系统中处于均衡状态，既不买入也不卖出该资源。

第二种情况，对偶解等于影子价格，其经营决策的原则：

（1）某种资源的影子价格高于市场价格，表明该资源在系统中有获利能力，应该买入该资源；

（2）某种资源的影子价格低于市场价格，表明该资源在系统中没有获利能力，应该卖出该资源；

（3）某种资源的影子价格等于市场价格，表明该资源在系统中处于均衡状态，既不买入也不卖出该资源。

2.2 对偶单纯形法

对偶单纯形法

对偶单纯形法是求解线性规划的另一个基本方法。它是根据对偶原理和单纯形算法的原理而设计出来的，因此称为对偶单纯形法。不要简单理解为求解对偶问题的单纯形算法。

由对偶理论可以知道，对于一个线性规划问题，我们能够通过求解它的对偶问题来找到它的最优解。

同原始单纯形算法一样，求解（DP），也可以从（DP）的一个基本可行解开始，从一个基本可行解（迭代）到另一个基本可行解，使目标函数值减少。

也就是说，求解（LP）时，可以从（LP）的一个基本解（非基可行解）开始，逐步迭代，使目标函数值（ $Z=\boldsymbol{Yb}=\boldsymbol{C}_{B}\boldsymbol{B}^{-1}\boldsymbol{b}=\boldsymbol{CX}$ ）减少，当迭代到 $\boldsymbol{X}_{\boldsymbol{B}}=\boldsymbol{B}^{-1}\boldsymbol{b}\geqslant\boldsymbol{0}$ 时，即找到了（LP）的最优解，这就是对偶单纯形法。

设 $\boldsymbol{X}^{*}$ 是最大化线性规划问题最优解的充分必要条件是 $\boldsymbol{X}^{*}$ 对应的基 $\boldsymbol{B}$ 同时满足

$$\begin{cases} \boldsymbol{B}^{-1}\boldsymbol{b} \geqslant \boldsymbol{0} \\ \boldsymbol{C}-\boldsymbol{C}_B\boldsymbol{B}^{-1}\boldsymbol{A} \leqslant \boldsymbol{0} \end{cases}$$

因此，单纯形算法是在保持原问题的解可行下，经过迭代，逐步实现对偶问题的解可行，达到求出最优解的过程，即单纯形算法的迭代是先保证现行解对原问题可行，即在保证 $\boldsymbol{B}^{-1}\boldsymbol{b} \geqslant \boldsymbol{0}$ 的前提下，由 $\boldsymbol{C}-\boldsymbol{C}_B\boldsymbol{B}^{-1}\boldsymbol{A} \geqslant \boldsymbol{0}$ 迭代到 $\boldsymbol{C}-\boldsymbol{C}_B\boldsymbol{B}^{-1}\boldsymbol{A} \leqslant \boldsymbol{0}$，由于 $\boldsymbol{Y}=\boldsymbol{C}_B\boldsymbol{B}^{-1}$，即 $\boldsymbol{YA} \geqslant \boldsymbol{C}$，说明在原问题取得最优解时，对偶问题同时获得了可行解。

根据对偶问题的对称性，也可以在保持对偶问题的解可行下，经过迭代，逐步实现原问题的解可行，以求得最优解。对偶单纯形法就是根据这种思想所设计的。

因此对偶单纯形法是先保证现行解对对偶问题是可行的，即 $\boldsymbol{C}-\boldsymbol{C}_B\boldsymbol{B}^{-1}\boldsymbol{A} \leqslant \boldsymbol{0}$，由于 $\boldsymbol{Y}=\boldsymbol{C}_B\boldsymbol{B}^{-1}$，即 $\boldsymbol{YA} \geqslant \boldsymbol{C}$。然后从 $\boldsymbol{B}^{-1}\boldsymbol{b} \leqslant \boldsymbol{0}$ 迭代到 $\boldsymbol{B}^{-1}\boldsymbol{b} \geqslant \boldsymbol{0}$。

对偶单纯形法的计算步骤：

（1）根据线性规划问题，列出初始单纯形表。检查 $\boldsymbol{b}$ 列的数字，若都为非负，且检验数都为非正，则已得到最优解，停止计算。若检查 $\boldsymbol{b}$ 列的数字时，至少还有一个负分量，检验数保持非正，转（2）。

（2）确定换出变量，按 $\min\limits_i\left\{\left(\boldsymbol{B}^{-1}\boldsymbol{b}\right)_i \middle| \left(\boldsymbol{B}^{-1}\boldsymbol{b}\right)_i<0\right\}=\left(\boldsymbol{B}^{-1}\boldsymbol{b}\right)_l$ 对应的基变量 x_l 为换出变量。

（3）确定换入变量，在单纯形表中检查 x_l 所在行的系数 $a_{lj}\left(j=1,2,\cdots,n\right)$，若所有的 $a_{lj} \geqslant 0$，则无可行解，停止计算。若存在 $a_{lj}<0\left(j=1,2,\cdots,n\right)$，计算

$$\theta=\min_i\left\{\frac{c_j-z_j}{a_{lj}}\middle| a_{lj}<0\right\}=\frac{c_k-z_k}{a_{lk}}$$

按 θ 规则，所对应列变量的非基变量 x_k 为换入变量。

（4）以 a_{lk} 为主元素，按单纯形算法进行换基迭代，得到新的单纯形表；重复（1）~（4）的步骤进行计算。

例 2.7　用对偶单纯形法求解。

$$\min Z=9x_1+12x_2+15x_3$$

$$\text{s.t.}\begin{cases} 2x_1+2x_2+x_3 \geqslant 10 \\ 2x_1+3x_2+x_3 \geqslant 12 \\ x_1+x_2+5x_3 \geqslant 14 \\ x_j \geqslant 0\left(j=1,2,3\right) \end{cases}$$

解：将模型转化为标准型

$$\max Z'=-9x_1-12x_2-15x_3$$

$$\text{s.t.}\begin{cases} -2x_1-2x_2-x_3+x_4=-10 \\ -2x_1-3x_2-x_3+x_5=-12 \\ -x_1-x_2-5x_3+x_6=-14 \\ x_1,\cdots,x_6 \geqslant 0 \end{cases}$$

从表 2.4 可以看出，检验数行对应的对偶问题是可行的，因 **b** 列数字为负，故需进行迭代运算。

表 2.4　例 2.7 的初始对偶单纯形表

c_j			−9	−12	−15	0	0	0
$\boldsymbol{C_B}$	x_B	$\boldsymbol{b}$	x_1	x_2	x_3	x_4	x_5	x_6
0	x_4	−10	−2	−2	−1	1	0	0
0	x_5	−12	−2	−3	−1	0	1	0
0	x_6	−14	−1	−1	[−5]	0	0	1
$-Z'$		0	−9	−12	−15	0	0	0

换出变量的确定：按上述对偶单纯形法计算步骤（2），计算

$$\min(-10,-12,-14)=-14$$

故 x_6 为换出变量。

换入变量的确定：按上述对偶单纯形法计算步骤（3），计算

$$\theta=\min\left\{\frac{-9}{-1},\frac{-12}{-1},\frac{-15}{-5}\right\}=3$$

故 x_3 为换入变量。换入、换出变量所在列、行的交叉处的元素为主元素。按单纯形算法计算步骤进行迭代，得表 2.5。

表 2.5　例 2.7 的对偶单纯形计算表（1）

c_j			−9	−12	−15	0	0	0
$\boldsymbol{C_B}$	x_B	$\boldsymbol{b}$	x_1	x_2	x_3	x_4	x_5	x_6
0	x_4	−7.2	−1.8	−1.8	0	1	0	−0.2
0	x_5	−9.2	−1.8	[−2.8]	0	0	1	−0.2
−15	x_3	2.8	0.2	0.2	1	0	0	−0.2
$-Z'$		42	−6	−9	0	0	0	−3

重复以上步骤得表 2.6、表 2.7。

表 2.6　例 2.7 的对偶单纯形计算表（2）

c_j			−9	−12	−15	0	0	0
$\boldsymbol{C_B}$	x_B	$\boldsymbol{b}$	x_1	x_2	x_3	x_4	x_5	x_6
0	x_4	−9/7	[−9/14]	0	0	1	−9/14	−1/14
−12	x_2	23/7	9/14	1	0	0	−5/14	1/14
−15	x_3	15/7	1/14	0	1	0	1/14	−3/14
$-Z'$		501/7	−3/14	0	0	0	−45/14	−33/14

表 2.7　例 2.7 的最优表

c_j			-9	-12	-15	0	0	0
$\boldsymbol{C_B}$	x_B	$\boldsymbol{b}$	x_1	x_2	x_3	x_4	x_5	x_6
-9	x_1	2	1	0	0	-14/9	1	1/9
-12	x_2	2	0	1	0	1	-1	0
-15	x_3	2	0	0	1	1/9	0	-2/9
$-Z'$		72	0	0	0	-1/3	-3	-7/3

所以，$\boldsymbol{X}^* = (2,2,2,0,0,0)$，$Z'^* = -72$。

$Z^* = 72$。

例 2.8　求解线性规划问题所对应对偶问题的最优解。

$$\max Z = 4x_1 + 3x_2$$

$$\text{s.t.}\begin{cases} 2x_1 + 2x_2 \leqslant 1\,600 \\ 5x_1 + 2.5x_2 \leqslant 2\,500 \\ x_1 \leqslant 400 \\ x_1, x_2 \geqslant 0 \end{cases}$$

的对偶问题

$$\min W = 1\,600y_1 + 2\,500y_2 + 400y_3$$

$$\text{s.t.}\begin{cases} 2y_1 + 5y_2 + y_3 \geqslant 4 \\ 2y_1 + 2.5y_2 \geqslant 3 \\ y_1, y_2, y_3 \geqslant 0 \end{cases}$$

该问题直接利用单纯形算法求解，需要增加人工变量，求解比较麻烦。

现在用对偶单纯形法来求解，把上式化为

$$\max(-W) = -1\,600y_1 - 2\,500y_2 - 400y_3$$

$$\text{s.t.}\begin{cases} -2y_1 - 5y_2 - y_3 \leqslant -4 \\ -2y_1 - 2.5y_2 \leqslant -3 \\ y_1, y_2, y_3 \geqslant 0 \end{cases}$$

增加松弛变量 y_4、y_5 使不等式变为等式。

$$\max(-W) = -1\,600y_1 - 2\,500y_2 - 400y_3$$

$$\text{s.t.}\begin{cases} -2y_1 - 5y_2 - y_3 + y_4 = -4 \\ -2y_1 - 2.5y_2 + y_5 = -3 \\ y_1, y_2, y_3, y_4, y_5 \geqslant 0 \end{cases}$$

由此可以建立初始对偶单纯形表（表 2.8）。

表 2.8 例 2.8 的初始对偶单纯形表

c_j			−1 600	−2 500	−400	0	0
C_B	x_B	b	y_1	y_2	y_3	y_4	y_5
0	y_4	−4	−2	−5	[−1]	1	0
0	y_5	−3	−2	−2.5	0	0	1
W		0	−1 600	−2 500	−400	0	0
θ			800	500	400		

利用对偶单纯形法得表 2.9~表 2.11。

表 2.9 例 2.8 的对偶单纯形计算表（1）

c_j			−1 600	−2 500	−400	0	0
C_B	x_B	b	y_1	y_2	y_3	y_4	y_5
0	y_3	4	2	5	1	−1	0
0	y_5	−3	−2	[−2.5]	0	0	1
W		−1 600	−800	−500	0	−400	0
θ			400	200			

表 2.10 例 2.8 的对偶单纯形计算表（2）

c_j			−1 600	−2 500	−400	0	0
C_B	x_B	b	y_1	y_2	y_3	y_4	y_5
0	y_3	−2	[−2]	0	1	−1	2
0	y_2	1.2	0.8	1	0	0	−0.4
W		−2 200	−400	0	0	−400	−200
θ			200			400	

表 2.11 例 2.8 的最优表

c_j			−1 600	−2 500	−400	0	0
C_B	x_B	b	y_1	y_2	y_3	y_4	y_5
0	y_1	1	1	0	−0.5	0.5	−1
0	y_2	0.4	0	1	0.4	−0.4	0.4
W		−2 600	0	0	−200	−200	−600

可得原问题最优解 $\boldsymbol{X}^*=(200,600)$， $Z^*=2\,600$ 。

通过上面的例子，可以看出对偶单纯形法与一般单纯形算法的区别：

（1）单纯形表。一般单纯形表始终保持基本可行解，而对偶单纯形表先保持对偶解可行，原问题的解不可行。

（2）换基迭代过程。一般单纯形算法先确定换入基变量，后确定换出基变量。对偶单纯形法反过来，先确定换出基变量，后确定换入基变量。

（3）换出基变量的确定规则。一般单纯形算法是以检验数行中大于零的最大检验数对应的非基变量作为换出基变量，然后将已得到的基变量的值与换入基变量所在的列的正分量相除，以最小比值对应的基变量作为换出基变量。在用对偶单纯形法求解时，以基变量的负值中最小的对应的变量为换出基变量，将检验数与换出基变量所在行的负分量相除，然后选取最小比值对应的非基变量为换入基变量。

（4）最优解的判别标准。一般单纯形最优解的判别标准为 $\boldsymbol{C}-\boldsymbol{C}_B\boldsymbol{B}^{-1}\boldsymbol{A}\leqslant\boldsymbol{0}$，而对偶单纯形最优解的判别标准为 $\boldsymbol{X}_B=\boldsymbol{B}^{-1}\boldsymbol{b}\geqslant\boldsymbol{0}$。

对偶单纯形的优点与用途：

（1）初始解可以是非可行解，当检验数都是负数时，就可以进行基变换，这样避免了增加人工变量，使运算简便。

（2）对于变量较少而约束条件很多的线性规划问题，可先将其变为对偶问题，再用对偶单纯形法求解，简化计算。

（3）用于后面的灵敏度分析。

最后提醒一下，对偶单纯形法不能理解为求解对偶问题的方法，相反，它是求解原问题最优解的有效工具。

2.3　灵敏度分析

在前面的线性规划问题讨论中，都是假定 a_{ij}、b_i、c_j 为常数，但实际工作中这些系数往往是估计值和预测值。例如，市场条件发生变化，价值系数 c_j 就会发生变化；当资源投入量发生改变时，b_i 也随着发生变化；当工艺条件发生改变时，a_{ij} 也随着工艺的变化而变化。那么，当这些系数有一个或几个发生变化时，已求得的线性规划问题的最优解会有什么变化？或者这些系数在什么范围内变化时，线性规划问题的最优解不发生变化?

因此我们在进行灵敏度分析时，要弄清楚：①系数在什么范围内变化时，最优解（基）不变；②若系数的变化使最优解发生变化，如何最简便地求得新的最优解。

我们首先看一看线性规划数学模型及单纯形表的矩阵表示形式。

一般线性规划问题的数学模型的形式为

$$\max Z=\boldsymbol{CX}$$

$$\text{s.t.}\begin{cases}\boldsymbol{AX}\leqslant\boldsymbol{b}\\ \boldsymbol{X}\geqslant\boldsymbol{0}\end{cases}$$

在第 1 章中我们知道其线性规划的典则形式

$$\max Z=\boldsymbol{C}_B\boldsymbol{B}^{-1}\boldsymbol{b}+\left(\boldsymbol{C}_N-\boldsymbol{C}_B\boldsymbol{B}^{-1}\boldsymbol{N}\right)\boldsymbol{X}_N$$

$$\text{s.t.}\begin{cases}\boldsymbol{X}_B=\boldsymbol{B}^{-1}\boldsymbol{b}-\boldsymbol{B}^{-1}\boldsymbol{N}\boldsymbol{X}_N\\ \boldsymbol{X}_B,\boldsymbol{X}_N\geqslant\boldsymbol{0}\end{cases}$$

其检验数 $\boldsymbol{\sigma}=\boldsymbol{C}-\boldsymbol{C}_B\boldsymbol{B}^{-1}\boldsymbol{A}=\left(\boldsymbol{C}_B,\boldsymbol{C}_N\right)-\boldsymbol{C}_B\boldsymbol{B}^{-1}\left(\boldsymbol{B},\boldsymbol{N}\right)=\left(\boldsymbol{0},\boldsymbol{C}_N-\boldsymbol{C}_B\boldsymbol{B}^{-1}\boldsymbol{N}\right)$。

当非基变量 $\boldsymbol{X}_N = \boldsymbol{0}$ 时，有线性规划单纯形表（表 2.12）。

表 2.12 线性规划单纯形表

		$\boldsymbol{C}_B$	$\boldsymbol{C}_N$
	$\boldsymbol{b}$	$\boldsymbol{X}_B$	$\boldsymbol{X}_N$
$\boldsymbol{X}_B$	$\boldsymbol{B}^{-1}\boldsymbol{b}$	$\boldsymbol{I}$	$\boldsymbol{B}^{-1}\boldsymbol{N}$
Z	$\boldsymbol{C}_B\boldsymbol{B}^{-1}\boldsymbol{b}$	$\boldsymbol{0}$	$\boldsymbol{C}_N - \boldsymbol{C}_B\boldsymbol{B}^{-1}\boldsymbol{N}$

下面分别就各个参数改变的情形进行讨论。

例 2.9 已知某企业计划生产 3 种产品 A、B、C，其资源消耗与利润如表 2.13 所示。

表 2.13 某企业产品生产的资源消耗与利润

项目	产品 A/吨	产品 B/吨	产品 C/吨	资源量/吨
原料甲	1	1	1	12
原料乙	1	2	2	20
利润/万元	5	8	6	

问：如何安排产品生产，可获最大利润？

解：设三种产品的产量分别为 x_1、x_2、x_3。其数学模型的标准型为

$$\max Z = 5x_1 + 8x_2 + 6x_3$$

$$\text{s.t.}\begin{cases} x_1 + x_2 + x_3 + x_4 = 12 \\ x_1 + 2x_2 + 2x_3 + x_5 = 20 \\ x_1, x_2, x_3, x_4, x_5 \geqslant 0 \end{cases}$$

该问题的初始单纯形表如表 2.14 所示。

表 2.14 例 2.9 的初始单纯形表

			5	8	6	0	0
	$\boldsymbol{X_B}$	$\boldsymbol{b}$	x_1	x_2	x_3	x_4	x_5
0	x_4	12	1	1	1	1	0
0	x_5	20	1	2	2	0	1
$-Z$		0	5	8	6	0	0

经过计算得最优单纯形表，如表 2.15 所示。

表 2.15 例 2.9 的最优单纯形表

			5	8	6	0	0
	$\boldsymbol{X_B}$	$\boldsymbol{b}$	x_1	x_2	x_3	x_4	x_5
5	x_1	4	1	0	0	2	−1
8	x_2	8	0	1	1	−1	1
$-Z$		−84	0	0	−2	−2	−3

这时最优生产方案为 $\boldsymbol{X} = (4,8,0)^{\mathrm{T}}$，目标函数最优值为 84。

2.3.1　目标函数价值系数 c_j 的灵敏度分析

目标函数价值系数一旦发生变化，会影响到最优解的判别结果，也会影响到目标函数值。下面我们就此进行讨论。

1. 非基变量的价值系数 c_j 的灵敏度分析

假设 c_j 为非基变量的价值系数，由于非基变量价值系数的改变只对最优解的检验数 $\sigma_j = c_j - \boldsymbol{C_B B^{-1} P_j}$ 起作用，因此 c_j 的改变，只使检验数 σ_j 发生改变，其他不变。

（1）如果 c_j 的改变，使检验数 σ_j 仍小于等于 0 时，这时对最优解没有影响。

在例 2.9 中，如果 c_3 改变，使 $\sigma_3 = c_3 - \boldsymbol{C_B B^{-1} P_3} = c_3 - (5,8)\begin{bmatrix} 2 & -1 \\ -1 & 1 \end{bmatrix}\begin{bmatrix} 1 \\ 2 \end{bmatrix} = c_3 - 8 \leqslant 0$，即 $c_3 \leqslant 8$ 时，原最优生产方案不发生改变。

（2）若 c_3 改变为 10 时，$\sigma_3 = 2 > 0$，这时原生产方案已不是最优生产方案。这时单纯形表变为表 2.16。

表 2.16　c_3=10 的单纯形表

			5	8	10	0	0
	$\boldsymbol{X_B}$	$\boldsymbol{b}$	x_1	x_2	x_3	x_4	x_5
5	x_1	4	1	0	0	2	−1
8	x_2	8	0	1	[1]	−1	1
$-Z$		−84	0	0	2	−2	−3

由单纯形算法得表 2.17。

表 2.17　c_3=10 的最优单纯形表

			5	8	10	0	0
	$\boldsymbol{X_B}$	$\boldsymbol{b}$	x_1	x_2	x_3	x_4	x_5
5	x_1	4	1	0	0	2	−1
10	x_3	8	0	1	1	−1	1
$-Z$		−100	0	−2	0	0	−5

单位产品 C 的利润 c_3 为 10 时，则最优生产方案调整为 $\boldsymbol{X} = (4,0,8)^{\mathrm{T}}$，目标函数最优值为 100。

2. 基变量的价值系数 c_j 的灵敏度分析

（1）假设 c_j 为目标函数中基变量的价值系数，由于基变量的价值系数的改变使所有的检验数 $\boldsymbol{\sigma} = \boldsymbol{C} - \boldsymbol{C_B B^{-1} A}$ 都发生改变，若所有的 $\boldsymbol{\sigma} = \boldsymbol{C} - \boldsymbol{C_B B^{-1} A}$ 仍小于等于 0，这时对最优解没有影响，但目标函数最优值会发生改变。

在例 2.9 中，如果 c_1 改变，使

$$\boldsymbol{\sigma}_A = \boldsymbol{C} - \boldsymbol{C}_B\boldsymbol{B}^{-1}\boldsymbol{A} = (c_1,8,6,0,0) - (c_1,8)\begin{bmatrix} 1 & 0 & 0 & 2 & -1 \\ 0 & 1 & 1 & -1 & 1 \end{bmatrix}$$
$$= (0,0,-2,-2c_1+8,c_1-8) \leqslant \boldsymbol{0}$$

即 $\begin{cases} -2c_1+8 \leqslant 0 \\ c_1-8 \leqslant 0 \end{cases}$ ，解得 $4 \leqslant c_1 \leqslant 8$ ，这时原最优生产方案不发生改变。即单位产品 A 的利润在[4，8]变化时，最优生产方案不变，但目标函数最优值为 $64+4c_1$ 。

（2）假设 c_j 为目标函数中基变量的价值系数，若 c_j 的改变使有的检验数大于 0，这时需要对单纯形表进行换基迭代，得到新的最优生产方案。

在例 2.9 中，如果 c_1 改变为 10 时，得 $\sigma_5 = 2 > 0$ ，需要换基迭代。这时原生产方案已不是最优生产方案。新的单纯形表变为表 2.18。

表 2.18　c_1=10 的单纯形表

			10	8	6	0	0
	$\boldsymbol{X}_B$	$\boldsymbol{b}$	x_1	x_2	x_3	x_4	x_5
10	x_1	4	1	0	0	2	−1
8	x_2	8	0	1	1	−1	[1]
−Z		−104	0	0	−2	−12	2

由单纯形算法得表 2.19。

表 2.19　c_1=10 的最优单纯形表

			10	8	6	0	0
	$\boldsymbol{X}_B$	$\boldsymbol{b}$	x_1	x_2	x_3	x_4	x_5
10	x_1	12	1	1	1	1	0
0	x_5	8	0	1	1	−1	1
−Z		−120	0	−2	−4	−10	0

单位产品 A 的利润为 10 时，则最优生产方案调整为 $\boldsymbol{X} = (12,0,0)^{\mathrm{T}}$ ，目标函数最优值为 120。

2.3.2　资源约束量 $\boldsymbol{b}$ 的灵敏度分析

从矩阵形式的线性规划单纯形表（表 2.12）中可以看出，资源约束项 $\boldsymbol{b}$ 的变化只影响最优解的变化和最优值的变化。

因此，当 $\boldsymbol{B}^{-1}\boldsymbol{b} \geqslant \boldsymbol{0}$ 时，最优基不变（生产产品的品种不变，但生产数量及最优值会发生变化）。

$\boldsymbol{B}^{-1}\boldsymbol{b} \geqslant \boldsymbol{0}$ 是一个不等式组，从中可以解得 $\boldsymbol{b}$ 的变化范围，若 $\boldsymbol{B}^{-1}\boldsymbol{b}$ 中有小于 0 的分量，则需用对偶单纯形法迭代，以求出新的最优方案。

（1）若 b_j 的改变，仍然使 $\boldsymbol{B}^{-1}\boldsymbol{b} \geqslant \boldsymbol{0}$ 时，最优基不变。

在例 2.9 中，如果 b_1 改变，使

$$B^{-1}b=\begin{bmatrix}2 & -1\\ -1 & 1\end{bmatrix}\begin{bmatrix}b_1\\ 20\end{bmatrix}\geqslant 0$$

即

$$\begin{cases}2b_1-20\geqslant 0\\ -b_1+20\geqslant 0\end{cases}$$

解得

$$10\leqslant b_1\leqslant 20$$

原料甲的供应量在[10，20]变化时，并不影响最优基，即生产品种不发生改变，但生产方案发生改变。

当 $b_1=18$ 时，最优生产方案调整为 $X=(16,2,0)^{\mathrm{T}}$，目标函数最优值为 96。

（2）若 b_j 的改变，使 $B^{-1}b$ 中某个分量小于 0 时，这时需要利用对偶单纯形法进行迭代，以求出新的最优生产方案。

在例 2.9 中，若 b_1 改变为 30 时

$$B^{-1}b=\begin{bmatrix}2 & -1\\ -1 & 1\end{bmatrix}\begin{bmatrix}30\\ 20\end{bmatrix}=\begin{bmatrix}40\\ -10\end{bmatrix}$$

由于第 2 个分量小于 0，这时需要利用对偶单纯形法进行迭代，以求出新的最优生产方案。这时单纯形表变为表 2.20。

表 2.20 b_1=30 的单纯形表

			5	8	6	0	0
	X_B	b	x_1	x_2	x_3	x_4	x_5
5	x_1	40	1	0	0	2	−1
8	x_2	−10	0	1	1	[−1]	1
$-Z$		−120	0	0	−2	−2	−3

利用对偶单纯形法可得表 2.21。

表 2.21 b_1=30 的最优单纯形表

			5	8	6	0	0
	X_B	b	x_1	x_2	x_3	x_4	x_5
5	x_1	20	1	2	2	0	1
0	x_4	10	0	−1	−1	1	−1
$-Z$		−100	0	−2	−4	0	−5

若原料甲的供应为 30 时，则最优生产方案调整为 $X=(20,0,0)^{\mathrm{T}}$，目标函数最优值为 100。

2.3.3 添加新变量的灵敏度分析

在例 2.9 中，若新开发出新产品 D，生产该单位产品需要消耗原材料甲 3 个单位，消耗原材料乙 2 个单位，可以得利润 10 万元。

问：投产产品 D 是否有利?

假设生产产品 D 的产量为 x_6，因此增加新的决策变量就相当于在原单纯形表中增加一列，即原单纯形表中的系数矩阵增加一列

$$\tilde{\boldsymbol{P}}_6=\boldsymbol{B}^{-1}\boldsymbol{P}_6=\begin{bmatrix}2 & -1\\ -1 & 1\end{bmatrix}\begin{bmatrix}3\\ 2\end{bmatrix}=\begin{bmatrix}4\\ -1\end{bmatrix}$$

同时该列的检验数为

$$\sigma_6=c_6-\boldsymbol{C}_B\boldsymbol{B}^{-1}\boldsymbol{P}_6=10-(5,8)\begin{bmatrix}2 & -1\\ -1 & 1\end{bmatrix}\begin{bmatrix}3\\ 2\end{bmatrix}=10-12=-2\leqslant 0$$

检验数小于等于 0，因此最优生产方案不变，不生产产品 D，即投产产品 D 无利。

1. 单位产品 D 的利润为多少时，投产产品 D 有利

要投产产品 D，就意味着 x_6 要在单纯形表中是基变量，因此只有变量 x_6 对应的检验数 σ_6 大于 0 时，x_6 才能进入基，即当 $\sigma_6=c_6-\boldsymbol{C}_B\boldsymbol{B}^{-1}\boldsymbol{P}_6=c_6-12>0$ 时，产品 D 才能生产，这时解得 $c_6>12$，即当 $c_6>12$ 时，投产产品 D 才有利。

2. 当 $c_6=15$ 时，$\sigma_6=c_6-12=3$，$\tilde{\boldsymbol{P}}_6=\begin{bmatrix}4\\ -1\end{bmatrix}$

得新的单纯形表，见表 2.22。

表 2.22 c_6=15 的单纯形表

			5	8	6	0	0	15
	X_B	b	x_1	x_2	x_3	x_4	x_5	x_6
5	x_1	4	1	0	0	2	−1	[4]
8	x_2	8	0	1	1	−1	1	−1
−Z		−84	0	0	−2	−2	−3	3

利用单纯形算法可得表 2.23。

表 2.23 c_6=15 的最优单纯形表

			5	8	6	0	0	15
	X_B	b	x_1	x_2	x_3	x_4	x_5	x_6
15	x_6	1	1/4	0	0	−1/2	−1/4	1
8	x_2	9	1/4	1	1	−1/2	3/4	0
−Z		−87	−3/4	0	−2	−7/2	−9/4	0

当单位产品 D 的利润为 15 时，这时最优生产方案为：生产产品 B 9 件，生产产品 D 1 件。目标函数最优值为 87。

2.3.4　添加新约束的灵敏度分析

如果系统出现新的约束条件，线性规划模型就需要增加新的约束方程。可以分以下两种情况讨论：

（1）原问题的最优解满足新的约束方程，则最优解不改变。

（2）如果原问题的最优解不满足新的约束方程，这时需要重新寻找新问题的最优解。也就是要把该约束方程引入单纯形表中，并引入必要的松弛变量及人工变量，并做适当的变换，求出新的最优解。

在例 2.9 中，假设电力供应紧张，若电力供应最多为 13 个单位，而生产产品 A、B、C 每单位需电力分别为 2 个单位、1 个单位、3 个单位，问：该公司生产方案是否需要改变？

解：该约束条件为 $2x_1+x_2+3x_3\leqslant 13$，因此将原问题的最优解 $x_1=4$，$x_2=8$，$x_3=0$ 代入电力约束条件 $2x_1+x_2+3x_3\leqslant 13$。因为 $4\times 2+8=16>13$，故原问题最优解已经不是新约束条件下的最优解，即生产方案发生了改变。

在电力约束条件中加入松弛变量 x_6 得

$$2x_1+x_2+3x_3+x_6=13$$

以 x_6 为基变量，将上式反映到最终单纯形表中得到表 2.24。

表 2.24　增加新约束后的计算表

			5	8	6	0	0	0
	X_B	b	x_1	x_2	x_3	x_4	x_5	x_6
5	x_1	4	1	0	0	2	−1	0
8	x_2	8	0	1	1	−1	1	0
0	x_6	13	2	1	3	0	0	1
$-Z$		−84	0	0	−2	−2	−3	0

在表 2.24 中，x_1、x_2、x_6 为基变量，因此所对应的列向量应变为单位向量，因此经计算得表 2.25。

表 2.25　增加新约束后的单纯形表

			5	8	6	0	0	0
	X_B	b	x_1	x_2	x_3	x_4	x_5	x_6
5	x_1	4	1	0	0	2	−1	0
8	x_2	8	0	1	1	−1	1	0
0	x_6	−3	0	0	2	[−3]	1	1
$-Z$		−84	0	0	−2	−2	−3	0

利用对偶单纯形法计算得表 2.26。

表 2.26 增加新约束后的最优单纯形表

			5	8	6	0	0	0
	X_B	b	x_1	x_2	x_3	x_4	x_5	x_6
5	x_1	2	1	0	4/3	0	−1/3	2/3
8	x_2	9	0	1	1/3	0	2/3	−1/3
0	x_4	1	0	0	−2/3	1	−1/3	−1/3
$-Z$		−82	0	0	−10/3	0	−11/3	−2/3

故增加电力约束后，这时的最优生产方案为：生产产品 A 1 件，生产产品 B 9 件。目标函数最优值为 82。

2.3.5 技术系数 a_{ij} 的改变（计划生产的产品工艺结构发生改变）

在线性规划模型中，系数矩阵共有 $m \times n$ 个元素，为了方便，我们只讨论某一个列向量发生改变，其余不发生改变的情况。

1. 非基变量 x_j 的工艺发生改变

当非基变量 x_j 的系数 $\boldsymbol{P}_j$ 改变为 $\boldsymbol{P}_j'$ 时，$\boldsymbol{P}_j$ 的变化不会改变 $\boldsymbol{B}^{-1}$，因此这时只影响单纯形最终表第 j 列数据和第 j 个检验数 σ_j。单纯形最终表第 j 列数据变为 $\boldsymbol{B}^{-1}\boldsymbol{P}_j'$，而新的检验数为 $\sigma_j' = c_j - \boldsymbol{C}_B\boldsymbol{B}^{-1}\boldsymbol{P}_j'$。若检验数小于等于 0，最优方案不变；若检验数大于 0，这时在原单纯形最终表的基础上，换上改变后的第 j 列数据 $\boldsymbol{B}^{-1}\boldsymbol{P}_j'$ 和 σ_j'，继续迭代即可。

2. 基变量 x_j 的工艺发生改变

当基变量 x_j 的系数 $\boldsymbol{P}_j$ 改变为 $\boldsymbol{P}_j'$ 时，这时 $\boldsymbol{P}_j$ 的变化会使 $\boldsymbol{B}^{-1}$ 也发生改变，所以最终单纯形表中最优解的可行性及检验数都可能发生变化。当 $\boldsymbol{B}^{-1}$ 变化使检验数 σ' 或 $\boldsymbol{B}^{-1}\boldsymbol{b}$ 中只有一个不满足最优性判别时，我们可以利用单纯形算法或对偶单纯形法进行求解。

如在例 2.9 中，若生产产品 A 的工艺发生改变，生产产品 A 对甲、乙原材料的需求分别为 2、2。单位产品的利润不变，问最优生产方案如何变化？

产品 A 对应的决策变量 x_1 为基变量，因此应先计算

$$\overline{\boldsymbol{P}}_1' = \boldsymbol{B}^{-1}\boldsymbol{P}_1' = \begin{bmatrix} 2 & -1 \\ -1 & 1 \end{bmatrix}\begin{bmatrix} 2 \\ 2 \end{bmatrix} = \begin{bmatrix} 2 \\ 0 \end{bmatrix}, \quad \overline{\sigma}_1' = c_1 - \boldsymbol{C}_B\boldsymbol{B}^{-1}\boldsymbol{P}_1' = -5$$

最终单纯形表变为表 2.27，其中 x_1 列变为 x_1' 列，x_1' 为基变量，因此再将 x_1' 列的系数列向量变为单位列向量，得表 2.28。

表 2.27　$P_1=\begin{bmatrix}2\\2\end{bmatrix}$ 的计算表

			5	5	8	6	0	0
	X_B	b	x_1	x_1'	x_2	x_3	x_4	x_5
5	x_1'	4	1	2	0	0	2	−1
8	x_2	8	0	0	1	1	−1	1
$-Z$		−84	0	−5	0	−2	−2	−3

表 2.28　$P_1=\begin{bmatrix}2\\2\end{bmatrix}$ 的单纯形表

			5	8	6	0	0
	X_B	b	x_1'	x_2	x_3	x_4	x_5
5	x_1'	2	1	0	0	[1]	−1/2
8	x_2	8	0	1	1	−1	1
$-Z$		−74	0	0	−2	3	−11/2

利用单纯形算法计算得表 2.29。

表 2.29　$P_1=\begin{bmatrix}2\\2\end{bmatrix}$ 的最优单纯形表

			5	8	6	0	0
	X_B	b	x_1'	x_2	x_3	x_4	x_5
0	x_4	2	1	0	0	1	−1/2
8	x_2	10	1	1	1	0	1/2
$-Z$		−80	−5	0	−2	0	−4

这时最优生产方案发生改变，只需生产产品 B 10 件。目标函数最优值为 80。

当基变量 x_j 的系数 P_j 改变为 P_j'，而 B^{-1} 变化使检验数 σ' 或 $B^{-1}b$ 中都不满足最优性判别时，我们需用增加人工变量的方法进行求解。

如在例 2.9 中，若生产产品 A 的工艺发生改变，生产产品 A 对甲、乙原材料的需求分别为 1、3。单位产品的利润为 5，问：最优方案如何变化?

先计算 $\bar{P}_1'=B^{-1}P'=\begin{bmatrix}2 & -1\\-1 & 1\end{bmatrix}\begin{bmatrix}1\\3\end{bmatrix}=\begin{bmatrix}-1\\2\end{bmatrix}$，$\bar{\sigma}_1'=c_1-C_BB^{-1}P_1'=-6$。

最终单纯形表变为表 2.30。

表 2.30　$P_1=\begin{bmatrix}1\\3\end{bmatrix}$ 的计算表

			5	8	6	0	0
	X_B	b	x_1	x_2	x_3	x_4	x_5
5	x_1	4	−1	0	0	2	−1
8	x_2	8	2	1	1	−1	1
$-Z$		−84	−6	0	−2	−2	−3

x_1是基变量，因此x_1列必须变为单位向量（表 2.31）。

表 2.31　$P_1=\begin{bmatrix}1\\3\end{bmatrix}$的单纯形表（1）

			5	8	6	0	0
	X_B	b	x_1	x_2	x_3	x_4	x_5
5	x_1	−4	1	0	0	−2	1
8	x_2	16	0	1	1	3	−1
$-Z$		−108	0	0	−2	−14	3

在表 2.31 中，$B^{-1}b$出现负数并且检验数行有大于零的分量，因此把表 2.31 中x_1对应的方程$x_1-2x_4+x_5=-4$两边同乘以（－1），再在该方程的左边加入人工变量x_6得

$$-x_1+2x_4-x_5+x_6=4$$

这时基变量由x_1变为x_6，计算得表 2.32。

表 2.32　$P_1=\begin{bmatrix}1\\3\end{bmatrix}$的单纯形表（2）

			5	8	6	0	0	$-M$
	X_B	b	x_1	x_2	x_3	x_4	x_5	x_6
$-M$	x_6	4	−1	0	0	[2]	−1	1
8	x_2	16	0	1	1	3	−1	0
$-Z$		$4M-128$	$5-M$	0	−2	$2M-24$	$-M+8$	0

由表 2.33 可知，这时最优生产方案发生改变，只需生产产品 B 10 件。目标函数最优值为 80。

表 2.33　$P_1=\begin{bmatrix}1\\3\end{bmatrix}$的最优单纯形表

			5	8	6	0	0	$-M$
	X_B	b	x_1	x_2	x_3	x_4	x_5	x_6
0	x_4	2	−1/2	0	0	1	−1/2	1/2
8	x_2	10	3/2	1	1	0	1/2	−3/2
$-Z$		−80	−7	0	−2	0	−4	$12-M$

有关线性规划问题的灵敏度分析可以利用 Excel 线性规划问题求解软件进行求解、分析，具体求解过程参见 10.3 节的内容。

习 题 2

1. 写出下列线性规划的对偶问题。

（1）
$$\min Z=7x_1+4x_2-3x_3$$

$$\text{s.t.}\begin{cases}-4x_1+2x_2-6x_3\leqslant 20\\-3x_1-3x_2-5x_3\geqslant 13\\5x_2+3x_3=30\\x_1\leqslant 0,x_2\text{无限制},x_3\geqslant 0\end{cases}$$

（2）
$$\max Z=x_1+2x_2$$
$$\text{s.t.}\begin{cases}2x_1-3x_2\leqslant 6\\x_1+2x_2\leqslant 13\\x_1\geqslant 0,x_2\geqslant 0\end{cases}$$

2. 已知线性规划问题：
$$\max Z=6x_1+14x_2+13x_3$$
$$\text{s.t.}\begin{cases}1/2x_1+2x_2+x_3\leqslant 24\\x_1+2x_2+4x_3\leqslant 60\\x_1,x_2,x_3\geqslant 0\end{cases}$$

（1）用单纯形算法求解该线性规划问题；

（2）试根据弱对偶性质求出对偶问题的最优解。

3. 用对偶单纯形法求解线性规划问题。

（1）
$$\min Z=4x_1+12x_2+18x_3$$
$$\text{s.t.}\begin{cases}x_1+3x_3\geqslant 3\\2x_2+2x_3\geqslant 5\\x_1,x_2,x_3\geqslant 0\end{cases}$$

（2）
$$\max Z=60x_1+50x_2$$
$$\text{s.t.}\begin{cases}x_1+2x_2\leqslant 40\\-2x_1+x_2\leqslant 6\\x_1+x_2\leqslant 25\\x_1\geqslant 0,x_2\geqslant 0\end{cases}$$

4. 已知线性规划问题：
$$\max Z=4x_1+x_2+2x_3$$
$$\text{s.t.}\begin{cases}8x_1+3x_2+x_3\leqslant 2\\6x_1+x_2+x_3\leqslant 8\\x_1,x_2,x_3\geqslant 0\end{cases}$$

（1）求原问题和对偶问题的最优解；

（2）在不改变最优基的条件下，确定 x_1 、 x_3 的目标函数系数的变化范围；

（3）在不改变最优基的条件下，确定右边常数项系数 b_1 和 b_1 的变化范围。

5. 已知线性规划问题：
$$\max Z=-5x_1+5x_2+13x_3$$

$$\text{s.t.}\begin{cases}-x_1+x_2+3x_3\leqslant 20\\12x_1+4x_2+10x_3\leqslant 90\\x_1,x_2,x_3\geqslant 0\end{cases}$$

用单纯形算法求其最优解，最后分析在下列条件下最优解分别有什么变化。

（1）第 1 个约束条件的右端的常数项由 20 变为 30；

（2）第 2 个约束条件的右端的常数项由 90 变为 70；

（3）目标函数中 x_3 的系数由 13 变为 8；

（4）x_1 的系数列向量由 $(-1,12)^{\mathrm{T}}$ 变为 $(0,5)^{\mathrm{T}}$；

（5）增加一个约束条件 $2x_1+3x_2+5x_3\leqslant 50$。

第3章

运 输 问 题

前面讨论了一般线性规划问题的数学模型的建立和求解方法，但在实际工作中，往往碰到有些线性规划问题，它们的约束条件系数矩阵具有特殊结构，这就使我们有可能找到比单纯形算法更为简单的求解方法，从而节约大量的计算时间和费用。本章所讨论的运输问题就是属于这样一类特殊的线性规划问题，它在实践中具有重要的作用及广泛的应用前景。

3.1 运输问题的数学模型

在经济建设中，经常会遇到大宗物资调拨涉及的运输问题。例如，煤炭、钢铁、木材、粮食等物资，在全国有若干个生产基地，根据已有的交通网，应如何制订调运方案，将这些物资运到各消费地点，而使总运费最小？这类问题可用以下数学语言来描述。

假设有 m 个生产地点（简称产地），可以供应某种物资，用 A_i 表示，$i=1,2,\cdots,m$；有 n 个销售地（简称销地），用 B_j 表示，$j=1,2,\cdots,n$；产地的产量和销地的销售量分别为 $a_i\left(i=1,2,\cdots,m\right)$ 和 $b_j\left(j=1,2,\cdots,n\right)$，从 A_i 到 B_j 运输单位物资的运价为 c_{ij}，这些数据汇总如表 3.1 所示。

表 3.1 运输问题数据表

产地 \ 销地	B$_1$	B$_2$	…	B$_n$	产量
A$_1$	c_{11}	c_{12}	…	c_{1n}	a_1
A$_2$	c_{21}	c_{22}	…	c_{2n}	a_2
…	…	…		…	…
A$_m$	c_{m1}	c_{m2}	…	c_{mn}	a_m
销量	b_1	b_2	…	b_n	

问：如何调运，使得运输费用最小？

如果运输问题的总产量等于其总销量，即

$$\sum_{i=1}^{m} a_i = \sum_{j=1}^{n} b_j$$

则称该运输问题为产销平衡运输问题；反之，称为产销不平衡运输问题。

下面我们首先研究在产销平衡情况下运输问题的数学模型及其求解。

假设 x_{ij} 表示从 A_i 到 B_j 的运量，则所求问题的数学模型为

$$\min Z = \sum_{i=1}^{m}\sum_{j=1}^{n} c_{ij} x_{ij}$$

$$\text{s.t.}\begin{cases} \sum_{i=1}^{m} x_{ij} = b_j, j = 1,2,\cdots,n \\ \sum_{j=1}^{n} x_{ij} = a_i, i = 1,2,\cdots,m \\ x_{ij} \geqslant 0, i = 1,2,\cdots,m; j = 1,2,\cdots,n \end{cases}$$

在该模型中，目标函数表示运输总费用，要求其极小化；第 1 个约束条件的意义是由各产地运往某一销地的物品数量之和等于该销地的销量；第 2 个约束条件表示由某一产地运往各销地的物品数量之和等于该产地的产量；第 3 个约束条件表示决策变量的非负条件。

对于产销不平衡的情况，我们将在 3.3 节中进行讨论。

对于运输问题的数学模型，它包含 $m \times n$ 个变量，$m+n$ 个约束条件，是一个线性规划问题，因此可以用单纯形算法求解，如果用单纯形算法求解，首先应在每个约束条件上加入一个人工变量（以便求出初始基本可行解）。因此，即使是 $m=4$，$n=5$ 这样的简单问题，变量个数就有 29 个之多。由此可知，利用单纯形算法进行计算非常复杂。因此，我们有必要针对运输问题的某些特点，来寻求更为简单方便的求解方法——表上作业法。

3.2 表上作业法

3.2.1 表上作业法的基本概念与重要结论

针对运输问题的数学模型结构的特殊性，它的约束方程组的系数矩阵具有如下特点：①在该矩阵中，它的元素均等于 0 或 1；②每列只有两个元素为 1，其余元素都是 0；③对应每一个变量，在前 m 个约束方程中只出现一次，在后 n 个约束方程中也只出现一次。根据这些特点，在单纯形算法的基础上，下面设计出一种专门用来求解运输问题的方法，我们将这种方法称为表上作业法。

$$
\boldsymbol{A}=\begin{array}{c} \begin{matrix} x_{11} & \cdots & x_{1n} & x_{21} & \cdots & x_{2n} & \cdots & x_{m1} & \cdots & x_{mn} \end{matrix} \\ \begin{bmatrix} 1 & \cdots & 1 & 0 & \cdots & 0 & \cdots & 0 & \cdots & 0 \\ 0 & \cdots & 0 & 1 & \cdots & 1 & \cdots & 0 & \cdots & 0 \\ \vdots & & \vdots & \vdots & & \vdots & & \vdots & & \vdots \\ 0 & \cdots & 0 & 0 & \cdots & 0 & \cdots & 1 & \cdots & 1 \\ 1 & \cdots & 0 & 1 & \cdots & 0 & \cdots & 1 & \cdots & 0 \\ \vdots & & \vdots & \vdots & & \vdots & & \vdots & & \vdots \\ 0 & \cdots & 1 & 0 & \cdots & 1 & \cdots & 0 & \cdots & 1 \end{bmatrix} \end{array} \tag{3.1}
$$

根据运输问题的数学模型求出的运输问题的解，它代表着一个运输方案，其中每一个变量 x_{ij} 的值表示由 A_i 调运到 B_j 的物品数量。由于运输问题也是一个线性规划问题，在求解时，我们与使用单纯形算法类似，首先应当确定该问题的基变量个数；其次要知道这样一组基变量应当由哪些变量来组成（也就是要求出初始基本可行解）。运输问题的解 $\boldsymbol{X}$ 必须要满足模型中的所有约束条件；基变量对应的约束方程组的系数列向量必须是线性无关的；可以证明系数矩阵（3.1）的秩是 $m+n-1$。一方面，矩阵的前 m 行相加之和减去后 n 行之和结果是 $\mathbf{0}$ 向量，因此系数矩阵（3.1）的秩小于 $m+n$；另一方面，系数矩阵（3.1）的第 2 行至第 $m+n$ 行和前 n 列及 $x_{21},x_{31},\cdots,x_{m1}$ 对应的列交叉处的元素构成 $m+n-1$ 阶方阵 $\boldsymbol{D}$，$\boldsymbol{D}$ 的行列式

$$
\boldsymbol{D}=\begin{vmatrix} & & & 1 & & & \\ & & & & 1 & & \\ & & & & & \ddots & \\ & & & & & & 1 \\ 1 & & & 1 & 1 & \cdots & 1 \\ & 1 & & & & & \\ & & \ddots & & & & \\ & & & 1 & & & \end{vmatrix} = (-1)^{m+1}\begin{vmatrix} & & 1 & & \\ & & & \ddots & \\ & & & & 1 \\ 1 & & & & \\ & \ddots & & & \\ & & 1 & & \end{vmatrix}_{\text{按第1列展开}} \neq 0
$$

因此矩阵 $\boldsymbol{A}$ 的秩恰好等于 $m+n-1$，可以证明 $m+n$ 个方程中的任意 $m+n-1$ 个方程的系数向量都是线性无关的。

因此，在运输问题中解的基变量个数应由 $m+n-1$ 个变量组成（基变量的个数=产地个数+销地个数−1）。进一步我们想知道怎样的 $m+n-1$ 个变量会构成一组基变量。

为此我们需要引入一些基本概念，通过对这些基本概念的分析和讨论，结合单纯形算法的基本结果，便可得出我们需要的结论。

定义 3.1 凡是能排成 $x_{i_1j_1},x_{i_1j_2},x_{i_2j_2},x_{i_2j_3},\cdots,x_{i_sj_s},x_{i_sj_1}$ 或 $x_{i_1j_1},x_{i_2j_1},x_{i_2j_2},x_{i_3j_2},\cdots,x_{i_sj_s},x_{i_1j_s}$ $(i_1,\cdots,i_s$ 互不相同，且 $1\leqslant i_k\leqslant m$, $k=1,\cdots,s$, $j_1,\cdots,j_s$ 互不相同，且 $1\leqslant j_l\leqslant n, l=1,\cdots,s)$ 形式的变量的集合称为一个闭回路。把出现在闭回路中的变量称为这个闭回路的顶点。

例 3.1 设 m=3，n=4，决策变量 x_{ij} 表示由产地 A_i 调运到销地 B_j 的数量，如表 3.2 所示，x_{11}、x_{12}、x_{32}、x_{34}、x_{24}、x_{21} 构成一个闭回路。这里有 i_1=1，i_2=3，i_3=2；j_1=1，j_2=2，j_3=4。

表 3.2 顶点为$\{x_{11}, x_{12}, x_{32}, x_{34}, x_{24}, x_{21}\}$的闭回路

产地＼销地	B_1	B_2	B_3	B_4
A_1	x_{11}	x_{12}		
A_2	x_{21}			x_{24}
A_3		x_{32}		x_{34}

若把闭回路的顶点都在表中画出，并且把相邻的顶点都用一条直线连接起来，就可以得到一条封闭的折线，并且折线的每一条边或者是水平的，或者是垂直的。另外，表中每一行和每一列由折线相连的闭回路的顶点只有两个。

表 3.3（顶点为$\{x_{12}, x_{32}, x_{34}, x_{14}\}$）和表 3.4（顶点为$\{x_{11}, x_{12}, x_{22}, x_{24}, x_{34}, x_{31}\}$）也分别构成两个闭回路。

表 3.3 顶点为$\{x_{12}, x_{32}, x_{34}, x_{14}\}$的闭回路

产地＼销地	B_1	B_2	B_3	B_4
A_1		x_{12}		x_{14}
A_2				
A_3		x_{32}		x_{34}

表 3.4 顶点为$\{x_{11}, x_{12}, x_{22}, x_{24}, x_{34}, x_{31}\}$的闭回路

产地＼销地	B_1	B_2	B_3	B_4
A_1	x_{11}	x_{12}		
A_2		x_{22}		x_{24}
A_3	x_{31}			x_{34}

定理 3.1 $m+n-1$ 个变量$x_{i_1j_1}, x_{i_2j_2}, \cdots, x_{i_sj_s}\ (s=m+n-1)$构成基变量的充分必要条件是它不包含有任何闭回路。

定理 3.1 给出了运输问题基的一个重要特征，这个结论是非常重要的，因为利用它可以判断 $m+n-1$ 个变量是否构成基变量，它比直接判断这些变量所对应的系数列向量组是否线性无关要简单和直观。另外，利用基的这个特征可以导出运输问题的基本可行解。

3.2.2 表上作业法的计算方法

表上作业法是单纯形算法在求解运输问题时的一种简化方法，其实质是单纯形算法，只是具体计算和术语有所不同，可归纳为：

（1）找出初始基本可行解，即在（$m\times n$）产销平衡表上给出 $m+n-1$ 个有数字的格，这些有数字的格不能构成闭回路，且行和等于产量，列和等于销量。

（2）求各非基变量的检验数，即在表上求出空格的检验数，判别是否达到最优解。如果达到最优解，则停止计算，否则转入下一步。

（3）确定换入变量和换出变量，找出新的基本可行解，在表上用闭回路法进行

调整。

（4）重复（2）、（3）步，直到求得最优解为止。

以下给出求解运输问题表上作业法的具体计算步骤。

1. 确定初始基本可行解

确定初始基本可行解即首先给出初始的调运方案，方法很多，这里只介绍其中的两种方法。

1）最小元素法

最小元素法的基本思想就是就近供应，即从单位运价表中最小的运价开始确定产销关系，依次类推，直到给出初始方案为止。下面由例 3.2 来说明最小元素法确定初始基本可行解的具体步骤。

例 3.2 某公司有 3 个生产同类产品的工厂，生产的产品由 4 个销售点销售，各工厂的生产量（单位：吨）、各销售点的销售量（单位：吨）及各工厂到各销售点的单位产品运价（单位：万元/吨）如表 3.5 所示。问：该公司应如何调运产品，在满足各销售点需要量的前提下，使总的运费最小？

表 3.5 例 3.2 的数据表

产地＼销地	B_1	B_2	B_3	B_4	产量
A_1	3	11	3	10	7
A_2	1	9	2	8	4
A_3	7	4	10	5	9
销量	3	6	5	6	

解：第一步：从单位运价表中找出最小的单位运价为 1，这表示先将 A_2 的产品供应给 B_1。由于 A_2 每天生产 4 吨，B_1 每天只需要 3 吨，即 A_2 除每日能满足 B_1 的需要外还剩余 1 吨。因此在产销平衡表（A_2，B_1）交叉处填上 3（$x_{21}=\min\{a_2, b_1\}=\min\{4, 3\}=3$），表示 A_2 调运 3 吨给 B_1，再在单位运价表中将 B_1 这一列单位运价划去，表示 B_1 的需求已满足，不需要继续调运。

第二步：从上述未划去的单位运价表中再找出最小的单位运价 2，即 A_2 把剩余的产品供应给 B_3；B_3 每天需要 5 吨，A_2 只剩余 1 吨，因此在上述产销平衡表（A_2，B_3）交叉处填上 1，划去上述单位运价表中 A_2 这一行单位运价，表示 A_2 的产品已分配完毕，如表 3.6 所示。

表 3.6 例 3.2 的最小元素法计算表

产地＼销地	B_1	B_2	B_3	B_4	产量
A_1	3	11	3	10	7
A_2	1 ③	9	2 ①	8	4
A_3	7	4	10	5	9
销量	3	6	5	6	

第三步：在表 3.6 中，从未划去的元素中找出最小单位运价为 3。这表示将 A_1 的产品供应给 B_3，A_1 每天生产 7 吨，B_3 尚缺 4 吨，因此在产销平衡表的（A_1，B_3）交叉处填上 4，由于 B_3 的需求已满足，将单位运价表中的 B_3 这一列单位运价划去。

如此，一步步进行下去，直到单位运价表中所有元素都划去为止，最终在产销平衡表上就可以得到一个初始调运方案，如表 3.7 所示。

表 3.7　例 3.2 的最小元素法初始调运方案

产地＼销地	B_1	B_2	B_3	B_4	产量
A_1			4	3	7
A_2	3		1		4
A_3		6		3	9
销量	3	6	5	6	

检查全表，产销已平衡，得到初始调运方案为 $x_{13}=4, x_{14}=3, x_{21}=3, x_{23}=1, x_{32}=6, x_{34}=3$，其余 $x_{ij}=0$，这个方案的总运费为 86 万元。

应当注意的是，在用最小元素法确定初始基本可行解的时候，有可能出现以下两种特殊情况：一是当在中间步骤的未划去的单位运价表中寻找最小元素时，有多个元素同时达到最小，这时从这些最小元素中任意选择一个作为基变量；二是当在中间步骤的未划去的单位运价表中寻找最小元素时，发现该元素所在行的剩余产量等于该元素所在列的剩余销售量。这时在产销平衡表相应的位置填上该剩余产量数，而在单位运价表中就要同时划去该行和该列。为了使调运方案中数字的格仍为（$m+n-1$）个，需要在同时划去的行或列的任一空格位置添上一个“0”，这个“0”表示该变量是基变量，只不过它取值为 0，即此时的调运方案是一个退化的基本可行解。

例 3.3　某公司有 3 个生产同类产品的工厂，生产的产品由 4 个销售点销售，各工厂的生产量（单位：吨）、各销售点的销售量（单位：吨）及各工厂到各销售点的单位产品运价（单位：万元/吨）如表 3.8 所示。利用最小元素法，求该公司的初始调运方案。

表 3.8　例 3.3 的数据表

产地＼销地	B_1	B_2	B_3	B_4	产量
A_1	5	3	10	4	9
A_2	1	6	9	6	4
A_3	20	10	5	7	7
销量	3	5	8	4	

解：第一步：从单位运价表中找出最小单位运价为 1，这表示先将 A_2 的产品供应给 B_1。A_2 每天生产 4 吨，B_1 每天只需要 3 吨，因此在产销平衡表（A_2，B_1）交叉处填上 3，同时将单位运价表中的 B_1 这一列单位运价划去。

第二步：从上述未划去的单位运价表的元素中找出最小的单位运价 3，即将 A_1 的产

品供应给 B_2；A_1 每天生产 9 吨，B_2 每天需要 5 吨，因此在上述产销平衡表（A_1，B_2）交叉处填上 5，划去上述单位运价表中 B_2 这一列单位运价。

第三步：从上述未划去的单位运价表的元素中找出最小单位运价为 4，这表示 A_1 把剩余的产品供应给 B_4；B_4 每天需要 4 吨，A_1 正好剩余 4 吨，因此在上述产销平衡表（A_1，B_4）交叉处填上 4，这时 A_1 的产品已分配完毕，同时 B_4 的需求已满足，因此划去上述单位运价表中 A_1 这一行单位运价和 B_4 这一列单位运价。

为了使有数字格的个数不减少（有数字的格总数应为 $m+n-1$ 个），可以在空格（A_1，B_3）、（A_2，B_4）、（A_3，B_4）中任选一个空格添加一个“0”；同样，这个添加的“0”当作基变量，取值为 0。这里我们在（A_1，B_3）处填 0（初始调运方案是一个退化的基本可行解），表示 x_{13} 为基变量。

如此进行下去，直到单位运价表中所有元素都划去为止，最终在产销平衡表上就可以得到一个初始调运方案，如表 3.9 所示。

表 3.9　例 3.3 的最小元素法初始调运方案

产地＼销地	B_1	B_2	B_3	B_4	产量
A_1		5	0	4	9
A_2	3		1		4
A_3			7		7
销量	3	5	8	4	

2）伏格尔法

最小元素法的缺点：为了节省一处的费用，有时造成在其他地方要多花几倍的运费。伏格尔法考虑到，一产地的产品，假如不能按最小运费就近供应，就考虑次小运费。这就有一个差额，差额越大，说明当不能按最小运费调运时，运费增加就越多。因此，对于差额最大处，就优先采用最小运费调运。我们用例 3.2 来说明伏格尔法的具体实施过程，步骤如下。

第一步：在单位运价表中增加一行和一列，列的格位置相应填入该行的次小运费与最小运费之差，我们称为行差额。行的格位置相应填入该列的次小运费与最小运费之差，我们称为列差额，如此可得表 3.10。

表 3.10　例 3.2 的行差、列差计算表

产地＼销地	B_1	B_2	B_3	B_4	行差额
A_1	3	11	3	10	0
A_2	1	9	2	8	1
A_3	7	4	10	5	1
列差额	2	5	1	3	

第二步：从行差额和列差额中选出最大者，选择它所在的行或列中的最小元素。比较该元素所在的行和列的产量与销量，取它们中的最小者填入产销平衡表相应的位置。

同时在单位运价表中划去已满足的行或列。由于B_2的列差额最大，B_2列中最小元素为4（A_3行），可确定将A_3产品优先供应给B_2。比较它们的产量和销量，可知产地A_3的产量为9，销地B_2的销量为6，因此在产销平衡表（A_3，B_2）空格处填入6，销地B_2已经满足，因此将单位运价表中的B_2这一列单位运价划去。

第三步：对上述未划去的元素重新计算出各行、各列的差额。重复第一、二步的工作，直到给出初始解为止。

本问题利用伏格尔法给出的初始调运方案如表3.11所示。

表3.11 例3.2的伏格尔法初始调运方案

产地＼销地	B_1	B_2	B_3	B_4	产量
A_1			5	2	7
A_2	3			1	4
A_3		6		3	9
销量	3	6	5	6	

由以上可见：伏格尔法同最小元素法除在确定供求关系的原则上不同外，其余步骤相同，因而给出的初始调运方案也是基本可行解。一般来说，用伏格尔法所求出的初始解比用最小元素法求出的初始解更接近于最优解。例3.2用伏格尔法给出的初始解的总运费为85万元。

2. 判别最优解

得到运输问题的初始基本可行解后就要判别这个解是否为最优解，判别的方法是计算非基变量即空格的检验数。因运输问题的目标函数是要求实现最小化，所以当所有的非基变量检验数全都大于等于0时为最优解。下面介绍两种求空格检验数的方法。

1）闭回路法

在给出调运方案的计算表上，如表3.7所示，从每一空格出发，找一条闭回路。它是以空格为始点，用水平线或垂直线向前画，每碰到一数字格，或前行或转90°后继续前进。直到回到起始空格处为止。该闭回路除了起始顶点是非基变量外，其他顶点均为基变量（对应着数字格）。可以证明，如果对闭回路的方向不加区别，对于任一非基变量而言，以每个空格为始点的闭回路都存在且唯一。例如，表3.7中（A_1，B_1）与（A_1，B_3）、（A_2，B_3）和（A_2，B_1）3个有数字的格构成一闭回路，得到表3.12，如此等等。

表3.12 以（A_1，B_1）为始点的闭回路

产地＼销地	B_1	B_2	B_3	B_4	产量
A_1	3 （+1）		3 4（−1）	3	7
A_2	1 3（−1）		2 1（+1）		4
A_3		6		3	9
销量	3	6	5	6	

闭回路计算检验数的经济解释：在已给出初始解的表 3.12，可以从任一空格出发，如从（A_1，B_1）出发，若让 A_1 的产品调 1 吨给 B_1，为了保持产销平衡，就要依次做调整：在（A_1，B_3）处减少 1 吨，（A_2，B_3）处增加 1 吨，（A_2，B_1）处减少 1 吨，即构成了以（A_1，B_1）空格为始点，其他为有数字的格的闭回路，如表 3.12 中的直线所示，各顶点所在格的右上角的数字是单位运价。

可见这一调整方案使运费增加了：

$$(+1)\times 3+(-1)\times 3+(+1)\times 2+(-1)\times 1=1\text{（万元）}$$

这表明若这样调整运输方式将增加运费。将“1”这个数填入（A_1，B_1）格，这就是该空格的检验数。

按以上所述，就可以计算出所有空格的检验数，见表 3.13。

表 3.13 表 3.7 中各空格检验数

空格	闭回路	检验数
（A_1，B_1）	（1，1）→（1，3）→（2，3）→（2，1）→（1，1）	1
（A_1，B_2）	（1，2）→（1，4）→（3，4）→（3，2）→（1，2）	2
（A_2，B_2）	（2，2）→（2，3）→（1，3）→（1，4）→（3，4）→（3，2）→（2，2）	1
（A_2，B_4）	（2，4）→（2，3）→（1，3）→（1，4）→（2，4）	−1
（A_3，B_1）	（3，1）→（3，4）→（1，4）→（1，3）→（2，3）→（2，1）→（3，1）	10
（A_3，B_3）	（3，3）→（3，4）→（1，4）→（1，3）→（3，3）	12

这时检验数还存在负数，因为（A_2，B_4）空格的检验数为−1，这说明表 3.7 给出的调运方案还不是最优解，还需要进一步改进，具体改进方法见本节后面的基本可行解的改进方法。

2）位势法

用闭回路法求检验数时，需要给每一空格找一条闭回路。当产销点很多时，空格的数量很大，计算检验数将十分费时。下面介绍一种较为简便的方法——位势法。

设 $x_{i_1j_1},\cdots,x_{i_sj_s}\left(s=m+n-1\right)$ 是一组基本可行解，现在引进 $m+n$ 个未知量 $u_1,\cdots,u_m$，$v_1,\cdots,v_n$，由上述基本可行解可构造如下方程组：

$$\begin{cases} u_{i_1}+v_{j_1}=c_{i_1j_1} \\ u_{i_2}+v_{j_2}=c_{i_2j_2} \\ \cdots\cdots \\ u_{i_s}+v_{j_s}=c_{i_sj_s} \end{cases} \tag{3.2}$$

其中，c_{ij} 为变量 x_{ij} 对应的单位运价。方程组（3.2）共有 $m+n$ 个未知变量和 $m+n-1$ 个方程。该方程组的解存在且恰有一个自由变量。称 $u_1,\cdots,u_m$ 为行位势，$v_1,\cdots,v_n$ 为列位势。

定理 3.2 设已给定一组基本可行解，则对每一个非基变量 x_{ij} 来说，它所对应的检验数为

$$\sigma_{ij}=c_{ij}-\left(u_i+v_j\right) \tag{3.3}$$

下面，我们就以例子来说明这种方法的具体实施过程。

仍以给出的表 3.7 为例。

第一步：在对应表 3.7 的数字格处填入单位运价，如表 3.14 所示。

表 3.14 初始基本可行解对应的运价表

产地＼销地	B_1	B_2	B_3	B_4
A_1			3 [3]	10 [10]
A_2	1 [1]		2 [2]	
A_3		4 [4]		5 [5]

第二步：在表 3.14 上增加一行和一列，列中填入行位势 u_i，行中填入列位势 v_j。

先令 u_1=0［一般令行和列中数字格（基变量）多的行位势或列位势为 0］，然后按 $u_i+v_j=c_{ij},(i,j)\in$ 基变量指标集，相继确定 u_i、v_j。当 u_1=0 时，由 $u_1+v_3=c_{13}=3$ 可得 $v_3=3$，由 $u_1+v_4=c_{14}=10$，可得 v_4=10；在 v_4=10 时，由 $u_3+v_4=c_{34}=5$ 可得 $u_3=-5$。以此类推可确定所有的 u_i、v_j 的值，得表 3.15。

表 3.15 位势计算表

产地＼销地	B_1	B_2	B_3	B_4	行位势 u_i
A_1			3 [3]	10 [10]	$u_1=0$
A_2	1 [1]		2 [2]		$u_2=-1$
A_3		4 [4]		5 [5]	$u_3=-5$
列位势 v_j	$v_1=2$	$v_2=9$	$v_3=3$	$v_4=10$	

第三步：按 $\sigma_{ij}=c_{ij}-(u_i+v_j)$，$(i,j)\in$ 非基变量指标集，计算所有的空格检验数。如：

$$\sigma_{11}=c_{11}-(u_1+v_1)=3-(0+2)=1$$

$$\sigma_{12}=c_{12}-(u_1+v_2)=11-(0+9)=2$$

这些计算可直接在表3.15上进行。为了方便，特设计计算表，如表3.16所示。右上角框内的数为单位运价。

表 3.16 检验数计算表

产地＼销地	B_1	B_2	B_3	B_4	行位势 u_i
A_1	1 [3]	2 [11]	0 [3]	0 [10]	0
A_2	0 [1]	1 [9]	0 [2]	−1 [8]	−1
A_3	10 [7]	0 [4]	12 [10]	0 [5]	−5
列位势 v_j	2	9	3	10	

在表 3.16 中检验数还有小于 0 的，说明还未达到最优解，还需进一步进行改进。

3. 基本可行解改进的方法——闭回路调整法

计算完所有的空格检验数后，如果检验数还有小于 0 的，这表明还未达到最优解。若有两个或两个以上的检验数小于 0，一般选择其中最小的小于 0 的检验数，以它对应的空格为调入格，即以它对应的非基变量为换入变量。由表3.16可知，（A_2，B_4）为调入格（以它对应的变量 x_{24} 为换入变量）。以 x_{24} 为出发点，做一闭回路为 $x_{24} \to x_{14} \to x_{13} \to x_{23}$，如表 3.17 所示。

表 3.17　以（A_2，B_4）为出发点的闭回路

产地＼销地	B_1	B_2	B_3	B_4	产量
A_1			4（+1）	3（−1）	7
A_2	3		1（−1）	（+1）	4
A_3		6		3	9
销量	3	6	5	6	

在闭回路上做运量调整，称空格点 x_{24} 为第 1 顶点，x_{14}、x_{13}、x_{23} 分别称为第 2、3、4 顶点，（A_2，B_4）格的调入量 θ 是选择闭回路上偶数格中运量的最小者，即 $\theta=\min\{1,3\}=1$（其原理与单纯形算法中按 θ 规则来确定的换出变量相同），然后在闭回路的奇顶点上加入该调整量，在闭回路的偶顶点上减去该调整量，得到调整方案，如表 3.18 所示。对表 3.18 给出的解，再用闭回路法或位势法求各空格的检验数，见表3.19，这时表中的所有检验数全都大于等于0，所以表3.18所给出的解为最优解。这时得到的总运费的最小值是 85 万元。

表 3.18　解的调整表

产地＼销地	B_1	B_2	B_3	B_4	产量
A_1			5	2	7
A_2	3			1	4
A_3		6		3	9
销量	3	6	5	6	

表 3.19　检验数表

产地＼销地	B_1	B_2	B_3	B_4
A_1	0	2		
A_2		2	1	
A_3	9		12	

应当指出的是，产销平衡的运输问题必定存在最优解。那么它是有唯一最优解还是无穷多个最优解？依据仍然是看非基变量（空格处）的检验数是否为 0。若有空格处的

检验数为 0，则存在无穷多个最优解；否则，只有唯一最优解。由表 3.19 可知，空格（A_1，B_1）处的检验数为 0，表明例 3.2 有无穷多个最优解。可在表 3.18 中以（A_1，B_1）为调入格，做闭回路（A_1，B_1）→（A_1，B_4）→（A_2，B_4）→（A_2，B_1）。确定 $\theta=\min\{2,3\}=2$，经调整后得到另一个最优解，见表 3.20。当然，我们的调入量可以是 $0<\theta<2$ 中的任一实数，这时的解仍为最优解，但不是基本可行解（因为线性规划问题可以在顶点取到最优解，也可以在非顶点即边界点上取到最优解），本题如表 3.21 所示。

表 3.20　例 3.2 的另一个最优解

销地 产地	B_1	B_2	B_3	B_4	产量
A_1	2		5		7
A_2	1			3	4
A_3		6		3	9
销量	3	6	5	6	

表 3.21　例 3.2 的最优解

销地 产地	B_1	B_2	B_3	B_4	产量
A_1	θ		5	$2-\theta$	7
A_2	$3-\theta$			$1+\theta$	4
A_3		6		3	9
销量	3	6	5	6	

3.3　产销不平衡的运输问题

前面讲的表上作业法，都是以产销平衡为前提的。但实际上产销往往是不平衡的。这就需要把产销不平衡问题转化为产销平衡问题进行解决。

当产大于销时，即 $\sum_{i=1}^{m} a_i > \sum_{j=1}^{n} b_j$ 时，运输问题的数学模型可以写成：

$$\min Z = \sum_{i=1}^{m}\sum_{j=1}^{n} c_{ij} x_{ij}$$

$$\text{s.t.}\begin{cases} \sum_{j=1}^{n} x_{ij} \leqslant a_i \left(i=1,\cdots,m\right) \\ \sum_{i=1}^{m} x_{ij} = b_j \left(j=1,\cdots,n\right) \\ x_{ij} \geqslant 0 \left(i=1,\cdots,m; j=1,\cdots,n\right) \end{cases} \tag{3.4}$$

由于总的产量大于销量，就要考虑将多余的物资在哪一个产地贮存的问题。设 $x_{i(n+1)}$ 是产地 A_i 的贮存量，故有

$$\sum_{j=1}^{n} x_{ij} + x_{in+1} = \sum_{j=1}^{n+1} x_{ij} = a_i \quad (i=1,\cdots,m)$$

$$\sum_{i=1}^{m} x_{ij} = b_j \quad (j=1,\cdots,n)$$

$$\sum_{i=1}^{m} x_{i(n+1)} = \sum_{i=1}^{m} a_i - \sum_{j=1}^{n} b_j = b_{n+1}$$

令

$$c'_{ij} = c_{ij}, \text{当} i=1,\cdots,m,\ j=1,\cdots,n \text{时};$$
$$c'_{ij} = 0, \text{当} i=1,\cdots,m,\ j=n+1 \text{时}$$

将上式代入式（3.4），得

$$\min Z' = \sum_{i=1}^{m}\sum_{j=1}^{n+1} c'_{ij}x_{ij} = \sum_{i=1}^{m}\sum_{j=1}^{n} c_{ij}x_{ij}$$

$$\text{s.t.}\begin{cases} \sum_{j=1}^{n+1} x_{ij} = a_i\left(i=1,\cdots,m\right) \\ \sum_{i=1}^{m} x_{ij} = b_j\left(j=1,\cdots,n,n+1\right) \\ x_{ij} \geqslant 0, b_{n+1} = \sum_{i=1}^{m} a_i - \sum_{j=1}^{n} b_j \end{cases} \tag{3.5}$$

这是一个产销平衡的运输问题。

类似地，当销大于产时，可以在产销平衡表中增加一个假想的产地 $i=m+1$，该产地的产量为 $\sum_{j=1}^{n} b_j - \sum_{i=1}^{m} a_i$，在单位运价表中令从该产地到各个销地的单位运价为 $c_{(m+1)j}=0$，同样可以转化为产销平衡的运输问题。

$$\min Z' = \sum_{i=1}^{m+1}\sum_{j=1}^{n} c'_{ij}x_{ij} = \sum_{i=1}^{m}\sum_{j=1}^{n} c_{ij}x_{ij}$$

$$\text{s.t.}\begin{cases} \sum_{j=1}^{n} x_{ij} = a_i\left(i=1,\cdots,m,m+1\right) \\ \sum_{i=1}^{m+1} x_{ij} = b_j\left(j=1,\cdots,n\right) \\ x_{ij} \geqslant 0, \quad a_{m+1} = \sum_{j=1}^{n} b_j - \sum_{i=1}^{m} a_i \end{cases} \tag{3.6}$$

例 3.4 设有 3 个化肥厂供应 4 个地区的农用化肥。假定等量的化肥在这些地区使用的效果相同。各化肥厂年产量（单位：万吨）、各地区年需要量（单位：万吨）及从各化肥厂到各地区运送单位化肥的运价（单位：万元/万吨）如表 3.22 所示。试求出总的运费最省的化肥调拨方案。

表 3.22 例 3.4 的数据表

产地 \ 销地	Ⅰ	Ⅱ	Ⅲ	Ⅳ	产量
A	16	13	22	17	50
B	14	13	19	15	60
C	19	20	23	—	50
最低需求	30	70	0	10	
最高需求	50	70	30	不限	

解：这是一个产销不平衡的运输问题，总产量为 160 万吨，4 个地区的最低需求为 110 万吨，最高需求为无限。根据现有产量，第Ⅳ个地区最多能分配得到 60 万吨/年，这样最高需求就为 210 万吨，大于产量。为了求得平衡，在产销平衡表中增加一个假想的化肥厂 D，其产量为 50 万吨/年。各地区的需求量包含两部分，如地区Ⅰ，其中 30 万吨是最低需求量，故不能由假想化肥厂 D 供给，令相应的单位运价为 M（任意大的正数）；而另一部分 20 万吨满足或不满足均可以，因此可以由化肥厂 A、B、C 供应，也可以由化肥厂 D 供给，按前述，可令化肥厂 D 相应的单位运价为 0。对凡是需求分两种情况的地区，实际上可按照两个地区看待。这样可以写出这个问题的产销平衡及单位运价表（表 3.23），并根据表上作业法，可以求得这个问题的最优调运方案，如表 3.24 所示。

表 3.23 例 3.4 的产销平衡及单位运价表

产地 \ 销地	Ⅰ	Ⅰ′	Ⅱ	Ⅲ	Ⅳ	Ⅳ′	产量
A	16	16	13	22	17	17	50
B	14	14	13	19	15	15	60
C	19	19	20	23	M	M	50
D	M	0	M	0	M	0	50
销量	30	20	70	30	10	50	

表 3.24 例 3.4 的最优调运方案

产地 \ 销地	Ⅰ	Ⅰ′	Ⅱ	Ⅲ	Ⅳ	Ⅳ′	产量
A			50				50
B			20		10	30	60
C	30	20	0				50
D				30		20	50
销量	30	20	70	30	10	50	

在变量个数相等的情况下，表上作业法的计算远比单纯形算法的计算简单得多，所以在解决实际问题时，人们常常尽可能把某些线性规划问题转化为运输问题的数学模型。下面介绍如何把线性规划问题转化为运输问题，以例 3.5 作为一个典型的实例进

行介绍。

例 3.5 某厂按合同规定须于当年每个季度末分别提供10台、15台、25台、20台同一规格的柴油机。已知该厂各季度的生产能力及生产每台柴油机的成本如表 3.25 所示。如果生产出来的柴油机当季不交货，每季度每台需存储费、维护费等共 0.15 万元。要求在完成合同的情况下，做出使该厂全年生产（包括储存、维护等）费用最小的决策。

表 3.25 生产能力与单位成本表

季度	生产能力/台	单位成本/万元
Ⅰ	25	10.80
Ⅱ	35	11.10
Ⅲ	30	11.00
Ⅳ	10	11.30

解：每个季度生产出来的柴油机不一定当季交货，所以设 x_{ij} 表示第 i 季度生产的用于第 j 季度交货的柴油机数。根据合同要求，必须满足：

$$x_{11}=10$$
$$x_{12}+x_{22}=15$$
$$x_{13}+x_{23}+x_{33}=25$$
$$x_{14}+x_{24}+x_{34}+x_{44}=20$$

此外，每季度生产的用于当季和以后各季交货的柴油机数不可能超过该季度的生产能力，故又有

$$x_{11}+x_{12}+x_{13}+x_{14}\leqslant 25$$
$$x_{22}+x_{23}+x_{24}\leqslant 35$$
$$x_{33}+x_{34}\leqslant 30$$
$$x_{44}\leqslant 10$$

第 i 季度生产的用于第 j 季度交货的每台柴油机的实际成本 c_{ij} 应该是该季度单位成本加上储存、维护等费用。各季度生产费用加上储存、维护等费用得到各季度的实际费用 c_{ij}，具体数值见表 3.26。

表 3.26 各季度的生产与交货时的费用

生产 \ 交货	Ⅰ	Ⅱ	Ⅲ	Ⅳ
Ⅰ	10.80	10.95	11.10	11.25
Ⅱ		11.10	11.25	11.40
Ⅲ			11.00	11.15
Ⅳ				11.30

用 a_i 表示该厂第 i 季度的生产能力，b_j 表示第 j 季度的合同供应量，则问题可写成：

$$\min Z=\sum_{i=1}^{4}\sum_{j=1}^{4}c_{ij}x_{ij}$$

$$\text{s.t.}\begin{cases}\sum_{j=1}^{4}x_{ij}\leqslant a_i\,(i=1,2,3,4)\\ \sum_{i=1}^{4}x_{ij}=b_j\,(j=1,2,3,4)\\ x_{ij}\geqslant 0\end{cases}$$

显然这是一个产大于销的运输问题模型。注意到这个问题中当$i>j$时，$x_{ij}=0$，所以应该令对应的$c_{ij}=M$，M是充分大的正数，再加上一个假想的需求季份V，就可以把这个问题变成产销平衡的运输模型，并写出产销平衡表和单位运价表（合二为一，见表 3.27）。

表 3.27 例 3.5 的产销平衡与单位运价表

生产＼销售	Ⅰ	Ⅱ	Ⅲ	Ⅳ	Ⅴ	产量
Ⅰ	10.80	10.95	11.10	11.25	0	25
Ⅱ	M	11.10	11.25	11.40	0	35
Ⅲ	M	M	11.00	11.15	0	30
Ⅳ	M	M	M	11.30	0	10
销量	10	15	25	20	30	

经用表上作业法求解，可得多个最优调运方案，表 3.28 中列出最优调运方案之一，即第Ⅰ季度生产 25 台，其中 10 台当季交货，15 台第Ⅱ季度交货；第Ⅱ季度生产 5 台用于第Ⅲ季度交货；第Ⅲ季度生产 30 台，其中 20 台当季交货，10 台用于第Ⅳ季度交货；第Ⅳ季度生产 10 台用于当季交货。按此方案安排生产，可使该厂总的生产（包括储存、维护等）费用最省，即 773 万元。

表 3.28 例 3.5 的最优调运方案

生产＼销售	Ⅰ	Ⅱ	Ⅲ	Ⅳ	Ⅴ	产量
Ⅰ	10	15	0			25
Ⅱ			5		30	35
Ⅲ			20	10		30
Ⅳ				10		10
销量	10	15	25	20	30	

3.4 转运问题

前述的运输问题产地与销地的界限非常明确，产地只供给货物，销地只需求货物，而实际上，某地是绝对的输出或输入几乎是不存在的。有时一地仅作为两地之间的输出和输入的中转站，更多的是有些产地的货物可以或必须直达运输，而另外一些必须或可以经过中转站转运。我们称这类运输问题为转运问题，因此转运问题是运输问题的一个扩充。

转运问题是在原来的运输问题中的产地、销地之间再增加中转站。在运输问题中我们只允许物品从产地运往销地，而在转运问题中我们还允许把物品从一个产地运往另一个产地或中转站或销地，也允许把物品从一个中转站运往另一个中转站或产地或销地，也允许把物品从一个销地运往另一个中转站或产地。

每一个产地的供应量都有一个限量，而每一个销地的需求量也都有一个限量，任意两点间的单位物品的运价已知，如何使总的运输费最小?

转运问题的数学模型：

假定有 m 个生产地点，n 个销地，p 个中转站。

a_i 表示第 i 产地的产量，$i=1,2,\cdots,m$；

b_j 表示第 j 销地的销量，$j=1,2,\cdots,n$；

c_{ij} 表示从产地 A_i 到销地 B_j 运输单位物资的运价，$i=1,2,\cdots,m$，$j=1,2,\cdots,n$；

d_{ik} 表示从产地 A_i 到中转站 T_k 运输单位物资的运价，$i=1,2,\cdots,m$，$k=1,2,\cdots,p$；

e_{kj} 表示从中转站 T_k 到销地 B_j 运输单位物资的运价，$k=1,2,\cdots,p$，$j=1,2,\cdots,n$；

x_{ij} 表示从产地 A_i 到销地 B_j 的运输量，$i=1,2,\cdots,m$，$j=1,2,\cdots,n$；

y_{ik} 表示从产地 A_i 到中转站 T_k 的运输量，$i=1,2,\cdots,m$，$k=1,2,\cdots,p$；

z_{kj} 表示从中转站 T_k 到销地 B_j 的运输量，$k=1,2,\cdots,p$，$j=1,2,\cdots,n$。

则转运问题的数学模型为

$$\min Z=\sum_{i=1}^{m}\sum_{j=1}^{n}c_{ij}x_{ij}+\sum_{i=1}^{m}\sum_{k=1}^{p}d_{ik}y_{ik}+\sum_{k=1}^{p}\sum_{j=1}^{n}e_{kj}z_{kj}$$

$$\text{s.t.}\begin{cases}\sum\limits_{j=1}^{n}x_{ij}+\sum\limits_{k=1}^{p}y_{ik}=a_i,i=1,2,\cdots,m\\ \sum\limits_{i=1}^{m}x_{ij}+\sum\limits_{k=1}^{p}z_{kj}=b_j,j=1,2,\cdots,n\\ \sum\limits_{i=1}^{m}y_{ik}=\sum\limits_{j=1}^{n}z_{kj},k=1,2,\cdots,p\\ x_{ij},y_{ik},z_{kj}\geqslant 0\end{cases}$$

模型中第 1 个约束是产量约束，表示每一个产地的产量等于从该产地直接运往所有销地的运量之和加上从该地运往所有中转站的运量之和；第 2 个约束是需求量约束，表示从所有产地直接运往某销地的运量之和加上从所有中转站运到同一销地的运量之和；第 3 个约束是中转平衡约束，表示每一个中转站运进的数量等于运出的数量；第 4 个约束是非负约束。

如果所有产地的物资都要经过中转站运到销地，只需要把模型中关于 x_{ij} 的内容去掉就可以。具体模型如下：

$$\min Z=\sum_{i=1}^{m}\sum_{k=1}^{p}d_{ik}y_{ik}+\sum_{k=1}^{p}\sum_{j=1}^{n}e_{kj}z_{kj}$$

$$\text{s.t.}\begin{cases}\sum\limits_{k=1}^{p}y_{ik}=a_i,i=1,2,\cdots,m\\ \sum\limits_{k=1}^{p}z_{kj}=b_j,j=1,2,\cdots,n\\ \sum\limits_{i=1}^{m}y_{ik}=\sum\limits_{j=1}^{n}z_{kj},k=1,2,\cdots,p\\ y_{ik},z_{kj}\geqslant 0\end{cases}$$

下面看一个具体的案例。

例 3.6 某公司有 3 个分厂生产某种物资，分别运往 4 个地区的销售公司去销售，有关分厂的产量（单位：吨）、各销售公司的销量（单位：吨）及运价（单位：万元/吨）如表 3.29 所示，求总的运费最小的调运方案。

表 3.29 例 3.6 的数据表

产地 \ 销地	B_1	B_2	B_3	B_4	产量
A_1	3	11	3	10	7
A_2	1	9	2	8	4
A_3	7	4	10	5	9
销量	3	6	5	6	

这是一个普通的产销平衡运输问题，但是如果假定：

（1）每个分厂的物资不一定直接发送到销地，可以从其中几个产地集中一起运；

（2）运往各销地的物资可以先运给其中几个销地，再转运给其他销地；

（3）除产地、销地外，还有几个中转站，在产地之间、销地之间或产地与销地之间转运。

各产地、销地、中转站及相互之间每吨物资的运价如表3.30所示，问：在考虑产销之间直接运输和非直接运输的各种可能方案的情况下，如何将 3 个分厂的物资运往销售公司，使总的运费最少？

表 3.30 各产地、销地、中转站单位物资运价

		产地			中转站				销地			
		A_1	A_2	A_3	T_1	T_2	T_3	T_4	B_1	B_2	B_3	B_4
产地	A_1		1	3	2	1	4	3	3	11	3	10
	A_2	1		—	3	5	—	2	1	9	2	8
	A_3	3	—		1	—	2	3	7	4	10	5
中转站	T_1	2	3	1		1	3	2	2	8	4	6
	T_2	1	5	—	1		1	2	4	5	2	7
	T_3	4	—	2	3	1		2	1	8	2	4
	T_4	3	2	3	2	1	2		1	—	2	6
销地	B_1	3	1	7	2	4	1	1	—	1	4	2
	B_2	11	9	4	8	5	8		1		2	1
	B_3	3	2	10	4	2	2	2	4	2		3
	B_4	10	8	5	6	7	4	6	2	1	3	

解：从表3.30可以看出，从A_1到B_2直接运输单价为11（万元），但从A_1经A_3再到B_2，运价为$3+4=7$（万元）；从A_1经T_2再到B_2，运价为$1+5=6$（万元）；而从A_1到B_2的最佳途径为$A_1 \to A_2 \to B_1 \to B_2$，运价为$1+1+1=3$（万元）。可见转运问题比一般运输问题复杂。现在我们把转运问题转化为一般运输问题，做如下处理：

（1）由于转运问题中的所有产地、销地、中转站都可以看成产地，也可以看成销地，因此整个问题可以看成是一个由11个产地和11个销地组成的运输问题。

（2）对于扩大的运输问题建立单位运价表，表中的不可能运输的运价用M代替。

（3）所有中转站的产量等于销量，即流入量等于流出量。运费最少时不可能出现物资的来回倒运现象，因此每个中转站的运量不会超过总运量 20 吨，所以可以规定中转站的产量和销量均为 20 吨，这样就可以得到扩大的产销平衡运输问题及其单位运价表，如表3.31所示。

表 3.31 例 3.6 的产销平衡与单位运价表

	A_1	A_2	A_3	T_1	T_2	T_3	T_4	B_1	B_2	B_3	B_4	产量
A_1	0	1	3	2	1	4	3	3	11	3	10	27
A_2	1	0	M	3	5	M	2	1	9	2	8	24
A_3	3	M	0	1	M	2	3	7	4	10	5	29
T_1	2	3	1	0	1	3	2	2	8	4	6	20
T_2	1	5	M	1	0	1	2	4	5	2	7	20
T_3	4	M	2	3	1	0	2	1	8	2	4	20
T_4	3	2	3	2	1	2	0	1	M	2	6	20
B_1	3	1	7	2	4	1	1	0	1	4	2	20

续表

	A_1	A_2	A_3	T_1	T_2	T_3	T_4	B_1	B_2	B_3	B_4	产量
B_2	11	9	4	8	5	8	M	1	0	2	1	20
B_3	3	2	10	4	2	2	2	4	2	0	3	20
B_4	10	8	5	6	7	4	6	2	1	3	0	20
销量	20	20	20	20	20	20	20	23	26	25	26	240

利用表上作业法求得最优解，如表 3.32 所示。

表 3.32 例 3.6 的最优调运方案

	A_1	A_2	A_3	T_1	T_2	T_3	T_4	B_1	B_2	B_3	B_4	产量
A_1	20	7										27
A_2		13						6		5		24
A_3			20	3					6			29
T_1				17				3				20
T_2					20							20
T_3						20						20
T_4							20					20
B_1								14			6	20
B_2									20			20
B_3										20		20
B_4											20	20
销量	20	20	20	20	20	20	20	23	26	25	26	240

从表 3.32 中可以看出，A_1 把 7 吨产量先运到 A_2，然后与 A_2 的 4 吨产量一共 11 吨，其中 6 吨运给 B_1，5 吨运给 B_3；A_3 把 3 吨通过 T_1 中转运给了 B_1，6 吨直接运给了 B_2，这样 B_1 一共收到了 9 吨，而 B_1 只需要 3 吨，将多余的 6 吨转运给 B_4。这就是最佳运输方案，总运费只有 68 万元。

有关运输问题可以利用 Excel 软件进行求解，具体求解过程参见 10.4 节的内容。

3.5 案例分析

案例 3.5.1 报刊征订、推广费用的节省问题

1）问题的提出

中华图书进出口总公司的主营业务之一就是中文书报对国外的出口业务，由中文书

报出口部及深圳分公司和上海分公司负责。就中文报刊而言，每年 10~12 月为下一年度报刊订阅的征订期，在此期间，为巩固老订户，发展新订户，要向国外个人、大学图书馆、科研机构等无偿寄发小礼品和征订宣传推广材料。

2）有关数据

中文书报出口的订户大部分集中在日本、韩国及中国香港特别行政区，因此公司要根据订户分布数量的不同，寄发不同数量的征订材料；由于 3 个部门同属于中华图书进出口总公司，为了避免内部恶性竞争，3 个部门所寄宣传材料的数量由总公司统一安排。

一般情况下，这些材料无论由 3 家中哪一家寄出，征订用户的效果大致相同；同时无论读者向哪个部门订阅，为总公司创造的利润大致相同。但由于各部门与 3 个地区用户的距离不同，邮寄方式及人工费用不同，从各部门寄往各地的费用也不同。具体数据如表 3.33~表 3.35 所示。

表 3.33　3 个部门寄出的征订材料数量

部门	份数/册
中文书报出口部	15 000
深圳分公司	7 500
上海分公司	7 500
总计	30 000

表 3.34　寄往 3 个地区的征订材料数量

国家和地区	份数/册
日本	15 000
中国香港特别行政区	10 000
韩国	5 000
总计	30 000

表 3.35　各部门寄往各地的费用　　单位：元

部门	日本	中国香港特别行政区	韩国
中文书报出口部	10.20	7	9
深圳分公司	12.50	4	14
上海分公司	6	8	7.50

要求做出一个公司整体的中文书报材料的邮递方案，使得公司总的邮运费最小。

解：记 A_1、A_2 和 A_3 分别表示“中文书报出口部”、“深圳分公司”和“上海分公司”。B_1、B_2 和 B_3 分别表示“日本”、“中国香港特别行政区”和“韩国”，则本问题可以转化为一个运输问题，其运价、销量与需求量如表 3.36 所示。

表 3.36 运价、销量与需求量表

	B_1	B_2	B_3	
A_1	10.20	7	9	15 000
A_2	12.50	4	14	7 500
A_3	6	8	7.50	7 500
	15 000	10 000	5 000	

利用 Excel 软件工具求解得到表 3.37 的最优解。

表 3.37 最优邮寄方案

	B_1	B_2	B_3
A_1	7 500	2 500	5 000
A_2	0	7 500	0
A_3	7 500	0	0

案例 3.5.2 生产成本问题

某造船厂根据合同要求从当年起连续三年在年末各提供 3 艘规格型号相同的大型客货轮。已知该厂这三年内生产大型客货轮的能力及每艘客货轮成本如表 3.38 所示。

表 3.38 造船厂三年内生产大型客货轮的有关数据

年度	正常生产时间内可完成的客货轮数/艘	加班生产时间内可完成的客货轮数/艘	正常生产时每艘客货轮的成本/万元
1	2	3	500
2	4	2	600
3	1	3	550

已知加班生产时，客货轮成本比正常生产时高出 70 万元/艘。又知造出来的客货轮如当年不交货，每积压一年造成的积压损失为 40 万元/艘。在签订合同时，该厂已储存了两艘客货轮，而该厂希望在第三年年末完成合同后还能储存一艘备用。问：该厂该如何安排每年客货轮的产量，使在满足上述各项要求的情况下，总的生产费用加积压损失最少？

解：这是一个生产与储存问题，可以转化为运输问题。根据已知条件可以列出生产能力（正常生产能力和加班生产能力）（单位：艘）、合同要求（单位：艘）及费用（单位：万元），如表 3.39 所示。

表 3.39 生产能力、合同要求及费用表

生产状况	年度 1	年度 2	年度 3	库存	生产能力
上年末库存	0	40	80	120	2
年度 1 正常生产	500	540	580	620	2
年度 1 加班生产	570	610	650	720	3

续表

生产状况	年度1	年度2	年度3	库存	生产能力
年度2正常生产		600	640	680	4
年度2加班生产		670	710	750	2
年度3正常生产			550	590	1
年度3加班生产			620	660	3
合同要求	3	3	3	1	产大于销

（1）年度1至年度3总的生产能力（包括上年末库存）为17艘，合同要求总量为10艘（包括第三年年末库存），为产大于销。

（2）上年末库存为2艘，只考虑积压一年造成的积压损失40万元/艘。把它列在第1行。

（3）当年生产当年交货，则只计算生产成本；如果当年生产出来的客货轮当年不交货，则计算生产成本及按每积压一年40万元/艘计算所造成的积压损失。

（4）对于第三年年末的留出库存则考虑生产成本及每年的积压损失。把它单独列成一列。

（5）生产分成正常生产和加班生产。

运用Excel软件可得最优生产方案如表3.40所示。

表3.40 最优生产方案

生产状况	年度1	年度2	年度3	年产量	生产能力
上年末库存费用	2			2	2
年度1正常生产	1	1		2	2
年度1加班生产				0	3
年度2正常生产		2		2	4
年度2加班生产				0	2
年度3正常生产			1	1	1
年度3加班生产			3	3	3
实际交货	3	3	3		

即第一年正常生产2艘，第二年正常生产2艘，第三年正常生产1艘，第三年加班生产3艘，总费用为4 690万元。

案例3.5.3 某电子仪器公司的货物转运问题

某电子仪器公司的生产线分别设在大连、广州，大连分厂每月生产400台某种仪器，广州分厂每月生产600台某种仪器。每个分厂生产的产品都可能被运往公司设在长沙或天津地区仓库中的任意一个。从这些仓库，公司向南京、西安、济南和上海的零售商发货。我们将这些城市间的每台仪器的运费标在两个城市间的弧上，单位为万元；工厂和零售商的供应量与需求量在图的左侧和右侧标明，如图 3.1 所示。问：应该如何调运仪器，使总的运费最低?

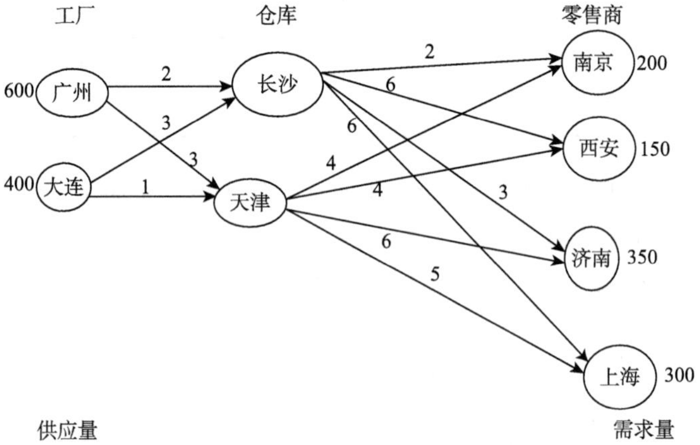

图 3.1　某电子仪器公司转运网络图（一）

解：该转运问题可以转化为一个运输问题。我们做如下处理：

（1）问题中的所有产地、中转站都可以看成产地，而中转站与销地都可以看成销地，因此整个问题可以看成是一个由 4 个产地和 6 个销地组成的运输问题。

（2）对于扩大的运输问题建立单位运价表，表中的不可能运输方案的运价用 M 代替。

（3）所有中转站的产量等于销量，即流入量等于流出量。运费最少时不可能出现物资的来回倒运现象，因此每个中转站的运量不会超过 1 000 台，所以可以规定中转站的产量和销量均为 1 000 台，这样就可以得到扩大的产销平衡及运价表，如表 3.41 所示。

表 3.41　案例 3.5.3 的产销平衡及单位运价表（1）

	长沙	天津	南京	西安	济南	上海	产量
广州	2	3	M	M	M	M	600
大连	3	1	M	M	M	M	400
长沙	0	M	2	6	3	6	1 000
天津	M	0	4	4	6	5	1 000
销量	1 000	1 000	200	150	350	300	

利用表上作业法求得最优运输方案，如表 3.42 所示。

表 3.42　案例 3.5.3 的最优运输方案（1）

	长沙	天津	南京	西安	济南	上海	产量
广州	550	50					600
大连		400					400

续表

	长沙	天津	南京	西安	济南	上海	产量
长沙	450		200		350		1 000
天津		550		150		300	1 000
销量	1 000	1 000	200	150	350	300	

从表 3.42 可以看出，从广州运往长沙 550 台，从长沙再运往南京 200 台、济南 350 台；从广州运往天津 50 台，从大连运往天津 400 台，从天津再运往西安 150 台、上海 300 台。总运费为 5 200 万元。

如果公司认为从大连到上海的距离较近，可以直接从大连分厂向上海供货，且运费为 5 万元/台，如图 3.2 所示，其产销平衡及单位运价表如表 3.43 所示。

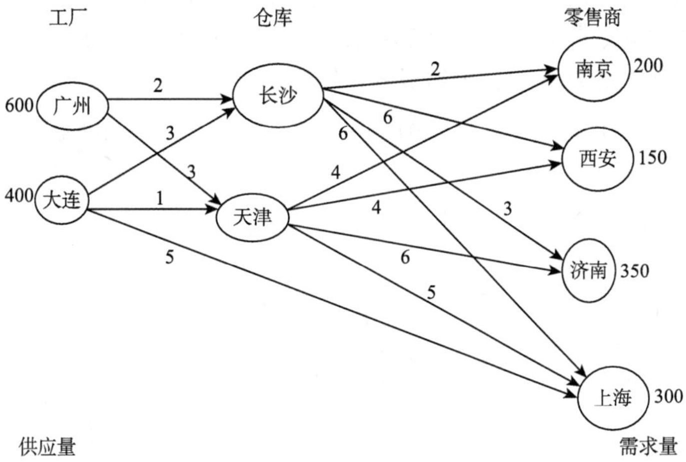

图 3.2 某电子仪器公司转运网络图（二）

表 3.43 案例 3.5.3 的产销平衡及单位运价表（2）

	长沙	天津	南京	西安	济南	上海	产量
广州	2	3	M	M	M	M	600
大连	3	1	M	M	M	5	400
长沙	0	M	2	6	3	6	1 000
天津	M	0	4	4	6	5	1 000
销量	1 000	1 000	200	150	350	300	

利用表上作业法求得最优解，如表 3.44 所示。

表 3.44 案例 3.5.3 的最优运输方案（2）

	长沙	天津	南京	西安	济南	上海	产量
广州	550	50					600
大连		100				300	400

续表

	长沙	天津	南京	西安	济南	上海	产量
长沙	450		200		350		1 000
天津		850		150			1 000
销量	1 000	1 000	200	150	350	300	

这时的最优运输方案：从广州运往长沙 550 台，从长沙再运往南京 200 台、济南 350 台；从广州运往天津 50 台，从大连运往天津 100 台，从天津再运往西安 150 台；直接从大连运往上海 300 台。总运费为 4 900 万元。

如果公司认为从大连到上海的距离较近，可以直接从大连分厂向上海供货，且运费为 5 万元/台，也可以从济南向上海供货，且运费为 1 万元/台，如图 3.3 所示，这时可以把问题中的所有产地、销地、中转站都看成产地，也可以看成销地，因此整个问题可以看成是一个由 8 个产地和 8 个销地组成的运输问题。

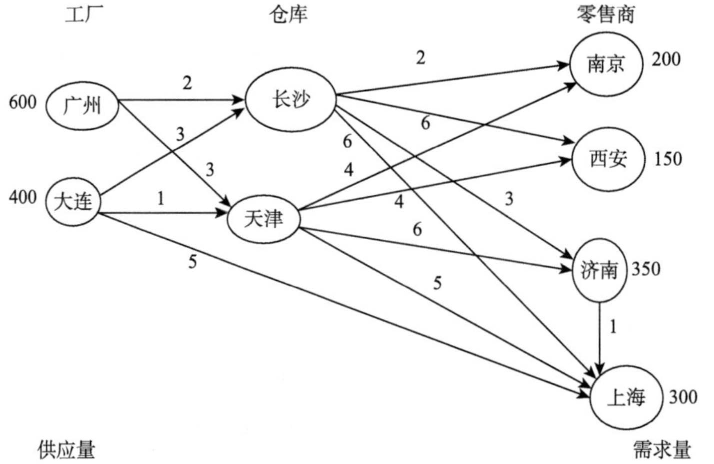

图 3.3　某电子仪器公司转运网络图（三）

这时的最优运输方案：从广州运往长沙 600 台，从长沙再运往南京 200 台、济南 400 台，从济南运 50 台到上海；从大连运往天津 150 台，运往上海 250 台，再从天津运往西安 150 台。总运费为 4 850 万元。

案例 3.5.4　蔬菜供应问题

某市是一个人口不到 15 万的小城市，根据该市的蔬菜种植情况，分别在 A、B 和 C 设立 3 个收购点，再由收购点分别送到全市的 8 个菜市场。按照往年情况，A、B、C 3 个收购点每天的收购量分别是 20 000、17 000 和 16 000（单位：千克），各菜市场每天的需求量及发生供应短缺时带来的损失见表3.45。各收购点至各菜市场的距离见表3.46。各收购点至各菜市场的单位运价为 1 元/（千克·米）。

表 3.45 需求量及短缺损失费用表

菜市场	每天的需求量/千克	短缺损失费/（元/千克）
1	7 500	1.0
2	6 000	0.8
3	8 000	0.5
4	7 000	1.0
5	10 000	1.0
6	5 500	0.8
7	9 000	0.5
8	8 000	0.8

表 3.46 各收购点至各菜市场的距离

距离/米		菜市场							
		1	2	3	4	5	6	7	8
收购点	A	400	800	800	1 900	1 100	600	2 200	1 600
	B	1 400	700	700	1 600	1 200	1 600	2 300	1 700
	C	2 000	1 900	1 100	1 400	600	1 500	500	1 000

（1）为该市设计一个从各收购点至各菜市场的定点供应方案，使总费用（包括蔬菜运费、短缺损失）最少。

（2）若规定各菜市场短缺量一律不超过需求量的 20%，这时各收购点应如何给各菜市场供应？

解：（1）可以把该问题转化为运输问题，并利用 Excel 软件求解得到：

A 收购点每天运往第 1 个菜市场 7 500 千克，运往第 5 个菜市场 7 000 千克，运往第 6 个菜市场 5 500 千克。

B 收购点每天运往第 2 个菜市场 6 000 千克，运往第 3 个菜市场 8 000 千克，运往第 4 个菜市场 3 000 千克。

C 收购点每天运往第 5 个菜市场 3 000 千克，运往第 7 个菜市场 9 000 千克，运往第 8 个菜市场 4 000 千克。

第 4 个菜市场短缺量为 4 000 千克，第 8 个菜市场短缺量为 4 000 千克；调运费为 3 890 元，短缺损失费为 720 元，共计 4 610 元。

（2）在问题（1）基础上，增加约束“各菜市场短缺量一律不超过需求量的 20%”。利用 Excel 软件求解得到：

A 收购点每天运往第 1 个菜市场 7 500 千克，运往第 3 个菜市场 1 000 千克，运往第 5 个菜市场 6 000 千克，运往第 6 个菜市场 5 500 千克。

B 收购点每天运往第 2 个菜市场 6 000 千克，运往第 3 个菜市场 5 400 千克，运往第 4 个菜市场 5 600 千克。

C 收购点每天运往第 5 个菜市场 2 400 千克，运往第 7 个菜市场 7 200 千克，运往第 8 个菜市场 6 400 千克。

第 3 个菜市场短缺量为 1 600 千克，第 4 个菜市场短缺量为 1 400 千克，第 5 个菜市场短缺量为 1 600 千克，第 7 个菜市场短缺量为 1 800 千克，第 8 个菜市场短缺量为 1 600 千克；调运费为 4 208 元，短缺损失费为 598 元，共计 4 806 元。

习 题 3

1. 甲、乙、丙 3 个煤矿供应 A、B、C、D 4 个城市用煤，煤矿产量、城市需煤量及各煤矿到各城市之间的运价见表 3.47，问：如何安排调运方案使总的运输费用最少？

表 3.47 煤矿产量、城市需煤量及各煤矿到各城市之间的运价

项目	A	B	C	D	日产量（供应量）
煤矿甲	40	120	40	110	160
煤矿乙	20	100	30	90	100
煤矿丙	80	50	110	60	220
日销量（需要量）	80	140	120	140	

2. 某市有 3 个面粉厂甲、乙、丙，它们供应给 3 个面食加工厂 A、B、C 所需的面粉，各面粉厂的产量、面食加工厂加工能力及各面粉厂到各面食加工厂之间的单位运价见表 3.48，问：如何安排面粉的分配计划，使总的运输费用最少？

表 3.48 面粉厂的产量、面食加工厂加工能力及各面粉厂到各面食加工厂之间的单位运价

项目	A	B	C	面粉厂产量
面粉厂甲	3	10	2	20
面粉厂乙	4	9	8	30
面粉厂丙	8	11	4	20
面食厂需求量	15	25	20	

3. 某农民承包了 5 块土地共 206 亩（1 亩≈666.67 平方米），打算种植小麦、玉米和蔬菜 3 种农作物，各种农作物的计划播种面积及每块土地种植各种农作物的亩产量（单位：千克）见表 3.49，问：如何安排种植计划可以使总产量达到最高？

表 3.49 计划播种面积及各种农作物亩产量

项目	土地 1	土地 2	土地 3	土地 4	土地 5	计划播种面积/亩
小麦	500	600	650	1 050	800	86
玉米	850	800	700	900	950	70
蔬菜	1 000	950	850	550	700	50
土地面积/亩	36	48	44	32	46	

4. 甲、乙、丙 3 个城市所需煤炭由 A、B 煤矿供应，有关数据如表 3.50 所示，其中

运费单位为万元/万吨，产量与销量的单位为万吨。由于需大于供，经研究决定，甲城市供应量可减少0~30万吨，乙城市需求量应全部满足，丙城市供应量不少于290万吨，试求将供应量全部分完又使总运费最低的调运方案。

表 3.50 各城市需求量及煤矿产量和单位运价

项目	甲	乙	丙	产量
煤矿 A	15	18	22	400
煤矿 B	21	25	16	450
销量	320	250	350	

5. 某汽车发动机制造厂拟生产一批发动机来满足未来4个月汽车安装的需要。为了给出最优的进度安排，使总成本最小，有关人员已收集生产数据，如表3.51所示。

表 3.51 生产数据表

月份	计划安装量/件	最大产量/件		单位生产成本/（元/件）		单位库存成本/［元/（件·月）］
		正常时间	加班时间	正常时间	加班时间	
1	15	25	10	4 800	5 000	150
2	20	20	10	5 100	5 200	150
3	10	15	5	5 000	5 100	150
4	25	10	15	5 300	5 500	

每个月生产一定数量的发动机，没有安装完的入库保存。加班的单位生产成本高于正常时间生产成本。成本由生产成本和库存成本两部分构成。问：如何安排最优进度方案，使总成本最小？

6. 某厂安排某种产品在今后 4 个月的生产计划，已知各月工厂的情况如表 3.52 所示，又知当月的产品如果当月不交货，每件产品每月需要的维护、存储费是 30 元。试建立运输问题的数学模型，并求使总成本最低的生产计划。

表 3.52 各月工厂的情况

项目	第一个月	第二个月	第三个月	第四个月
每月需求量/件	400	800	900	600
正常生产能力/件	700	700	700	700
加班生产能力/件	0	200	200	0
正常生产单件成本/元	100	120	140	160
加班生产单件成本/元	150	170	190	210

7. 某厂生产设备是以销定产的。已知1~6月各月的生产能力、合同销售和单台设备的平均生产费用，如表3.53所示。

表 3.53 工厂 1~6 月的有关数据

月份	正常生产能力	加班生产能力	销量	单台费用/万元
1	60	10	104	15
2	50	10	75	14
3	90	20	115	13.5
4	100	40	160	13
5	100	40	103	13
6	80	40	70	13.5

已知上半年初库存 103 台。如果当月生产出来的设备当月不交货，则需要运到分厂库房，每台增加运输成本 0.1 万元，每台设备每月的平均仓储费、维护费为 0.2 万元。7~8 月为销售淡季，全厂停产 1 个月，因此，在 6 月完成销售合同后还要留出库存 80 台。加班生产设备每台增加成本 1 万元，问：应如何安排 1~6 月的生产，使总的生产（包括运输、仓储、维护）费用最少？

第4章

整 数 规 划

在线性规划问题的求解过程中，最优解可能是整数，也可能不是整数。在一些情况下，某些实际问题要求最优解必须是整数。例如，若所求得的解是安排上班的人数、需要采购的机器台数等。

在所建模型中，决策变量全为整数的问题称为纯整数规划；部分决策变量为整数、部分决策变量为非整数的问题称为混合整数规划；变量取值为 0 或 1 的问题称为 0-1 整数规划。

对于求整数解的线性规划问题，能否采用四舍五入或者去尾的方法将求得的非整数解加以解决呢？如果不能，有无有效的解决方案呢？

4.1 整数规划的数学建模

4.1.1 装箱问题

例 4.1 某厂拟用集装箱托运甲、乙两种货物，每箱的体积、质量、利润及托运限制如表 4.1 所示。问：两种货物各托运多少箱，可使获得利润最大？

表 4.1 集装箱托运表

项目	体积/（米^3/箱）	质量/（千克/箱）	利润/（元/箱）
货物甲	5	200	2 000
货物乙	4	500	1 000
托运限制	24 立方米	1 300 千克	

解：设 x_1、x_2 分别为甲、乙两种货物的托运箱数，则数学模型可以表示为

$$\max Z = 2\,000x_1 + 1\,000x_2$$

$$\begin{cases} 5x_1 + 4x_2 \leqslant 24 \\ 2x_1 + 5x_2 \leqslant 13 \\ x_1, x_2 \geqslant 0, x_1, x_2\text{为整数} \end{cases}$$

其中，目标函数表示追寻最大的利润，约束条件分别表示装箱的体积和质量限制，决策变量要求装箱数必须为整数。

4.1.2 工厂选址问题

例 4.2 某公司拟在某市东、西、南三区建立门市部，有 7 个位置 $A_i\ (i=1,2,\cdots,7)$ 可供选择，考虑到各地区居民消费水平及居民居住密集度，公司制定了如下规定：

在东区，由 A_1、A_2、A_3 3 个点中至多选两个；

在西区，由 A_4、A_5 两个点中至少选一个；

在南区，由 A_6、A_7 两个点中至少选一个。

如选用 A_i 点，设备投资预计为 b_i 元，每年可获利润预计为 c_i 元，由于公司的投资能力及投资策略限制，要求投资总额不能超过 B 元。问：应如何选择可使年利润最大?

解：设 $x_i\ (i=1,2,\cdots,7)$ 表示是否在位置 i 建立门市部，有

$$x_i = \begin{cases} 1, & \text{当}A_i\text{点被选用} \\ 0, & \text{当}A_i\text{点没被选用} \end{cases} \quad i = 1,2,\cdots,7$$

则可以建立如下的数学模型：

$$\max Z = \sum_{i=1}^{7} c_i x_i$$

$$\text{s.t.}\begin{cases} \sum_{i=1}^{7} b_i x_i \leqslant B \\ x_1 + x_2 + x_3 \leqslant 2 \\ x_4 + x_5 \geqslant 1 \\ x_6 + x_7 \geqslant 1 \\ x_i = 0\text{或}1, i = 1,2,\cdots,7 \end{cases}$$

其中，目标函数表示寻求获利最大的设点方案，第 1 个约束条件表示投资总额限制，之后的 3 个约束条件分别表示在东、西和南区的设点数限制，决策变量取值 0 或 1。

4.1.3 背包问题

例4.3 某科学实验卫星拟从下列仪器装置中选若干件装上。已知仪器装置 $A_i\ (i=1,2,\cdots,7)$ 的体积为 v_i，质量为 w_i，该装置在实验中的价值为 c_i。要求：

（1）装入卫星的仪器装置总体积不超过 V，总质量不超过 W。

（2）A_1 与 A_3 中最多安装一件。

（3）A_2 与 A_4 中至少安装一件。

（4）A_5 与 A_6 或者都安装上，或者都不安装。

总的目的是装上去的仪器装置使该科学实验卫星发挥最大的实验价值。试建立这个问题的数学模型。

解：设 $x_i\left(i=1,2,\cdots,7\right)$ 表示是否装载该仪器设备，有 $x_i=\begin{cases}1, & 装A_i\\0, & 不装A_i\end{cases}$，则可以建立如下的数学模型：

$$\max Z=\sum_{i=1}^{7}c_i x_i$$

$$\text{s.t.}\begin{cases}\sum\limits_{i=1}^{7}x_i v_i \leqslant V\\ \sum\limits_{i=1}^{7}x_i w_i \leqslant W\\ x_1+x_3\leqslant 1\\ x_2+x_4\geqslant 1\\ x_5=x_6\\ x_i=0或1, i=1,2,\cdots,7\end{cases}$$

其中，目标函数表示追求最大的卫星实验价值；第 1、2 个约束条件表示体积和质量的限制；第 3~5 个约束条件表示特定的卫星装载要求，该问题的决策变量是 0-1 整数变量。

4.2　整数规划的求解算法

能否采用四舍五入或者去尾的方法以求得整数解？以例 4.1 的求解为例，该例中，先不考虑 x_1、x_2 为整数的条件，采用单纯形算法求解该问题，得到：x_1=4.8，x_2=0，Z=96。若对 x_1、x_2 采用四舍五入法求解，则有 x_1=5，x_2=0，显然，此解不是可行解；而去尾法得到 x_1=4，x_2=0，此时，目标函数 Z=80，该解是否是最优解呢？实际上，当 x_1=4，x_2=1 时，Z=90，由此表明，去尾法得到的解并非最优解。

因此，四舍五入或者去尾的方法得到的解并不是整数规划的最优解。本节介绍两种整数规划的求解方法。

4.2.1　分支定界算法

下面通过例子说明分支定界算法的算法思想和步骤。

例 4.4　求解如下整数规划。

$$\max Z = 40x_1 + 90x_2$$
$$\text{s.t.}\begin{cases} 9x_1 + 7x_2 \leqslant 56 \\ 7x_1 + 20x_2 \leqslant 70 \\ x_1, x_2 \geqslant 0 \\ x_1, x_2\text{为整数} \end{cases}$$

解：先不考虑整数条件，解相应的线性规划问题，得最优解：$x_1 = 4.81$，$x_2 = 1.82$，$Z_0 = 356$。该解不符合整数条件。

对于其中一个非整数变量解，如 $x_1 = 4.81$，显然，若要满足整数条件，必定有

$$x_1 \geqslant 5\text{或}x_1 \leqslant 4$$

于是，对原问题增加两个新约束条件，将原问题分为两个子问题，即有

$$\max Z = 40x_1 + 90x_2 \qquad\qquad \max Z = 40x_1 + 90x_2$$
$$\text{s.t.}\begin{cases} 9x_1 + 7x_2 \leqslant 56 \\ 7x_1 + 20x_2 \leqslant 70 \\ x_1 \leqslant 4 \\ x_1, x_2 \geqslant 0 \end{cases} \text{(LP1)} \qquad \text{s.t.}\begin{cases} 9x_1 + 7x_2 \leqslant 56 \\ 7x_1 + 20x_2 \leqslant 70 \\ x_1 \geqslant 5 \\ x_1, x_2 \geqslant 0 \end{cases} \text{(LP2)}$$

问题（LP1）和问题（LP2）的可行域中包含了原整数规划问题的所有整数可行解，而在 $4 < x_1 < 5$ 中不可能存在整数可行解的区域已被切除。分别求解这两个线性规划问题，得到的解是 $x_1 = 4$，$x_2 = 2.1$，$Z = 349$ 和 $x_1 = 5$，$x_2 = 1.57$，$Z = 341$。

变量 x_2 仍然不满足整数的条件，对问题（LP1），必有 $x_2 \geqslant 3$ 或 $x_2 \leqslant 2$，将问题（LP1）增加约束条件，得到：

$$\max Z = 40x_1 + 90x_2 \qquad\qquad \max Z = 40x_1 + 90x_2$$
$$\text{s.t.}\begin{cases} 9x_1 + 7x_2 \leqslant 56 \\ 7x_1 + 20x_2 \leqslant 70 \\ x_1 \leqslant 4 \\ x_2 \leqslant 2 \\ x_1, x_2 \geqslant 0 \end{cases} \text{(LP11)} \qquad \text{s.t.}\begin{cases} 9x_1 + 7x_2 \leqslant 56 \\ 7x_1 + 20x_2 \leqslant 70 \\ x_1 \leqslant 4 \\ x_2 \geqslant 3 \\ x_1, x_2 \geqslant 0 \end{cases} \text{(LP12)}$$

求解问题（LP11），得到 $x_1 = 4$，$x_2 = 2$，$Z = 340$；求解问题（LP12），得到 $x_1 = 1.42$，$x_2 = 3$，$Z = 327$。由于问题（LP12）的最优值小于问题（LP11）的最优值，故原问题的最优值必大于 340，尽管问题（LP12）的解仍然不满足整数条件，问题（LP12）已无必要继续分解。

对问题（LP2），x_2 不满足整数条件，必有 $x_2 \geqslant 2$ 或 $x_2 \leqslant 1$，将这两个约束条件分别加到问题（LP2）中，得到问题（LP21）和问题（LP22），求解得到：问题（LP21）的最优解为 $x_1 = 5.44$，$x_2 = 1$，$Z = 308$，问题（LP22）无可行解。

至此，原问题的最优解为 $x_1 = 4$，$x_2 = 2$，$Z = 340$。

上述求解过程称为分支定界算法，求解过程如图 4.1 所示。

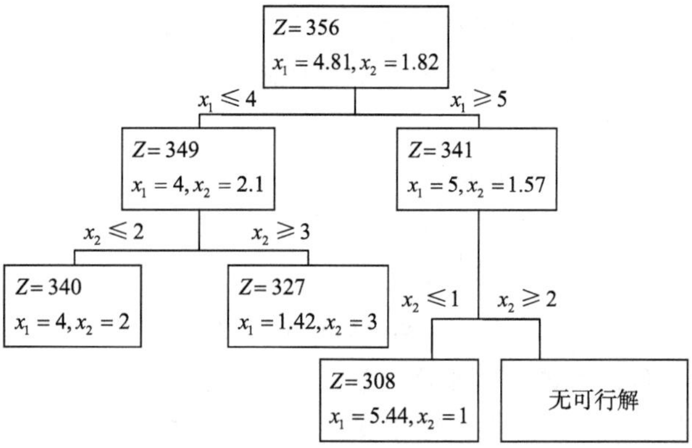

图 4.1　分支定界示意图

将要求解的整数规划问题称为问题 A，将与之相应的线性规划问题称为问题 B（与问题A相比较，仅不含有变量为整数的约束条件），问题B称为原问题A的松弛问题。解问题 B，可能得到以下情况之一：

问题 B 没有可行解，这时问题 A 也没有可行解，则停止。

问题B有最优解，并符合问题A的整数条件，问题B的最优解即问题A的最优解，则停止。

问题 B 有最优解，并不符合问题 A 的整数条件，记它的目标函数值为 $\bar{Z}_0$ 。

用观察法找问题 A 的一个整数可行解，一般可取 $x_j=0$ ， $j=1,\cdots,n$ 试探，求得其目标函数值，并记 $\underline{Z}$ 。以 Z^* 表示问题 A 的最优目标函数值；这时有 $\underline{Z}\leqslant Z^*\leqslant \bar{Z}_0$ ，然后按下述步骤进行迭代。

1）步骤 1：分支定界过程

（1）分支过程。在问题 B 的最优解中任选一个不符合整数条件的变量 x_j ，若其值为 b_j ，以 $\left[b_j\right]$ 表示小于 b_j 的最大整数，构造两个约束条件： $x_j\leqslant\left[b_j\right]$ 和 $x_j\geqslant\left[b_j\right]+1$ 。将这两个约束条件分别加入问题 B，得到后续规划问题 B_1 和问题 B_2。不考虑整数条件求解这两个后续问题。

（2）定界过程。以每个后续问题为一分支标明求解的结果，在其他问题解的结果中，找出最优目标函数值最大者作为新的上界 $\bar{Z}$ 。从已符合整数条件的各分支中，找出目标函数值最大者作为新的下界 $\underline{Z}$ ，若无可行解，则 $\underline{Z}=0$。

2）步骤 2：比较与剪支过程

比较与剪支。各分支的最优目标函数中若有小于 Z 者，则剪掉这支，以后不再考虑这个分支。若大于 $\underline{Z}$ ，且不符合整数条件，则重复步骤 1，直到最后得到 $Z^*=\underline{Z}$ 为止，得到最优整数解 x_j^* ， $j=1,\cdots,n$ 。

4.2.2　割平面方法

割平面方法的思想：求解不含整数条件的线性规划，然后不断增加适当的线性约束条件，割掉原可行域中不含整数可行解的一部分，最终得到一个具有整数坐标的极点的可行域，而该极点恰好是原整数规划问题的最优解。

例 4.5 求解如下整数规划。

$$\max Z = x_1 + x_2$$
$$\text{s.t.}\begin{cases} -x_1 + x_2 \leqslant 1 \\ 3x_1 + x_2 \leqslant 4 \\ x_1, x_2 \geqslant 0, x_1, x_2\text{为整数} \end{cases}$$

下面通过例子求解过程说明割平面方法的应用步骤。

步骤 1：不考虑整数条件，引入松弛变量 x_3 、 x_4 ，化为标准形式，用单纯形算法求解得到最优单纯形表，如表 4.2 所示。

表 4.2 例 4.5 的最优单纯形表

X_B	b	x_1	x_2	x_3	x_4
x_1	3/4	1	0	−1/4	1/4
x_2	7/4	0	1	3/4	1/4
		0	0	−1/2	−1/2

最优解为 x_1=3/4， x_2=7/4。

步骤 2：根据最优单纯形表，可得到： $x_1 - 1/4x_3 + 1/4x_4 = 3/4$ ，将上式中的系数写成整数和非负真分数之和的形式，有 $x_1 - x_3 + 3/4x_3 + 1/4x_4 = 3/4$ ，变换成如下形式： $x_1 - x_3 = 3/4 - 3/4x_3 - 1/4x_4$ ，该式中，由于 x_1 、 x_3 为正整数， $3/4 - 3/4x_3 - 1/4x_4$ 必为整数，由于 $3/4x_3 + 1/4x_4 \geqslant 0$ ，必有 $3/4 - 3/4x_3 - 1/4x_4 \leqslant 0$ ，化简得 $-3x_3 - x_4 \leqslant -3$ 。对 $-3x_3 - x_4 \leqslant -3$ ，切割掉了非整数最优解，但是并没有切割掉整数解，因为相应的线性规划任意整数可行解都满足该条件，故称为割平面。

引入松弛变量，得到 $-3x_3 - x_4 + x_5 = -3$ ，将此约束方程加到表 4.2 中，得到表 4.3。

表 4.3 单纯形表（1）

X_B	b	x_1	x_2	x_3	x_4	x_5
x_1	3/4	1	0	−1/4	1/4	0
x_2	7/4	0	1	3/4	1/4	0
x_5	−3	0	0	−3	−1	1
		0	0	−1/2	−1/2	0

由表 4.3，可采用对偶单纯形法进行求解，得到表 4.4。

表 4.4 单纯形表（2）

X_B	b	x_1	x_2	x_3	x_4	x_5
x_1	1	1	0	0	1/3	1/12
x_2	1	0	1	0	0	1/4
x_3	1	0	0	1	1/3	−1/3
		0	0	0	−1/3	−1/6

由表 4.4 得，$x_1=1$，$x_2=1$，$x_3=1$，满足整数条件。

将上述步骤归纳如下：

步骤 1：不考虑整数规划中的整数条件，依据单纯形算法求解线性规划。

步骤 2：寻求切割方程。若最优解存在但不满足整数条件，根据最优单纯形表中最优解为分数值的一个基变量，写成

$$x_i+\sum_k a_{ik}x_k=b_i$$

其中，x_i 为基变量，x_k 为非基变量。将 a_{ik}，b_i 写成整数部分 N 与非负真分数 $f_i\left(0\leqslant f_i<1\right)$ 之和的形式，即 $b_i=N_i+f_i,a_{ik}=N_{ik}+f_{ik}$。将该式代入得到

$$x_i+\sum_k N_{ik}x_k-N_i=f_i-\sum_k f_{ik}x_k$$

则有切割方程 $f_i-\sum\limits_k f_{ik}x_k\leqslant 0$。

步骤 3：将切割方程增加松弛变量，加入最优单纯形表进行迭代计算。若所得到的解为非整数，则转到步骤 2 继续迭代，直到找到最优的整数解。

4.2.3　0-1 整数规划及隐枚举法

在实际建模过程中，经常遇到要求模型解决“是、否”或者“有、无”等问题，这类问题一般可以借助引入数值为 0 或者 1 的决策变量加以解决，例 4.2 和例 4.3 就是此类问题，这类问题被称为 0-1 整数规划。被引入的 0-1 决策变量一般定义为

$$x_i=\begin{cases}1,\ \text{执行决策}i,\text{“是”}\ \text{“有”}\\0,\text{不执行决策}i,\text{“否”}\ \text{“无”}\end{cases}$$

下面举例说明求解 0-1 整数规划的隐枚举法。

例 4.6　有 0-1 整数规划问题：

$$\max Z=3x_1-2x_2+5x_3$$

$$\begin{cases}x_1+2x_2-x_3\leqslant 2 & (4.1)\\x_1+4x_2+x_3\leqslant 4 & (4.2)\\x_1+x_2\leqslant 3 & (4.3)\\x_1,x_2,x_3=0\text{或}1 & (4.4)\end{cases}$$

解：采用试探的方法找到一个可行解，容易看出 $\left(x_1,x_2,x_3\right)=\left(1,0,0\right)$ 符合约束条件，目标函数值 $Z=3$。

对于极大化问题，应有 $Z\geqslant 3$，于是增加一个约束条件：

$$3x_1-2x_2+5x_3\geqslant 3 \tag{4.5}$$

新增加的约束条件称为过滤条件。原问题的线性约束条件就变成 5 个，3 个变量共有 $2^3=8$ 个解，原来 4 个约束条件共需 32 次运算，增加了过滤条件后，将 5 个约束条件按式（4.1）~式（4.5）的顺序排好（表 4.5），对每个解，依次代入约束条件左侧，求出数值，看是否满足不等式条件，如某一条件不适合，同行以下条件就不必再检查，因而可以减少运算次数。

表 4.5 隐枚举法计算表

点	条件					满足条件? 是(√)否(×)	Z值
	式(4.5)	式(4.1)	式(4.2)	式(4.3)	式(4.4)		
(0,0,0)	0					×	
(0,0,1)	5	√	√	√	√	√	5
(0,1,0)	−2					×	
(0,1,1)	3	√	√			×	
(1,0,0)	3	√	√	√	√	√	3
(1,0,1)	8	√	√	√	√	√	8
(1,1,0)	1					×	
(1,1,1)	6	√	√			×	

于是求得最优解 $(x_1,x_2,x_3)=(1,0,1)$， $\max Z=8$ 。

在计算过程中，若遇到 Z 值已超过条件式（4.5）右边的值，应改变条件式（4.5），使右边为迄今为止的最大 Z，继续检查。例如，当检查点（0，0，1）时因 Z=5>3，所以应将条件式（4.5）换成

$$3x_1-2x_2+5x_3 \geqslant 5 \tag{4.6}$$

这种对过滤条件的改进，可以减少计算量。

有关整数规划问题及 0-1 整数规划问题可以利用 Excel 软件进行求解，具体求解过程参见 10.5 节的内容。

4.2.4 指派问题及匈牙利法

在生活中经常会遇到这样的问题：某单位需完成 n 项任务，恰好有 n 个人可承担这些任务。由于每个人的专长不同，各人完成任务所需的时间也不同。应指派哪个人去完成哪项任务，使完成 n 项任务的总体所需总时间最小？这类问题称为指派问题或分配问题（assignment problem）。

例 4.7 有一份中文说明书，需译成英、日、德、俄四种文字，分别记作 E、J、G、R。现有甲、乙、丙、丁四人。他们将中文说明书翻译成不同语种说明书所需小时数如表 4.6 所示。问：若要求每一项翻译任务只分配给一个人去完成，每一个人只接受一项任务，应指派何人去完成何工作，使所需时间最少？

表 4.6 指派任务表

人员 \ 任务	E	J	G	R
甲	2	15	13	4
乙	10	4	14	15
丙	9	14	16	13
丁	7	8	11	9

一般地，称表 4.6 为效率矩阵或者系数矩阵，其元素 $c_{ij}>0(i,j=1,2,\cdots,n)$ 表示指派第 i 个人去完成第 j 项任务所需的时间，或者称为完成任务的工作效率（或时间、成本等）。

解：引入 0-1 变量 x_{ij}：

$$x_{ij}=\begin{cases}1, & \text{指派第}i\text{个人去完成第}j\text{项任务}\\0, & \text{不指派第}i\text{个人去完成第}j\text{项任务}\end{cases}$$

由此可得到指派问题的数学模型：

$$\min Z=\sum_i\sum_j c_{ij}x_{ij}$$

$$\text{s.t.}\begin{cases}\sum\limits_i x_{ij}=1, & j=1,2,\cdots,n\\ \sum\limits_j x_{ij}=1, & i=1,2,\cdots,n\\ x_{ij}=1\text{或}0, & i,j=1,2,\cdots,n\end{cases}$$

目标函数表示 n 个人完成任务所需的时间最少（或效率最高）；第 1 个约束条件说明第 j 项任务只能由 1 人去完成；第 2 个约束条件说明第 i 个人只能完成 1 项任务。

易得，上述问题可行解 x_{ij} 可写成表格或矩阵形式，如例 4.7 的一个可行解矩阵是

$$\left(x_{ij}\right)=\begin{bmatrix}0&1&0&0\\0&0&1&0\\1&0&0&0\\0&0&0&1\end{bmatrix}$$

可以看出，解矩阵 $\left(x_{ij}\right)$ 中各行（列）只能有一个元素是 1。

回顾运输问题的数学模型，运输问题中若产量和销量分别等于 1，实际上所得到的数学模型与指派问题相同，即指派问题是运输问题的特例，因而可以用运输问题的表上作业法求解。本节利用指派问题的特点介绍一种更为简便的算法。

指派问题的最优解有这样的性质，若从系数矩阵 $\left(c_{ij}\right)$ 的某一行（列）各元素中分别减去该行（列）的最小元素，得到新矩阵 $\left(b_{ij}\right)$，那么以 $\left(b_{ij}\right)$ 为系数矩阵求得的最优解和用原系数矩阵求得的最优解相同。

以例 4.7 来理解上述性质。对甲来说，只能完成一项任务，若其无论完成哪项任务都减少相同的时间，这种时间变动并不改变甲在 4 项任务中的最佳选择；若完成某项任务的 4 个人都减少相同的时间，同样，这种时间的节省并不改变任务对完成人的最佳选择。

利用这个性质，可使原系数矩阵变换为含有很多 0 元素的新系数矩阵，而最优解保持不变。在系数矩阵 $\left(b_{ij}\right)$ 中，一般称位于不同行不同列的 0 元素为独立的 0 元素。若能在系数矩阵 $\left(b_{ij}\right)$ 中找出 n 个独立的 0 元素，令解矩阵 $\left(x_{ij}\right)$ 中对应这 n 个独立的 0 元素的元素取值为 1，其他元素取值为 0，则将其代入目标函数中得到 $Z_b=0$，它一定是最小，

这就是以(b_{ij})为系数矩阵的指派问题的最优解，也就得到了原问题的最优解。

1955 年库恩（W. W. Kuhn）利用匈牙利数学家康尼格（D. Konig）的一个关于矩阵中 0 元素的定理，提出了指派问题的解法，称为匈牙利法。该定理证明了以下结论：系数矩阵中独立元素 0 元素的最多个数等于能覆盖所有 0 元素的最小直线数。

下面用例 4.7 来说明该方法的应用步骤。

第一步：使指派问题的系数矩阵经变换在各行各列中都出现 0 元素。

（1）从系数矩阵的每行元素减去该行的最小元素；

（2）从所得系数矩阵的每列元素中减去该列的最小元素。

例 4.7 的计算结果为

$$(c_{ij})=\begin{bmatrix}2&15&13&4\\10&4&14&15\\9&14&16&13\\7&8&11&9\end{bmatrix}\begin{matrix}2\\4\\9\\7\end{matrix}\ (\min)\rightarrow\begin{bmatrix}0&13&11&2\\6&0&10&11\\0&5&7&4\\0&1&4&2\end{bmatrix}\rightarrow\begin{bmatrix}0&13&7&0\\6&0&6&9\\0&5&3&2\\0&1&0&0\end{bmatrix}=(b_{ij})$$

$$\qquad\qquad\qquad\qquad\qquad 4\quad 2\ \min$$

第二步：进行试指派，以寻求最优解。

经第一步变换后，系数矩阵中每行每列都已有了 0 元素；但需找出 n 个独立的 0 元素。若能找出，就以这些独立0元素对应解矩阵(x_{ij})中的元素为1，其余为0，这就得到最优解。当 n 较小时，可用观察法、试探法去找出 n 个独立的 0 元素。若 n 较大时，就必须按一定的步骤去找，常用的步骤如下。

（1）从只有一个 0 元素的行（列）开始，给这个 0 元素加圈，记作◎。这表示对这行所代表的人，只有一种任务可指派。然后划去◎所在列（行）的其他 0 元素，记作∅。这表示这列所代表的任务已指派完，不必再考虑别人。

（2）反复进行步骤（1），直到所有 0 元素都被圈出或划掉为止。

（3）若仍有没有画圈的0元素，且同行（列）的0元素至少有两个（表示对这个可以从两项任务中指派其一）。则从剩有 0 元素最少的行（列）开始，比较这行各 0 元素所在列中 0 元素的数目，选择 0 元素少的那列的一个 0 元素加圈（表示选择性多的要“礼让”选择性少的）。然后划掉同行同列的其他 0 元素。可反复进行，直到所有 0 元素都已圈出或划掉为止。

（4）若◎元素的数目 m 等于矩阵的阶数 n，那么指派问题的最优解已得到。若 $m<n$，则转入后面的第三步。

对于例 4.7，按第二步的（1），先给 b_{22} 加圈，然后给 b_{31} 加圈，划掉 b_{11}、b_{41}；按第二步的（2），给 b_{43} 加圈，划掉 b_{44}，最后给 b_{14} 加圈，得到

$$\begin{bmatrix}\varnothing&13&7&◎\\6&◎&6&9\\◎&5&3&2\\\varnothing&1&◎&\varnothing\end{bmatrix}$$

$m=n=4$，所以得最优解为

$$(x_{ij})=\begin{bmatrix}0&0&0&1\\0&1&0&0\\1&0&0&0\\0&0&1&0\end{bmatrix}$$

这表示：指定甲译出俄文，乙译出日文，丙译出英文，丁译出德文，所需总时间最少，$\min Z_b=\sum_i\sum_j b_{ij}x_{ij}=0$。$\min Z=\sum_i\sum_j c_{ij}x_{ij}=c_{31}+c_{22}+c_{43}+c_{14}=28$（小时）。

例 4.8　求表 4.7 所示效率矩阵的任务指派问题的最小解。

表 4.7　例 4.8 的任务指派表

人员＼任务	A	B	C	D	E
甲	12	7	9	7	9
乙	8	9	6	6	6
丙	7	17	12	14	9
丁	15	14	6	6	10
戊	4	10	7	10	9

解：按上述第一步，将该系数矩阵进行变换。

$$\begin{bmatrix}12&7&9&7&9\\8&9&6&6&6\\7&17&12&14&9\\15&14&6&6&10\\4&10&7&10&9\end{bmatrix}\begin{matrix}7\\6\\7\\6\\4\end{matrix}\rightarrow\begin{bmatrix}5&0&2&0&2\\2&3&0&0&0\\0&10&5&7&2\\9&8&0&0&4\\0&6&3&6&5\end{bmatrix}$$

按第二步，得到

$$\begin{bmatrix}5&◎&2&\varnothing&2\\2&3&\varnothing&◎&\varnothing\\◎&10&5&7&2\\9&8&◎&\varnothing&4\\\varnothing&6&3&6&5\end{bmatrix}$$

这里◎的个数 $m=4$，而 $n=5$；解题没有完成，应按以下步骤继续进行。

第三步：做最少的直线覆盖所有 0 元素，以确定该系数矩阵中能找到最多的独立元素数。为此按以下步骤进行：

（1）对没有◎的行打√号；

（2）对已打√号的行中所有含 $\varnothing$ 元素的列打√号；

（3）对打√号的列中含◎元素的行打√号；

（4）重复（2）、（3）直到得不出新的打√号的行、列为止；

（5）对没有打√号的行画一横线，已打√号的列画一纵线，这就得到覆盖所有 0 元素的最少直线数。

令直线数为 l。若 $l<n$，说明必须再变换当前的系数矩阵，才能找到 n 个独立的 0 元素，为此转第四步：若 $l=n$，而 $m<n$，应回到第二步，另行试探。

在例 4.8 中，对矩阵按以下次序进行：

先在第 5 行旁打√号，然后在第 1 列打√号，接着在第 3 行旁打√号。经检查不能再打√号为止。对没有打√号的行，画一直线以覆盖 0 元素，已打√号的列画一直线以覆盖 0 元素。得

$$\begin{array}{c}\left[\begin{array}{ccccc} 5 & \circledcirc & 2 & \varnothing & 2 \\ 2 & 3 & \varnothing & \circledcirc & \varnothing \\ \circledcirc & 10 & 5 & 7 & 2 \\ 9 & 8 & \circledcirc & \varnothing & 4 \\ \varnothing & 6 & 3 & 6 & 5 \end{array}\right]\begin{array}{c} \\ \\ \surd \\ \\ \surd \end{array} \\ \begin{array}{ccccc} \surd & & & & \end{array}\end{array}$$

由此可见 $l=4<n$。所以应继续对矩阵进行变换，转第四步。

第四步：该步进行矩阵变换的目的是增加 0 元素。先在没有被直线覆盖的部分中找出最小元素。然后在打√号行各元素中都减去该最小元素，而在打√号列的各元素都加上该最小元素，以保证原来 0 元素不变。这样得到新系数矩阵（它的最优解和原问题相同）。若得到 n 个独立的 0 元素，则已得最优解，否则回到第三步重复进行。

在没有被覆盖部分（第 3、5 行）中找出最小元素为 2，然后在第 3、5 行各元素分别减 2，给第 1 列各元素加 2，得到新矩阵。按第二步，找出所有独立的 0 元素，得到：

$$\begin{bmatrix} 7 & 0 & 2 & 0 & 2 \\ 4 & 3 & 0 & 0 & 0 \\ 0 & 8 & 3 & 5 & 0 \\ 11 & 8 & 0 & 0 & 4 \\ 0 & 4 & 1 & 4 & 3 \end{bmatrix}$$

$$\begin{bmatrix} 7 & \circledcirc & 2 & \varnothing & 2 \\ 4 & 3 & \varnothing & \circledcirc & \varnothing \\ \varnothing & 8 & 3 & 5 & \circledcirc \\ 11 & 8 & \circledcirc & \varnothing & 4 \\ \circledcirc & 4 & 1 & 4 & 3 \end{bmatrix}$$

它具有 5 个独立的 0 元素。这就得到了最优解，相应的解矩阵为

$$\begin{bmatrix} 0 & 1 & 0 & 0 & 0 \\ 0 & 0 & 0 & 1 & 0 \\ 0 & 0 & 0 & 0 & 1 \\ 0 & 0 & 1 & 0 & 0 \\ 1 & 0 & 0 & 0 & 0 \end{bmatrix}$$

由解矩阵得最优指派方案：甲—B，乙—D，丙—E，丁—C，戊—A。本例还可以得到另一最优指派方案：甲—B，乙—C，丙—E，丁—D，戊—A。所需总时间为 $\min Z = 32$。

当指派问题的系数矩阵经过变换得到了同行和同列中都有两个或两个以上 0 元素时，这时可以任选一行（列）中某一个 0 元素，再划去同行（列）的其他 0 元素。这时会出现多重解。

下面讨论几种特殊的情况，经过适当变换后，即可以采用匈牙利法求解。

（1）目标函数求极大化的问题。对例 4.7，若系数矩阵中各元素 c_{ij} 为翻译人员从事某种语言翻译工作后所得到的收益，要求一种指派，使翻译人员的收益最大，即求 $\max Z = \sum_i \sum_j c_{ij} x_{ij}$，可令 $b_{ij} = M - c_{ij}$，其中 M 是足够大的常数（如选 c_{ij} 中最大元素为 M），这时系数矩阵可变换为 $\boldsymbol{B} = \left(b_{ij}\right)$，这时 $b_{ij} \geqslant 0$，符合匈牙利法的条件。

目标函数经变换后，即解 $\min Z' = \sum_i \sum_j b_{ij} x_{ij}$，所得最小解就是原问题最大解，因为：$\sum_i \sum_j b_{ij} x_{ij} = \sum_i \sum_j \left(M - c_{ij}\right) x_{ij} = \sum_i \sum_j M x_{ij} - \sum_i \sum_j c_{ij} x_{ij} = nM - \sum_i \sum_j c_{ij} x_{ij}$。

因 nM 为常数，所以当 $\sum_i \sum_j b_{ij} x_{ij}$ 取最小时，$\sum_i \sum_j c_{ij} x_{ij}$ 即为最大。

（2）任务数 m 与工作人员数 n 不等。当 $m>n$ 时，可设“虚工作人员”，虚工作人员从事各项任务的效率为 0，分配给虚工作人员的工作实际上无法安排；当 $m<n$ 时，可设“虚工作”，各工作人员从事虚工作的效率为 0，被指派做虚工作的人的状态实际是休息状态。此时，即可将问题转化。

若例 4.7 中只有甲、乙、丙 3 个工作人员，则转化的矩阵为表 4.8；若原 4 个工作人员只需要完成 E、J、G 3 项工作，则转化的矩阵为表 4.9。

表 4.8 任务指派表（1）

人员 \ 任务	E	J	G	R
甲	2	15	13	4
乙	10	4	14	15
丙	9	14	16	13
虚工作人员	0	0	0	0

表 4.9 任务指派表（2）

人员 \ 任务	E	J	G	虚工作
甲	2	15	13	0
乙	10	4	14	0
丙	9	14	16	0
丁	7	8	11	0

（3）不平衡指派问题的扩展。3个工作人员从事4项工作，某一工作人员从事两项工作，求花费时间最小的指派。先不考虑“某一工作人员从事两项工作”，则增加虚工作人员，得到最优指派后，剩余工作必定由3个工作人员中完成该项任务花费时间最少的人来从事。因此，基于此，可设虚工作人员，与（2）不同的是，该虚工作人员完成任务的时间花费等于各项任务中3个工作人员的最少花费时间，即得到表4.10。用匈牙利法求解该问题，若虚工作人员从事G工作，则表明第4项工作由甲完成；若虚工作人员从事J工作，则表明第4项工作由乙完成。

表 4.10 任务指派表（3）

人员＼任务	E	J	G	R
甲	2	15	13	4
乙	10	4	14	15
丙	9	14	16	13
虚工作人员	2	4	13	4

在不平衡指派问题中，在工作人员数大于工作数情况下，则增加虚工作。若某一工作人员必须被指派工作，则该工作人员从事虚工作的时间花费为“M”，表示工作花费时间无穷大，其余工作人员从事该虚工作的时间花费为0。工作人员不能得到指派存在一定赔偿损失费时，将各工作人员得到的赔偿费作为从事该虚工作的时间花费。

当工作数大于工作人员数时，则增加虚工作人员。若某项工作必须完成，则该虚工作人员从事必须完成工作的时间花费为“M”，表示该项工作不得由虚工作人员从事，虚工作人员从事其他工作的时间花费为0；若工作不能完成存在惩罚损失费时，则直接将惩罚费作为虚工作人员从事各项工作的时间；若某人不能完成某项工作，则在系数矩阵中相应位置处填入“M”。

4.3 案例分析

案例 4.3.1 分销中心选址问题

A公司在D_1处经营一家年产量为30万件产品的工厂，产品被运输到位于M_1、M_2、M_3的地区分销中心。由于预期将有需求增长，该公司计划在D_2、D_3、D_4、D_5中的一个或多个城市建新工厂以增加生产能力，根据调查，被提议4个城市中建立工厂的固定成本和年生产能力如表4.11所示。

表 4.11 工厂成本能力表

目标工厂	年固定成本/万元	年生产能力/万件
D_2	17.50	10
D_3	30.00	20
D_4	37.50	30
D_5	50.00	40

该公司对 3 个地区分销中心的年需求量做了预测，见表 4.12。

表 4.12 需求量表

分销中心	年需求量/万件
M_1	30
M_2	20
M_3	20

根据估计，每件产品从每个工厂到各分销中心的运费（单位：万元）见表 4.13。

表 4.13 运费表

目标工厂 \ 分销中心	M_1	M_2	M_3
D_1	5	2	3
D_2	4	3	4
D_3	9	7	5
D_4	10	4	2
D_5	8	4	3

问：公司是否需要在 4 个地区建厂？若建厂后，各工厂到各分销中心如何配送调运？

解：引入 0-1 变量表示在 D_i 处是否建立工厂：

$$y_i=\begin{cases}1, & D_i\text{处建立工厂}\\0, & D_i\text{处不建立工厂}\end{cases}\qquad i=2,3,4,5$$

设 x_{ij}（$i=1,2,3,4,5$，$j=1,2,3$）表示从每个工厂到分销中心的运输量（单位：万件）。年运输成本和经营新厂的固定成本之和为 $17.5y_2+30y_3+37.5y_4+50y_5+\sum_{j=1}^{3}\sum_{i=1}^{5}c_{ij}x_{ij}$，$c_{ij}$ 表示从工厂 i 到分销中心 j 的单位运费；考虑被提议工厂的生产能力约束条件，以 D_2 为例，有 $\sum_{j=1}^{3}x_{2j}\leqslant 10y_2$，其余类似；考虑分销中心的需求量约束条件，以 M_1 为例，有 $\sum_{i=1}^{5}x_{i1}=30$，其余类似。因此，有整数规划模型：

$$\min Z=17.5y_2+30y_3+37.5y_4+50y_5+\sum_{j=1}^{3}\sum_{i=1}^{5}c_{ij}x_{ij}$$

$$
\text{s.t.}\begin{cases}\sum_{j=1}^{3}x_{2j}\leqslant 10y_2,\sum_{j=1}^{3}x_{3j}\leqslant 20y_3,\sum_{j=1}^{3}x_{4j}\leqslant 30y_4\\ \sum_{j=1}^{3}x_{5j}\leqslant 40y_5,\sum_{i=1}^{5}x_{i1}=30\\ \sum_{i=1}^{5}x_{i2}=20,\sum_{i=1}^{5}x_{i3}=20\\ y_i=0\text{或}1,i=2,3,4,5\\ x_{ij}\geqslant 0,i=1,2,3,4,5;j=1,2,3\end{cases}
$$

利用 Excel 软件求解得到：$y_2=1$，$y_4=1$；$x_{11}=20$，$x_{12}=10$，$x_{21}=10$，$x_{42}=10$，$x_{43}=20$，总费用为295万元。结果表明，在D_2和D_4处建立分厂，从D_1处运输给M_1的数量为20万件，D_1处运输给M_2的数量为10万件；从D_2处运输给M_1的数量为 10 万件；从D_4处运输给M_2的数量为 10 万件；从D_4处运输给M_3的数量为 20 万件。实际上，这一模型可以应用于含有工厂和仓库间，工厂与零售店之间的直接运输和产品分配的系统。利用 0-1 变量的性质，还可以进行多种厂址的配置约束。例如，由于D_1和D_4两地距离较近，公司不愿意同时在这两地建厂等。

案例 4.3.2 航班计划之“飞机排班”问题

某航空公司有经停西安、南京和广州的 18 架次航班，如表 4.14 所示，每架飞机到达某城市后可执飞从该城市起飞的其他航班。现要确定各个城市经停的飞机的排班方案，使得飞机在各机场的等待成本最小。按照规定，飞机在机场等待时间 2 小时以上的每 24 小时额外收取起降费的 15%作为停场费，这里为了简便起见，令每小时的等待成本为 1；且不同航班对飞机的型号没有要求，即到达某城市的飞机可执飞从该城市起飞的所有航班。

表 4.14 航班起降时间表

航班号	起飞城市	出发时刻	降落城市	到达时刻
CA1202	西安	06：00	南京	08：00
CA1204	西安	12：00	南京	14：00
CA1206	西安	18：00	南京	20：00
CA3522	西安	07：00	广州	10：00
CA3524	西安	09：00	广州	12：00
CA1201	南京	07：00	西安	09：00
CA1203	南京	10：00	西安	12：00
CA1205	南京	17：00	西安	19：00

续表

航班号	起飞城市	出发时刻	降落城市	到达时刻
CA3523	广州	14：00	西安	17：00
CA3525	广州	17：00	西安	20：00
CA1301	南京	05：00	广州	08：00
CA1303	南京	09：00	广州	12：00
CA1305	南京	13：00	广州	16：00
CA1307	南京	18：00	广州	21：00
CA1302	广州	06：00	南京	09：00
CA1304	广州	10：00	南京	13：00
CA1306	广州	14：00	南京	17：00
CA1308	广州	18：00	南京	21：00

本案例要求当飞机在某城市降落后安排其执行后续的从该城市起飞的航班。从表4.14中可以看出，西安降落航班为5架次，起飞航班为5架次；南京降落航班为7架次，起飞航班为7架次；广州降落航班为6架次，起飞航班为6架次。各城市降落和起飞航班数量相等，因此该问题是一个平衡指派问题。对于西安、南京、广州3个城市，分别计算执飞某航班的飞机降落后再执飞其他航班的等待成本，对于起降间隔小于2小时的航班令等待成本为0，对于起飞时间早于降落时间或晚于降落时间2小时内的则需等待一夜第二天起飞。计算结果见西安、南京和广州的等待成本表，然后根据等待成本表用匈牙利法可得最优指派结果。

1）西安飞机排班方案（表4.15）

表4.15 等待成本表和指派结果（西安）

最少费用		起飞				
		CA1202	CA3522	CA3524	CA1204	CA1206
降落	CA1201	19	20	14	1	7
	CA1203	16	17	19	22	4
	CA3523	11	12	14	17	23
	CA1205	9	10	12	15	21
	CA3525	8	9	11	14	20

最小停留费用为37。

2）南京飞机排班方案（表 4.16）

表 4.16 等待成本表和指派结果（南京）

最少费用		起飞						
		CA1301	CA1201	CA1303	CA1203	CA1305	CA1205	CA1307
降落	CA1202	19	21	23	0	3	7	8
	CA1302	18	20	22	23	2	6	7
	CA1304	14	16	18	19	22	2	3
	CA1204	13	15	17	18	22	2	7
	CA1306	10	12	14	15	18	22	21
	CA1206	7	9	11	12	15	19	20
	CA1308	6	8	10	11	14	18	19

最小停留费用为 36。

3）广州飞机排班方案（表 4.17）

表 4.17 等待成本表和指派结果（广州）

最少费用		起飞					
		CA1302	CA1304	CA3523	CA1306	CA3525	CA1308
降落	CA1301	20	0	4	4	7	8
	CA3522	16	22	2	2	5	6
	CA3524	16	22	0	0	3	4
	CA1303	16	22	0	0	3	4
	CA1305	12	16	20	20	23	0
	CA1307	6	10	14	14	17	18

最小停留费用为 11。

案例 4.3.3 投资项目选择问题

某投资公司目前正在制订一个 20×5~20×9 年的五年投资计划，根据公司资金的条件，在未来五年中，每年年初可以使用的投资额度分别是 150 万元、180 万元、200 万元、230 万元和 240 万元，合计 1 000 万元。经过对不同项目的考察，公司确定了 10 个五年期的投资项目以供选择。这些项目需要投资公司在未来五年中每年年初按照合同规定进行投资，并且每个项目的投资回报是按照合同协商的回报率，根据投资总额度在最后一年年末一次性支付。公司备选项目及投资、收益详情见表 4.18，问：该投资公司应如何选择项目以获取最大收益？

表 4.18　备选项目投资详表

年度	项目年度所需投资额/万元										年度公司投资额/万元
	1	2	3	4	5	6	7	8	9	10	
20×5	34	18	26	11	52	43	26	38	71	38	150
20×6	36	26	34	32	52	35	48	9	71	43	180
20×7	39	42	46	45	52	32	26	24	71	52	200
20×8	41	53	54	56	52	26	48	19	71	64	230
20×9	45	68	58	87	52	14	26	35	71	72	240
各项目总投资	195	207	218	231	260	150	174	125	355	269	
回报率	0.1	0.16	0.08	0.12	0.25	0.11	0.14	0.15	0.2	0.18	

解：虽然 10 个项目均是盈利项目，但公司资金额度有限，不能投资全部项目，所以公司希望能够充分利用已有的 1 000 万元资金，正确选择投资项目，使得投资能够获得最大收益，即在第五年年末取得所确定注资项目的投资回报总和的最大值。因此该问题应主要解决如何选择所投资项目，而对于项目的投资决策只能有两种可能——是或否，因此该问题的决策变量可以假设为 10 个 0-1 变量，此时可以把投资公司的五年投资计划看作一个背包问题，投资公司的背包容量即投资限额 1 000 万元。在投资过程中，每年的投资总额不能超过注资总额，所以又把上面的背包问题转化为 5 个小背包问题，在满足每一年的小背包限制后，投资总额的大背包问题也一定不会超过总容量，根据上述分析，0-1 变量，x_i 表示是否投资第 i 个项目：

$$x_i=\begin{cases}1,\text{投资第}i\text{个项目}\\0,\text{不投资第}i\text{个项目}\end{cases}\quad i=1,2,\cdots,10$$

该投资问题可用整数规划模型求解：

$$\max Z=19.5x_1+33.12x_2+17.44x_3+27.72x_4+65x_5+16.5x_6+24.36x_7+18.75x_8+71x_9+48.42x_{10}$$

$$\text{s.t.}\begin{cases}34x_1+18x_2+26x_3+11x_4+52x_5+43x_6+26x_7+38x_8+71x_9+38x_{10}\leqslant 150\\36x_1+26x_2+34x_3+32x_4+52x_5+35x_6+48x_7+9x_8+71x_9+43x_{10}\leqslant 180\\39x_1+42x_2+46x_3+45x_4+52x_5+32x_6+26x_7+24x_8+71x_9+52x_{10}\leqslant 200\\41x_1+53x_2+54x_3+56x_4+52x_5+26x_6+48x_7+19x_8+71x_9+64x_{10}\leqslant 230\\45x_1+68x_2+58x_3+87x_4+52x_5+14x_6+26x_7+35x_8+71x_9+72x_{10}\leqslant 240\\x_i=0\text{或}1(i=1,2,\cdots,10)\end{cases}$$

利用 Excel 软件求解可以得到：$x_i=1$，$i=2,5,7,10$；$x_j=0$，$j=1,3,4,6,8,9$，即该公司应当投资第 2、5、7、10 个项目，实际总投资为 910 万元，五年后回报总额为 170.9 万元。

案例 4.3.4　应急救援车辆路线优化问题

本案例以四川省“5・12”汶川特大地震为例。地震发生后从全国各地调往成都市一定数量的救援物资，汶川县、茂县、北川县、安县（今绵阳市安州区）和平武县受灾严重，故需安排一定数量的救援车辆从成都市向这 5 个受灾地区运输救援物资。假设成都市所能供给的物资能够满足 5 个受灾地区的全部需求；5 个受灾地区的物资需求量和经纬度在表4.19中给出，救援车辆在任意两受灾地区之间转移所花费的时间与受灾地区间的直线距离成正比；车辆容量为 200，车辆数量能够确保可行解存在。此时要如何安排车辆行驶路线使得救援总时间花费最少？

表 4.19 节点位置和物资需求（供给）量

序号	节点	经度	纬度	需求（供给）量
0	成都市	东经 104.073 370°	北纬 30.696 811°	∞
1	汶川县	东经 103.590 386°	北纬 31.476 822°	76
2	茂县	东经 103.853 522°	北纬 31.681 154°	83
3	北川县	东经 104.467 970°	北纬 31.617 202°	72
4	安县	东经 104.567 187°	北纬 31.534 886°	65
5	平武县	东经 104.555 583°	北纬 32.409 675°	81

该问题包含两个子问题，其一为如何分配各个车辆所服务的城市，其二为当车辆和受灾地区之间的分配关系确定后如何安排车辆访问各个受灾地区的顺序。将成都市称为“仓库节点”，将汶川县、茂县、北川县、安县和平武县称为“需求节点”，各需求节点需求量为 d_i，$i=1,2,\cdots,5$。仓库节点和需求节点构成节点集 V，且任意两节点间均有连边，构成边集 E。上述节点集和边集构成完全图（complete graph）$G(V,E)$。车辆数量和容量分别记为 K=3 和 V=200。可行解为从边集合中找到的一个子集，该子集形成若干个环，每个环对应一个救援车辆；所有需求节点均被访问且只被访问 1 次，即在所有的环上只出现 1 次；每个环上的需求节点总需求量不超过车辆容量。最优解为所有可行解中使得救援时间花费最少的。有如下的 0-1 整数规划模型：

$$\min \sum_{i\in V}\sum_{j\in V} c_{ij}x_{ij}$$

$$\text{s.t.}\begin{cases}\sum\limits_{i\in V} x_{ij}=1,\forall j\in V\setminus\{0\}\\ \sum\limits_{j\in V} x_{ij}=1,\forall i\in V\setminus\{0\}\\ \sum\limits_{i\in V} x_{i0}=K\\ \sum\limits_{j\in V} x_{0j}=K\\ \sum\limits_{i\notin S}\sum\limits_{j\in S} x_{ij}\geqslant r(S),\forall S\subseteq V\setminus\{0\},S\neq\varnothing\\ x_{ij}\in\{0,1\},\forall i,j\in V\end{cases}$$

模型目标函数中 c_{ij} 为车辆在两节点间行驶的时间花费。模型约束含义分别为：每个需求节点被访问 1 次；共派出 K 辆车。$r(S)$ 的含义为服务需求节点集 $S\subseteq V$ 所需的最少车辆数量，这里 $r(S)=\left\lceil \sum\limits_{i\in S} d_i/Q \right\rceil$，该约束的作用是消除子回路。模型的解为 $x_{01}=1$，

$x_{10}=1$，$x_{02}=1$，$x_{25}=1$，$x_{50}=1$，$x_{03}=1$，$x_{34}=1$，$x_{40}=1$，其他决策变量均为 0。分别派出 3 辆车，其中第 1 辆车前往汶川县，第 2 辆车依次前往茂县和平武县，第 3 辆车依次前往北川县和安县。目标函数值为 7.737 7。

上述问题是一个车辆路径问题（vehicle routing problem，VRP），本案例中模型的变量数量为 36，约束数量为 42。因此，对于此类问题，小规模的问题已难以用手工计算最优解，需借助 CPLEX、Gurobi 等商业求解器进行求解，这些商业求解器内部整合了分支定界法和割平面法等算法，如分支-切割（branch-and-cut）、分支-定价（branch-and- price）等。对于大规模的问题，商业求解器也难以在可接受的时间内给出最优解，此时需要使用启发式算法获得问题的近似最优解。

习 题 4

1. 某公司考虑在北京、上海、广州和武汉 4 个城市设立库房，这些库房负责向华北、华中和华南 3 个地区供货，每个库房每月可处理货物 1 000 件。在北京设立库房的成本为 4.5 万元/月，上海为 5 万元/月，广州为 7 万元/月，武汉为 4 万元/月。每个地区的月平均需求量：华北为 500 件，华中为 800 件，华南为 700 件。发运货物的费用（单位：元/件）如表 4.20 所示，公司希望在满足地区需求条件下使月平均成本最小，且满足以下条件：若在上海设立库房，则必须在武汉设立库房；最多设立两个库房；武汉和广州不能同时设立库房。试建立一个满足上述要求的整数规划模型，并求出最优解。

表 4.20 发运货物的费用 单位：元/件

城市	华北	华中	华南
北京	200	400	500
上海	300	250	400
广州	600	350	300
武汉	350	150	350

2. 某地准备投资 D 元建民用住宅，可以建宅的地点有 $A_i\left(i=1,\cdots,n\right)$ 处，在 A_i 处的造价为 d_i，最多可建 a_i 幢。问：应当在哪几处建宅，分别建几幢，才能使建造的住宅总数最多？试建立问题的数学规划模型。

3. 一个旅行者要在其背包中装一些最有用的旅行物品，背包的体积为 a，可携带的物品质量为 b，现有 10 件物品，第 $i\left(i=1,\cdots,10\right)$ 件物品的体积为 a_i，质量为 b_i，价值为 c_i。每件物品只能整件装入，不考虑物品放入背包中相互间隙，问：旅行者应携带哪几种物品才能使携带的物品总价值最大？

4. 某公司制造大、中、小三种尺寸的金属容器，所需资源为金属板、劳动力及机器设备，制造一个容器所需的各种资源如表 4.21 所示。每种容器售出的利润分别为 4 万元、5 万元和 6 万元，可使用的金属板有 500 吨，劳动力有 300 人·月，设备 100 台·月。不管每种容器制造的数量是多少，需要支付一笔固定的费用，小号为 100 万元，中号为 150 万元，大号为 200 万元。请制订一个生产计划，使获得的利润最大。

表 4.21 制造资源需求表

资源类型	小号容器	中号容器	大号容器	资源量
金属板/吨	2	4	8	500
劳动力/（人·月）	2	3	4	300
机器设备/（台·月）	1	2	3	100
利润/万元	4	5	6	

5. 某商人从某一城市出发，到其他 n 个城市去推销商品，规定每个城市均需到达且只能到达一次，然后回到原出发城市，已知城市 i、j 之间的距离为 d_{ij}，问：商人应该选择一条什么样的路线旅行使总的行走路程最短？请建立数学模型。

6. 用分支定界法求解下列问题。

（1）$$\max Z = x_1 + x_2$$
$$\begin{cases} 2x_1 + x_2 \leqslant 6 \\ 4x_1 + 5x_2 \leqslant 20 \\ x_1, x_2 \geqslant 0, \text{且为整数} \end{cases}$$

（2）$$\max Z = 2x_1 + x_2$$
$$\begin{cases} x_1 + x_2 \leqslant 5 \\ -x_1 + x_2 \leqslant 0 \\ 6x_1 + 2x_2 \leqslant 21 \\ x_1, x_2 \geqslant 0, \text{且为整数} \end{cases}$$

7. 用割平面法求解下列整数规划问题。

（1）$$\max Z = 3x_1 + 2x_2$$
$$\begin{cases} 2x_1 + 3x_2 \leqslant 14 \\ 2x_1 + x_2 \leqslant 9 \\ x_1, x_2 \geqslant 0, \text{且为整数} \end{cases}$$

（2）$$\max Z = 7x_1 + 9x_2$$
$$\begin{cases} -x_1 + 3x_2 \leqslant 6 \\ 7x_1 + x_2 \leqslant 35 \\ x_1, x_2 \geqslant 0, \text{且为整数} \end{cases}$$

8. 用隐枚举法求解下列 0-1 整数规划问题。

（1）$$\max Z = 3x_1 + x_2 - x_3$$
$$\begin{cases} x_1 + 3x_2 + x_3 \leqslant 2 \\ 4x_2 + x_3 \leqslant 5 \\ x_1 + 2x_2 - x_3 \leqslant 2 \\ x_1, x_2, x_3 = 0\text{或}1 \end{cases}$$

（2）$$\min Z = 6x_1 + 2x_2 + x_3 + 2x_4$$
$$\begin{cases} -4x_1 + x_2 + x_3 + x_4 \geqslant 0 \\ -2x_1 + 4x_2 + 2x_3 + 4x_4 \geqslant 4 \\ x_1 + x_2 - x_3 + x_4 \geqslant 1 \\ x_1, x_2, x_3, x_4 = 0\text{或}1 \end{cases}$$

9. 用匈牙利法求解系数矩阵如下的指派问题。

（1）$$\begin{bmatrix} 15 & 18 & 21 & 24 \\ 19 & 23 & 22 & 18 \\ 26 & 17 & 16 & 19 \\ 19 & 21 & 23 & 17 \end{bmatrix}$$

（2）$$\begin{bmatrix} 3 & 8 & 2 & 10 & 3 \\ 8 & 7 & 2 & 9 & 7 \\ 6 & 4 & 2 & 7 & 5 \\ 8 & 4 & 2 & 3 & 5 \\ 9 & 10 & 6 & 9 & 10 \end{bmatrix}$$

10. 学生 A、B、C、D 的各门成绩如表 4.22 所示，现将此 4 名学生派去参加各门课程的单项竞赛，竞赛同时进行，每人只能参加一项。如以他们的成绩作为选拔的标准，应如何分配最为有利？

表 4.22　学生成绩表

项目	数学	物理	化学	外语
学生 A	89	92	68	81
学生 B	87	88	65	78
学生 C	95	90	85	72
学生 D	76	78	89	96

第5章

动态规划

动态规划（dynamic programming）是求解多阶段决策问题的最优化方法之一。20世纪50年代初，美国数学家贝尔曼（R. E. Bellman）等在研究多阶段决策过程（multiple step decision process）的优化问题时，提出了著名的最优性原理（principle of optimality），即把多阶段决策过程转化为一系列单阶段问题，逐个求解，创立了解决这类多阶段优化问题的新方法——动态规划。1957年贝尔曼出版了他的专著《动态规划》，这是该领域的第一部著作。

动态规划问世以来，在经济管理、生产调度、工程技术、博弈论和最优控制等方面得到了广泛的应用。例如，最短路线、库存管理、资源分配、设备更新、排序、装载等问题，用动态规划方法比用其他方法求解更为方便。

虽然动态规划主要用于求解以时间划分阶段的动态过程的优化问题，但是一些与时间无关的静态规划（如线性规划、非线性规划），其本质是一个多阶段决策问题，可以人为地引进时间因素，把它视为多阶段决策过程，也可以用动态规划方法方便地求解。

应指出，动态规划是求解某类问题的一种方法，是考察问题的一种途径，而不是一种特殊算法（如线性规划是一种算法）。因而，它不像线性规划那样有一个标准的数学表达式和明确定义的一组规则，而必须对具体问题进行具体分析处理，面向特定问题，建立动态规划模型。因此，在学习时，除了要对基本概念和方法正确理解外，应以丰富的想象力去建立模型，用创造性的技巧去求解问题，通过案例揣摩解题精髓。

动态规划模型的分类：离散确定型、连续确定型、离散随机型、连续随机型。其中离散确定型是最基本的，本章主要针对这种类型的问题，介绍动态规划的基本思想、原理和方法。最后通过几个典型案例来介绍动态规划模型的应用。

5.1 多阶段决策过程与实例

动态规划是目前解决多阶段决策过程问题的基本方法之一。多阶段决策过程，是指这样的一类决策问题：它可以根据问题的特性将整个决策过程按时间、空间等标志划分为若干个互相联系又互相区别的阶段。在每一个阶段都需要做出决策，从而使整个过程达到最好的效果。因此，各个阶段决策不是任意确定的，它依赖于当前面临的状态，又影响以后的发展，当各个阶段决策确定后，就组成了一个决策序列，因而也就形成了整个决策过程的一条活动路线，这样一个前后关联具有链状结构的决策过程就称为多阶段决策过程，也称为序贯决策过程（图 5.1），也称为多阶段决策问题。

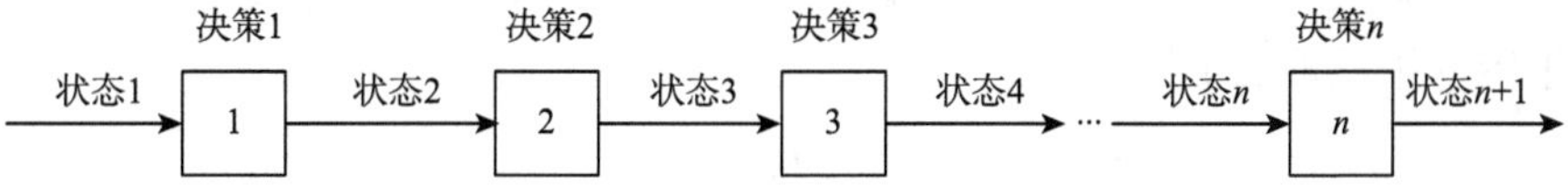

图 5.1　多阶段决策过程图

在多阶段决策问题中，各个阶段采取的决策，一般来说是与时间有关的，决策依赖于当前的状态，又随即引起状态的转移，一个决策序列就是在变化的状态中产生出来的，故有“动态”的含义，因此处理这种问题的方法称为动态规划方法。

多阶段决策问题的例子很多，现举例如下。

例 5.1　（最短路径问题）如图 5.2 所示，给定一个线路网络，两点之间连线上的数字表示两点间的距离（或费用）。试求一条由 A 到 E 的线路，使总长度最小（或总费用最小）。

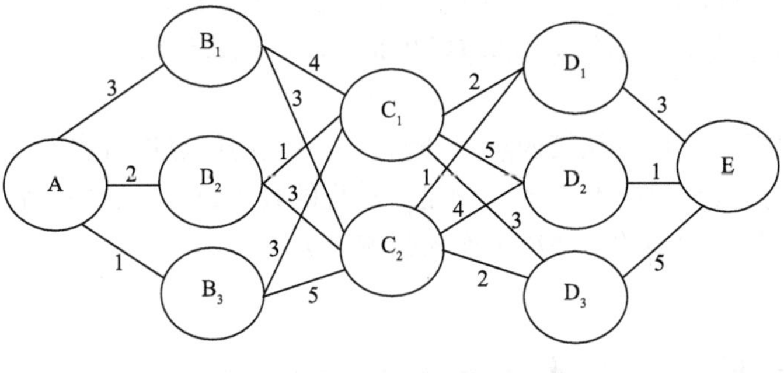

图 5.2　例 5.1 的最短线路网络图

这是一个以空间位置为特征的多阶段决策问题。

例 5.2　（生产与存储问题）工厂生产某种产品，每单位（千件）的成本为 1（千元），每次开工的固定成本为 3（千元），工厂每季度的最大生产能力为 6（千件）。经调查，市场对该产品的需求量第一、二、三、四季度分别为 2、3、2、4（千件）。如果工厂在第一、二季度将全年的需求都生产出来，自然可以降低成本（少付固定成本费），但是对于第三、四季度才能上市的产品需付存储费，每季每千件的存储费为 0.5（千元）。还规定年初和年末这种产品均无库存。试制订一个生产计划，即安排每个季度的产量，使一年的总费用（生产成本和存储费）最少。

显然，这是一个以时间为特征的多阶段决策问题。

例 5.1 是一个简单而又十分典型的多阶段决策问题。我们以它为例来说明动态规划求解的基本思想，并阐述它的特点、方法与基本概念。

从图 5.2 可以看出，从 A 到 E 一共有 $3\times2\times3\times1=18$ 条不同的线路，即 18 种不同的方案。显然其中必存在一条从全过程看效果最好的线路，称为最佳线路。我们可以把从 A 到 E 分为四个阶段。从 A 到 B 为第一阶段，从 B 到 C 为第二阶段，从 C 到 D 为第三阶段，从 D 到 E 为第四阶段。对最佳线路来说，它具有如下的重要性质：设最佳线路第二、三、四阶段决策的结果是选择 $\mathrm{B}_i(1\leqslant i\leqslant3)$，$\mathrm{C}_j(1\leqslant j\leqslant3)$，$\mathrm{D}_t(1\leqslant t\leqslant3)$（图 5.3），则其中从第二阶段初始状态 B_i 到 E 的路径也是从 B_i 到 E 一切可能路径中的最佳路径，该性质很容易用反证法证明：

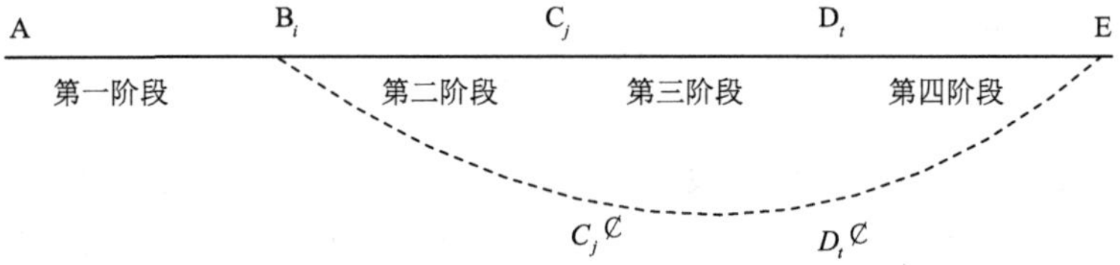

图 5.3 多阶段决策最优性证明示意图

设从 B_i 到 E 另有一条更短的路线 $\mathrm{B}_i-\mathrm{C}_j'-\mathrm{D}_t'-\mathrm{E}$。则用 $\mathrm{A}-\mathrm{B}_i$ 再加上这条路径就比 $\mathrm{A}-\mathrm{B}_i-\mathrm{C}_j-\mathrm{D}_t-\mathrm{E}$ 更短。这与后者是一切路径中最短路径相矛盾。因此从 $\mathrm{B}_i-\mathrm{C}_j-\mathrm{D}_t-\mathrm{E}$ 也必是 $\mathrm{B}_i-\mathrm{E}$ 一切路径中的最短路径。显然这个性质不但对 $\mathrm{B}_i-\mathrm{E}$ 是成立的，而且对最短路径中的任一个中间点都是成立的。因此，最佳路径中任一个状态（中间点）到最终状态（最终点）的路径也是该状态到最终状态一切可能路径中的最短路径（图 5.3）。

利用这个性质，也可以从第四阶段开始，由终点向始点逐阶递推，寻求各点到终点的最短路径，当递推到起始点 A 时，便是全过程的最短路径。这种由后向前逆向递推的方法正是动态规划中常用的逆序法（逆向归纳法）。

5.2 动态规划的基本概念和递归方程

动态规划的基本概念和递归方程

下面我们以例 5.1 为例，说明动态规划的基本概念。

5.2.1 阶段

阶段（step）是对整个决策过程的自然划分。也就是把所给问题的过程，恰当地分成若干个相互联系的阶段。通常根据时间顺序或空间顺序的特征来划分阶段，以便按阶段的次序解多阶段最优化问题。描述阶段的变量称为阶段变量，常用 k 表示。如例 5.1 可以分为四个阶段。

5.2.2 状态

状态（state）表示每个阶段开始时决策过程所处的自然状况或客观条件。它能描述过程的特征并且无后效性，即当某阶段的状态变量给定时，这个阶段以后过程的演变与该阶段以前各阶段的状态无关。通常要求状态是直接或间接可以观测的。在例 5.1 中状态就是某阶段的出发位置。它既是该阶段某条路线的始点，又是前一阶段某条路线的终点。通常一个阶段有若干个状态，第一阶段有一个状态就是点 A，第二阶段有 3 个状态，即点集 $\{B_1, B_2, B_3\}$，一般第 k 个阶段的状态就是第 k 个阶段所有始点的集合。

描述状态的变量称为状态变量（state variable）。状态变量允许取值的范围称允许状态集合（set of admissible states）。用 x_k 表示第 k 阶段的状态变量，它可以是一个数或一个向量。用 X_k 表示第 k 阶段的允许状态集合，有 $x_k \in X_k$。在例 5.1 第三阶段中，若从状态 C_1 出发，就可以做出 3 种不同的选择，其允许决策集合为 $\{D_1, D_2, D_3\}$。n 个阶段的决策过程有 $n+1$ 个状态变量集，x_{n+1} 表示 x_n 演变的结果。根据过程演变的具体情况，状态变量可以是离散的或连续的。为了计算的方便，有时将连续变量离散化；为了分析的方便，有时又将离散变量视为连续的。

5.2.3 决策

当一个阶段的状态确定后，可以做出各种选择从而演变到下一个阶段的某个状态，这种选择过程称为决策（decision），在最优控制问题中也称为控制（control）。描述决策的变量称为决策变量（decision variable），它可以是一个数或一个向量。决策变量允许取值的范围称允许决策集合（set of admissible decisions）。用 $u_k(x_k)$ 表示第 k 阶段处于状态 x_k 时的决策变量，它是 x_k 的函数，用 $U_k(x_k)$ 表示 x_k 的允许决策集合，决策过程就是选择 $u_k(x_k) \in U_k(x_k)$ 的过程。

在例 5.1 第三阶段中，若从状态 C_1 出发，其允许决策集合为 $\{D_1, D_2, D_3\}$，若选择 D_2，则 D_2 是状态 C_1 在决策 $u_3(C_1)$ 作用下的一个新的状态，记作 $u_3(C_1) = D_2$。

5.2.4 策略

由所有各阶段的决策组成的决策函数序列称为全过程策略，简称策略（policy）。由初始状态 x_1 开始的全过程的策略记作 $p_{1n}(x_1)$，即

$$p_{1n}(x_1) = \{u_1(x_1), u_2(x_2), \cdots, u_n(x_n)\}$$

由第 k 阶段的状态 x_k 开始到终止状态的后部子过程的策略记作 $p_{kn}(x_k)$，即

$$p_{kn}(x_k) = \{u_k(x_k), \cdots, u_n(x_n)\}, \quad k = 1, 2, \cdots, n-1$$

类似地，由第 k 阶段到第 j 阶段的子过程的策略记作：

$$p_{kj}(x_k)=\{u_k(x_k),\cdots,u_j(x_j)\}$$

可供选择的策略有一定的范围，称为允许策略集合（set of admissible policies），用 $p_{1n}(x_1),p_{kn}(x_k),p_{kj}(x_k)$ 表示。

5.2.5 状态转移方程

状态转移方程是确定过程由一个状态到另一个状态的演变过程。在确定性决策过程中，一旦某阶段的状态和决策已知，下一个阶段的状态便完全确定，这个过程称作状态转移。若给定第 k 阶段状态变量 x_k 的值，如果该阶段的决策变量 $u_k(x_k)$ 一经确定，第 k+1 阶段的状态变量 x_{k+1} 的值也就完全确定，即 x_{k+1} 的值随 x_k 和 u_k 的值变化而变化。这种演变规律可以用状态转移方程（equation of state transition）表示：

$$x_{k+1}=T_k(x_k,u_k),k=1,2,\cdots,n \tag{5.1}$$

在例 5.1 中，状态转移方程为

$$x_{k+1}=u_k(x_k)$$

5.2.6 指标函数和最优值函数

指标函数（objective function）是衡量决策过程和决策结果优劣的数量指标。它分为阶段指标函数和过程指标函数两种。阶段指标函数是指第 k 阶段，从状态 x_k 出发，采取决策 u_k 时的效益，用 $v_k(x_k,u_k)$ 表示。一个 n 阶段的决策过程，从 1 到 n 叫作问题的全过程。对于任意一个给定的 $k(k=1,2,\cdots,n)$，从第 k 阶段到第 n 阶段的过程称为全过程的一个后部子过程，用 $V_{kn}(x_k,u_k,x_{k+1},\cdots,x_{n+1})$ 表示该后部子过程的指标函数。指标函数应具有可分离性，即 V_{kn} 可表示为 x_k、u_k、$V_{(k+1)n}$ 的函数，记为

$$V_{kn}(x_k,u_k,x_{k+1},\cdots,x_{n+1})=\varphi_k\left(x_k,u_k,V_{(k+1)n}(x_{k+1},u_{k+1},x_{k+2}\cdots,x_{n+1})\right)$$

决策过程在第 j 阶段的阶段指标取决于状态 x_j 和决策 u_j，用 $v_j(x_j,u_j)$ 表示，即对整体指标函数的贡献。整体指标函数由 $v_j(j=1,2,\cdots,n)$ 组成，常见的形式有

阶段指标之和，即

$$V_{kn}(x_k,u_k,x_{k+1},\cdots,x_{n+1})=\sum_{j=k}^{n}v_j(x_j,u_j)$$

阶段指标之积，即

$$V_{kn}(x_k,u_k,x_{k+1},\cdots,x_{n+1})=\prod_{j=k}^{n}v_j(x_j,u_j)$$

阶段指标之极大（或极小），即

$$V_{kn}(x_k,u_k,x_{k+1},\cdots,x_{n+1})=\max_{k\leqslant j\leqslant n}(\min)v_j(x_j,u_j)$$

这些形式下第 k 阶段到第 j 阶段子过程的指标函数为 $V_{kj}(x_k,u_k,x_{k+1}\cdots,x_{j+1})$。

根据状态转移方程，指标函数 V_{kn} 还可以表示为状态 x_k 和策略 p_{kn} 的函数，即

$V_{kn}(x_k, p_{kn})$。在 x_k 给定时，指标函数 V_{kn} 对 p_{kn} 的最优值称为最优值函数（optimal value function），记为 $f_k(x_k)$，即

$$f_k(x_k) = \underset{p_{kn} \in p_{kn}(x_k)}{\text{opt}} V_{kn}(x_k, p_{kn})$$

实际上，$f_k(x_k)$ 是从第 k 阶段状态 x_k 开始采用最优策略 p_{kn}^* 到终止时的最佳目标函数值。

在不同的问题中，指标函数的含义是不同的，它可能是距离、利润、成本、产品的产量或资源的消耗等。在例 5.1 中，指标函数 V_{kn} 表示在第 k 阶段由点 x_k 到终点 E 的距离。$f_k(x_k)$ 表示在第 k 阶段由点 x_k 到终点 E 的最短距离。例如，在第二阶段，状态为 B_1 时 $d(B_1, C_2)$ 表示由 B_1 出发，采用决策到下一个阶段 C_2 点的两点间的距离 $d(B_1, C_2)=3$，$V_{2,4}(B_1)$ 表示从 B_1 到 E 的距离，而 $f_2(B_1)$ 表示从第二阶段状态点 B_1 到 E 的最短距离。

5.2.7 最优策略和最优轨线

使指标函数 V_{kn} 达到最优值的策略就是从第 k 阶段开始的后部子过程的最优子策略，记作 $p_{kn}^* = \{u_k^*, \cdots, u_n^*\}$。$p_{1n}^*$ 是全过程的最优策略，简称最优策略（optimal policy）。从初始状态 $x_1 (= x_1^*)$ 出发，决策过程按照 p_{1n}^* 和状态转移方程演变所经历的状态序列 $\{x_1^*, x_2^*, \cdots, x_{n+1}^*\}$ 称为最优轨线（optimal trajectory）。

5.2.8 递归方程

如下方程称为递归方程

$$\begin{cases} f_{n+1}(x_{n+1}) = 0\text{或}1 \\ f_k(x_k) = \underset{u_k \in U_k(x_k)}{\text{opt}} \{v_k(x_k, u_k) \otimes f_{k+1}(x_{k+1})\}, k = n, \cdots, 1 \end{cases} \tag{5.2}$$

$f_{n+1}(x_{n+1})$ 称作边界条件。在递归方程中，当 $\otimes$ 为加法时，$f_{n+1}(x_{k+1}) = 0$；当 $\otimes$ 为乘法时，$f_{n+1}(x_{k+1}) = 1$。动态规划递归方程是动态规划的最优性原理的基础，即最优策略的子策略，构成最优子策略。用状态转移方程式（5.1）和递归方程式（5.2）求解动态规划的过程，是由 $k = n+1$ 逆推至 $k = 1$，故这种解法称为逆序解法。当然，对某些动态规划问题，也可采用顺序解法。

我们以例 5.1 为例，说明动态规划的求解过程。

根据图 5.2，将决策全过程分为四个阶段。从第四阶段开始计算：

1）$k = 4$，第四阶段

在第四阶段，有 3 个初始状态：D_1、D_2 与 D_3，而全过程的最短路径究竟是经过 D_1、D_2、D_3 中的哪一点，目前无法肯定，因此只能将各种可能都考虑在内，若全过程的最短路径经过 D_1，则从 D_1 到终点的最短路径距离为 $f_4(D_1) = 3$；而类似可得 $f_4(D_2) = 1$，$f_4(D_3) = 5$。

2）$k=3$，第三阶段

在第三阶段有两个初始状态：C_1 与 C_2。同样我们无法确定全过程的最短路径是经过 C_1 还是 C_2。因此两种状态都要计算。

若全过程最短路径经过 C_1，则由 C_1 到 E 有 3 条支路：C_1-D_1-E、C_1-D_2-E 及 C_1-D_3-E，而对支路 C_1-D_1-E，其最短路径应为：C_1-D_1 的距离 $d_3(C_1,D_1)$，再加上 D_1-E 的最短路径 $f_4(D_1)$，故有

$$C_1-D_1-E:\ d_3(C_1,D_1)+f_4(D_1)=2+3=5$$
$$C_1-D_2-E:\ d_3(C_1,D_2)+f_4(D_2)=5+1=6$$
$$C_1-D_3-E:\ d_3(C_1,D_3)+f_4(D_3)=3+5=8$$

由前述性质可知，若全过程最短路径经过 C_1，则 C_1 到终点 E 应是一切可能路径中的最短路径，因此有

$$f_3(C_1)=\min\begin{Bmatrix}d_3(C_1,D_1)+f_4(D_1)\\ d_3(C_1,D_2)+f_4(D_2)\\ d_3(C_1,D_3)+f_4(D_3)\end{Bmatrix}=d_3(C_1,D_1)+f_4(D_1)=5$$

即 C_1-E 的最短路径为 C_1-D_1-E，最短距离为 5。

同理，有

$$f_3(C_2)=\min\begin{Bmatrix}d_3(C_2,D_1)+f_4(D_1)\\ d_3(C_2,D_2)+f_4(D_2)\\ d_3(C_2,D_3)+f_4(D_3)\end{Bmatrix}=\min\begin{Bmatrix}1+3\\ 4+1\\ 2+5\end{Bmatrix}=d_3(C_2,D_1)+f_4(D_1)=4$$

即 C_2-E 的最短路径为 C_2-D_1-E，最短距离为 4。

3）$k=2$，第二阶段

第二阶段有 3 种初始状态：B_1、B_2、B_3。同理可得到

$$f_2(B_1)=\min\begin{Bmatrix}d_2(B_1,C_1)+f_3(C_1)\\ d_2(B_1,C_2)+f_3(C_2)\end{Bmatrix}=\min\begin{Bmatrix}4+5\\ 3+4\end{Bmatrix}=d_2(B_1,C_2)+f_3(C_2)=7$$

$$f_2(B_2)=\min\begin{Bmatrix}d_2(B_2,C_1)+f_3(C_1)\\ d_2(B_2,C_2)+f_3(C_2)\end{Bmatrix}=\min\begin{Bmatrix}1+5\\ 3+4\end{Bmatrix}=d_2(B_2,C_1)+f_3(C_1)=6$$

$$f_2(B_3)=\min\begin{Bmatrix}d_2(B_3,C_1)+f_3(C_1)\\ d_2(B_3,C_2)+f_3(C_2)\end{Bmatrix}=\min\begin{Bmatrix}3+5\\ 5+4\end{Bmatrix}=d_2(B_3,C_1)+f_3(C_1)=8$$

因此，B_1-E 的最短路径为 $B_1-C_2-D_1-E$，最短距离为 7；

B_2-E 的最短路径为 $B_2-C_1-D_1-E$，最短距离为 6；

B_3-E 的最短路径为 $B_3-C_1-D_1-E$，最短距离为 8。

4）$k=1$，第一阶段

第一阶段只有一个初始状态 A，可计算：

$$f_1(\mathrm{A})=\min\begin{Bmatrix}d_1(\mathrm{A},\mathrm{B}_1)+f_2(\mathrm{B}_1)\\d_1(\mathrm{A},\mathrm{B}_2)+f_2(\mathrm{B}_2)\\d_1(\mathrm{A},\mathrm{B}_3)+f_2(\mathrm{B}_3)\end{Bmatrix}=\min\begin{Bmatrix}3+7\\2+6\\1+8\end{Bmatrix}=d_1(\mathrm{A},\mathrm{B}_2)+f_2(\mathrm{B}_2)=8$$

即 A−E 的最短路径为 $\mathrm{A}-\mathrm{B}_2-\mathrm{C}_1-\mathrm{D}_1-\mathrm{E}$，最短距离为 8。

从以上的计算过程可看出，动态规划方法的基本思想：把一个比较复杂的问题分解成一系列同一类型的更容易求解的子问题，对每个子问题，计算过程单一化，便于应用计算机。同时由于对每个子问题都考虑到最优效果，于是就系统地删去了大量的中间非最优化的方案组合，使得计算工作量比穷举法大大减少，但是其本质还是穷举法。

由上述分析，可将动态规划方法求解多阶段决策问题的特点归纳如下：

（1）每个阶段的最优决策过程只与本阶段的初始状态有关，而与以前各阶段的决策（为了达到本阶段的初始状态而采取的决策组合）无关。换言之，本阶段之前的状态与决策，只是通过系统在本阶段所处的初始状态来影响系统的未来。具有这种性质的状态称为无后效性（马尔可夫性）状态，动态规划方法适用于求解具有无后效性的多阶段决策问题。

（2）对最佳路径（最优决策过程）所经过的各个阶段，其中每个阶段始点到全过程终点的路径，也是子决策中的最佳路径，整体最优必然有局部最优。这就是贝尔曼提出的最优性原理。

（3）在逐段递推过程中，当每个阶段选择最优决策时，不应只从本阶段的直接效果出发，而应从本阶段开始的往后全过程的效果出发，即应该考虑两种效果：一是本阶段初到本阶段终（下阶段初）所选决策的直接效果；二是由所选决策确定的下阶段初往后直到终点的所有决策过程的总效果，也称为间接效果。这两种效果的结合必须是最优的。

（4）经过递推计算得到各阶段的有关数据后，反方向即可求出相应的最优决策过程。

5.3 最优性原理与建模方程

最优性原理和建模方程

动态规划的最优性原理是“作为整个过程的最优策略具有这样的性质：无论过去的状态和决策如何，对前面的决策所形成的状态而言，余下的诸决策必须构成最优决策”。简言之，一个最优策略的子策略总是最优的。

但是，随着深入地研究动态规划，人们逐渐认识到：对于不同类型问题所建立的动态规划模型，必须对相应的最优性原理给以必要的验证，即最优性原理不是对任何决策过程都普遍成立。而且，最优性原理与动态规划基本方程并不是无条件等价的，两者之间也不存在确定的蕴含关系。动态规划的递归方程在动态规划的理论和方法中起着更为重要的作用，反映动态规划递归方程的是最优性原理，递归方程是策略最优性的充分必要条件，而最优性原理仅仅是策略最优性的必要条件。所以把动态规划的递归方程作为动态规划的理论基础可能更为合理。

动态规划的递归方程：

设阶段数为 n 的多阶段决策过程，其阶段编号为 $k=1,2,\cdots,n$。

允许策略 $p_{1n}^*=\left(u_1^*,u_2^*,\cdots,u_n^*\right)$ 成为最优策略的充分必要条件是对任一个 k，$1<k<n$ 和 $x_1\in X_1$ 有

$$V_{1n}\left(x_1,p_{1n}^*\right)=\underset{p_{1n}\in p_{1k}(x_1)}{\text{opt}}\left\{V_{1k}\left(x_1,p_{1k}\right)\otimes\underset{p_{kn}\in p_{kn}(x_k)}{\text{opt}}V_{kn}\left(x_k,p_{kn}\right)\right\}$$

其中，$p_{1n}=\left(p_{1k},p_{kn}\right)$，$x_k=T_{k-1}\left(x_{k-1},u_{k-1}\right)$。它是由给定的初始状态 x_1 和子策略 p_{1k} 所确定的 k 阶段状态。当 V 是效益函数时，opt 取 max；当 V 是损失函数时，opt 取 min。

推论 若允许策略 p_{1n}^* 是最优策略，则对任意的 k（$0<k<n-1$），它的子策略 $p_{k(n-1)}^*$ 对于 $s_k^*=T_{k-1}\left(s_{k-1}^*,u_{k-1}^*\right)$ 为始点的 k 到 n 子过程来说，必是最优策略。

此推论就是前面提到的动态规划的最优性原理，它仅仅是最优性策略的必要条件，所以，动态规划的递归方程是动态规划的理论基础。

综上所述，如果一个问题能用动态规划方法求解，那么，我们可以按下列步骤进行计算：

（1）将决策过程划分成恰当的阶段。

（2）正确选择状态变量 x_k，使它既能描述过程的状态，又满足无后效性，同时确定允许状态集合 X_k。

（3）选择决策变量 u_k，确定允许决策集合 $U_k\left(x_k\right)$。

（4）写出状态转移方程。

（5）确定阶段指标 $v_k\left(x_k,u_k\right)$ 及指标函数 V_{kn} 的形式（阶段指标之和、阶段指标之积、阶段指标之极大或极小等）。

（6）写出基本方程，即最优值函数满足的递归方程，以及边界条件。

建立动态规划模型，基本上是按照上述顺序，逐步确定（1）~（6）的内容。

建模是解决实际问题的第一步，也是比较困难的一步，动态规划不像线性规划那样有统一的模型和统一的处理方法，必须针对具体问题做具体分析，综合考虑多方面的因素。例如，如何划分阶段，如何选择正确的状态变量和决策变量，如何构造递归方程等，确实需要一定的技巧，需要多练习，不断总结和积累经验。

5.4 动态规划的应用案例

请留意案例部分用 s_k 表示状态变量，用 x_k 表示决策变量，这和 5.2 节中代表状态变量和决策变量的符号不同。

5.4.1 背包问题

背包问题是一个典型的多阶段决策问题。背包问题的一般提法：一位旅行者能承受的背包最大载重量是b（千克），现有 n 种物品供他选择装入背包，第 i 种物品单件质量为a_i（千克），其价值（或其他重要参数）为c_i，$1 \leqslant i \leqslant n$。设第$i$种物品装载数量是$x_i$，则第 i 种物品的总价值是携带数量x_i的函数，即$c_i x_i$。问：旅行者应如何选择所携带物品的件数，以使总装载价值最大？

背包问题实际上就是运输问题中车船的最优配载问题，还可以广泛地用于解决其他的问题，或者作为其他复杂问题的子问题。它可以用整数规划来表示，其一般的整数规划模型可表述为

$$\max Z = \sum_{i=1}^{n} c_i x_i$$

$$\text{s.t.} \begin{cases} \sum_{i=1}^{n} a_i x_i \leqslant b \\ x_i \geqslant 0 \text{且为整数}, i = 1, 2, \cdots, n \end{cases}$$

下面我们用动态规划方法来求解。

（1）阶段k：需要装入物品的种类，每段装入一种物品，共n段。

（2）状态变量s_k：在第 k 阶段开始时允许装入物品的总质量，即可以动用的资源。显然有$s_1 = b$。

（3）决策变量x_k：装入第k种物品的件数。

（4）状态转移方程：

$$s_{k+1} = s_k - a_k x_k$$

允许的决策集合是

$$D_k(s_k) = \left\{ x_k \middle| 0 \leqslant x_k \leqslant \left[\frac{s_k}{a_k} \right] \right\}$$

（5）递归（基本）方程是

$$\begin{cases} f_k(s_k) = \max\{c_k x_k + f_{k+1}(s_{k+1})\}, k = 1, 2, \cdots, n \\ f_{n+1}(s_{n+1}) = 0 \end{cases}$$

例 5.3 一分销商拟用一载重 10 吨的大卡车装载 3 种货物，资料见表 5.1，问：应如何组织装载可使总价值最大？

表 5.1 数据资料

货物编号（i）	1	2	3
单位质量/吨	3	4	5
单位价值（c_i）	4	5	6

解：设装载第i种货物的件数为x_i，则有整数线性规划

$$\max Z = 4x_1 + 5x_2 + 6x_3$$

$$\text{s.t.}\begin{cases} 3x_1 + 4x_2 + 5x_3 \leqslant 10 \\ x_i \geqslant 0\text{且为整数}, i=1, 2, 3 \end{cases}$$

用动态规划方法的逆序解法求解。按照背包问题的阶段划分，用状态变量与决策变量的选取方法进行计算。

当$k=3$时，$f_3(s_3)=\max\limits_{0\leqslant x_3\leqslant[s_3/5]}\{6x_3\}$。计算结果列入表 5.2。

表 5.2 例 5.3 中 *k*=3 时的计算结果

s_3	0	1	2	3	4	5	6	7	8	9	10
x_3	0	0	0	0	0	1	1	1	1	1	2
$f_3(s_3)$	0	0	0	0	0	6	6	6	6	6	12

当$k=2$时，$f_2(s_2)=\max\limits_{0\leqslant x_2\leqslant[s_2/4]}\{5x_2+f_3(s_3)\}$。计算结果列入表 5.3。

表 5.3 例 5.3 中 *k*=2 时的计算结果

s_2	0	1	2	3	4		5		6		7		8			9			10		
x_2	0	0	0	0	0	1	0	1	0	1	0	1	0	1	2	0	1	2	0	1	2
V_2	0	0	0	0	0	5	0	1	0	5	0	5	0	5	10	0	5	10	0	5	10
V_2+f_3	0	0	0	0	0	5	6	5	6	5	6	5	6	5	10	6	11	10	12	11	10
$f_2(s_2)$	0	0	0	0	5		6		6		6		10			11			12		
x_2^*	0	0	0	0	1		0		0		0		2			1			0		

当$k=1$时，$3x_1\leqslant10, x_1\leqslant3$。

$$f_1(10)=\max\limits_{0\leqslant x_1\leqslant3}\{4x_1+f_2(s_2)\}=\max\limits_{x_1=0,1,2,3}\{4x_1+f_2(10-3x_1)\}=\max\{0+12,4+6,8+5,12+0\}=13$$

即$x_1^*=2$，依状态转移方程反推，此时有$s_2=4$，依第二阶段计算结果，$x_2^*=1$。有$s_3=0$，由第三阶段计算结果知，$x_3^*=0$，即最优方案为$x_1^*=2, x_2^*=1, x_3^*=0$，最大价值为 13。

当背包问题的约束条件不止一个时，称为多维背包问题，其解法与上面介绍的一维背包问题类似，只是状态变量是多维的。

5.4.2 投资问题

例 5.4 现有资金 500 万元，可对 3 个项目进行投资，投资额均为整数（单位：百万元），其中 2＃项目的投资不得超过 300 万元，1＃和 3＃项目的投资均不得超过 400 万元，3＃项目至少要投资 100 万元，每个项目投资 5 年后，投资额与预计收益见表 5.4。问：如何投资可获得最大收益？

表 5.4　投资额与投资收益　　单位：百万元

投资项目	0	1	2	3	4
1 #	0	3	6	10	12
2 #	0	5	10	12	
3 #		4	8	11	15

解：这个投资问题可以按投资项目数来划分阶段，因此该问题分成三个阶段，在第 k 阶段确定 k # 项目的投资；令状态变量 s_k 为对 1 # 、2 # 、3 # 项目投资后剩余的资金额；令决策变量 x_k 为对 k # 项目的投资额；$r_k(x_k)$ 为对 k # 项目投资 x_k 的收益，$f_k(s_k)$ 为应用剩余的资金 s_k 对 k # ，$(k+1)\#,\cdots,n\#$ 进行最优化投资可获得的最大收益。状态转移方程为 $s_{k+1}=s_k-x_k, 1\leqslant k\leqslant 2$ 。

为了获得最大收益，必须将 500 万元全部用于投资，故假想有第四阶段存在时，必有 $s_4=0$ ，于是得递归方程：

$$\begin{cases} f_k(s_k)=\max\limits_{x_k\leqslant s_k}\{r_k(x_k)+f_{k+1}(s_{k+1})\}, k=1,2,3 \\ f_4(s_4)=0 \end{cases}$$

当 $k=3$ 时（3 # 至多投资 400 万元，至少投资 100 万元）：

$$f_3(1)=4, f_3(2)=8, f_3(3)=11, f_3(4)=15$$

当 $k=2$ 时（2 # 投资不超过 300 万元）：

$$f_2(1)=r_2(0)+f_3(1)=0+4=4$$

$$f_2(2)=\max\begin{Bmatrix} r_2(1)+f_3(1) \\ r_2(0)+f_3(2) \end{Bmatrix}=\max\begin{Bmatrix} 5+4 \\ 0+8 \end{Bmatrix}=9$$

$$f_2(3)=\max\begin{Bmatrix} r_2(2)+f_3(1) \\ r_2(1)+f_3(2) \\ r_2(0)+f_3(3) \end{Bmatrix}=\max\begin{Bmatrix} 10+4 \\ 5+8 \\ 0+11 \end{Bmatrix}=14$$

$$f_2(4)=\max\begin{Bmatrix} r_2(3)+f_3(1) \\ r_2(2)+f_3(2) \\ r_2(1)+f_3(3) \\ r_2(0)+f_3(4) \end{Bmatrix}=\max\begin{Bmatrix} 12+4 \\ 10+8 \\ 5+11 \\ 0+15 \end{Bmatrix}=18$$

$$f_2(5)=\max\begin{Bmatrix} r_2(3)+f_3(2) \\ r_2(2)+f_3(3) \\ r_2(1)+f_3(4) \end{Bmatrix}=\max\begin{Bmatrix} 12+8 \\ 10+11 \\ 5+15 \end{Bmatrix}=21$$

注意：3 # 至多投资 400 万元。

当 $k=1$ 时，$s_1=5$（最初有 500 万元，3 # 至少投资 100 万元）：

$$f_2(5)=\max\begin{Bmatrix}r_1(0)+f_2(5)\\r_1(1)+f_2(4)\\r_1(2)+f_2(3)\\r_1(3)+f_2(2)\\r_1(4)+f_2(1)\end{Bmatrix}=\max\begin{Bmatrix}0+21\\3+18\\6+14\\10+9\\12+4\end{Bmatrix}=21$$

应用顺序反推可知最优投资方案。

方案1：$x_1^*=0,x_2^*=2,x_3^*=3$；方案2：$x_1^*=1,x_2^*=2,x_3^*=2$。最大收益均为2 700万元。

5.4.3 排序问题

设有 n 个工件需要在机床 A、B 上加工，每个工件都必须经过先机床 A 而后机床 B 的两道加工工序。分别以 a_i、b_i 表示工件 $i(1\leqslant i\leqslant n)$ 在机床 A、B 上的加工时间。问：应如何在两机床上安排加工的顺序，使从在机床 A 上加工第 1 个工件开始到在机床 B 上将最后一个工件加工完为止，所用的加工总时间最少？

加工工件在机床 A 上有加工顺序问题，在机床 B 上也有加工顺序问题。它们在 A、B 两台机床上加工工件的顺序可以是不同的。当机床 B 上的加工顺序与机床 A 不同时，意味着在机床 A 上加工完毕的某些工件，不能在机床 B 上立即加工，而是要等到另一个或一些工件加工完毕后才能加工。这样，使机床 B 的等待加工时间加长，从而使总的加工时间加长了。可以证明：最优加工顺序在两台机床上可同时实现。因此，最优排序方案可以在机床 A、B 上加工顺序相同的排序中去寻找。即使如此，所有可能的方案仍有 $n!$ 个，这是一个不小的数，用穷举法是不现实的。下面用动态规划方法来研究同顺序两台机床加工 n 个工件的排序问题。

当加工顺序取定之后，工件在机床 A 上加工时没有等待时间，而在机床 B 上则常常等待，因此，寻求最优排序方案只有尽量减少工件在机床 B 上等待加工的时间，才能使总加工时间最短。设第 i 个工件在机床 A 上加工完毕以后，在机床 B 上要经过若干等待时间才能加工，故对同一个工件来说，在机床 A、B 上总是出现加工完毕的时间差，我们可以用它来描述加工状态。

现在，我们以在机床 A 上更换工件的时刻作为时段，以 X 表示在机床 A 上等待加工的按取定顺序排列的工件集合。以 x 表示不属于 X 在机床 A 上最后加工完的工件。以 t 表示在机床 A 上加工完 x 的时刻算起到机床 B 上加工完 x 所需的时间。这样，在机床 A 上加工完一个工件之后，就有 (X,t) 与之对应。

今选取 (X,t) 作为描述机床 A、B 在加工过程中的状态变量。这样选取状态变量，则当 X 包含有 s 个工件时，过程尚有 s 段，其时段数已隐含在状态变量之中，因而，指标最优值函数只依赖于状态而不明显依赖于时段数。

令 $f(X,t)$ 为由状态 (X,t) 出发，对未加工的工件采取最优加工顺序后，将 X 中所有工件全部加工完所需要的时间。

$f(X,t,i)$ 为由状态 (X,t) 出发，先在机床 A 上加工工件 i，再对以后的加工工件采取最优顺序后，把 X 中工件全部加工完所需要的时间。

$f(X,t,i,j)$ 为由状态 (X,t) 出发，先在机床 A 上相继加工工件 i 与 j，然后对以后加工的工件采取最优顺序后，将把 X 中的工件全部加工完所需要的时间。

令 X/i 表示在集合 X 中去掉工件 i 后剩下的工件集合，不难得到

$$f(X,t,i)=\begin{cases} a_i+f(X/i,t-a_i+b_i), & t\geqslant a_i \\ a_i+f(X/i,b_i), & t\leqslant a_i \end{cases}$$

其中，状态 t 的转换关系参看图 5.4。

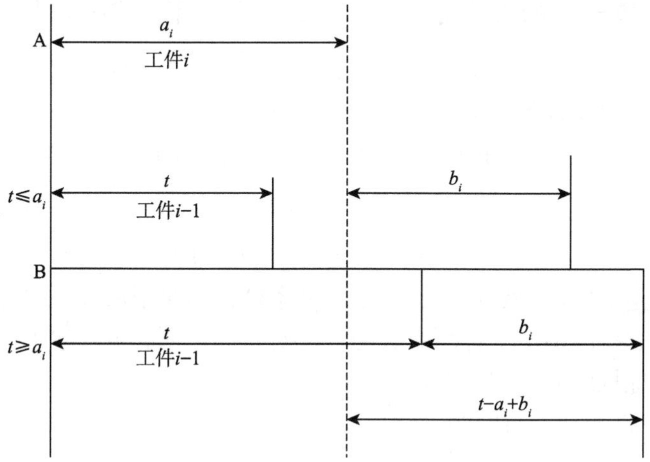

图 5.4 状态 t 的转换关系图

记

$$z_i(t)=\max(t-a_i,0)+b_i$$

上式就可合并写成

$$f(X,t,i)=a_i+f(X/i,z_i(t))$$

由定义，可得

$$f(X,t,i,j)=a_i+a_j+f\left[X/\{i,j\},z_{ij}(t)\right]$$

其中，$z_{ij}(t)$ 是在机床 A 上从 X 开始相继加工工件 i、j，并从它将工件 j 加工完的时刻算起，至在机床 B 上相继加工工件 i、j 并将工件加工完所需时间。故 $(X/\{i,j\},z_{ij}(t))$ 是在机床 A 加工工件 i、j 后所形成的新状态，即在机床 A 上加工工件 i、j 后由状态 (X,t) 转移到状态 $(X/\{i,j\},z_{ij}(t))$。

仿照 $z_i(t)$ 的定义，以 $X/\{i,j\}$ 代替 $X/\{i\}$，$z_i(t)$ 代替 t，a_j 代替 a_i，b_j 代替 b_i，则可得

$$z_{ij}(t)=\max(z_i(t)-a_j,0)+b_j$$

故

$$\begin{aligned} z_{ij}(t)&=\max\left[\max(t-a_i,0)+b_i-a_j,0\right]+b_j \\ &=\max\left[\max(t-a_i-a_j+b_i,b_i-a_j),0\right]+b_j \\ &=\max\left[t-a_i-a_j+b_i+b_j,b_i+b_j-a_j,b_j\right] \end{aligned}$$

将工件 i、j 对调，可得

$$f(X,t,j,i)=a_i+a_j+f\left[X/\{i,j\},z_{ij}(t)\right]$$

$$z_{ji}(t)=\max\left(t-a_i-a_j+b_i+b_j,b_i+b_j-a_i,b_i\right)$$

由于 $f(X,t)$ 为 t 的单调上升函数，故当 $z_{ij}(t)\leqslant z_{ji}(t)$ 时，有

$$f(X,t,i,j)\leqslant f(X,t,j,i)$$

因此，不管 t 为何值，当 $z_{ij}(t)\leqslant z_{ji}(t)$ 时，工件 i 放在工件 j 之前加工可以使总的加工时间更短。由 $z_{ij}(t)$ 和 $z_{ji}(t)$ 的表示式可知，这只需要下面不等式成立就行。即

$$\max\left(b_i+b_j-a_j,b_j\right)\leqslant\max\left(b_i+b_j-a_i,b_i\right)$$

将上不等式两边减去 b_i 与 b_j，得

$$\max\left(-a_j,-b_i\right)\leqslant\max\left(-a_i,-b_j\right)$$

即

$$\min\left(a_i,b_j\right)\leqslant\min\left(a_j,b_i\right)$$

这个条件就是工件 i 应该排在工件 j 之前的条件，即对于从头到尾的最优排序而言，它的所有前后相邻接的两个工件所组成的工件对，都必须满足上述不等式。根据这个条件，得到确定最优排序的规则如下：

（1）输入工件的加工时间的工时矩阵。

$$\boldsymbol{M}=\begin{bmatrix} a_1 & a_2 & \cdots & a_n \\ b_1 & b_2 & \cdots & b_n \end{bmatrix}$$

（2）在工时矩阵 $\boldsymbol{M}$ 中找出最小元素（若最小元素不止一个，可任选其一）；若它在上行，则将相应的工件排在最前位置；若它在下行，则将相应的工件排在最后位置。

（3）先将排定位置的工件所对应的列从 $\boldsymbol{M}$ 中划掉，然后对余下的工件重复按（2）进行。如此继续下去，直至把所有工件都排完为止。

这个同顺序两台机床加工 n 个工件的最优规则，概括起来说，它的基本思想如下：尽量减少在机床 B 上等待加工的时间。因此，先加工在机床 B 上加工时间长的工件，然后加工在机床 B 上加工时间短的工件。

例 5.5 设有 5 个工件需要在机床 A、B 上加工，加工的顺序是先机床 A 后机床 B，每个工件所需加工时间（单位：小时）如表 5.5 所示，问：如何安排加工顺序使机床连续加工完所有工件的总加工时间最少？并求出总加工时间。

表 5.5 工件加工时间 单位：小时

工件号码	A	B
1	3	6
2	7	2
3	4	7
4	5	3
5	7	4

解：工件的加工工时矩阵为

$$M=\begin{bmatrix}3 & 7 & 4 & 5 & 7\\ 6 & 2 & 7 & 3 & 4\end{bmatrix}$$

根据最优排列规则，得最优加工顺序为

$$1\to3\to5\to4\to2$$

总加工时间为 28 小时。

5.4.4 旅行售货商问题（TSP）

旅行售货商问题就是在网络 N 上找一条从初始点出发，经过每个点 $v_1,v_2,\cdots,v_n$ 各一次，最后返回初始点的最短路线和最短路程。先把它看成一个多阶段决策问题。从初始点出发，每次选择下一步要经过的点，经过 n 个阶段，每个阶段的决策是选择下一个点。如果用所在的位置来表示状态，那么状态和阶段数就不能完全决定决策集合了，因为走过的点不需要再走，所以决策集合与以前选的决策有关。用 (v_i,V) 表示状态，v_i 是阶段所处的初始点，V 是还没有经过的点集合。在状态 (v_i,V) 的决策集合 V 中，取决策 $v_j\in V$，获得的效益是 v_i 到 v_j 的距离 d_{ij}，转入下一个状态 $\left(v_j,V/\{v_j\}\right)$，现在用最优性原理来找递推公式。

用 $f_k(v_i,V)$ 表示从 v_i 点出发，经过 V 中的点各一次，最后回到 v_0 点的最短路程，V 是一个顶点集合，$|V|=k$，d_{ij} 是 v_i 到 v_j 的弧长，则

$$\begin{cases}f_k(v_i,V)=\min\limits_{v_j\in V}\left\{d_{ij}+f_{k-1}\left(v_j,V/\{v_j\}\right)\right\},k=1,2,\cdots,n\\ f_0(v_i,\varnothing)=d_{i0}\end{cases}\tag{5.3}$$

例 5.6 根据图 5.5，求出从 v_1 出发，经过 v_2、v_3、v_4 各一次，又返回到 v_1 的最短路线和最短路程。用矩阵 $\boldsymbol{D}$ 表示 v_i 到 v_j 的距离，即 v_i 到 v_j 的距离为矩阵 $\boldsymbol{D}$ 的每一个元素 d_{ij}。

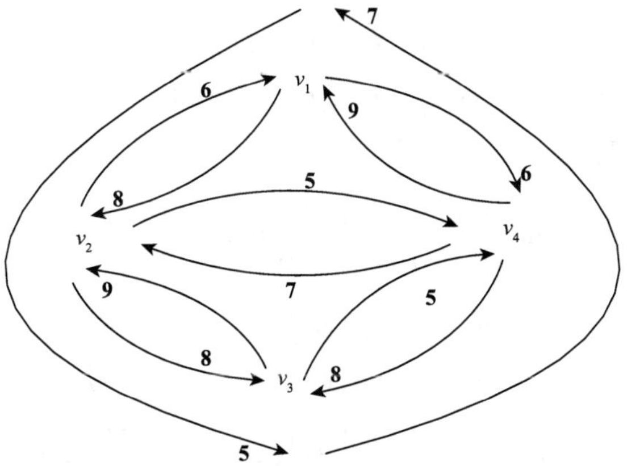

图 5.5 例 5.6 的网络图

解：

$$\boldsymbol{D}=\begin{bmatrix}0&8&5&6\\6&0&8&5\\7&9&0&5\\9&7&8&0\end{bmatrix}$$

按照$f_k(v_i,V)$的定义，$f_3(v_1,\{v_2,v_3,v_4\})$表示从v_1出发，经过v_2、v_3、v_4各一次，最后回到v_1的最短路程，则利用式（5.3），得到

$$f_3(v_1,\{v_2,v_3,v_4\})=\min\begin{Bmatrix}d_{12}+f_2(v_2,\{v_3,v_4\})\\d_{13}+f_2(v_3,\{v_2,v_4\})\\d_{14}+f_2(v_4,\{v_2,v_3\})\end{Bmatrix}$$

同样

$$f_2(v_2,\{v_3,v_4\})=\min\begin{Bmatrix}d_{23}+f_1(v_3,\{v_4\})\\d_{24}+f_1(v_4,\{v_3\})\end{Bmatrix}$$

现在先从最后一个阶段$(k=0)$计算：

$$f_0(v_2,\varnothing)=d_{21}=6$$
$$f_0(v_3,\varnothing)=d_{31}=7$$
$$f_0(v_4,\varnothing)=d_{41}=9$$

以上分别是从v_2、v_3、v_4直接到v_1的距离。

当$k=1$时的求解：

$$f_1(v_2,\{v_3\})=d_{23}+f_0(v_3,\varnothing)=8+7=15$$
$$f_1(v_2,\{v_4\})=d_{24}+f_0(v_4,\varnothing)=5+9=14$$
$$f_1(v_3,\{v_2\})=d_{32}+f_0(v_2,\varnothing)=9+6=15$$
$$f_1(v_3,\{v_4\})=d_{34}+f_0(v_4,\varnothing)=5+9=14$$
$$f_1(v_4,\{v_2\})=d_{42}+f_0(v_2,\varnothing)=7+6=13$$
$$f_1(v_4,\{v_3\})=d_{43}+f_0(v_3,\varnothing)=8+7=15$$

当$k=2$时的求解：

$$f_2(v_2,\{v_3,v_4\})=\min\begin{Bmatrix}d_{23}+f_1(v_3,\{v_4\})\\d_{24}+f_1(v_4,\{v_3\})\end{Bmatrix}=\min\begin{Bmatrix}8+14\\5+15\end{Bmatrix}=20，\quad x_2(v_2)=v_4$$

$$f_2(v_3,\{v_2,v_4\})=\min\begin{Bmatrix}d_{32}+f_1(v_2,\{v_4\})\\d_{34}+f_1(v_4,\{v_2\})\end{Bmatrix}=\min\begin{Bmatrix}9+14\\5+13\end{Bmatrix}=18，\quad x_2(v_3)=v_4$$

$$f_2(v_4,\{v_2,v_3\})=\min\begin{Bmatrix}d_{42}+f_1(v_2,\{v_3\})\\d_{43}+f_1(v_3,\{v_2\})\end{Bmatrix}=\min\begin{Bmatrix}7+15\\8+15\end{Bmatrix}=22，\quad x_2(v_4)=v_2$$

当$k=3$时的求解：

$$f_3(v_1,\{v_2,v_3,v_4\})=\min\begin{Bmatrix}d_{12}+f_2(v_2,\{v_3,v_4\})\\d_{13}+f_2(v_3,\{v_2,v_4\})\\d_{14}+f_2(v_4,\{v_2,v_3\})\end{Bmatrix}=\min\begin{Bmatrix}8+20\\5+18\\6+22\end{Bmatrix}=23,\quad x_3(v_1)=v_3$$

最优路线为$v_1\to v_3\to v_4\to v_2\to v_1$，路程长为23。

该案例中的阶段数不是按照时间因素划分的，也不是按照子决策的个数划分的，而是按照在不同的状态下，还需要经过的顶点个数来划分的。在具体的实际问题中，需要创造性地解决。

5.4.5 设备更新问题

企业中经常会遇到一台设备应该使用多少年更新最合算的问题。一般来说，一台设备在比较新时，年运转量大、经济收入高、故障少、维修费用少，但随着使用年限的增加，年运转量减少，故障变多，维修费用增加。更新可提高年净收入，但在当年要支出一笔数额较大的购买费用。设备更新问题的一般提法：在已知一台设备的效益函数$r(t)$、维修费用函数$u(t)$及更新设备函数$c(t)$条件下，要求在n年内的每年年初做出决策，是继续使用旧设备还是更换一台新的，使n年总效益最大。

设$r_k(t)$：在第k年设备已使用过t年（或称役龄为t年），再使用1年时的效益。

$u_k(t)$：在第k年设备役龄为t年，再使用一年的维修费用。

$c_k(t)$：在第k年卖掉一台役龄为t年的设备，买进一台新设备的更新净费用。

α为折扣因子$(0\leqslant\alpha\leqslant1)$，表示一年以后的单位收入价值相当于现年的$\alpha$单位。

下面建立动态规划模型。

阶段$k(k=1,2,\cdots,n)$表示计划使用该设备的年限数。

状态变量s_k：第k年初，设备已使用过的年数，即役龄。

决策变量x_k：是第k年初更新（replacement），还是保留使用（keep）旧设备，分别用R与K表示。

状态转移方程为

$$s_{k+1}=\begin{cases}s_k+1,x_k=K\\1,x_k=R\end{cases}$$

阶段指标为

$$v_i(s_k,x_k)=\begin{cases}r_k(s_k)-u_k(s_k),x_k=K\\r_k(0)-u_k(0)-c_k(s_k),x_k=R\end{cases}$$

指标函数为

$$V_{k,n}=\sum_{j=k}^{n}v_j(s_k,x_k),\ k=1,2,\cdots,n$$

最优指标函数$f_k(s_k)$表示第k年初，拥有一台役龄为s_k年的设备，采用最优更新策略时到第n年末的最大收益，则可得如下的逆序动态规划方程：

$$\begin{cases} f_k(s_k)=\max\limits_{x_k=K \text{ or } R}\left[v_j(s_k,x_k)+\alpha f_{k+1}(s_k)\right], k=n,n-1,\cdots,1 \\ f_{n+1}(s_{n+1})=0 \end{cases}$$

实际上

$$f_k(s_k)=\max\begin{cases} r_k(s_k)-u_k(s_k)+\alpha f_{k+1}(s_k+1), x_k=K \\ r_k(0)-u_k(0)-c_k(s_k)+\alpha f_{k+1}(1), x_k=R \end{cases}$$

例 5.7 设某台新设备的年收益及年均维修费用、更新费用如表 5.6 所示。试确定今后 5 年内的更新策略，使总收益最大（设 α =1）。

表 5.6 某台新设备的年收益及费用情况 单位：万元

项目	0	1	2	3	4	5
效益 $r_k(t)$	5	4.5	4	3.75	3	2.5
维修费 $u_k(t)$	0.5	1	1.5	2	2.5	3
更新费 $c_k(t)$		1.5	2.2	2.5	3	3.5

解：如前述建立动态规划模型，n=5。

当 k=5 时，

$$f_5(s_5)=\max\begin{cases} r_5(s_5)-u_5(s_5), x_5=K \\ r_5(0)-u_5(0)-c_5(s_5), x_5=R \end{cases}$$

状态变量 s_5 可取 1、2、3、4。

$$f_5(1)=\max\begin{cases} r_5(1)-u_5(1), x_5=K \\ r_5(0)-u_5(0)-c_5(1), x_5=R \end{cases}$$

$$=\max\begin{Bmatrix} 4.5-1 \\ 5-0.5-1.5 \end{Bmatrix}=3.5,\ x_5(1)=K$$

$$f_5(2)=\max\begin{Bmatrix} 4-1.5 \\ 5-0.5-2.2 \end{Bmatrix}=2.5, x_5(2)=K$$

$$f_5(3)=\max\begin{Bmatrix} 3.75-2 \\ 5-0.5-2.5 \end{Bmatrix}=2, x_5(3)=R$$

$$f_5(4)=\max\begin{Bmatrix} 3-2.5 \\ 5-0.5-3 \end{Bmatrix}=1.5, x_5(4)=R$$

当 k=4 时，

$$f_4(s_4)=\max\begin{cases} r_4(s_4)-u_4(s_4)+f_5(s_4+1), x_4=K \\ r_4(0)-u_4(0)-c_4(s_4)+f_5(1), x_4=R \end{cases}$$

这时 s_4 可取 1、2、3。

$$f_4(1)=\max\begin{Bmatrix} 4-1+2.5 \\ 5-0.5-1.5+3.5 \end{Bmatrix}=6.5, x_4(1)=R$$

$$f_4(2)=\max\begin{Bmatrix}4-1.5+2\\5-0.5-2.2+3.5\end{Bmatrix}=5.8, x_4(2)=R$$

$$f_4(3)=\max\begin{Bmatrix}3.75-2+1.5\\5-0.5-2.5+3.5\end{Bmatrix}=5.5, x_4(3)=R$$

但当 k=3 时，

$$f_3(s_3)=\max\begin{cases}r_3(s_3)-u_3(s_3)+f_4(s_3+1), x_3=K\\r_3(0)-u_3(0)-c_3(s_3)+f_4(1), x_3=R\end{cases}$$

此时 s_3 可取 1 或 2。

$$f_3(1)=\max\begin{Bmatrix}4.5-1+5.8\\5-0.5-1.5+6.5\end{Bmatrix}=9.5, x_3(1)=R$$

$$f_3(2)=\max\begin{Bmatrix}4-1.5+5.5\\5-0.5-2.2+6.5\end{Bmatrix}=8.8, x_3(2)=R$$

但当 k=2 时，

$$f_2(s_2)=\max\begin{cases}r_2(s_2)-u_2(s_2)+f_3(s_2+1), x_2=K\\r_2(0)-u_2(0)-c_2(s_2)+f_3(1), x_2=R\end{cases}$$

s_2 只能取 1，所以

$$f_2(1)=\max\begin{Bmatrix}4.5-1+8.8\\5-0.5-1.5+9.5\end{Bmatrix}=12.5, x_2(1)=R$$

当 k=1 时，

$$f_1(s_1)=\max\begin{cases}r_1(s_1)-u_1(s_1)+f_2(s_1+1), x_1=K\\r_1(0)-u_1(0)-c_1(s_1)+f_2(1), x_1=R\end{cases}$$

s_1 只能取 0，所以

$$f_1(0)=\max\begin{Bmatrix}5-0.5+12.5\\5-0.5-0.5+12.5\end{Bmatrix}=17, x_1(0)=K$$

上述计算递推回去，当 $x_1^*(0)$=K 时，有状态转移方程：

$$s_2=\begin{cases}s_1+1, x_1=K\\1, x_1=R\end{cases}\quad \text{知}s_2=1,\text{查} f_2(1)\text{得}x_2^*=R$$

则

$$s_3=\begin{cases}s_2+1, x_2=K\\1, x_2=R\end{cases}\quad \text{推出}s_3=1$$

查 $f_3(1)$ 得 $x_3^*=R$ 。

推出 $s_4=1$ ，查 $f_4(1)$ 得 $x_4^*=R$ 。

状态 $s_5=1$ ，查 $f_5(1)$ 得 $x_5^*=R$ 。

可得本例题的最优策略为 $\{K,R,R,R,K\}$ ，即第一年初购买的设备第二、三、四年年初各更新一次，用到第五年年末，其总收益为 17 万元。

5.4.6 Stackelberg 博弈

将动态规划中逆向归纳法的思想应用于企业在市场上进行竞争时的互动决策，就得到Stackelberg博弈（Stackelberg game）。假定有两个企业在同一产品市场上进行产量决策竞争，企业 1 是领先者（leadership），先做决策，具有先动优势；企业 2 是跟随者（follower），后做决策，后行动者能观察到先行动者的产量决策结果，具有信息优势。设企业 i 的产量为 q_i，利润 $\pi_i = \pi_i(q_1,q_2)$，其中 $q_i \in [a_i,b_i], i=1,2$。

按照决策顺序，划分为两个阶段。$k=2$ 时，企业 2 做决策。企业 2 会选择产量 q_2，满足：

$$q_2^* = q_2^*(q_1) \in \arg\max \pi_2(q_1,q_2) \tag{5.4}$$

$k=1$ 时，企业 1 做决策。企业 1 会选择产量 q_1，满足：

$$q_1^* = \arg\max \pi_1\left(q_1, q_2^*(q_1)\right) \tag{5.5}$$

即给定式（5.4）确定的反应函数 $q_2^*(q_1)$，企业 1 选择其最优产量 q_1^*，它由式（5.5）决定，企业 2 选 $q_2^* = q_2\left(q_1^*\right)$。

Stackelberg 在 1934 年提出了这一动态决策概念，称这种博弈为 Stackelberg 博弈。

我们利用下面的例子来说明 Stackelberg 博弈的动态决策过程。

设有两个生产同质产品并在同一市场上展开竞争的企业，记为企业 1 和企业 2。我们将企业的选择变量定义为企业可选择的产量 q_i，企业追求利润最大化。选择变量的范围为

$S_1 = S_2 = [0,\infty)$，$D(q_1,q_2) = a-(q_1+q_2)$ 为逆需求函数，也可以理解为价格，c 为单位变动成本。则企业的利润函数为

$$\pi_i(q_1,q_2) = q_i\{D(q_1+q_2)-c\} = q_i\{a-(q_1+q_2)-c\}，\ i=1,2$$

$k=2$ 时，企业 2 做决策。由 $\dfrac{\partial \pi_2(q_1,q_2)}{\partial q_2}=0$，得到 $q_2^* = q_2^*(q_1) = (a-q_1-c)/2$。

$k=1$ 时，企业 1 做决策。由 $\dfrac{\partial \pi_1\left[q_1, q_2^*(q_1)\right]}{\partial q_1}=0$，得到 $q_1^* = (a-c)/2$。代入 $q_2^*(q_1)$，得 $q_2^* = (a-c)/4$。

通过 q_1^* 和 q_2^*，我们看到：领导者的产量变大了，追随者的产量变小了。这反映出了决策顺序对决策结果的影响。

5.4.7 动态规划在非线性规划求解中的应用

非线性规划有自己特有的求解方法。在非线性规划中，一些特殊的问题（如目标可分离）可以用动态规划的方法求解。

例 5.8 求解如下的非线性规划问题。

$$\max Z = x_1 \cdot x_2^2 \cdot x_3$$

$$\text{s.t.}\begin{cases} x_1 + x_2 + x_3 = c(c>0) \\ x_j \geqslant 0, j=1,2,3 \end{cases}$$

解：该问题可以看作将资源 c 分配给 x_1、x_2、x_3，分配的目标是使目标 $x_1 \cdot x_2^2 \cdot x_3$ 最大化。

该问题划分为 3 个阶段，状态变量 s_k 可以看作确定 k 阶段时尚拥有的资源。

$k=3: \max Z = x_3$

$$\text{s.t. } x_3 = s_3$$

$$f_3(s_3) = s_3; x_3^*(s_3) = s_3$$

$k=2: \max Z = x_2^2 \cdot x_3$

$$\text{s.t. } x_2 + x_3 = s_2$$

$$f_2(s_2) = \max_{0 \leqslant x_2 \leqslant s_2} \left\{ x_2^2 f_3(s_2 - x_2) \right\} = \max_{0 \leqslant x_2 \leqslant s_2} x_2^2 (s_2 - x_2)$$

$$x_2^*(s_2) = \frac{2}{3} s_2, f_2(s_2) = \frac{4}{27} s_2^3$$

$k=1: \max Z = x_1 \cdot x_2^2 \cdot x_3$

$$\text{s.t. } x_1 + x_2 + x_3 = c(c>0), x_j \geqslant 0$$

$$f_1(c) = \max_{0 \leqslant x_1 \leqslant c} \left\{ x_1 f_2(c - x_1) \right\} = \max_{0 \leqslant x_1 \leqslant c} x_1 \frac{4}{27}(c - x_1)^3$$

$$x_1^* = \frac{1}{4}c, x_2^* = \frac{1}{2}c, x_3^* = \frac{1}{4}c, f_1(c) = \frac{1}{64}c^4。$$

5.4.8 动态规划在基础数学中的应用

动态规划的思想也可以应用到基础数学中。例如，几何平均值不等式是纯数学中的一个熟知结论，即有

n 个非负的实数 $a_i(1 \leqslant i \leqslant n)$，满足 $\sum_{1 \leqslant i \leqslant n} a_i = A$，则 $a_1 a_2 \cdots a_n \leqslant \left(\frac{A}{n}\right)^n$，$n$ 个数相等时其乘积最大。

下面我们试图用动态规划的思想证明这个结论。

定义函数 $I(X,k) = \max\left\{ a_k a_{k+1} \cdots a_n : a_k + a_{k+1} + \cdots + a_n = X, a_i \geqslant 0, k \leqslant i \leqslant n \right\}$，则函数 $I(X,k)$ 有递归方程和边界条件：

$$I(X,k) = \max_{0 \leqslant a_k \leqslant X} \left\{ a_k I(X - a_k, k+1) \right\}, \quad I(X,n) = X$$

下面用数学归纳法，证明 $I(X,k)$ 有如下的形式：$I(X,k) = \left(\frac{X}{n-k+1} \right)^{n-k+1}$。

$k=n$ 时，结论是正确的。假设 $k=m+1$ 时，结论是正确的，则根据递归方程，有

$$I(X,m)=\max_{0\leqslant a_m\leqslant X}\left\{a_m I(X-a_m,m+1)\right\}=\max_{0\leqslant a_m\leqslant X}\left\{a_m\left(\frac{X-a_m}{n-m}\right)^{n-m}\right\}$$

上式对 a_m 求导数，发现 $a_m^*=\dfrac{X}{n-m+1}$ 时达到最大值。因此有

$$I(X,m)=a_m^*\left(\frac{X-a_m^*}{n-m}\right)^{n-m}=\left(\frac{X}{n-m+1}\right)^{n-m+1}$$

根据 $I(X,k)=\left(\dfrac{X}{n-k+1}\right)^{n-k+1}$，则有 $a_1a_2\cdots a_n\leqslant I(A,1)=\left(\dfrac{A}{n}\right)^n$。

5.5 案例分析

案例 5.5.1 生产计划问题

某加工企业投入 1 000 台机器加工生产一种产品，设备可以在高、低两种不同的生产负荷下进行生产。高负荷下生产，每台机器一年的产值为 8 百万元，设备的损耗率为 30%，即有 30%的设备报废。低负荷下生产，每台机器一年的产值为 5 百万元，设备的损耗率为 10%。要求制订一个五年的生产计划，在每年开始时决定分配机器的工作方式，使企业五年的总产值最大。

这是一个 5 阶段的动态决策问题。阶段变量 k 表示年度，状态变量 s_k 表示第 k 年年初拥有的可以投入生产的机器数量，决策变量 u_k 表示第 k 年分配在高负荷下生产的机器数量，自然 s_k-u_k 就是该年度分配在低负荷下生产的机器数量。这里 s_k 、u_k 可以取为连续变量，可以这样来理解：假设 s_k=0.6，表示一台机器在该年度正常工作时间只占 60%；u_k=0.3 表示一台机器在该年度的 3/10 时间里在高负荷下工作。

状态转移方程为

$$s_{k+1}=0.7u_k+0.9(s_k-u_k),k=1,2,\cdots,5$$

k 阶段的允许决策集合是

$$D_k(s_k)=\{u_k|0\leqslant u_k\leqslant s_k\}$$

第 k 年产品产值是

$$v_k(s_k,u_k)=8u_k+5(s_k-u_k)$$

指标函数是

$$V_k=\sum_{j=k}^{5}\left[8u_j+5(s_j-u_j)\right]$$

定义最优值函数 $f_k(s_k)$ 为第 k 年年初从 s_k 出发到第五年结束产生的最大产值。

递推关系为

$$\begin{cases} f_k(s_k) = \max\limits_{u_k \in D_k(s_k)} \left\{ 8u_k + 5(s_k - u_k) + f_{k+1}\left[0.7u_k + 0.9(s_k - u_k)\right] \right\}, 1 \leqslant k \leqslant 5 \\ f_6(x_6) = 0 \end{cases}$$

计算过程如下：

$k = 5$ 时，

$$f_5(s_5) = \max_{0 \leqslant u_5 \leqslant s_5} \left\{ 8u_5 + 5(s_5 - u_5) \right\} = \max_{0 \leqslant u_5 \leqslant s_5} \left\{ 3u_5 + 5s_5 \right\}$$

因为 f_5 的表示式是 u_5 的单调函数，所以最优决策 $u_5^*(s_5)=s_5$， $f_5 = (s_5) = 8s_5$，即在第五年，将全部机器进行高负荷生产；

$k = 4$ 时，

$$\begin{aligned} f_4(s_4) &= \max_{0 \leqslant u_4 \leqslant s_4} \left\{ 8u_4 + 5(s_4 - u_4) + f_5\left[0.7u_4 + 0.9(s_4 - u_4)\right] \right\} \\ &= \max_{0 \leqslant u_4 \leqslant s_4} \left\{ 8u_4 + 5(s_4 - u_4) + 8\left[0.7u_4 + 0.9(s_4 - u_4)\right] \right\} = \max_{0 \leqslant u_4 \leqslant s_4} \left\{ 1.4u_4 + 12.2s_4 \right\} \end{aligned}$$

同理，最优决策 $u_4^* = s_4$， $f_4(s_4) = 13.6s_4$，即在第四年，将全部机器进行高负荷生产；

依次可以得出

$$u_3^* = s_3, f_3(s_3) = 17.6s_3$$
$$u_2^* = 0, f_2(s_2) = 20.8s_2$$
$$u_1^* = 0, f_1(s_1) = 23.7s_1 = 23\,700$$

从上面的计算可知，最优策略是前两年将全部完好机器投入低负荷生产，后三年将全部机器投入高负荷生产，最高产值是 23 700 万元。

案例 5.5.2　生产存储问题

某公司生产并销售某产品。根据市场预测，今后四个月的市场需求量如表 5.7 所示。

表 5.7　某公司各时期市场需求量

时期/月	需求量（d_k）
1	2
2	3
3	2
4	4

（1）已知生产一件产品的成本是1千元，每批产品的生产准备成本是3千元，每月仅能生产一批，每批 6 件。存储成本为 0.5 千元/件，且第一个月初无存货，第四个月末的存货要求为零。求最优生产计划。

（2）设第 k 个月的生产量为 u_k，存储量为 S_k，则总成本为

$$C_k(S_k, u_k) = \begin{cases} u_k + 3 \\ 0 + 0.5S_k \end{cases}$$

建立数学模型：

以月划分阶段，k=1，2，3，4。

各阶段决策变量为该阶段生产量 u_k，状态变量为该阶段存储量 S_k。

采用逆序算法，则状态转移方程为 $S_{k+1}=S_k+u_k-d_k$。

最低成本递推公式是

$$f_k(S_k)=\min_{\substack{0\leqslant u_k\leqslant 6\\ S_k+u_k\geqslant d_k}}\{C_k(S_k,u_k)+f_{k+1}(S_{k+1})\}$$

$$f_5(S_5)=0$$

第四阶段，当 k=4 时，d_4=4，因第四阶段末无存货，因此 S_4=（0,1,2,3,4）（表 5.8）。

表 5.8 k=4 时的计算结果

S_4	u_4	本期成本		C_4	S_5	f_5（S_5）	f_4（S_4）
		生产	存储				
0	4	7	0	7	0	0	7
1	3	6	0.5	6.5	0	0	6.5
2	2	5	1	6	0	0	6
3	1	4	1.5	5.5	0	0	5.5
4	0	0	2	2	0	0	2

因此有 $f_4(0)=7,u_4=4;\ f_4(1)=6.5,u_4=3;\ f_4(2)=6,u_4=2;\ f_4(3)=5.5,u_4=1;\ f_4(4)=2,u_4=0$。

第三阶段，当 k=3 时，由于 $S_4\leqslant 4$，且第三阶段需求量 d_3=2，S_3=（0,1,2,3,4,5,6）（表 5.9）。

表 5.9 k=3 时的计算结果

S_3	u_3	本期成本		C_3	S_4	f_4（S_4）	f_3（S_3）
		生产	存储				
0	2	5	0	5	0	7	12
	3	6	0	6	1	6.5	12.5
	4	7	0	7	2	6	13
	5	8	0	8	3	5.5	13.5
	6	9	0	9	4	2	11
1	1	4	0.5	4.5	0	7	11.5
	2	5	0.5	5.5	1	6.5	12.0
	3	6	0.5	6.5	2	6	12.5
	4	7	0.5	7.5	3	5.5	13.0
	5	8	0.5	8.5	4	2	10.5

续表

S_3	u_3	本期成本		C_3	S_4	$f_4(S_4)$	$f_3(S_3)$
		生产	存储				
2	0	0	1	1	0	7	8
	1	4	1	5	1	6.5	11.5
	2	5	1	6	2	6	12.0
	3	6	1	7	3	5.5	12.5
	4	7	1	8	4	2	10.0
3	0	0	1.5	1.5	1	6.5	8
	1	4	1.5	5.5	2	6	11.5
	2	5	1.5	6.5	3	5.5	12.0
	3	6	1.5	7.5	4	2	9.5
4	0	0	2	2	2	6	8
	1	4	2	6	3	5.5	11.5
	2	5	2	7	4	2	9
5	0	0	2.5	2.5	3	5.5	8
	1	4	2.5	6.5	4	2	8.5
6	0	0	3	3	4	2	5

因此有 $f_3(0)=11, u_3=6; f_3(1)=10.5, u_3=5; f_3(2)=8, u_3=0; f_3(3)=8, u_3=0$；$f_3(4)=8, u_3=0; f_3(5)=8, u_3=0; f_3(6)=5, u_3=0$。

第二阶段，当 k=2 时，d_2=3，最大生产能力为 6，而 d_1=2，因此 S_2=（0,1,2,3,4）（表 5.10）。

表 5.10　k=2 时的计算结果

S_2	u_2	本期成本		C_2	S_3	$f_3(S_3)$	$f_2(S_2)$
		生产	存储				
0	3	6	0	6	0	11.0	17
	4	7	0	7	1	10.5	17.5
	5	8	0	8	2	8.0	16
	6	9	0	9	3	8.0	17
1	2	5	0.5	5.5	0	11.0	16.5
	3	6	0.5	6.5	1	10.5	17
	4	7	0.5	7.5	2	8.0	15.5
	5	8	0.5	8.5	3	8.0	16.5
	6	9	0.5	9.5	4	8.0	17.5
2	1	4	1	5	0	11.0	16.0
	2	5	1	6	1	10.5	16.5
	3	6	1	7	2	8.0	15.0
	4	7	1	8	3	8.0	16.0
	5	8	1	9	4	8.0	17.0
	6	9	1	10	5	8.0	18.0

续表

S_2	u_2	本期成本		C_2	S_3	$f_3(S_3)$	$f_2(S_2)$
		生产	存储				
3	0	0	1.5	1.5	0	11.0	12.5
	1	4	1.5	5.5	1	10.5	16.0
	2	5	1.5	6.5	2	8.0	14.5
	3	6	1.5	7.5	3	8.0	15.5
	4	7	1.5	8.5	4	8.0	16.5
	5	8	1.5	9.5	5	8.0	17.5
	6	9	1.5	10.5	6	5.0	15.5
4	0	0	2	2	1	10.5	12.5
	1	4	2	6	2	8.0	14
	2	5	2	7	3	8.0	15
	3	6	2	8	4	8.0	16
	4	7	2	9	5	8.0	17
	5	8	2	10	6	5.0	15

因此有 $f_2(0)=16$，$u_2=5$；$f_2(1)=15.5$，$u_2=4$；$f_2(2)=15$，$u_2=3$；$f_2(3)=12.5, u_2=0$; $f_2(4)=12.5,\ u_2=0$。

第一阶段，当 k=1 时，d_1=2，S_1=0（表 5.11）。

表 5.11 k=1 时的计算结果

S_1	u_1	本期成本		C_1	S_2	$f_2(S_2)$	$f_1(S_1)$
		生产	存储				
0	2	5	0	5	0	16.0	21.0
	3	6	0	6	1	15.5	21.5
	4	7	0	7	2	15.0	22.0
	5	8	0	8	3	12.5	20.5
	6	9	0	9	4	12.5	21.5

因此有 $f_1(0)=20.5, u_1=5$。

因此从第一阶段向后反推求得最优路线：

第一个月生产 5 个单位，第三个月生产 6 个单位，第二、四个月不生产。这时总成本为 20.5 千元。

习 题 5

1. 某工厂生产 3 种产品，每种产品的质量与利润关系见表 5.12。现将此 3 种产品运往市场销售，运输能力总质量不超过 10 吨，问：如何安排运输才能使所装载的产品利润最大？

表 5.12　某工厂生产产品的类型、质量和利润情况

产品（编号）	质量/（吨/件）	利润/（万元/件）
1	2	100
2	3	140
3	4	180

2. 某人外出，需要将 5 件物品装入背包，背包的总质量不超过 13 千克。物品的质量和价值如表 5.13 所示。问：如何装这些物品才能使整个背包的价值最大？

表 5.13　物品的质量和价值信息

物品	质量/千克	价值/千元
A	7	9
B	5	4
C	4	3
D	3	2
E	1	1

3. 为保证某一设备的正常运转，需备有 3 种不同的零件 E_1，E_2，E_3。若增加备用零件的数量，可提高设备正常运转的可靠性，但增加了费用，而投资额仅为 8 000 元。已知备用零件数与它的可靠性和费用的关系如表 5.14 所示。

表 5.14　备用零件的数量、可靠性及设备费用

备件数	增加的可靠性			设备的费用/千元		
	E_1	E_2	E_3	E_1	E_2	E_3
$z=1$	0.3	0.2	0.1	1	3	2
$z=2$	0.4	0.5	0.2	2	5	3
$z=3$	0.5	0.9	0.7	3	6	4

在既不超出投资额的限制，又能尽量提高设备运转的可靠性的条件下，各种零件的备件数量应是多少为好？

4. 用动态规划法求解如下问题。

现有 80 万元用于投资 3 个项目，3 个项目的投资规模与其创造的利润见表 5.15。请决定投资计划，使其利润最大。

表 5.15　各个项目的投资规模和利润情况

项目 \ 利润/万元 \ 投资/万元	0	20	40	60	80
A1	0	1.5	8	9.5	10
A2	0	1.5	6	7.3	7.5
A3	0	2.6	4.5	5.1	5.3

5. 用动态规划求解非线性规划问题。

（1）
$$\max Z = x_1^2 x_2 x_3^3$$
$$\text{s.t.}\begin{cases} x_1 + x_2 + x_3 \leqslant 6 \\ x_j \geqslant 0, j = 1,2,3 \end{cases}$$

（2）
$$\max Z = 3x_1(2 - x_1) + 2x_2(2 - x_2)$$
$$\text{s.t.}\begin{cases} x_1 + x_2 \leqslant 3 \\ x_j \geqslant 0, j = 1,2,3; x_j \text{为整数} \end{cases}$$

6. 某企业集团有 3 个生产基地，它们都可以考虑改造扩建。每个生产基地都有若干个扩建方案（投资），不同扩建方案的投资与新增收益如表 5.16 所示。企业计划投入改扩建资金 5 000 万元，问：应如何分配这些投资（单位：千万元）才能使企业的新增总收益最大？

表 5.16　不同扩建方案的投资与新增收益情况

基地 1		基地 2		基地 3	
C（投资）	*R*（收益）	*C*（投资）	*R*（收益）	*C*（投资）	*R*（收益）
0	0	0	0	0	0
1	5	2	8	1	3
2	6	3	9		
		4	12		

7. 设某工厂有 1 000 台机器，生产两种产品 A、B，若投入 y 台机器生产产品 A，则纯收入为 $5y$，若投入 y 台机器生产产品 B，则纯收入为 $4y$，又知：生产产品 A 机器的年折损率为 20%，生产产品 B 机器的年折损率为 10%，问：在 5 年内如何安排各年度的生产计划，才能使总收入最高？

8. 有 4 个工人，要指派他们分别完成 4 项工作，每人做各项工作所消耗的时间如表 5.17 所示。

表 5.17　各个工人完成工作所需要的时间

工人	A	B	C	D
甲	15	18	21	24
乙	19	23	22	18
丙	26	17	16	19
丁	19	21	23	17

问：指派哪个人去完成哪项工作，可使总的消耗时间最小？试用动态规划方法求解此问题。

第6章

图论与网络计划

图论是应用十分广泛的运筹学分支，1736 年瑞士数学家欧拉（Euler）发表了第一篇图论方面的论文，解决了著名的哥尼斯堡七桥问题，到目前图论已广泛应用于物理、化学、控制论、信息论、管理科学及经济科学等领域，用以解决各种各样的决策问题。生产、科研、工程项目及实际生活中的许多问题都可以运用图论的理论与方法来解决。例如，在生产的组织与管理中，为了完成某项生产任务，各工序之间如何衔接才能使任务完成得既快又好；在城市水、电、煤气供应问题中，管道与供电线路如何铺设，才能做到既满足要求，又使总费用最省。此外，铁路或者公路交通网络的合理布局等问题，都可以应用图论的方法简便、快速地加以解决。

随着科学技术的进步，特别是电子计算机的出现与发展，图论得到更迅速的发展和广泛应用。它把一个庞大而复杂的工程系统和管理问题用图来描述，并以此解决许多工程设计和管理决策的最优化问题，诸如求完成工程任务的最少时间、最短距离、最省费用等。在任何一个研究对象中，凡是可以把其中的物件抽象地用一组点集来表示，把各个物件之间的联系用点与点的连线来表示的问题，图论几乎总是一个很有用的方便工具。

【引例】哥尼斯堡七桥问题。18 世纪欧洲东部的哥尼斯堡城中有条普雷格尔河穿城而过，该河上有两个岛（图 6.1），河上的七座桥可以连通河两岸和两个岛，城中的居民关注这样一个问题：一个人能否从岸上任意地出发，不重复地通过每座桥一次，最后回到原地。1736 年，欧拉发表了第一篇图论方面的论文，将该问题转化成一个数学问题。他用 A、B、C、D 4 个点分别表示河两岸和两个岛所在地，用点与点之间的连线表示每座桥，从而得到如图 6.2 所示的一笔画问题。在该问题中，图 6.2 中每个点都与奇数条边相连，所以不可能不重复地由一笔画出，即从岸上任意地出发不能不重复地通过每座桥一次。

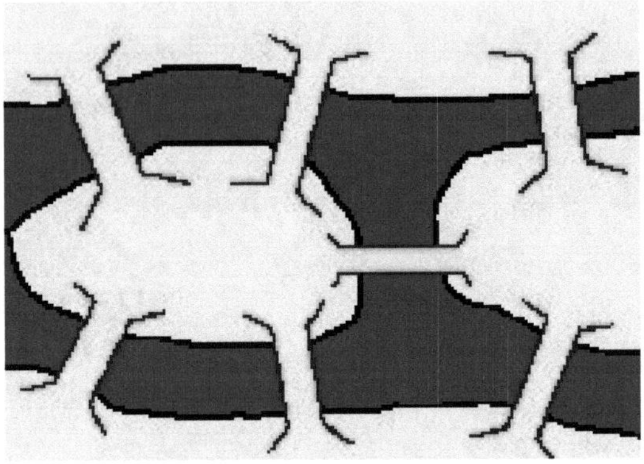

图 6.1　哥尼斯堡城中河与七桥

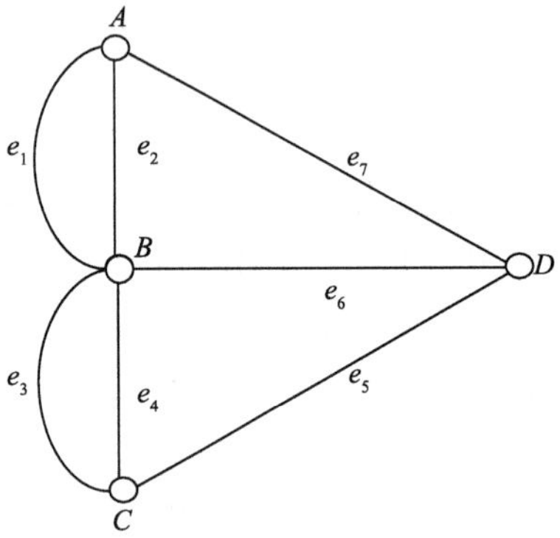

图 6.2　哥尼斯堡城七桥问题的网络图

6.1　图与网络

自然界和人类社会中许多事物及事物之间的关系，都可以用点和线连接起来的图形来描述。例如，用点表示城市，点间连线表示城市间的道路，点线图就可描述城市间的交通网络。如果连线旁标注城市间的距离，这种图也称为赋权图，通过研究图的性质并设计优化的算法，就可进一步研究从一个城市到另一个城市的最短路径等实际问题。本节将介绍有关图与网络的基本概念。

例 6.1　图 6.3 是由点及不带箭头的连线所组成的图形，表示 5 个球队之间的赛事关系。其中点 a、b、c、d、e 分别表示 5 个球队，两点的连接表示两球队之间存在赛事关系。因此，从图 6.3 中可反映出 a 球队分别与 b、c、d 球队有赛事，b 球队还与 c 球队有赛事，d 球队还与 c、e 球队有赛事。综上，这 5 个球队之间的赛事关系可用图 6.3（a）来表示，也可用图 6.3（b）来反映。图 6.3 中的（a）与（b）没有本质的差异（亦称为同构图），在此只关心图 6.3 中两点之间是否有连线，而连线的曲直和长短则无关紧要。

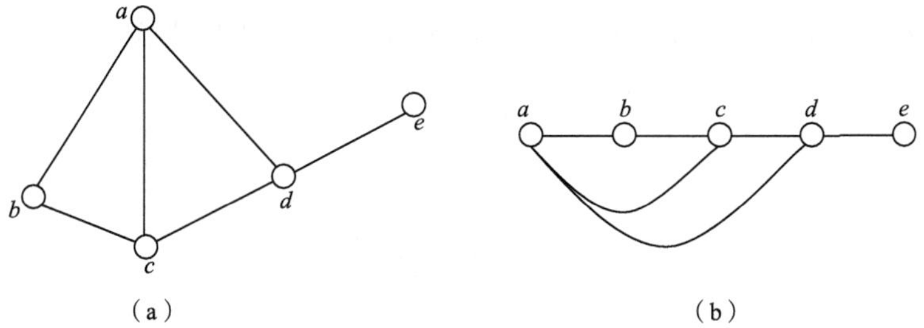

图 6.3　5 个球队之间的赛事关系

例 6.2　货物运输问题。图 6.4 是由点及带箭头的连线所组成的图形，为城市间货物运输的网络示意图，其中点 v_1、v_2、v_3、v_4、v_5、v_6、v_7 分别表示 7 个城市，城市连接箭线旁的数字表示当前物资流的运输容量限制。我们感兴趣的是求出从 v_1 到 v_7 物资运输量最大的调运方案。

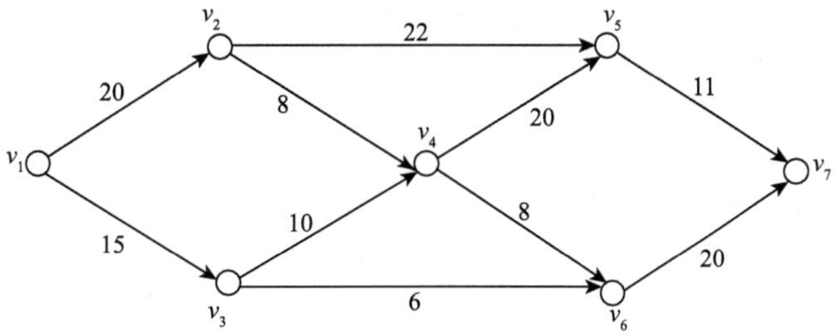

图 6.4　货物运输的网络示意图

为区别起见，把两点间不带箭头的连线称为边，带箭头的连线称为弧。

由此看出，用图来描述事物间的联系，不但直观清晰，便于统观全局，而且这种网络图的画法简便，不必拘泥于图形的比例和曲直。总之，这里所讲的图是反映对象之间关系的一种抽象工具，优化与决策中的很多问题，如交通网络、计算机网络、电路网络、物质结构、互联网络等都可以用点和线连接起来的图进行描述。

6.1.1　无向图

1. 无向图的概念

定义 6.1　无向图是一个有序二元组 (V,E)，记为 $G=(V,E)$，其中 $V=(v_1,v_2,\cdots,v_p)$，是 p 个点的集合，简称点集；$E=(e_1,e_2,\cdots,e_k,\cdots,e_q)$，是 q 条边的集合，简称边集，并且 e_k 是一个无序二元组，记为 $e_k=[v_i,v_j]=[v_j,v_i],v_i,v_j\in V$。

由点和边组成的图称为无向图，如图 6.5 所示，图中的点集为 $V=(v_1,v_2,v_3,v_4,v_5)$，边集为 $E=(e_1,e_2,e_3,e_4,e_5,e_6,e_7,e_8)$。

点集 V 中元素的个数称为图 G 的顶点数，记为 $p(G)=|V|$。边集 E 中元素的个数称为图 G 的边数，记为 $q(G)=|E|$。如图 6.5 所示，$p(G)=5$，$q(G)=8$。对于边

$e_i=(v_i,v_j)\in E$，称点 v_i 和 v_j 为 e_i 的端点，称 e_i 为点 v_i 和 v_j 的关联边。如图 6.5 所示，v_1 和 v_2 为 e_2 的端点，e_2 为 v_1 和 v_2 的关联边。

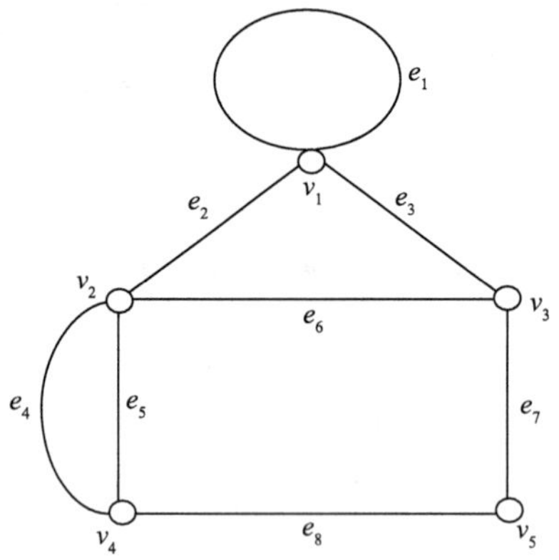

图 6.5 无向图

2. 简单图

一条边的两个端点如果相同，称此边为环（自回路）。两个点之间多于一条边，称为多重边。如图 6.5 所示，e_1 为环，e_4 和 e_5 为多重边。

不含环和多重边的图称为简单图，含有多重边的图称为多重图。

3. 点的次（度）

以点 v 为端点的边的个数叫作点 v 的次，记作 $d(v)$。如图 6.5 所示，$d(v_1)=4$，$d(v_2)=4$。若 $V=(v_1,v_2,\cdots,v_p)$，则将 $\{d(v_1),d(v_2),\cdots,d(v_p)\}$ 称为图 G 的次序列。

次为 0 的点称为孤立点。次为 1 的点称为悬挂点，连接悬挂点的边称为悬挂边。次为奇数的点称为奇点，次为偶数的点称为偶点。

定理 6.1 任何图 $G=(V,E)$ 中，所有点的次数之和等于边数的 2 倍。即

$$\sum_{i=1}^{p(G)} d(v_i)=2q(G)$$

证：每条边必有两个顶点关联，在计算点的次时，每条边均被计算了两次，所以顶点次数之和等于边数的 2 倍。

定理 6.2 任何图 $G=(V,E)$ 中，奇点的个数必为偶数。

证：设图 G 中奇点与偶点的集合分别为 V_1 和 V_2，$V=V_1\cup V_2$。

由定理 6.1 知 $\sum_{i\in V_1} d(v)+\sum_{i\in V_2} d(v)=\sum_{i\in V} d(v)=2q(G)$，由于 $2q(G)$ 为偶数，而 $\sum_{i\in V_2} d(v)$ 是若干个偶数之和，也为偶数。所以 $\sum_{i\in V_1} d(v)$ 必为偶数，即奇点的个数 $|V_1|$ 必为偶数。

4. 链

对于无向图 $G=(V,E)$，称顶点和边交替的序列 $\{v_{i1},e_{i1},v_{i2},e_{i2},\cdots,v_{i(t-1)},e_{i(t-1)},v_{it}\}$ 为连

接 v_{i1} 和 v_{it} 的一条链，简记为 $\{v_{i1},v_{i2},\cdots,v_{it}\}$。其中 $e_{ik}=\left(v_{ik},v_{i(k+1)}\right),k=1,2,\cdots,t-1$，$v_{i1}$ 和 v_{it} 为该链的两个端点。如图 6.5 所示，$\{v_1,v_2,v_3\},\{v_2,v_4,v_5\},\{v_1,v_2,v_4,v_5\}$ 都是链。

两个端点重合的链，称为圈。如图 6.5 所示，$\{v_1,v_2,v_3,v_1\}$ 是圈。

如果任何两顶点之间至少有一条链，称该图为连通图。连通图中不存在孤立点。

6.1.2　有向图

1. 有向图的概念

定义 6.2　一个有序二元组 (V,A)，记为 $D=(V,A)$，其中 $V=(v_1,v_2,\cdots,v_p)$ 是 p 个顶点的集合，$A=(a_1,a_2,\cdots,a_k,\cdots,a_q)$ 是 q 条弧的集合，并且 a_k 是一个有序二元组，记为 $a_k=(v_i,v_j)\neq(v_j,v_i),v_i,v_j\in V$，并称 a_k 是以 v_i 为始点，v_j 为终点的弧。

由点和弧组成的图称为有向图。图 6.6 为有向图，点集和弧集分别表示为

$$V=\{v_1,v_2,v_3,v_4,v_5\}，\quad A=(a_1,a_2,a_3,a_4,a_5,a_6,a_7,a_8,a_9)$$

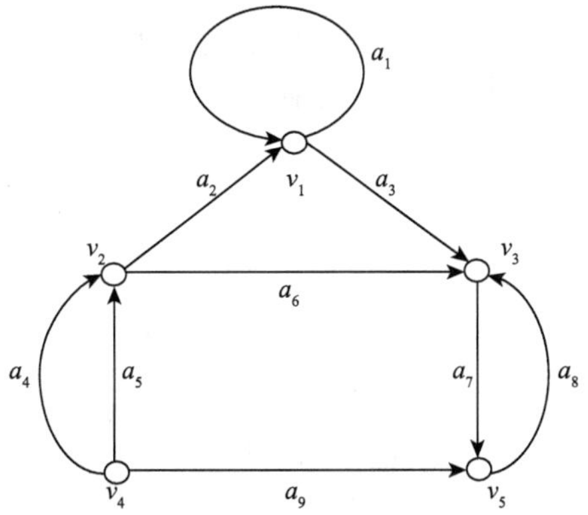

图 6.6　有向图

2. 简单有向图

两个端点重合的弧称环。如图 6.6 所示的弧 a_1 就是环。两个端点之间的同向弧数大于等于 2 时，称其为多重弧。如图 6.6 所示的弧 a_4、a_5 为点 v_2、v_4 之间的二重弧，而弧 a_7、a_8 不是点 v_3、v_5 之间的二重弧。无环也无多重弧的有向图称为简单有向图。

3. 点的出次和入次

以点 v 为始点的弧数叫作点 v 的出次，记为 $d^+(v)$。如图 6.6 所示，$d^+(v_5)=1$。

以点 v 为终点的弧数叫作点 v 的入次，记为 $d^-(v)$。如图 6.6 所示，$d^-(v_5)=2$。

点 v 的出次与入次之和称为点 v 的次，记为 $d(v)$，即 $d^+(v)+d^-(v)=d(v)$。如图 6.6 所示，$d(v_5)=3$。

4. 路

在有向图 $D=(V,A)$ 中，点和弧交替的序列为 $P=\{v_{i1},a_{i1},v_{i2},a_{i2},\cdots,v_{i(t-1)},a_{i(t-1)},v_{it}\}$，若有 $a_{it}=\{v_{it},v_{i(t+1)}\}$ 或 $a_{it}=\{v_{i(t+1)},v_{it}\}$，则称 P 是以 v_{i1} 为始点，通向终点 v_{it} 的路。若 $v_{i1}=v_{it}$，则称 P 为回路。

6.1.3 网络

实际问题中，往往只用图来描述所研究对象之间的关系还不够。若在图中赋予边一定的数量指标——权，依据研究问题的需要，权可以代表距离，也可以代表时间、费用、容量、可靠性等，把这种赋权的图称为网络。与无向图和有向图相对应，网络又分为无向网络和有向网络。为便于数据处理和计算机存储，还可以用矩阵来表示一个图。

定义 6.3 在图 $G=(V,E)$ 中，$V=(v_1,v_2,\cdots,v_p)$，$E=(e_1,e_2,\cdots,e_q)$。构造一个矩阵 $\boldsymbol{A}=(a_{ij})_{p\times q}$。
其中

$$a_{ij}=\begin{cases}1, & 当点v_i与边e_j关联\\ 0, & 否则\end{cases}$$

则称 $\boldsymbol{A}$ 为图 G 的关联矩阵。

图 6.7 网络图的关联矩阵为

$$\begin{array}{c} \\ v_1\\ v_2\\ v_3\\ v_4\\ v_5\end{array}\begin{array}{c} \begin{matrix} e_1 & e_2 & e_3 & e_4 & e_5 & e_6\end{matrix}\\ \begin{bmatrix} 1 & 1 & 0 & 0 & 0 & 0\\ 1 & 0 & 1 & 1 & 0 & 0\\ 0 & 1 & 0 & 1 & 1 & 0\\ 0 & 0 & 1 & 0 & 0 & 1\\ 0 & 0 & 0 & 0 & 1 & 1\end{bmatrix}\end{array}$$

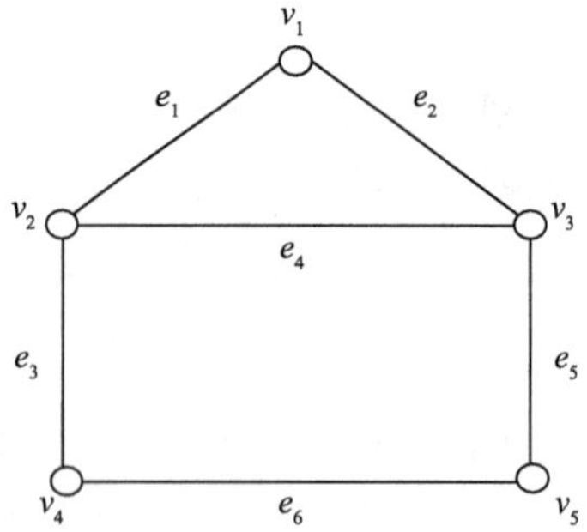

图 6.7 网络赋权图（一）

定义 6.4 在网络图 $G=(V,E)$ 中，$V=(v_1,v_2,\cdots,v_p)$，$E=(e_1,e_2,\cdots,e_q)$，构造一个矩阵 $\boldsymbol{A}=(a_{ij})_{p\times q}$。

其中

$$a_{ij}=\begin{cases}1, & \text{当点}v_i\text{与边}v_j\text{关联}\\0, & \text{否则}\end{cases}$$

则称 $\boldsymbol{A}$ 为图 G 的邻接矩阵。

图 6.8 的邻接矩阵为

$$\begin{matrix} & v_1 & v_2 & v_3 & v_4 & v_5 \\ v_1 \\ v_2 \\ v_3 \\ v_4 \\ v_5 \end{matrix}\begin{bmatrix}0 & 1 & 1 & 0 & 0\\1 & 0 & 1 & 1 & 0\\1 & 1 & 0 & 0 & 1\\0 & 1 & 0 & 0 & 1\\0 & 0 & 1 & 1 & 0\end{bmatrix}$$

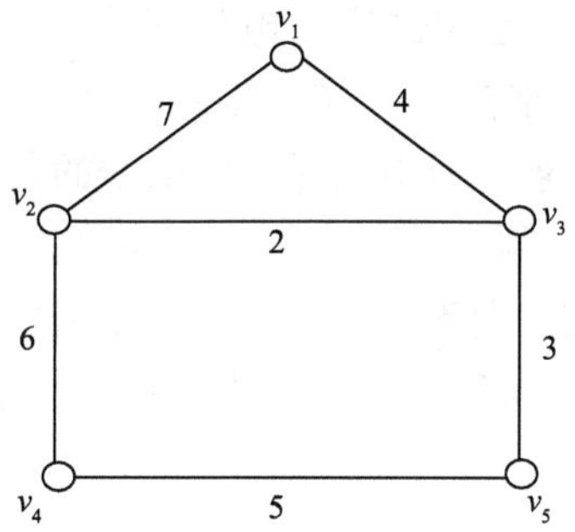

图 6.8　网络赋权图（二）

定义 6.5　在网络赋权图 $G=(V,E)$ 中，$V=(v_1,v_2,\cdots,v_p)$，$E=(e_1,e_2,\cdots,e_q)$，其边 $[v_i,v_j]$ 有权 w_{ij}，构造一个矩阵 $\boldsymbol{A}=(a_{ij})_{p\times q}$。

其中

$$a_{ij}=\begin{cases}w_{ij}, & (v_i,v_j)\in E\\0, & \text{否则}\end{cases}$$

则称 $\boldsymbol{A}$ 为网络图 G 的权矩阵。

图 6.8 的网络赋权图权矩阵为

$$\begin{matrix} & v_1 & v_2 & v_3 & v_4 & v_5 \\ v_1 \\ v_2 \\ v_3 \\ v_4 \\ v_5 \end{matrix}\begin{bmatrix}0 & 7 & 4 & 0 & 0\\7 & 0 & 2 & 6 & 0\\4 & 2 & 0 & 0 & 3\\0 & 6 & 0 & 0 & 5\\0 & 0 & 3 & 5 & 0\end{bmatrix}$$

6.2 树

在各种各样的图中有一类连通图是十分简单又非常具有应用价值的图，如管理组织机构和军队建制中的隶属关系、学科分类、决策过程等，这就是树。

6.2.1 树的基本概念与性质

例 6.3 已知有 5 个城市，要在它们之间架设电话线网，要求任何两个城市都可以彼此通话（允许通过其他城市），并且电话线的总长度最短。

用 5 个点v_1、v_2、v_3、v_4、v_5分别表示 5 个城市。如果按照图 6.9（a）表示的方案显然是不能满足要求的，因为在这样的电话线网中，v_4与v_1，v_2，v_3之间不能连通，v_5与v_1，v_2，v_3之间也不能连通。如果按照图 6.9（b）来设计电话网，虽然方案能满足不同城市之间通话的要求，但不能保证电话线的条数最少，原因是图 6.9 中含有一个圈$\{v_1,v_2,v_3,v_1\}$，若从这个圈上任意去掉一条电话线，并不影响电话网的连通性，同时又可节省电话线，所以该方案不是电话线总长度最短的。此例中满足要求的电话线网必须是连通的、不含圈的，满足这两点要求的图形状看起来像一棵树，因而被称为“树”。

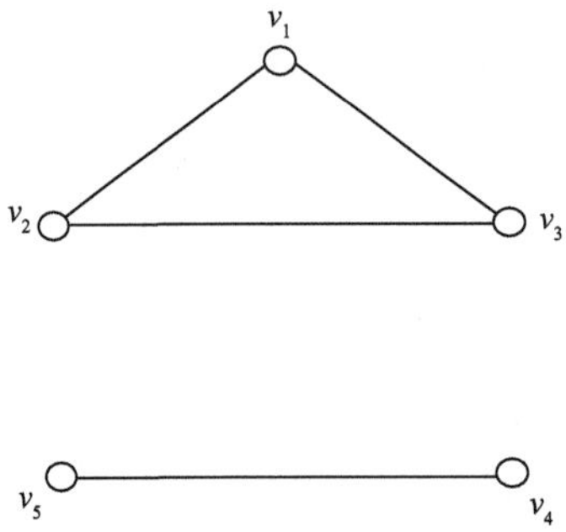

（a）非连通图

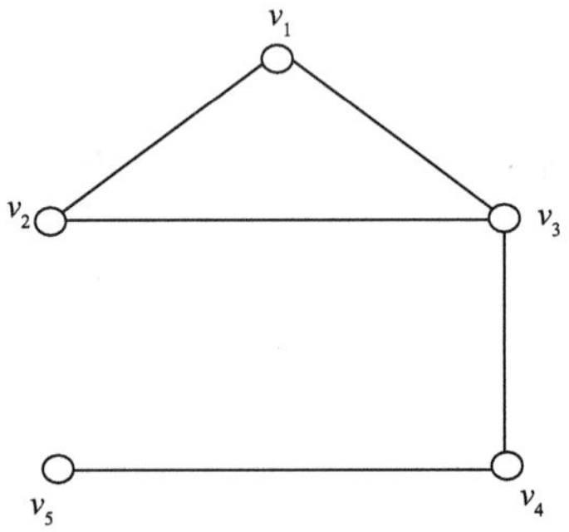

（b）非优化图

图 6.9 城市网络图

定义 6.6 连通且不含圈的图称为树。

树中次为 1 的顶点称为树叶（悬挂点），次大于 1 的顶点称为分枝点。

定理 6.3 设有图$G=(V,E)$，n和m分别为图G的顶点数和边数，则下列命题是等价的：

（1）图G是树。

（2）图G无圈且$m=n-1$。

（3）图G连通且$m=n-1$。

（4）图G中任意两点，有唯一路相连。

（5）图 G 无圈，但每加一条新边即存在唯一的一个圈。

（6）图 G 连通，但每舍去一条边即变成不连通图。

证明略。

定义 6.7　图 $G=(V,E)$，若 E' 是 E 的子集，V' 是 V 的子集，且 E' 中的边仅与 V' 中的顶点相关联，则称图 $G'=(V',E')$ 是图 G 的一个子图。特别地，若 $V'=V$，则图 G' 称为图 G 的生成子图。

定义 6.8　若图 G 的生成子图是一棵树，则称该树为图 G 的生成树（也称为支撑树），或简称图 G 的树。

定理 6.4　图 $G=(V,E)$ 有生成树的充分必要条件为图 G 是连通图。

证明：必要性由定义 6.6 可得。

设图 G 是连通的。若图 G 不含圈，则图 G 本身是一棵树，从而图 G 是它自身的一棵生成树；若图 G 含有圈，任取一个圈，从圈中任意去掉一条边，得到图 G 的一个生成子图 G_1。如果图 G_1 不含圈，那么图 G_1 是图 G 的一棵生成树；如果图 G_1 仍含有圈，那么从图 G_1 中任取一个圈，从圈中再任意去掉一条边，得到图 G 的一个生成子图 G_2，如此重复，最后可以得到图 G 的一个生成子图 G_k，它不含圈，于是图 G_k 是图 G 的一棵生成树，证明了定理的充分性。

6.2.2　最小生成树及其算法

很多实际网络问题要考虑网络的最小连接问题，即在一个网络图中求一个权最小的连通生成子图，简称最小树问题。它是网络优化中一个重要的概念，在交通网、电话网、管道网、电力网等设计中均有广泛的应用。

1. 最小生成树定义

设有一个连通图 $G=(V,E)$，每一边 $e=[v_i,v_j]$ 有一个权 $w(e)=w_{ij}$，如果 $T=(V,E')$ 是图 G 的一棵生成树，称 E' 中所有边的权之和为生成树 T 的权，记为 $w(T)$，即

$$w(T)=\sum_{(v_i,v_j)\in T} w_{ij}$$

在图 6.10 中，图（b）和图（c）都是图（a）的生成树。

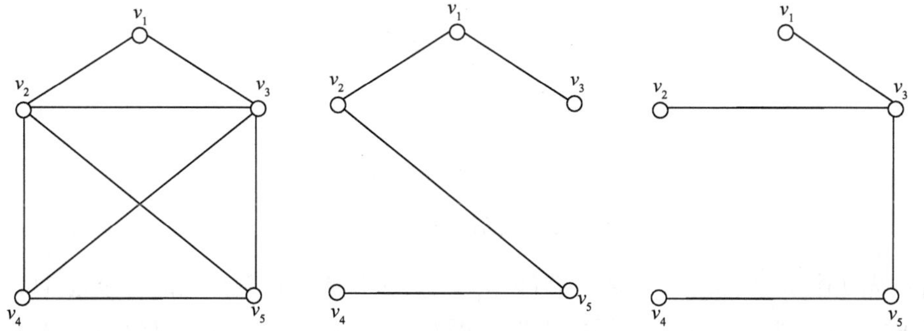

（a）原始图　（b）生成树1　（c）生成树2

图 6.10　原始图及生成树

若生成树 T^* 的权 $w(T^*)$ 是图 G 的所有生成树中权数最小的，则称 T^* 是图 G 的最小生成树（也称最小树），即

$$w(T^*)=\min\{w(T)|T为G的生成树\}$$

2. 寻找最小生成树的算法

1）破圈法

算法的基本思想：先从图 G 中任取一圈，去掉这个圈中权数最大的一条边，得一生成子图 G_1。然后在图 G_1 中再任取一圈，再去掉圈中权数最大的一条边，如此下去，一直到剩下的子图中不再含有圈为止，该子图就是图 G 的最小生成树。

2）避圈法（Kruskal 算法）

算法的基本思想：按照边长由小到大排序，先将一条权最小的边加入子图中，并保证不构成圈。然后在子图中加入剩余边中权最小的弧，并保证当前弧加入后不形成圈，如此下去当边数达到 n−1 时，该子图即最小生成树。

例 6.4 用破圈法求解如图 6.11（a）所示某通信网络的最小生成树，每条边上的数字表示该边的权值。

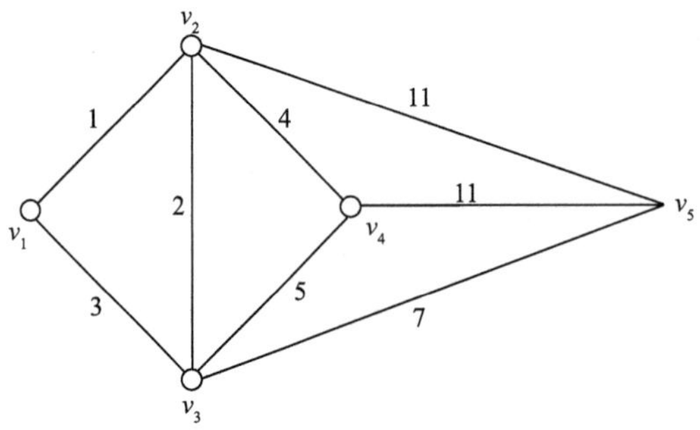

（a）原始图

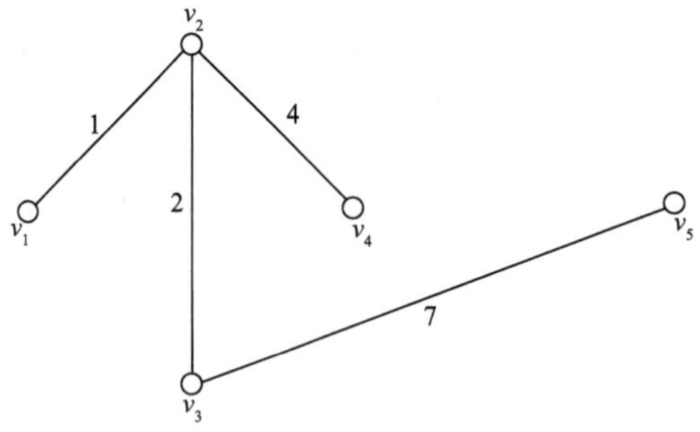

（b）破圈法的最小生成树

图 6.11 某通信网络图（1）

解：先从图 6.11（a）中任取一圈 (v_2,v_4,v_5)，去掉圈中权数最大的一条边 11，得到一个生成子图。然后从生成子图中再取一圈 (v_3,v_4,v_5)，去掉圈中权数最大的一条边 11。再取圈 (v_2,v_3,v_4)，去掉圈中权数最大边 5，取圈 (v_1,v_2,v_3)，去掉圈中权数最大的一

条边 3，此时剩下的生成子图中不再含圈。破圈法的最小生成树如图 6.11（b）所示。

例 6.5　用避圈法求解图 6.11（a）所示网络的最小生成树，每条边上的数表示该边的权值。

解：用避圈法求解的步骤见图 6.12（a）~图 6.12（d），图 6.12（d）的实线部分为最小生成树。

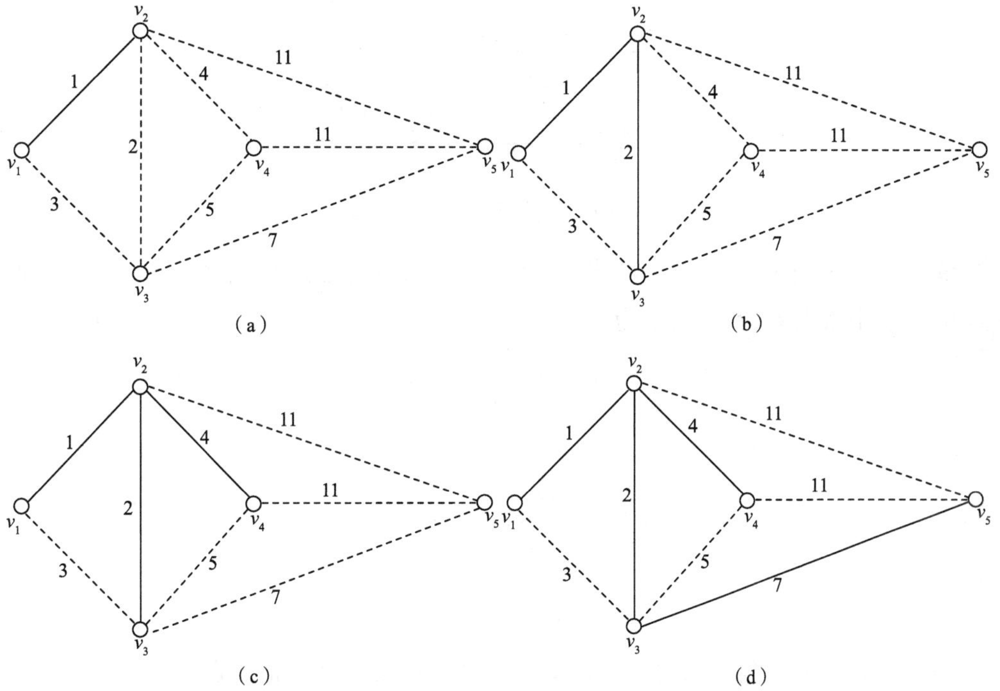

图 6.12　某通信网络图（2）

6.3　最短路问题

最短路问题是图论中应用最广泛的问题之一。最短路问题一般可描述在给定的有向赋权网络图中，找出两节点（通常是始点和终点）之间总权和最小的路径。许多优化问题，如设备更新、厂区布局等选址、投资问题和某些整数规划及动态规划的问题，都可以归结为最短路问题，而且依据图论方法能够使问题描述得更清楚，求解更有效。因此这类问题在生产实际中应用非常广泛。

6.3.1　最短路问题的数学模型

一个有向网络的路线只能沿着箭头方向行走，不能逆向而行，网络图中的权表示两点之间的距离（或费用、时间）。建立最短路问题数学模型是为了从始点出发到终点，确定最佳的路线以达到路程最短的目标。

例 6.6 图 6.13 表示从始点 v_1 修一条公路到终点 v_7 的公路有向网络示意图。图 6.13 中权用 w_{ij} 表示，即 v_i 点到 v_j 点的距离（或费用、时间），如何选择一条从始点到终点的路线使距离最短？请建立该问题的数学模型。

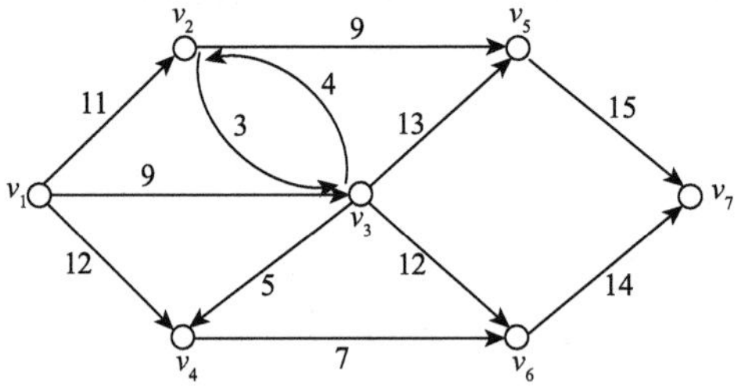

图 6.13　公路有向网络示意图

解：设 x_{ij} 代表弧 $\left(v_i, v_j\right)$ 的状态变量，当该弧被选在最短路径上时 $x_{ij}=1$，否则 $x_{ij}=0$，得到该问题的数学模型为

$$\min Z=\sum_{i=1}^{7}\sum_{j=1}^{7} w_{ij}x_{ij}$$

$$\text{s.t.}\begin{cases} x_{12}+x_{13}+x_{14}=1 \\ \sum\limits_{j=1}^{6} x_{ij}-\sum\limits_{k=1}^{6} x_{ki}=0,\ i=2,3,4,5,6 \\ x_{57}+x_{67}=1 \\ x_{ij}=0 \text{ or } 1,\ i,j=1,2,\cdots,7 \end{cases}$$

模型中状态变量的个数等于有向图的弧数，约束条件包括始点约束、中间点约束和终点约束，约束条件的个数等于有向图的点数。例如，图 6.14 中间点之一的点 v_3 约束为

$$x_{13}+x_{23}-x_{32}-x_{34}-x_{35}-x_{36}=0$$

上式含义为进入点 v_3 的弧数目和离开点 v_3 的弧数目相等。

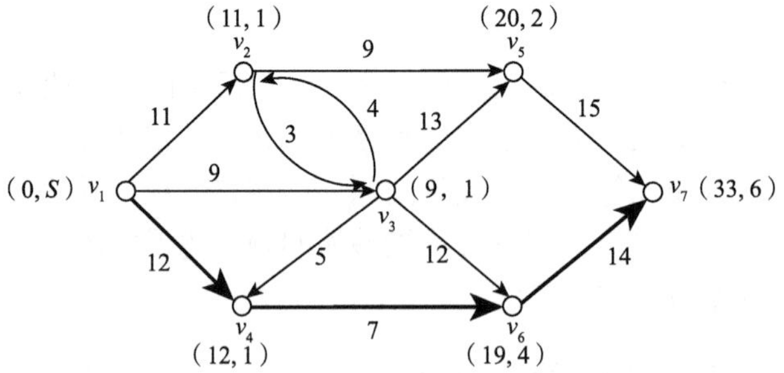

图 6.14　例 6.6 的 Dijkstra 算法图示

该数学模型属于整数线性规划模型，可以采用整数规划方法求解，由于变量个数多，计算繁杂，对于该类最短路问题，采用如下标号的算法在图上操作更为简单。

6.3.2 Dijkstra 算法

设 $\boldsymbol{N}=(V,A,W)$ 为有向网络图，图中各边 (v_i,v_j) 有权 w_{ij}（若 $w_{ij}=\infty$ 表示 v_i 与 v_j 不相邻），v_1 为始点（箭尾），v_j 为图中任意点（箭头）。网络中有多条 $v_1\to v_j$ 的路 $P_{1,j}$，每条路的权是其所有构成弧的权之和。最短路问题就是求一条 $v_1\to v_j$ 的路 $P_{1,j}^*$，使它是从 v_1 到 v_j 的所有路中总权最小的路。

1959 年，E. W. Dijkstra 提出了求正权网络最短路径的双标号法，用给节点标号来逐步形成始点到各点的最短路长及其路径，是目前较好的一种算法，也是许多变形算法的基础，该算法简称双标号法。标号点 v_j 的双标号，记为 $\left(u_{j^*},\mathrm{pred}(j^*)\right)$，第 1 个标号 u_{j^*} 表示从始点 v_1 到标号点 v_j 的最短路长度，是距离标号；第 2 个标号 $\mathrm{pred}(j^*)$ 称作最短路的前趋点标号，是记录在 v_1 到 v_j 最短路上前一个相邻点的序号，用来标识最短路的路径，从而可对终点到始点进行反向追踪，得到 v_1 到 v_j 的最短路。通过不断迭代完成这些点的双标号，直到给出终点的双标号。

Dijkstra 算法步骤如下：

步骤 0：给始点 v_1 标号 $(0,s)$，$u_j=0$，$\mathrm{pred}(1)=s$，记 $v_1=v_s$ 为始点，标号点集 $S=\{v_1\}$；

步骤 1：如果 $S\neq\varnothing$，求出弧集 $A=\left\{(v_i,v_j)\middle|v_i\in S,v_j\in\overline{S}\right\}$，若 $A=\varnothing$，表明不存在不标号的另一顶点，即终点已标号，计算结束，否则进入步骤 2；

步骤 2：对弧集 A 中的每一条弧 (v_i,v_j)，计算

$$\min_j\left\{u_i+w_{ij}\middle|(v_i,v_j)\in A\right\}=u_i+w_{ij^*} \tag{6.1}$$

则新的标号点为 v_{j^*}，赋予该点的双标号 $\left[u_{j^*},\mathrm{pred}(j^*)\right]$，其中 $u_{j^*}=u_i+w_{ij^*}$，标号点集 $S=S\cup v_{j^*}$，转步骤 1。

经上述一个循环的计算，至少得到一个新的标号点。若图中总共有 n 个顶点，则最多计算 $n-1$ 次循环，即可得到最后结果。

例 6.7 用 Dijkstra 算法求图 6.13 的最短路。

解：给始点 v_1 标号 $(0,s)$，表示从 v_1 到 v_1 的距离 $u_1=0$。

（1）标号点的集合 $S=\{v_1\}$ 与没标号点的集合 $\overline{S}=\{v_2,v_3,v_4,v_5,v_6,v_7\}$，弧集 $A=\{(v_1,v_2),(v_1,v_3),(v_1,v_4)\}$。计算

$$\min\{u_1+w_{12},u_1+w_{13},u_1+w_{14}\}=\min\{11,9,12\}=9$$

确定标号点为 v_3，前趋点为 v_1，故点 v_3 的双标号为（9，1）。

（2）标号点的集合 $S=\{v_1,v_3\}$ 与没标号点的集合 $\overline{S}=\{v_2,v_4,v_5,v_6,v_7\}$，弧集 $A=\{(v_1,v_2),(v_1,v_4),(v_3,v_2),(v_3,v_4),(v_3,v_5),(v_3,v_6)\}$。计算

$$\min\{u_1+w_{12},u_1+w_{14},u_3+w_{32},u_3+w_{34},u_3+w_{35},u_3+w_{36}\}$$
$$=\min\{0+11,0+12,9+4,9+5,9+13,9+12\}=11$$

确定标号点为v_2，前趋点为v_1，故点v_2的双标号为（11，1）。

（3）标号点的集合$S=\{v_1,v_2,v_3\}$与没标号点的集合$\bar{S}=\{v_4,v_5,v_6,v_7\}$，弧集$A=\{(v_1,v_4),(v_2,v_3),(v_2,v_5),(v_3,v_4),(v_3,v_5),(v_3,v_6)\}$。计算

$$\min\{u_1+w_{14},u_2+w_{23},u_2+w_{25},u_3+w_{34},u_3+w_{35},u_3+w_{36}\}$$
$$=\min\{0+12,11+3,11+9,9+5,9+13,9+12\}=12$$

确定标号点为v_4，前趋点为v_1，故点v_4的双标号为（12，1）。

（4）标号点的集合$S=\{v_1,v_2,v_3,v_4\}$与没标号点的集合$\bar{S}=\{v_5,v_6,v_7\}$，写出弧集$A=\{(v_2,v_5),(v_3,v_5),(v_3,v_6),(v_4,v_6)\}$。计算

$$\min\{u_2+w_{25},u_3+w_{35},u_3+w_{36},u_4+w_{46}\}$$
$$=\min\{11+9,9+13,9+12,12+7\}=19$$

确定标号点为v_6，前趋点为v_4，故点v_6的双标号为（19，4）。

（5）标号点的集合$S=\{v_1,v_2,v_3,v_4,v_6\}$与没标号点的集合$\bar{S}=\{v_5,v_7\}$，写出弧集$A=\{(v_2,v_5),(v_3,v_5),(v_3,v_6),(v_3,v_7)\}$。计算

$$\min\{u_2+w_{25},u_3+w_{35},u_3+w_{36},u_6+w_{67}\}$$
$$=\min\{11+9,9+13,9+12,19+14\}=20$$

确定标号点为v_5，前趋点为v_2，故点v_5的双标号为（20，2）。

（6）标号点的集合$S=\{v_1,v_2,v_3,v_4,v_5,v_6\}$与没标号点的集合$\bar{S}=\{v_7\}$，写出弧集$A=\{(v_5,v_7),(v_6,v_7)\}$。计算

$$\min\{u_5+w_{57},u_6+w_{67}\}=\min\{20+15,19+14\}=33$$

最后待标号点为v_7，前趋点为v_6，故终点v_7的双标号为（33，6）。

至此，始点v_1到终点v_7的最短路已求出，如图 6.14 粗线所示，最短路路程长为 33，此最短路径为$v_1\to v_4\to v_6\to v_7$。从图 6.14 的双标号可得从始点v_1到其他点的最短路径及其路长，如从始点v_1到点v_5的最短路径为$v_1\to v_2\to v_5$，此段路的最短路程长为 20。

由上述步骤看出，Dijkstra 算法是一种按标号数值从小到大的逐步外探法。在图论中，该算法是公认的好算法。“好算法”，即在任何图上施行这个算法所需要的计算步数都能以该图顶点数 n 和弧数 m 的一个多项式（如$5n^3m$）为其上界。若一个算法需要指数步数（如3^n），则对某些大的网络赋权图而言，它将是无效的。

最后强调一下，Dijkstra 算法只适用于权值w_{ij}为正实数的情况，如果权值有负值，算法失效。另外，弧的有向性决定了一些点只能作为外探的“根”，Dijkstra 算法也可以用在无向网络中。

6.3.3　Floyd-Warshall 算法

Floyd-Warshall 算法是一种权矩阵的迭代法，对于求有正、负权的赋权图最短路问题是更一般的有效的算法。

为计算方便，令网络赋权图的权矩阵为 $\boldsymbol{W}=\left(w_{ij}\right)$，$w_{ij}$ 为 v_i 到 v_j 的权，用 $\boldsymbol{D}^{(k)}=\left(d_{ij}^{(k)}\right)$ 表示各顶点对之间通过不超过 k 条弧到达的最短路距离矩阵。Floyd-Warshall 算法步骤如下。

步骤 1：写出 v_i 经一步可达 v_j 的最短距离矩阵，即权矩阵 $\boldsymbol{D}^{(1)}=\boldsymbol{W}=\left(w_{ij}\right)$，若 v_i 与 v_j 之间没有边关联，则令 $w_{ij}=+\infty$；

步骤 2：计算 v_i 经两步到达 v_j 的最短距离矩阵 $\boldsymbol{D}^{(2)}=\left(d_{ij}^{(2)}\right)$，其中

$$d_{ij}^{(2)}=\min_r\left\{w_{ir}+w_{rj}\right\} \tag{6.2}$$

步骤 3：计算 v_i 经 k 步 $(k\geqslant 3)$ 到达 v_j 的最短距离矩阵 $\boldsymbol{D}^{(k)}=\left(d_{ij}^{(k)}\right)$，其中

$$d_{ij}^{(k)}=\min_r\left\{d_{ir}^{(k-1)}+d_{rj}^{(k-1)}\right\} \tag{6.3}$$

步骤 4：比较距离矩阵 $\boldsymbol{D}^{(k)}$ 与 $\boldsymbol{D}^{(k-1)}$，当 $\boldsymbol{D}^{(k)}=\boldsymbol{D}^{(k-1)}$ 时得到图中任意两点间的最短路距离矩阵。

例 6.8　求如图 6.15 所示的网络 G 中任意两点间的最短路。

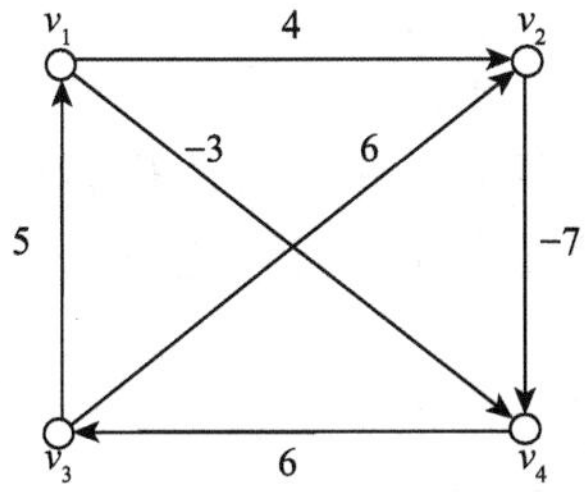

图 6.15　有负权的网络图

解：首先给出经过一步可达的距离矩阵，即

$$\boldsymbol{D}^{(1)}=\boldsymbol{W}=\begin{bmatrix} 0 & 4 & +\infty & -3 \\ +\infty & 0 & +\infty & -7 \\ 5 & 6 & 0 & +\infty \\ +\infty & +\infty & 6 & 0 \end{bmatrix}$$

其次由式（6.2）确定经过两步可达的最短距离矩阵 $\boldsymbol{D}^{(2)}=\left(d_{ij}^{(2)}\right)$，如 $d_{12}^{(2)}=\min\limits_r\left\{w_{ir}+w_{rj}\right\}$，即点 v_1 经不超过两条弧到达点 v_2 的最短距离为 $\min\begin{Bmatrix} 0+4 \\ 4+0 \\ \infty+6 \\ -3+\infty \end{Bmatrix}=4$；其他同样计算，得到两步可达的最短距离矩阵为

$$
\boldsymbol{D}^{(2)}=\begin{bmatrix}0 & 4 & 3 & -3\\ +\infty & 0 & -1 & -7\\ 5 & 6 & 0 & -1\\ 11 & 12 & 6 & 0\end{bmatrix}
$$

若记$\boldsymbol{D}^{(2)}=\left(d_{ij}^{(2)}\right)$，则$\left(d_{ij}^{(2)}\right)$等于$\boldsymbol{D}^{(1)}$中第 i 行与第 j 列对应元素之和的最小值，即$\boldsymbol{D}^{(2)}=\boldsymbol{D}^{(1)}\wedge\boldsymbol{D}^{(1)}$，$\wedge$表示矩阵之间的逻辑运算。

各顶点对之间通过不超过 3 条弧所能够到达的最短路的长度矩阵如下：

$$
\boldsymbol{D}^{(3)}=\begin{bmatrix}0 & 4 & 3 & -3\\ 4 & 0 & -1 & -7\\ 5 & 6 & 0 & -1\\ 11 & 12 & 6 & 0\end{bmatrix}
$$

若记$\boldsymbol{D}^{(3)}=\left(d_{ij}^{(3)}\right)$，则$\left(d_{ij}^{(3)}\right)$等于$\boldsymbol{D}^{(2)}$中第 i 行元素与$\boldsymbol{D}^{(1)}$中第 j 列对应元素之和的最小值，即$\boldsymbol{D}^{(3)}=\boldsymbol{D}^{(2)}\wedge\boldsymbol{D}^{(1)}$。

各顶点对之间通过不超过 4 条弧所能够到达的最短路的长度矩阵如下：

$$
\boldsymbol{D}^{(4)}=\begin{bmatrix}0 & 4 & 3 & -3\\ 4 & 0 & -1 & -7\\ 5 & 6 & 0 & -1\\ 11 & 12 & 6 & 0\end{bmatrix}
$$

我们看到$\boldsymbol{D}^{(3)}=\boldsymbol{D}^{(4)}$，则$\boldsymbol{D}^{(3)}$中的元素数值就是各顶点对之间的最短路长度。

如果只计算网络图中始点到各点的距离时，我们只需比较最短距离矩阵$\boldsymbol{D}^{(i)}$的第 1 行，当$\boldsymbol{D}^{(i)}$与$\boldsymbol{D}^{(i+1)}$的第 1 行元素完全相等时，就得到始点到各点的最短距离，并且可以反向追踪寻找最短路径。

6.4 网络最大流问题

与人们的日常生活息息相关的很多网络系统中都存在着“流”的问题。例如，在交通运输网络中有人流、车流、货物流，城镇供水系统网络中有水流，金融系统中有资金流，通信系统中有信息流，等等。在这些实际问题中，我们通常希望在一定的限制条件下，求出网络系统的最大流。20 世纪 50 年代，福特（Ford）和富克逊（Fulkerson）建立了网络流理论，最大流问题就是，给定一个有收点、发点的有向网络（一般收点用v_t表示，发点用v_s表示，其余点为中间点），其每条弧的权值称为容量，在不超过每条弧容量的前提下，要求确定每条弧的流量安排，使得从发点到收点的网络系统流量最大。

6.4.1　基本概念与数学模型

现在考虑一个铁路货物运输问题的网络（图 6.16），将一批货物从始点 v_s 通过铁路网络运到终点 v_t，我们把铁路网络上的车站看作顶点，两个车站间的铁路线看作弧，弧的方向就是货物允许流动的方向。同时，每段铁路线上可运输的货物量是有限制的，我们把某段线路上的最大可能运货能力称为容量，如 v_s 到 v_3 的容量为 5，即该条弧上通过的货物量不能超过 5。我们应如何安排一个运输方案，使得从始点到终点的总运货量达到最大?

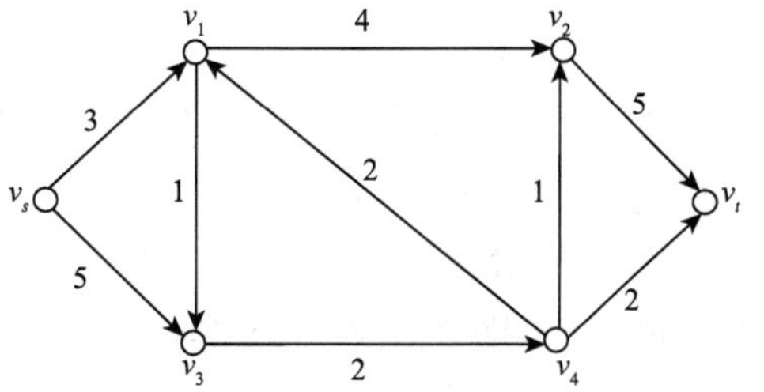

图 6.16　运输网络

1. 容量网络与流

在研究网络最大流问题时，首先应给出网络中各弧的通过能力，如图 6.16 所示各弧的权，它们表示弧的容量，记为 c_{ij}，我们把标有弧容量 c_{ij} 的网络称为容量网络，记为 $D=(V,A,C)$。对于一个一般的容量网络，在点集 V 中，有一发点，记为 v_s，还有一收点，记为 v_t，其余均为中间点，且对弧集 A 的每条弧均赋予权 $c_{ij}\geqslant 0$，则称这样的容量网络 D 为有收发点的容量网络。

在网络 D 中，由于各弧容量的配置可能不协调，实际通过各弧的流量记为 f_{ij}，各弧的流量 f_{ij} 不可能处处都达到容量值 c_{ij}。把通过弧 (v_i,v_j) 的运量 f_{ij} 称为通过该弧的流量，所有弧上流量的集合 $F=\{f_{ij}\}$ 称为该网络 D 的一个流。

下面以图 6.17 为例介绍最大流问题的基本概念与数学模型。

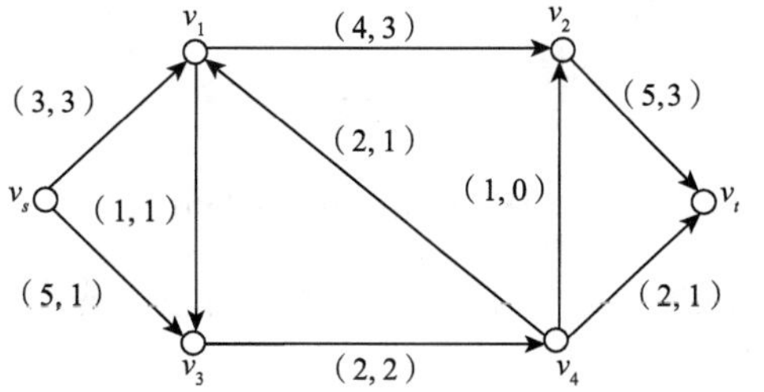

图 6.17　某个运输方案对应的网络流图

图 6.17 中 v_s 为发点，v_t 为收点，$\{v_1, v_2, v_3, v_4\}$ 为中间点集。各弧旁的 (c_{ij}, f_{ij}) 中第 1 个数字 c_{ij} 表示该弧容量，第 2 个数字 f_{ij} 表示通过该弧的流量，如 (v_s, v_1) 上的（3,3），前者表示该弧的容量为 3，后者表示目前通过该弧的流量为 3。

2. 可行流与最大流

对一个给定的容量网络，凡是满足以下两个条件的网络流 $\{f_{ij}\}$ 都称为可行流。

（1）容量限制条件约束，即 $0 \leqslant f_{ij} \leqslant c_{ij}$，对任意 $(v_i, v_j) \in A$；

（2）节点流量平衡条件，即发点的总流出量=收点的总流入量，中间点的总流入量=总流出量。

显然，图 6.17 的网络流为可行流。

若对任意 $(v_i, v_j) \in A$，令 $f_{ij} = 0$，则得到一个 $v(f) = 0$ 的流，显然此流满足可行流的两个条件，因此任何运输网络一定至少存在一个可行流。在实际运输网络问题中，要解决的问题是在不超过容量限制的情况下，使得流量值 $v(f)$ 达到最大。根据前述可行流的条件和运输目标，网络最大流问题的线性规划数学模型为

$$\max\ v(f)$$

$$\text{s.t.}\begin{cases} 0 \leqslant f_{ij} \leqslant c_{ij}, & (v_i, v_j) \in A \\ \displaystyle\sum_{(v_i, v_j) \in A} f_{ij} - \sum_{(v_j, v_i) \in A} f_{ji} = \begin{cases} v(f), & i = s \\ 0, & i \neq s, t \\ -v(f), & i = t \end{cases} \end{cases}$$

显然，网络最大流问题中的一个可行流相当于线性规划中的一个可行解，而寻求最大流就相当于求满足网络容量的最优解，自然可用前面介绍的单纯形算法进行求解。对图 6.18 所示的含有 6 个顶点和 9 条弧的运输网络，采用单纯形算法求解效率不高，用网络模型方法求解，将更加直观、简便。

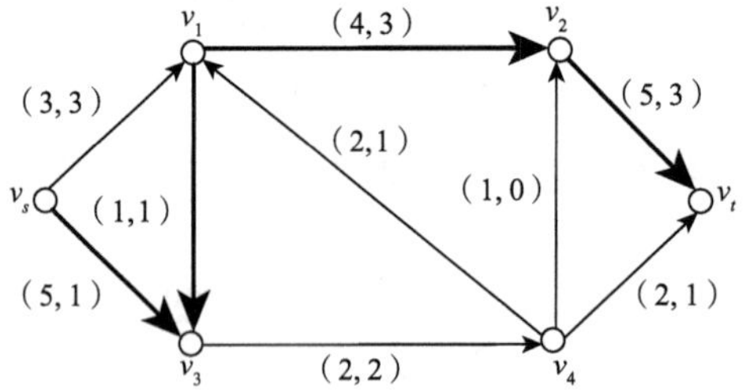

图 6.18 有增广链的网络流图

下面介绍由 Ford 和 Fulkerson 于 1956 年提出的算法，先介绍与求解算法有关的一些基本概念和原理。

3. 增广链

设网络 $D = (V, A, C)$ 中，有一可行流 $f = \{f_{ij}\}$，按每条弧上流量的多少，可将弧分

为以下 4 种类型：

（1）饱和弧：$f_{ij}=c_{ij}$；

（2）非饱和弧：$f_{ij}<c_{ij}$；

（3）零流弧：$f_{ij}=0$；

（4）非零流弧：$f_{ij}>0$。

在图 6.18 中，$(v_s,v_1),(v_1,v_3),(v_3,v_4)$是饱和弧，也是非零流弧，$(v_4,v_2)$是零流弧，其他各弧均为非饱和弧，也是非零流弧。

设μ是网络D中从v_s到v_t的一条链，沿此方向μ上的各弧可分为两类，一类是与链的方向一致的弧，称为前向弧（或正向弧），前向弧的全体记为μ^+；另一类是与链的方向相反的弧，称为后向弧（或反向弧），后向弧的全体记为μ^-。如图 6.18 所示，在链$v_s\to v_1\to v_2\leftarrow v_4\to v_t$中，$\mu^+=\{(v_s,v_1),(v_1,v_2),(v_4,v_t)\},\mu^-=\{(v_2,v_4)\}$。

对于可行流f，其中μ是一条从v_s到v_t的链，如果μ^+中的每条弧均为非饱和弧，且μ^-中的每条弧均为非零流弧，则称链μ是关于可行流f的增广链。不难理解，如果μ是一条增广链，那么在μ上可以增加一定的流量，从而增加当前可行流的流值。如图 6.18 所示，$\mu=\{v_s,v_3,v_1,v_2,v_t\}$就是一条增广链。

若可行流f不存在增广链，那么它就不能再增大网络流量，就可断定当前可行流就是最大流。

4. 截集和截量

一个容量网络，由于各弧容量c_{ij}配置得不合适，结果有的弧能通过较大流量，而有的弧只能通过较小流量，类似于长江中有的地方宽，有的地方窄。小的地方就限制了最大流的上限值，称为网络流的“瓶颈”，或俗称“卡脖子”地区。因此，研究从始点到终点的流径中，哪些弧的容量起了限制最大流的作用，如果增加该弧的容量，就能增加网络图的最大流，这是具有实际意义的一个问题。截集的概念就是研究网络流“瓶颈”问题的一种工具。

如果将网络$D=(V,A,C)$的点集 V 分为两部分：V_s和$\overline{V}_s$，使$v_s\in V_s$，$v_t\in\overline{V}_s$，且$V_s\cap\overline{V}_s=\varnothing$，$V_s\cup\overline{V}_s=V$，用$K=(V_s,\overline{V}_s)=\{(v_i,v_j)\in A|v_i\in V,v_j\in\overline{V}_s\}$表示始点在$V_s$中、终点在$\overline{V}_s$中的所有弧的集合，则称$K$为网络$D$的一个截集。截集$K=(V_s,\overline{V}_s)$中所有弧的容量之和称为该截集的截量，记为$C(K)$，有$C(K)=C(V_s,\overline{V}_s)=\sum\limits_{(v_i,v_j)\in K}c_{ij}$。在网络$D$的所有截集中，称截量最小的截集为最小截集。

从直观上说，截集的所有弧是v_s到v_t的必经之路，若把截集从网络中去掉，则从v_s到v_t就不存在路，自然也就没有流量（图 6.19）。

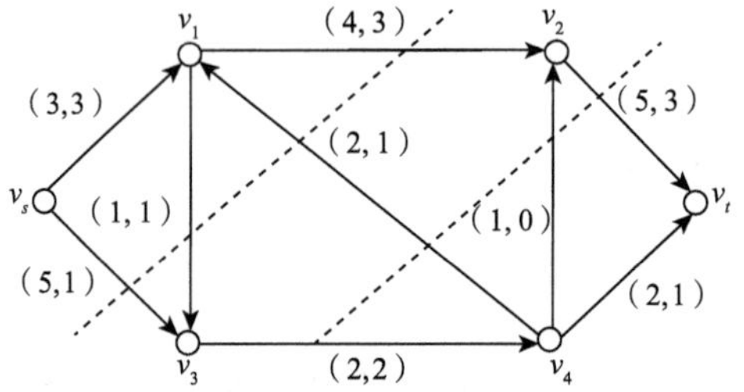

图 6.19 网络流中的截集

例如，在图 6.19 中，若取 $V_1=\{v_s,v_1\}$ ， $\bar{V}_1=\{v_2,v_3,v_4,v_t\}$ ，则此截集和截量分别为

$$K_1=\left(V_1,\bar{V}_1\right)=\left\{\left(v_1,v_2\right),\left(v_1,v_3\right),\left(v_s,v_3\right)\right\}$$

$$C\left(K_1\right)=c_{12}+c_{13}+c_{s3}=4+1+5=10$$

若取 $V_2=\{v_s,v_1,v_2,v_3\}$ ， $\bar{V}_2=\{v_4,v_t\}$ ，则此截集和截量分别为

$$K_2=\left(V_2,\bar{V}_2\right)=\left\{\left(v_2,v_t\right),\left(v_3,v_4\right)\right\}$$

$$C\left(K_2\right)=c_{2t}+c_{34}=5+2=7$$

因为任何一个可行流 $v(f)$ 满足

$$v(f)=\sum_{(v_i,v_j)\in(V_s,\bar{V}_s)} f_{ij}-\sum_{(v_j,v_i)\in(\bar{V}_s,V_s)} f_{ji}\leqslant\sum_{(v_i,v_j)\in(V_s,\bar{V}_s)} f_{ij}\leqslant\sum_{(v_i,v_j)\in(V_s,\bar{V}_s)} c_{ij}=C\left(V_s,\bar{V}_s\right)$$

所以，最大流的流量一定小于等于最小截集的截量。如果存在一个可行流 f^* 和一个截量 $\left(V_s^*,\bar{V}_s^*\right)$ 满足 $v\left(f^*\right)=C\left(V_s^*,\bar{V}_s^*\right)$ ，则 f^* 就是最大流，且 $\left(V_s^*,\bar{V}_s^*\right)$ 是最小截集。

定理 6.5 在网络 $D=(V,A,C)$ 中，可行流 f^* 是最大流的充分必要条件是网络中不存在 v_s 到 v_t 的增广链。

证明 若可行流 f^* 是最大流，则显然网络中不存在 v_s 到 v_t 的增广链（必要性）。充分性用反证法，若存在增广链，则增广链上的前向弧增加流量，后向弧减小流量，则新的可行流流值就可以再增加，与最大流矛盾。

定理 6.6 （最大流最小截集定理） 任一容量网络 $D=(V,A,C)$ 中，最大流的流量等于最小截集的截量。

从以上增广链的概念和截集定理可知，要判断一个可行流 f 是否为最大流，有两种途径：一是能否找出 v_s 到 v_t 的增广链，若能找到，则说明可行流 f 不是最大流；否则可行流 f 就是最大流。二是看流量 $v(f)$ 是否等于最小截量，若等于，则可行流 f 就是最大流，否则可行流 f 就不是最大流。在上述概念和定理的基础上，下面介绍寻求最大流 f 的 Ford-Fulkerson 标号算法。

6.4.2 Ford-Fulkerson 标号算法

该算法由 Ford 和 Fulkerson 于 1956 年提出，故又称 Ford-Fulkerson 标号算法。Ford-Fulkerson 标号算法的基本思想：对于一个可行流 f，由发点 v_s 开始，对容量网络 D 中的顶点进行标号，若 v_t 不能得到标号，则可行流 f 就是所求的最大流；若 v_t 得到标号，这时可用反向追踪法在容量网络 D 中找出一条从 v_s 到 v_t 的由标号点及相应的弧连接而成的增广链，并在增广链上进行流量调整，得到新的可行流 f'；按上述方法继续寻找相应于该可行流 f' 的增广链，直到不存在增广链为止。

Ford-Fulkerson 标号算法的步骤：

步骤1：给出一个初始可行流 f。

步骤2：标号和检查过程；给始点标号为 $(0,+\infty)$，标号过程就是寻找增广链 μ 的过程。

由发点 v_s 开始，对容量网络 D 中的顶点进行标号，用 $\left(v_i, L\left(v_j\right)\right)$ 表示，其中第 1 个分量表示该标号是从哪个点得到的，以便反向追踪找出增广链 μ，第 2 个分量用于确定增广链 μ 的调整量 θ。每个点属于且仅属于下列集合之一：已标号未检查的点集 V_0，已标号已检查的点集 V_s，未标号的点集 $\bar{V}_s$。

首先给始点 v_s 标号（0,+∞），因 v_s 是发点，故括号中第 1 个数字记为 0。括号中第 2 个数字表示从上一标号点到这个标号点的流量最大允许调整值。v_s 为发点，允许调整量不限，故为+∞。此时 $V_0=\{v_s\}, V_s=\varnothing, \bar{V}_s=\{v_1, v_2, \cdots, v_t\}$。

如果 V_0 非空，则反复按以下（1）、（2）进行检查，否则转步骤 3。

（1）在 V_0 中任选一元素 v_i，检查 v_i 到 $\bar{V}_s$ 中的点 v_j，按照下面条件给 v_j 标号：

（a）当 $\left(v_i, v_j\right) \in \mu^+$ 且非饱和时，则给 v_j 的标号为 $\left(v_i, L\left(v_j\right)\right)$，其中 $L\left(v_j\right)=\min\left\{L\left(v_i\right), c_{ij}-f_{ij}\right\}$。

（b）当 $\left(v_i, v_j\right) \in \mu^-$ 且非零流时，则给 v_j 的标号为 $\left(-v_i, L\left(v_j\right)\right)$，其中，$L\left(v_j\right)=\min\left\{L\left(v_i\right), f_{ji}\right\}$。

给 v_j 标号的同时把 v_j 从 $\bar{V}_s$ 中除去，归入 V_0。若 v_t 归入 V_0，说明已找出 f 的增广链 μ，则转步骤 3。

（2）把已标号已检查的点 v_i 归入 V_s。

（3）若 v_t 得不到标号，说明该网络中不存在增广链，给定的可行流即最大流，转步骤 4。

步骤 3：调整过程（增大流量的过程）。

设 $v_t \in V_0$，利用 v_t 的标号和 v_s 中各点的标号中的第一分量，从 v_t 反向追踪到 v_s，得到一条从 v_s 到 v_t 的增广链 μ，按以下方法在增广链 μ 中增加流量，得到新的可行流 f'。

取调整量

$$\theta=\min\left\{\min_{\mu^+}\left(c_{ij}-f_{ij}\right), \min_{\mu^-}\left(f_{ji}\right)\right\}$$

新的可行流 f' 被调整为

$$f_{ij}'=\begin{cases} f_{ij}+\theta, & \left(v_i, v_j\right) \in \mu^+ \\ f_{ij}-\theta, & \left(v_i, v_j\right) \in \mu^- \\ f_{ij}, & \left(v_i, v_j\right) \notin \mu \end{cases}$$

调整之后的可行流 f' 流量比原来的可行流 f 流量增大了 $\theta(\theta>0)$。

抹掉图上所有标号，重复步骤 2 到步骤 3 直至图中找不到任何增广链，即出现步骤 2 中的（3）为止。

步骤 4：写出最小截集$\left(V_s^*,\bar{V}_s^*\right)$和最大流$f^*=\left\{f_{ij}^*\right\}$的流量$v\left(f^*\right)=C\left(V_s^*,\bar{V}_s^*\right)$，终止计算。

例 6.9 试用 Ford-Fulkerson 标号算法求如图 6.20 所示的网络最大流，括号中，第 1 个数字表示容量，第 2 个数字表示流量。

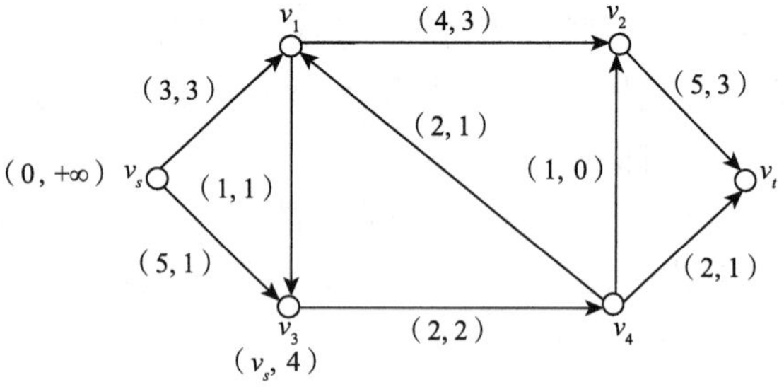

图 6.20 网络图标号（一）

解：步骤 1：图 6.20 已经给出可行流f。

步骤 2：标号检查过程。首先给v_s标以固定标号$(0,+\infty)$，此时已标号未检查的点集$V_0=\{v_s\}$，已标号已检查的点集$V_s=\varnothing$，未标号的点集$\bar{V}_s=\{v_1,v_2,v_3,v_4,v_t\}$。

检查点v_s：

弧(v_s,v_1)为前向饱和弧，所以对v_1不标号。

弧(v_s,v_3)为前向非饱和弧，所以点v_3标号为$(v_s,L(v_3))$。其中，

$$L(v_3)=\min\{+\infty,(c_{s3}-f_{s3})\}=\min\{+\infty,(5-1)\}=4$$

此时$V_0=\{v_3\},V_s=\{v_s\},\bar{V}_s=\{v_1,v_2,v_4,v_t\}$（图 6.20）。

检查点v_3：

弧(v_3,v_4)为前向饱和弧，所以对v_4不标号。

弧(v_3,v_1)为后向非零流弧，所以给v_1标号为$v_1(-v_3,L(v_1))$。其中，

$$L(v_1)=\min\{L(v_3),f_{13}\}=\min\{4,1\}=1$$

此时$V_0=\{v_1\},V_s=\{v_s,v_2\},\bar{V}_s=\{v_3,v_4,v_t\}$（图 6.21）。

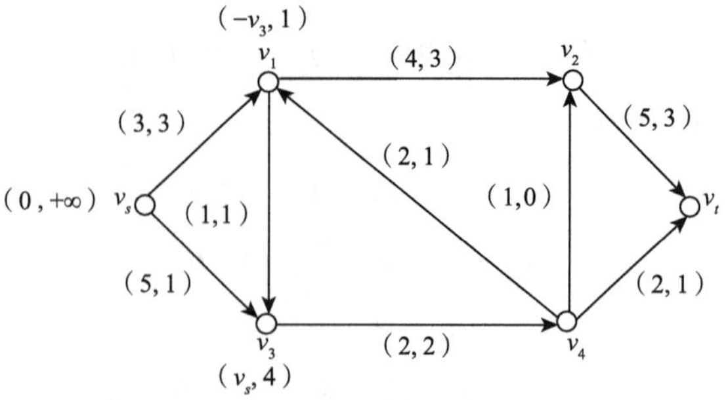

图 6.21 网络图标号（二）

检查点 v_1：

弧 (v_1,v_2) 为前向非饱和弧，所以给 v_2 标号为 $v_2\left(v_1,L(v_2)\right)$。其中，

$$L(v_2)=\min\left\{L(v_1),(c_{12}-f_{12})\right\}=\min\left\{1,(4-3)\right\}=1$$

弧 (v_1,v_4) 为后向非零流弧，所以给 v_4 标号为 $v_4\left(-v_1,L(v_4)\right)$。其中，

$$L(v_4)=\min\left\{L(v_1),f_{41}\right\}=\min\left\{1,1\right\}=1$$

此时 $V_0=\{v_3,v_4\},V_s=\{v_s,v_2,v_1\},\overline{V}_s=\{v_t\}$（图 6.22）。

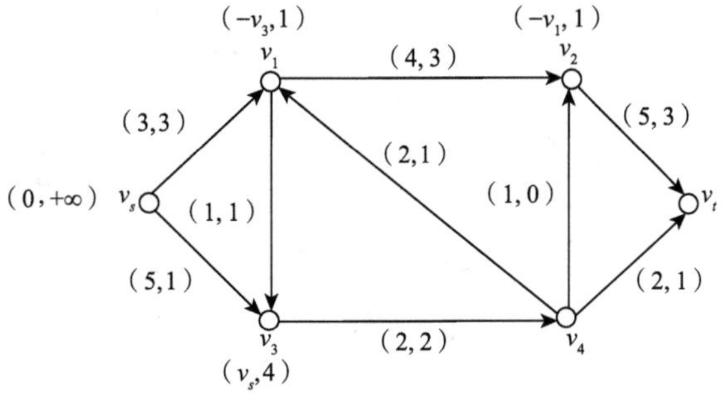

图 6.22　网络图标号（三）

检查点 v_2：

弧 (v_2,v_t) 为前向非饱和弧，所以给点 v_t 标号为 $v_t\left(v_2,L(v_t)\right)$。其中，

$$L(v_t)=\min\left\{L(v_3),(c_{3t}-f_{3t})\right\}=\min\left\{1,(5-3)\right\}=1$$

由于 v_t 已标号，不需再检查 v_4，得到该网络最大流标号，见图 6.23。

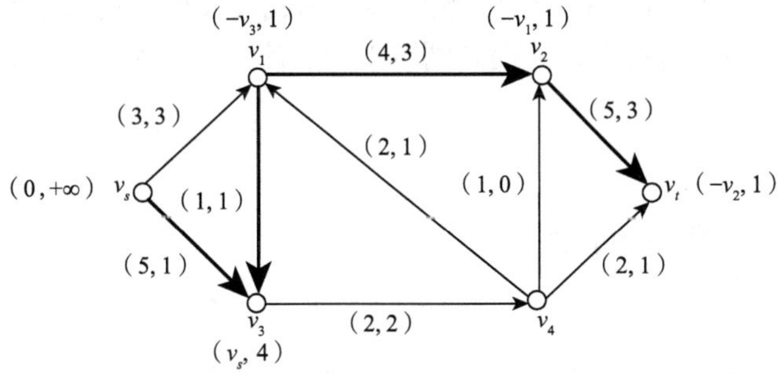

图 6.23　网络最大流标号

步骤 3：确定增广链轨迹并调整其流量。我们利用各点已标号的第 1 个分量，从 v_t 反向追踪得增广链 $v_s\to v_3\to v_1\to v_2\to v_t$，如图 6.23 中粗箭线所示，其中 $\mu^+=\left\{(v_s,v_3),(v_1,v_2),(v_2,v_t)\right\}$，$\mu^-=\left\{(v_2,v_1)\right\}$。由 v_t 标号的第 2 个分量知 $\theta=1$，于是在 μ 上进行调整：

$$f'_{ij}=\begin{cases} f'_{s3}=f_{s3}+\theta=1+1=2, & (v_s,v_2)\in\mu^+ \\ f'_{12}=f_{12}+\theta=3+1=4, & (v_1,v_3)\in\mu^+ \\ f'_{2t}=f_{2t}+\theta=3+1=4, & (v_3,v_t)\in\mu^+ \\ f'_{13}=f_{12}-\theta=1-1=0, & (v_3,v_t)\in\mu^- \\ f_{ij}, & (v_i,v_j)\notin\mu \end{cases}$$

调整后的可行流如图 6.24 所示。

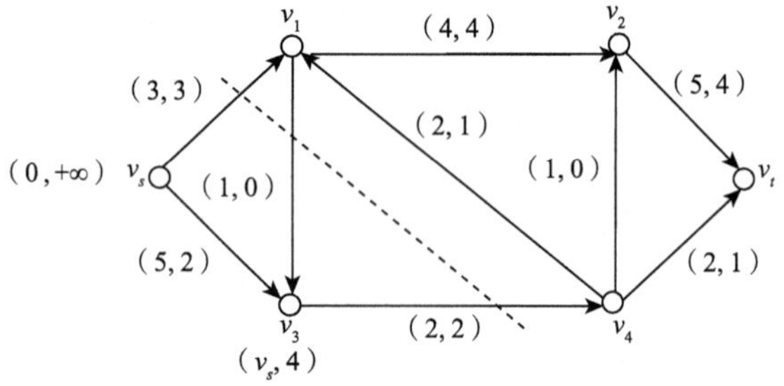

图 6.24 新可行流的网络图标号

步骤 4：再标号。在新的可行流网络中重复上述 Ford-Fulkerson 标号算法，寻找下一个增广链。易见，v_s 标号不变，当给 v_2 标号 $(v_s,3)$ 后，没有满足条件的标号点（如图 6.24 标号所示）。此时，$V_0=\varnothing$，$V_s=\{v_s,v_3\}$，$\bar{V}_s=\{v_1,v_2,v_4,v_t\}$。因此，当前的可行流就是最大流，此最小截集为 $(V_s^*,\bar{V}_s^*)=\{(v_s,v_1),(v_3,v_4)\}$，最大流为 $v(f^*)=C(V_s^*,\bar{V}_s^*)=c_{s1}+c_{34}=3+2=5$。

从例 6.9 可以看出，最小截集中各弧的容量构成最大流问题的瓶颈（如图 6.24 虚线所示）。在实际网络流问题中，为提高网络中的总流量，必须首先关注改善最小截集中各弧的弧容量。

6.5 最小费用流问题

我们在 6.4 节对网络流问题的研究中，只涉及了网络中各个流的流量，而没有涉及各个流的费用。在一个可行流的实际问题中，有时费用的因素是必须考虑的，即在完成一定的流量任务时，人们希望付出的总费用越少越好。若满足流量达到最大且实现总费用最小化，称为最小费用最大流问题。最小费用流问题在网络优化模型中占有重要地位，本书中的运输问题、指派问题、最短路问题及最大流问题等都可以看成是最小费用流问题的特例。

给出网络 $D=(V,A,C,B)$，其中 C 是容量，B 是单位流量的费用，即对于每条弧 (v_i,v_j)，有容量 $c_{ij}\geqslant 0$ 和单位流量费用 $b_{ij}\geqslant 0$。对于网络 D 的一个可行流 $f=\{f_{ij}\}$，最小

费用流的数学模型为

$$\min \sum_{(v_i,v_j)\in A} b_{ij} f_{ij}$$

$$\text{s.t.} \begin{cases} 0 \leqslant f_{ij} \leqslant c_{ij}, \quad (v_i,v_j)\in A \\ \sum_{(v_i,v_j)\in A} f_{ij} - \sum_{(v_j,v_i)\in A} f_{ji} = \begin{cases} v(f), & i=s \\ 0, & i\neq s,t \\ -v(f), & i=t \end{cases} \end{cases}$$

若 $v(f)$ 是最大流的流量 $v(f^*)$，则称上述问题为最小费用最大流问题。

下面我们介绍求解最小费用最大流问题的做法。其基本思想：先找出一个最小费用流 f，若 $v(f)=v(f^*)$，则 f 已经是最小费用最大流；若 $v(f)<v(f^*)$，则需要对 f 进行调整，使其流量增大，而保证新的流仍是最小费用流。一旦调整到了最大流，则它自然就是最小费用最大流。

我们总假设单位流量费用 $b_{ij}\geqslant 0$，于是 $f=0$ 便可取做初始的最小费用流。在解决最小费用最大流问题时，我们已学会调整流的办法，即若不是最大流，便找一条增广链使流量逐步增加，如此循环进行，一直到找不出增广链，从而得到最大流。在最大流增加的过程中，流的费用也会发生变化，前向弧上增加了费用，后向弧上减少了费用。设可行流 f 的一条增广链 μ 的调整量为 θ，调整后新可行流为 f'，易知新可行流的费用为

$$b(f')=b(f)+\theta\left(\sum_{(v_i,v_j)\in\mu^+} b_{ij} - \sum_{(v_i,v_j)\in\mu^-} b_{ij}\right)$$

移项便有

$$b(f')-b(f)=\theta\left(\sum_{(v_i,v_j)\in\mu^+} b_{ij} - \sum_{(v_i,v_j)\in\mu^-} b_{ij}\right)$$

上式右端括号值表示从可行流 f 调整成新可行流 f' 时，沿增广链 μ 增加单位流量所需的费用，称为增广链 μ 的费用，记为

$$b(\mu;f)=\sum_{(v_i,v_j)\in\mu^+} b_{ij} - \sum_{(v_i,v_j)\in\mu^-} b_{ij}$$

这个数值反映了增广链的好坏，这个数值越小，这条增广链带来的增加流量的费用就越少。

定理 6.7　设 f 是最小费用流，而 μ 是关于可行流 f 的费用最小的一条增广链，则沿增广链 μ 调整得到的新可行流 f' 仍然是最小费用流。

剩下的问题是如何寻找费用最小的增广链。我们注意到，在增广链 μ 的费用 $b(\mu;f)$ 中，若将减项中的 μ^- 弧 (v_i,v_j) 反向，并且令它的权是 $-b_{ij}$，而 μ^+ 弧方向不变、权不变，那么，改变后的 μ 就是一条从始点 v_s 到终点 v_t 的有向路，该路的权之和恰好是增广链 μ 的费用。这样，就将求最小费用增广链的问题转化为求始点 v_s 到终点 v_t 的最短

路问题。

为了实现这个转化，需要判明哪些弧可能在增广链 μ 的 μ^+ 中，哪些弧可能在增广链 μ 的 μ^- 中。对于给定的可行流 f，我们可以做出如下判断：

若 $f_{ij}=0$，则弧 (v_i,v_j) 只可能在 μ^+ 中；

若 $f_{ij}=c_{ij}$，则弧 (v_i,v_j) 只可能在 μ^- 中；

若 $0<f_{ij}<c_{ij}$，则弧 (v_i,v_j) 既可能在 μ^+ 中，又可能在 μ^- 中。

我们构造一个新赋权图 $D(f)=(V,A(f),W(f))$，新赋权图 $D(f)$ 的顶点为原网络 D 的顶点 V，弧集 $A(f)$ 及其权集 $W(f)$ 的构成按照如下规则确定：对于弧 $\forall(v_i,v_j)\in A(f)$，有

（1）若 $f_{ij}=0$，则弧 $(v_i,v_j)\in A(f)$，并令 $w_{ij}=b_{ij}$；

（2）若 $f_{ij}=c_{ij}$，则弧 $(v_i,v_j)\in A(f)$，并令 $w_{ij}=-b_{ij}$；

（3）若 $0<f_{ij}<c_{ij}$，则弧 (v_i,v_j)，$(v_j,v_i)\in A(f)$，并令 $w_{ij}=b_{ij}$，$w_{ji}=-b_{ij}$。

那么，在新赋权图 $D(f)=(V,A(f),W(f))$ 中求关于 f 的最小费用增广链，就等价于在 $W(f)$ 中求从始点 v_s 到终点 v_t 的最短路。

由以上讨论可得出求最小费用最大流的算法：

步骤 1：取零流为初始最小费用可行流，记为 $f^{(0)}$。

步骤 2：若第 $k-1$ 步得到最小费用可行流 $f^{(k-1)}$，则构造一个新赋权图 $D\left(f^{(k-1)}\right)$，在新赋权图 $D\left(f^{(k-1)}\right)$ 中寻求 $v_s\to v_t$ 的最短路。若不存在最短路，则当前的可行流 $f^{(k-1)}$ 已是最小费用最大流；若存在最短路，则在原网络 D 中得到一条相应的增广链 μ，在 μ 上按最大流算法中的调整规则对 $f^{(k-1)}$ 进行调整，调整量为 $\theta=\min\left\{\min\limits_{\mu^+}\left(c_{ij}-f_{ij}^{(k-1)}\right),\min\limits_{\mu^-}\left(f_{ij}^{(k-1)}\right)\right\}$，从而得到新的可行流 $f^{(k)}$。

再对 $f^{(k)}$ 重复上述过程直至不存在最短路。

例 6.10 求网络（图 6.25）的最小费用最大流，弧旁的数字为（b_{ij}, c_{ij}）。

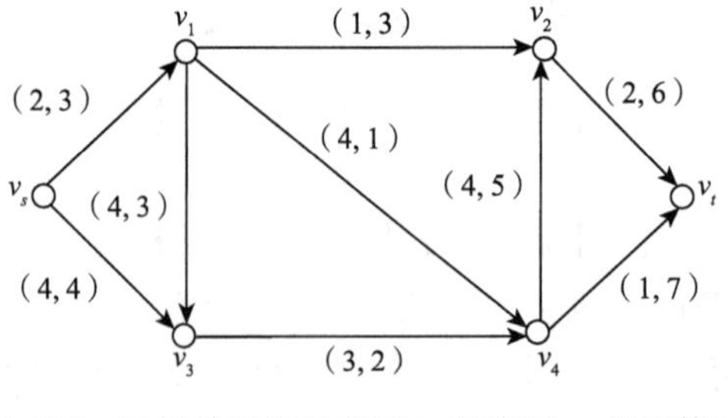

图 6.25 已知单元流量费用 b_{ij} 和容量 c_{ij} 的网络图

解：首先，取零流为初始最小费用可行流，得到 $f^{(0)}=0$ 的网络流图，如图 6.26 所

示，弧旁的数字为（ b_{ij}, c_{ij}, f_{ij} ）。

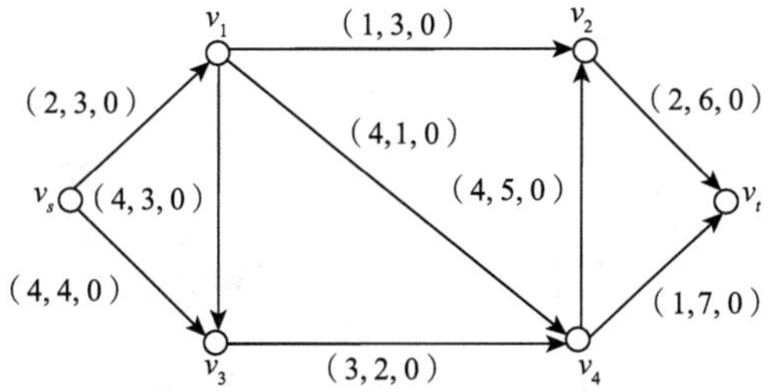

图 6.26　$f^{(0)}=0$ 的网络流图

其次，在 $f^{(0)}=0$ 的网络流图中构造新赋权图 $D\left(f^{(0)}\right)$，如图 6.27 中括号数值所示，并在新赋权图 $D\left(f^{(0)}\right)$ 中寻求从 v_s 到 v_t 的最短路，如图 6.27 中粗箭线所示，由此得到对应最小费用的增广链。

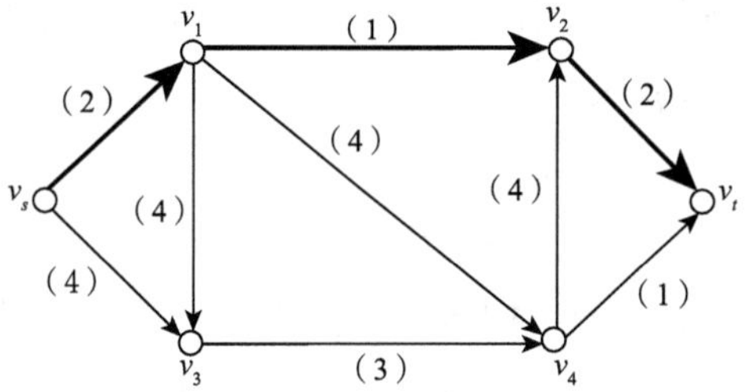

图 6.27　$f^{(0)}=0$ 的网络赋权图 $D\left(f^{(0)}\right)$

在 $f^{(0)}=0$ 的最小费用增广链上对可行流进行流量的调整，调整量为 $\min\{3-0,3-0,6-0\}=3$，因此新可行流 $f^{(1)}=3$ 的网络流图如图 6.28 所示。

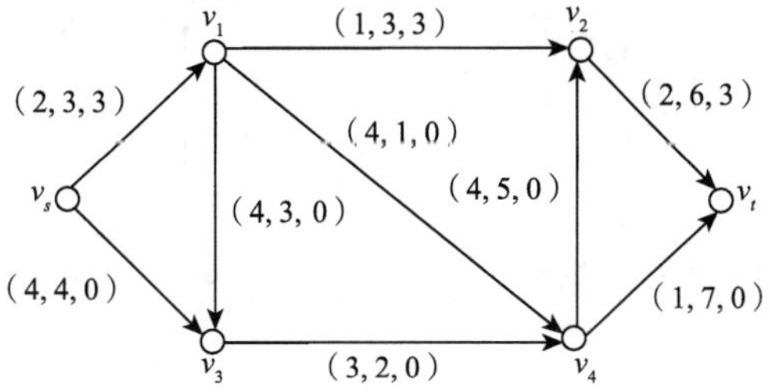

图 6.28　$f^{(1)}=3$ 的网络流图

再次，在 $f^{(1)}=3$ 的网络流图中构造新赋权图 $D\left(f^{(1)}\right)$，其中弧 (v_s,v_1) 和 (v_1,v_2) 是饱和弧，只能作为后向弧，而弧 (v_2,v_t) 是非饱和弧，既可以作为前向弧也可以作为后向弧，新赋权图如图 6.27 所示，并在新赋权图 $D\left(f^{(1)}\right)$ 中寻求从 v_s 到 v_t 的最短路，如图 6.29 粗线所示，由此得到最小费用增广链。

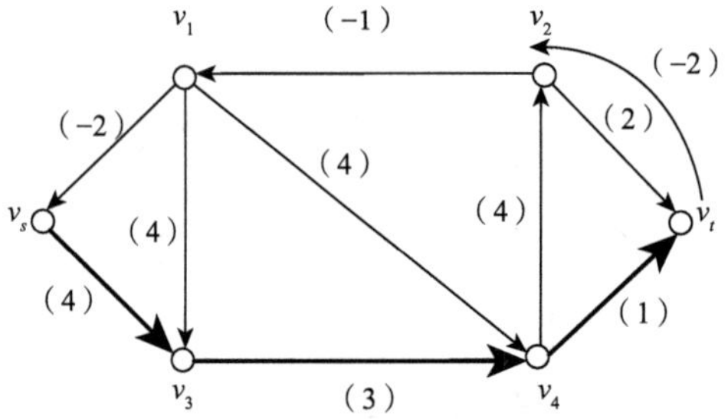

图 6.29　$f^{(1)}=3$ 的网络赋权图 $D\left(f^{(0)}\right)$

在 $f^{(1)}=3$ 的最小费用增广链上对可行流进行增加流量的调整，调整量为 $\min\{4-0,2-0,7-0\}=2$，因此新可行流 $f^{(2)}=2$ 的网络流图如图 6.30 所示。

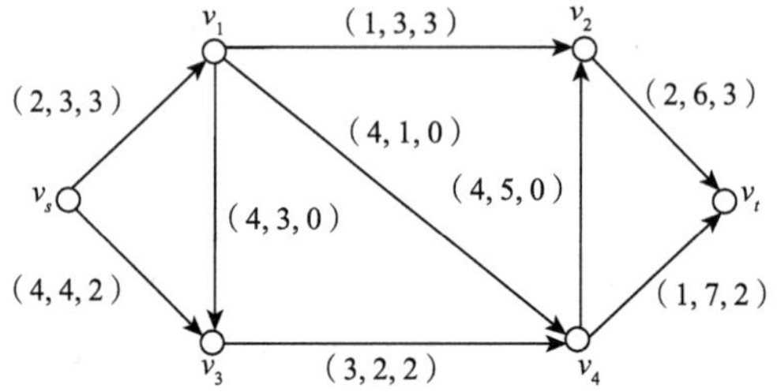

图 6.30　$f^{(2)}=2$ 的网络流图

最后，在 $f^{(2)}=2$ 的网络流图中构造新赋权图 $D\left(f^{(2)}\right)$，其中弧 (v_s,v_3) 和 (v_3,v_4) 是饱和弧，只能作为后向弧，而弧 (v_4,v_t) 是非饱和弧，既可以作为前向弧也可以作为后向弧，新赋权图如图 6.31 所示，此时在新赋权图 $D\left(f^{(2)}\right)$ 中已没有从 v_s 到 v_t 的最短路，也就没有增广链，即如图 6.28 所示的可行流，即最小费用最大流，最大流值 $v(f)=f^{(0)}+f^{(1)}+f^{(2)}=5$，其费用为 31。

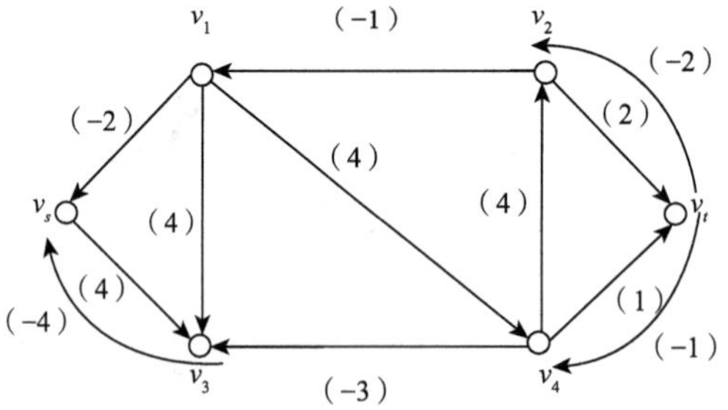

图 6.31　$f^{(2)}=2$ 的网络赋权图 $D\left(f^{(2)}\right)$

6.6 网络计划技术

很多情况下，项目的计划、调配和控制工作都是由管理人员负责的。例如，新产品和工艺的研发计划、工厂与高速公路的建造、复杂设备的维护及新系统的设计与安装等，这些活动都包括大量独立的工作或由多部门和多人配合完成，通常管理人员不太可能记住与项目有关的计划、安排及进度的所有信息；又如，一些复杂项目的任务因素也常常相互依赖，有些工作只有在其他活动完成之后才能开始。在诸如此类的项目中，为了使整个项目按时完成，项目经理必须对众多的工作进行适当的安排和协调。此时，本节介绍的内容就显得至关重要。网络除了作为一种图模型，它还是进行大型工程计划工作的有效工具，使用网络分析的方法编制各类计划称为网络计划技术，又称为统筹法，包括关键路线法（critical path method，CPM）和计划评审法（program evaluation and review technique，PERT）。它是一种着眼于任务总进度的组织管理技术，它对复杂的项目进行任务分解，绘制网络图作为数学模型，进行定量的计算分析，从而对项目的时间和资源进行合理的计划和调配，以保证任务按期或提前完成。

1956 年，美国杜邦公司在制订企业不同业务部门的系统规划时，制订了第一份网络计划。该计划借助于网络表示各项工作与所需要的时间，以及各项工作的相互关系，通过网络分析研究工程费用与工期的相互关系，找出在编制计划及计划执行过程中的关键路线，这种方法称为 CPM。1958 年，美国海军武器局在制定研制“北极星”导弹计划时，同样应用了网络分析的方法与网络计划，并注重于对各项工作安排的评价和审查，这种计划称为 PERT。

CPM 和 PERT 并无根本性区别，CPM 主要应用于以往在类似工程中已取得一定经验的承包工程，PERT 更多地应用于研究与开发项目。在这两种方法得到应用推广之后，又陆续出现了类似的最低成本和估算计划法、产品分析控制法、人员分配法、物资分配和多种项目计划制定法等，这些方法各自侧重的目标有所不同，但它们都应用的是 CPM 和 PERT 的基本原理和方法。20 世纪 60 年代这些方法引入我国并开始进行推广应用。目前，这些方法被世界各国广泛应用于工业、农业、国防、科研等管理计划中，对缩短工期，节约人力、物力和财力，提高经济效益发挥了重要的作用。

网络计划的基本原理：先从需要管理的任务总进度着眼，以任务中各工作所需要的工时为时间因素，按照工作的先后顺序和相互关系绘制网络图，以反映任务的全貌，实现管理过程的模型化。然后进行时间参数的计算，找出计划中的关键工序和关键路线，对任务的各项工作所需的人力、物力和财力通过改善网络计划做出合理安排，得到最优方案并付诸实施。

国内外应用网络计划的实践表明，网络计划具有一系列优点，特别适用于生产技术复杂、工作项目繁多且联系紧密的一些跨部门的计划，如新产品研制开发、大型工程项目进度、生产技术准备、设备大修等计划编制。

下面我们重点介绍网络计划的 CPM，它主要包括绘制网络图、计算时间参数、确定关键路线及网络优化等环节。下面分别讨论这些内容。

6.6.1　网络图的绘制

网络图作为数学模型，描述的系统是“任务”（或称“项目”）。为了绘制网络图，首先要把任务进行分解，并且明确其中的逻辑关系，制定任务分解表。任务中各种各样要做的事情可以分为两大类：事项（或事件）和作业，它们就好比是接力赛跑，各人跑自己那一段即各人干自己那一项作业，两人先后传递接力棒这短暂的事情就是事项。绘制网络图时，用节点和弧代表任务中的事项和作业。

节点代表事项，它是一个或若干个作业的开始或结束，是相邻作业在时间上的分界点。节点用圆圈表示，其中填入数字，表示各节点的编号，如①、②等。它不需要占用时间和资源，只代表某项作业的开始或结束。

弧代表工序（或作业、工作），工序是指为了完成工程项目，在工艺技术和组织管理上相对独立的具体工作或活动过程。一项工程常由若干个工序组成，一般情况下工序要耗费一定的人力、物力等资源和时间，但有的工序仅耗费时间而不耗费其他资源，如自然冷却过程、油漆后的干燥过程等。弧用箭线“→”表示，箭尾表示工序的开始，箭头表示工序的结束，箭线的长短曲直同工序耗费的时间长短、资源多寡无关，箭线旁的权表示为完成某个工序所耗费的时间或资源等数据，通常标注在箭线下面的位置上。虚工序用虚箭线“⇢”表示。它不是一项具体的工作，不需要耗费人力、物力等资源和时间，是为了表示工序之间的逻辑关系而引入的一种作图手段。

网络图就是由节点（点）、弧及其权所构成的有向赋权图。

例 6.11 某项研制新产品工程的各个工序与所需时间及它们之间的相互关系如表 6.1 所示，要求编制该项工程的网络图。

表 6.1 某机械工程任务分解表

工序代号	工序说明	所需时间/天	紧后工序
a	产品设计与工艺设计	60	b, c, d, e
b	外购配套件	45	l
c	下料、锻件	10	f
d	工装制造 1	20	g, h
e	木模、铸件	40	h
f	机械加工 1	18	l
g	工装制造 2	30	k
h	机械加工 2	15	l
k	机械加工 3	25	l
l	装配调试	35	

解：根据表 6.1 的已知条件，绘制的网络图如图 6.32 所示。

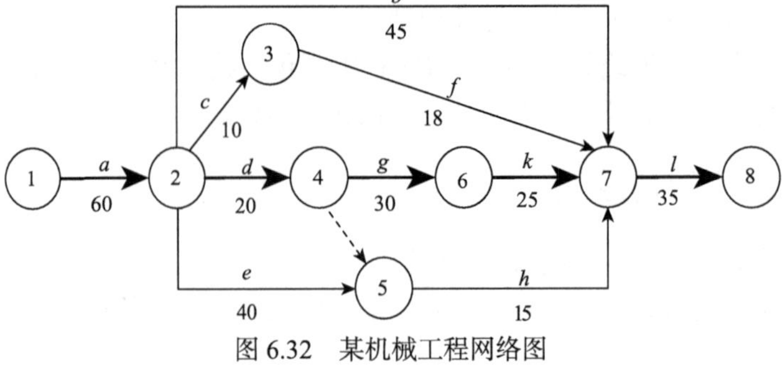

图 6.32 某机械工程网络图

在图 6.32 中，箭线 a，b，…，l 分别代表各工序，箭线下面的数字表示为完成该工序所需的时间（单位：天）；节点①、②、…、⑧分别表示某一或某些工序的开始和结束。例如，节点②表示 a 工序的结束和 b、c、d、e 工序的开始，即 a 工序结束后，这 4 个工序才能开始。

在绘制网络图时，用一条弧和两个节点表示一个确定的工序。例如，②→⑦表示一个确定的 b 工序。工序开始的节点称为箭尾节点，如 b 工序的②；工序结束的节点称为箭头节点，如 b 工序的⑦。在一张网络图上只能有始点和终点两个节点，分别表示工程的开始和结束，其他节点既表示上一个（或若干个）工序的结束，又表示下一个（或若干个）工序的开始。

为正确反映工程中各个工序的相互关系，在绘制网络图时，应遵循以下基本画法规则：

（1）有向的时序节点编号。网络图是有向图，按照工艺流程的顺序，各工序从左向右排列。网络图中的各个节点都有一个时间（某一个或若干个工序开始或结束的时间），一般按各个节点的时间顺序编号。为了便于修改编号及调整计划，可以在编号过程中留出一些编号。始点编号可以从①开始，编号应从小到大，且不重复。

（2）紧前工序与紧后工序。分析图 6.32 中工序间的逻辑关系可知，只有在 a 工序结束以后，b、c、d、e 工序才能开始。a 工序是 b、c、d、e 工序的紧前工序，而 b、c、d、e 工序则是 a 工序的紧后工序。

（3）虚工序。虚工序是为了用来表达相邻工序之间的衔接关系，而实际上并不存在而虚设的工序。虚工序不需要人力、物力等资源和时间，只表示某工序必须在另外一个工序结束后才能开始。图 6.32 中虚工序④┈→⑤只表示在 d 工序结束后，h 工序才能开始。

又如图 6.33 表示的逻辑关系：d 工序必须在 a 工序与 b 工序均完成后才能开始，而 c 工序只需在 a 工序完成后就能开始，不以 b 工序完成为先决条件。

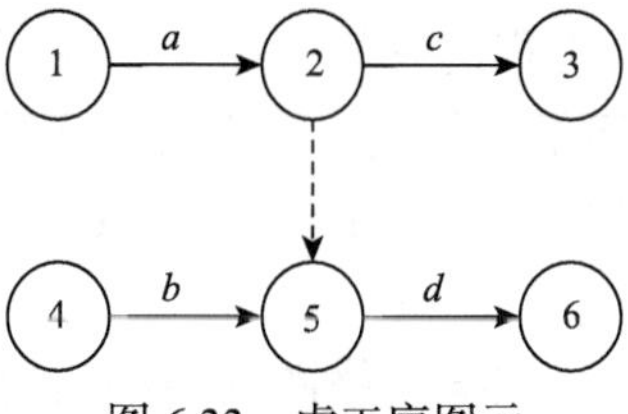

图 6.33　虚工序图示

（4）相邻两个节点之间只能有一条弧，即一个工序用确定的两个相关事项表示，其相邻节点只能是一个工序的相关事项。当相邻节点有两项工序时，应该借助虚工序，如图 6.34 所示。如图 6.34（a）所示的画法是错误的，图 6.34（b）的画法是正确的。

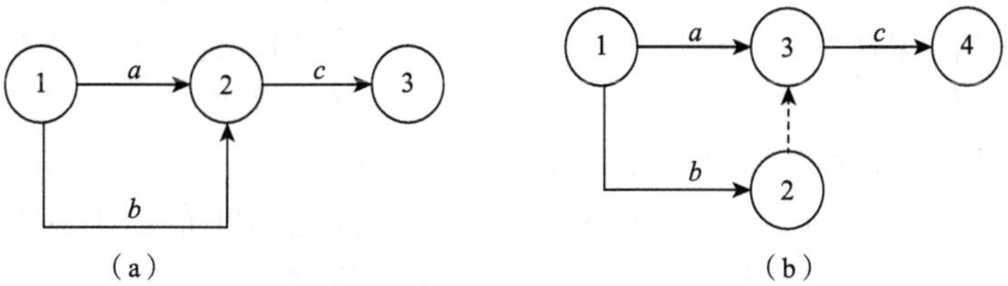

（a）　　　　（b）

图 6.34　相邻节点的多工序图

（5）网络图中不能有缺口和回路。在网络图中，除始点和终点外，其他各个节点的前后都应有弧相邻，即图中不能有缺口，使网络图从始点经任何路线都可到达终点。否则，将使某些工序失去与其紧后（或紧前）工序应有的联系。在本章讨论的网络图中不能有回路，即不可能有循环现象。否则，将使组成回路的工序永远不能结束，工程永远不能完工。如图 6.35 所示的情况，显然是错误的。

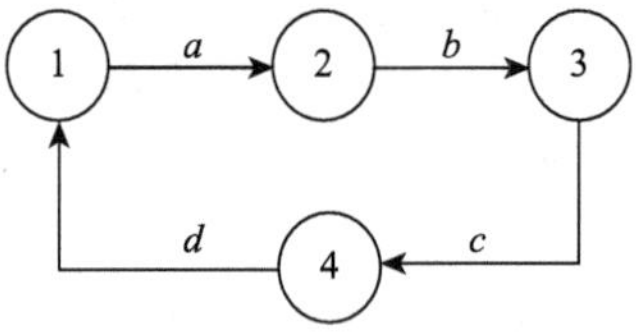

图 6.35 有回路的网络图

（6）平行作业。为缩短工程的完工时间，在工艺流程和生产组织条件允许的情况下，某些工序可以同时进行，即可采用平行作业的方式。如图 6.32 所示，*b*、*c*、*d*、*e* 工序可平行作业。在有几个工序平行作业结束后转入下一道工序的情况下，考虑到便于计算网络时间和确定关键路线，选择在平行作业的几个工序中所需时间最长的一个工序，直接与其紧后工序衔接，而其他工序则通过虚工序与其紧后工序衔接。如图 6.32 所示，*d*、*e* 工序平行作业，这两个工序都结束后，它们的紧后 *h* 工序才可能开始。在 *d*、*e* 工序中，*e* 工序所需时间（40 天）比 *d* 工序所需时间（20 天）长，则 *e* 工序直接与 *h* 工序连接，而 *d* 工序则通过虚工序与 *h* 工序连接。

（7）交叉作业。对需要较长时间才能完成的一些工序，在工艺流程与生产组织条件允许的情况下，可以不必等待工序全部结束后再转入其紧后工序，而是分期分批地转入。这种方式称为交叉作业。交叉作业可以缩短工程周期。如图 6.32 所示，将工装制造分为 *d*、*g* 工序，分别与紧后 *h*、*k* 工序连接。

（8）始点和终点。为表示工程的开始和结束，在网络图中只能有一个始点和一个终点。当工程开始时有几个工序平行作业，或在几个工序结束后完工，用一个始点、一个终点表示。若这些工序不能用一个始点或一个终点表示时，可用虚工序把它们与始点或终点连起来。

（9）网络图的分解与综合。根据网络图的不同需要，一个工序所包括的工作内容可以多一些，即工序综合程度较高。也可以在一个工序中包括的工作内容少一些，即工序综合程度较低。一般情况下，工程总指挥部制订的网络计划是工序综合程度较高的网络图（母网络图），而下一级部门根据网络综合程度的要求，制定本部门的工序综合程度低的网络图（子网络图）。将母网络图分解为若干个子网络图，称为网络图的分解。将若干个子网络图综合为一个母网络图，则称为网络图的综合。若将图 6.32 视为一个母网络，它可以分解为 *a* 工序，*b*、*c*、*d*、*e*、*f*、*g*、*h*、*k* 工序及 *l* 工序 3 个子网络。*a* 工序和 *l* 工序都可以再分解为综合程度较低的若干个工序。

（10）网络图的布局。在网络图中，尽可能将关键路线布置在中心位置，并尽量将联系紧密的工作布置在相近的位置。为使网络图清楚和便于在图上填写有关的时间数据与其他数据，弧线尽量用水平线或具有一段水平线的折线。只要合理布局，有些弧线的转折是可以避免的，如图 6.36 所示。当箭线交叉不可避免时，宜采用暗桥表示，如图 6.37 所示。

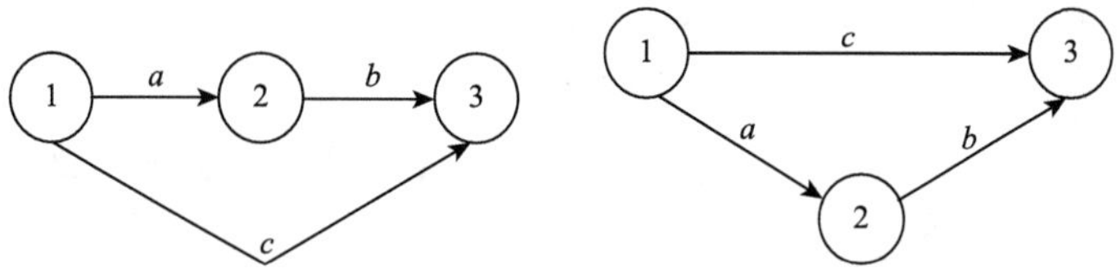

（a）有转折　　（b）无转折

图 6.36　网络图的布局图示

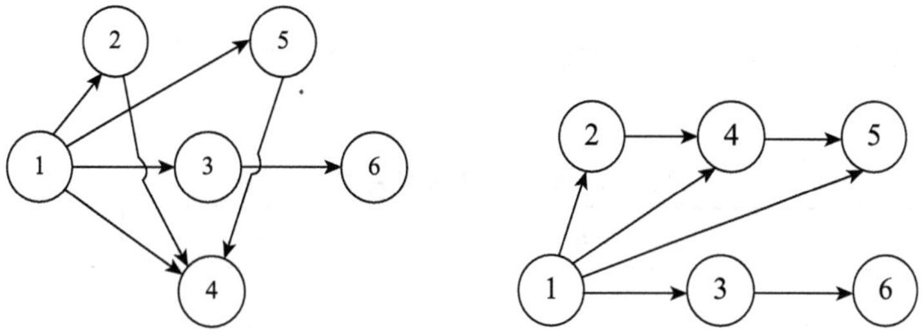

（a）有交叉　　（b）无交叉

图 6.37　网络图的交叉图示

6.6.2　网络图的编制

网络图的编制一般可以分为三步：

（1）确定目标，做好编制网络计划的准备工作。

（2）进行任务分解和分析。

（3）编制网络图。

例 6.12　一项任务首先要分解成若干项作业，并分析清楚这些作业之间工艺上和组织上的联系及制约关系，确定各工作的前后顺序，列出调查项目的明细，如表 6.2 所示。

表 6.2　调查项目的任务分解表

作业代号	作业说明	周期/天	紧前作业
a	系统地提出问题	4	
b	研究选点问题	7	a
c	准备调研方案	10	a
d	收集资料，安排工作	8	b
e	挑选和训练调研人员	12	b，c
f	准备有关表格	7	c
g	实地调查	5	d，e，f
h	分析调查数据，写调查报告	4	g

解：按照明细表中所示的作业，遵照前面所讲的网络图编制准则，在箭杆下标出各工序工时，编制网络图如图 6.38 所示。

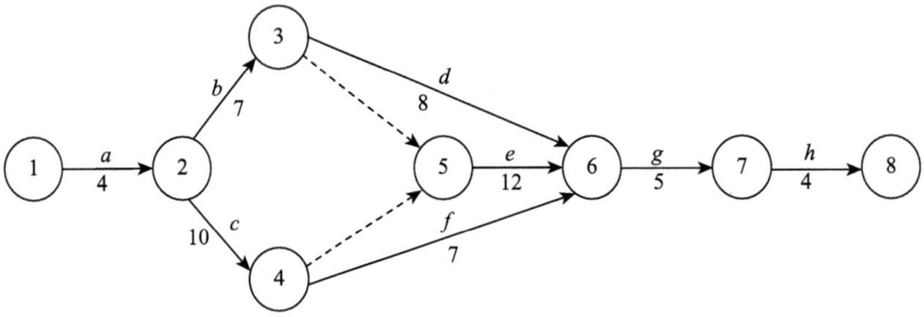

图 6.38　调查项目的网络图

例 6.13　根据资料（表 6.3）绘制的某公路工程的网络图如图 6.39 所示，请读者分析错在何处。

表 6.3　某公路工程的任务分解表

作业代号	作业说明	周期/天	紧前作业
a	测量	2	
b	挖土方	10	*a*
c	填路基	2	*b*
d	安装排水设施	4	*b*
e	清除杂物	1	*b*
f	路面施工	3	*c*，*d*
g	路肩施工	3	*c*，*e*
h	工地清理	1	*f*，*g*

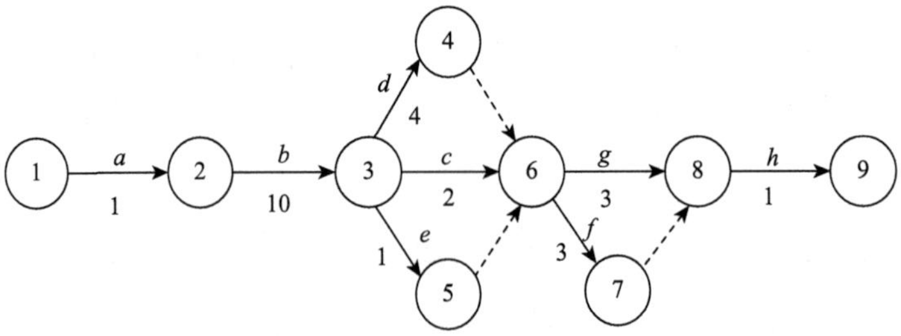

图 6.39　某公路工程的网络图

6.6.3　路线与关键路线

在网络图中，从始点开始，按照各个工序的顺序，连续不断地到达终点的一条通路称为路线。如图 6.32 所示，共有 5 条路线，5 条路线的组成及所需要的时间如表 6.4 所示。

表 6.4　5 条路线及时间

路线	路径	各路线所需要的时间/天
1	①→②→⑦→⑧	60+45+35=140
2	①→②→③→⑦→⑧	60+10+18+35=123
3	①→②→④→⑥→⑦→⑧	60+20+30+25+35=170
4	①→②→④→⑤→⑦→⑧	60+20+15+35=130
5	①→②→⑤→⑦→⑧	60+40+15+35=150

关键路线即完成各个工序需要时间最长的路线。该路线所需要的时间决定了整个任务的总工期，关键路线上的工序称为关键工序。在表 6.4 中，第 3 条路线就是关键路线，图 6.32 中粗线为关键路线，关键工序为 a，d，g，k，l。显然，如果能够缩短关键工序所需的时间，就可以缩短工程的完工时间，而缩短非关键路线上的各个工序所需要的时间，却不能使工程的完工时间提前，即使在一定范围内适当地拖长非关键路线上各个工序所需要的时间，也不至于影响整个工程的完工时间。

编制网络计划的基本思想就是在一个庞大的网络图中找出关键路线，并对各关键工序优先安排资源，挖掘潜力，尽量压缩关键工序需要的时间；而对非关键路线上的各工序，只要在不影响工程完工时间的条件下，可以抽出适当的人力、物力等资源和时间，用在关键工序上，以达到缩短工程工期，合理利用资源的目的。确定了关键路线，在执行网络计划的过程中，可以明确工作重点，对各关键工序加以有效控制和调度。

关键路线是相对的，也是可以变化的。在采取一定的技术组织措施之后，关键路线有可能变为非关键路线，而非关键路线也有可能变为关键路线。例如，图 6.40 从始点①到终点⑥共有 8 条路线，各路线所需的时间见表 6.5 第 3 列，关键路线为①→③→④→⑥（见图 6.40 粗线），关键工序为 b、e、g，总工期为 16 天。当某些工作的完工时间调整后，可能引起关键路线和总工期的变化。例如，将 e 工序的时间缩短为 2 天，各路线所需的时间见表 6.5 第 4 列，关键路线变化为①→③→⑤→⑥（见图 6.41 粗线），总工期为 12 天，关键工序为 b、f、h。

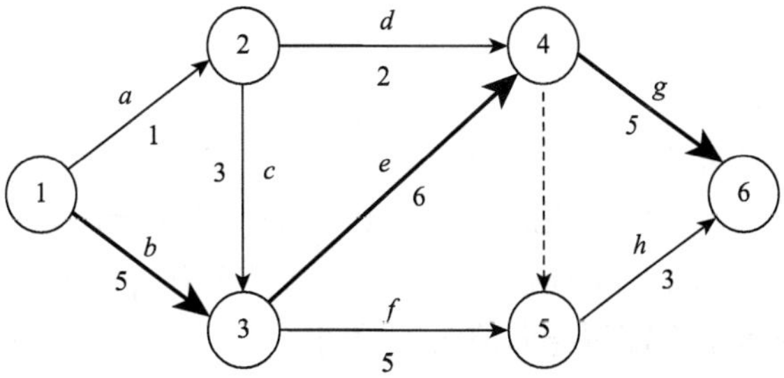

图 6.40　调整前的关键路线和关键工序

表 6.5 8 条路线及时间

路线	路径	调整前的路线时间/天	调整后的路线时间/天
1	①→②→④→⑥	1+2+5=8	1+2+5=8
2	①→②→④→⑤→⑥	1+2+0+3=6	1+2+0+3=6
3	①→②→③→⑤→⑥	1+3+5+3=12	1+3+5+3=12
4	①→②→③→④→⑥	1+3+6+5=15	1+3+2+5=11
5	①→②→③→④→⑤→⑥	1+3+6+0+3=13	1+3+2+0+3=9
6	①→③→④→⑤→⑥	5+6+0+3=14	5+2+0+3=10
7	①→③→④→⑥	5+6+5=16	5+2+5=12
8	①→③→⑤→⑥	5+5+3=13	5+5+3=13

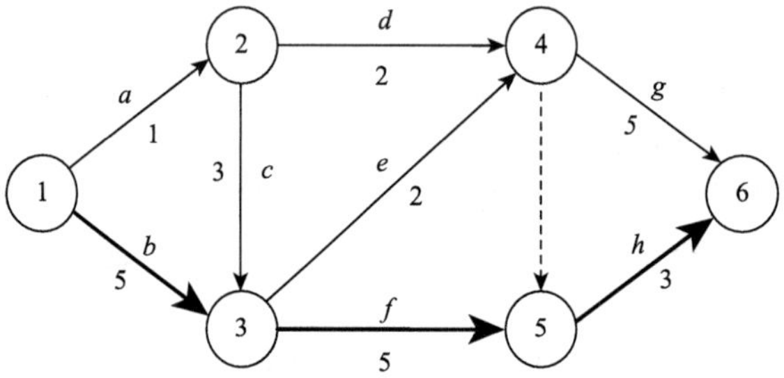

图 6.41 调整后的关键路线和关键工序

6.6.4 网络时间参数的计算

在统筹法的应用中，不但要找出关键路线，而且要采取措施保证关键路线的顺利完工，为此要计算网络图中各个事项和各个作业的有关时间参数，称它们为网络时间参数。计算网络时间参数，其主要目的就是找出工序完工的时差，从而确定关键路线，并为网络优化和调整提供明确的时间概念，确保整个任务按期或提前完成。

1. 工序的作业时间

完成某工序 (i,j) 所需要的时间称为工序的作业时间，用 $T(i,j)$ 表示。

2. 事项时间

1）事项最早时间 $T_E(j)$

通常按箭头事项计算事项最早时间，用 $T_E(j)$ 表示，它等于从始点事项起到本事项最长路线的时间长度。计算时，假定始点事项的最早时间等于零，即 $T_E(1)=0$，每个箭头事项的最早时间等于其箭尾事项最早时间加上工序的作业时间，自左向右逐个事项计算。当同时有两个或若干个箭线指向箭头事项时，箭头事项的最早时间要选择各工序的箭尾事项最早时间与各自工序的作业时间之和的最大值。即

$$T_E(j)=\max\{T_E(i)+T(i,j)\}\quad (j=2,3,\cdots,n)$$

例如，在网络赋权图 6.32 中各事项的最早时间为

$$T_E(1)=0$$
$$T_E(2)=T_E(1)+T(1,2)=0+60=60$$
$$T_E(3)=T_E(2)+T(2,3)=60+10=70$$
$$T_E(4)=T_E(2)+T(2,4)=60+20=80$$
$$T_E(5)=\max\{T_E(2)+T(2,5),T_E(4)+T(4,5)\}=\max\{60+40,80+0\}=100$$
$$T_E(6)=T_E(4)+T(4,6)=80+30=110$$
$$T_E(7)=\max\{T_E(2)+T(2,7),T_E(3)+T(3,7),T_E(6)+T(6,7),T_E(5)+T(5,7)\}$$
$$=\max\{60+45,70+18,110+25,100+15\}=135$$
$$T_E(8)=T_E(7)+T(7,8)=135+35=170$$

将上述计算结果记入各事项上方的方框内，如图 6.42 所示。

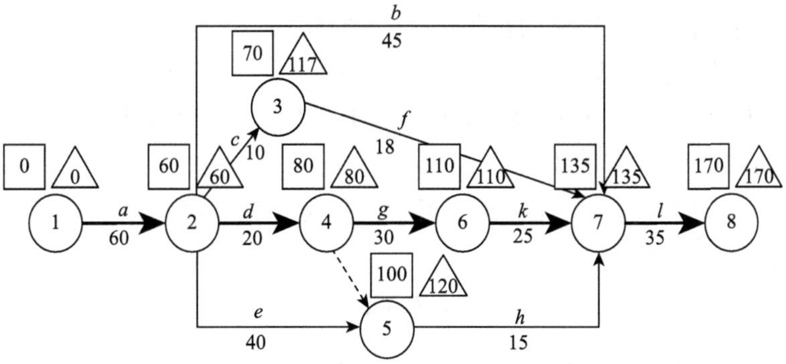

图 6.42　事项的最早时间和最迟时间

2）事项最迟时间 $T_L(i)$

事项最迟时间是按箭头事项各工序的最迟必须结束时间或箭尾事项各工序的最迟必须开始时间，用 $T_L(j)$ 表示。若 n 为终点事项，终点事项的最迟时间，即 $T_L(n)=T_E(n)$。计算时，从右向左反顺序进行，箭尾事项的最迟时间等于箭头事项的最迟时间减去该工序的作业时间。当箭尾事项同时引出多个箭线时，该箭尾事项的最迟时间必须同时满足这些工序的最迟开始时间，即

$$T_L(i)=\min\{T_L(j)-T(i,j)\}(i=n-1,\cdots,2,1)$$

其中，$T_L(i)$ 为箭尾事项的最迟时间，$T_L(j)$ 为箭头事项的最迟时间。

例如，在网络流图 6.32 中各事项的最迟时间为

$$T_L(8)=T_E(8)=170$$
$$T_L(7)=T_L(8)-T(7,8)=170-35=135$$
$$T_L(6)=T_L(7)-T(6,7)=135-25=110$$
$$T_L(5)=T_L(7)-T(5,7)=135-15=120$$
$$T_L(4)=\min\{T_L(6)-T(4,6),T_L(5)-T(4,5)\}=\min\{110-30,120-0\}=80$$
$$T_L(3)=T_L(7)-T(3,7)=135-18=117$$

$$T_L(2)=\min\{T_L(7)-T(2,7),T_L(3)-T(2,3),T_L(4)-T(2,4),T_L(5)-T(2,5)\}$$
$$=\min\{135-45,117-10,80-20,120-40\}=60$$
$$T_L(1)=T_L(2)-T(1,2)=60-60=0$$

将各事项的最迟时间记入该事项上方的三角框内，如图 6.42 所示。

3. 工序(i,j)的最早开始时间与最早结束时间、最迟结束时间与最迟开始时间

1）工序(i,j)的最早开始时间$T_{\text{ES}}(i,j)$

任何一个工序都必须在其紧前工序结束后才能开始，所以其紧前工序最早结束的时间即该工序最早可能开始时间，简称工序最早开始时间，用$T_{\text{ES}}(i,j)$表示工序(i,j)的最早开始时间，即

$$T_{\text{ES}}(i,j)=T_E(i)$$

例如，在网络图 6.32 中各工序的最早开始时间为

$$T_{\text{ES}}(1,2)=0,T_{\text{ES}}(2,3)=T_{\text{ES}}(2,4)=T_{\text{ES}}(2,5)=T_{\text{ES}}(2,7)=60$$
$$T_{\text{ES}}(3,7)=70,T_{\text{ES}}(4,6)=80,T_{\text{ES}}(5,7)=100,T_{\text{ES}}(6,7)=110,T_{\text{ES}}(7,8)=135$$

2）工序(i,j)的最早结束时间$T_{\text{EF}}(i,j)$

工序最早结束的时间等于工序最早开始时间加上该工序的作业时间，用$T_{\text{EF}}(i,j)$表示工序(i,j)的最早结束时间，即

$$T_{\text{EF}}(i,j)=T_{\text{ES}}(i,j)+T(i,j)$$

例如，在网络流图 6.32 中各工序的最早结束时间为

$$T_{\text{EF}}(1,2)=0+60=60,T_{\text{EF}}(2,3)=60+10=70,T_{\text{EF}}(2,4)=60+20=80$$
$$T_{\text{EF}}(2,5)=60+40=100,T_{\text{EF}}(2,7)=60+45=105,T_{\text{EF}}(3,7)=70+18=88$$
$$T_{\text{EF}}(4,6)=80+30=110,T_{\text{EF}}(5,7)=100+15=115,T_{\text{EF}}(6,7)=110+25=135$$
$$T_{\text{EF}}(7,8)=135+35=170$$

3）工序(i,j)的最迟结束时间$T_{\text{LF}}(i,j)$

在不影响工程结束的条件下，工序最迟必须结束的时间简称工序最迟结束时间，用$T_{\text{LF}}(i,j)$表示，即

$$T_{\text{LF}}(i,j)=T_L(j)$$

例如，在网络图 6.32 中各工序的最迟结束时间为

$$T_{\text{LF}}(7,8)=170,T_{\text{LF}}(6,7)=T_{\text{LF}}(5,7)=T_{\text{LF}}(3,7)=T_{\text{LF}}(2,7)=135$$
$$T_{\text{LF}}(4,6)=110,T_{\text{LF}}(2,5)=120,T_{\text{LF}}(2,4)=80$$
$$T_{\text{LF}}(2,3)=117,T_{\text{LF}}(1,2)=60$$

4）工序(i,j)的最迟开始时间$T_{\text{LS}}(i,j)$

在不影响工程结束的条件下，工序最迟必须开始的时间简称工序最迟开始时间，用$T_{\text{LS}}(i,j)$表示，即

$$T_{\text{LS}}(i,j)=T_{\text{LF}}(i,j)-T(i,j)$$

例如，在网络图 6.32 中各工序的最迟开始时间为

$$T_{\text{LS}}(1,2)=60-60=0, T_{\text{LS}}(2,3)=117-10=107$$
$$T_{\text{LS}}(2,4)=80-20=60, T_{\text{LS}}(2,5)=120-40=80$$
$$T_{\text{LS}}(2,7)=135-45=90, T_{\text{LS}}(3,7)=135-18=117$$
$$T_{\text{LS}}(4,6)=110-30=80, T_{\text{LS}}(5,7)=135-15=120$$
$$T_{\text{LS}}(6,7)=135-25=110, T_{\text{LS}}(7,8)=170-35=135$$

5）工序 (i,j) 的总时差 $\text{TF}(i,j)$

在不影响工程总工期的条件下，将工序最早开始（或结束）时间可以推迟的时间称为该工序的总时差（工序的完工期可以推迟的时间）。即

工序总时差=最迟开始−最早开始　　$\text{TF}(i,j)=T_{\text{LS}}(i,j)-T_{\text{ES}}(i,j)$

或

工序总时差=最迟结束−最早结束　　$\text{TF}(i,j)=T_{\text{LF}}(i,j)-T_{\text{EF}}(i,j)$

工序总时差越大，表明该工序在整个网络中的机动时间越大，可以在一定范围内将该工序的人力、物力等资源利用到关键工序上去，以达到缩短工程时间的目的。

6）工序 (i,j) 的单时差 $\text{FF}(i,j)$

在不影响紧后工序最早开始时间的条件下，工序最早结束时间可以推迟的时间称为该工序的单时差。

$$\text{FF}(i,j)=T_{\text{ES}}(j,k)-T_{\text{EF}}(i,j)$$

其中，$T_{\text{ES}}(j,k)$ 为工序 (i,j) 的紧后工序最早开始时间。工序总时差、单时差及其紧后工序的最早开始时间、最迟开始时间的时间参数关系如图 6.43 所示。

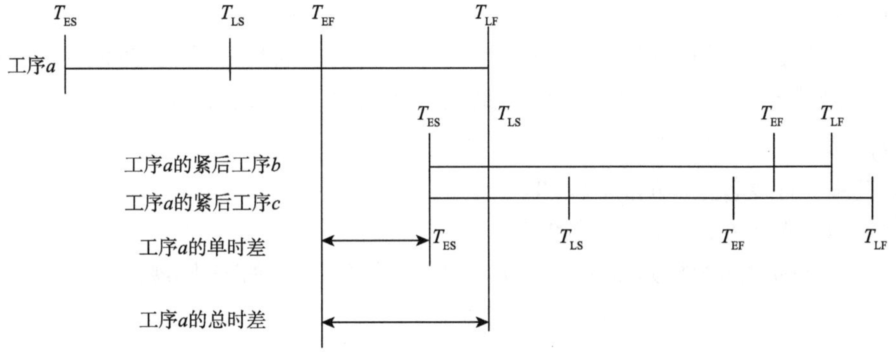

图 6.43　工序总时差、单时差及其紧后工序的时间参数关系

从图 6.43 中可以看出，b 工序与 c 工序同为 a 工序的紧后工序。a 工序的单时差不影响紧后工序的最早开始时间，而其总时差不但包含了本工序的单时差，而且包含了 b、c 工序的时差，使 c 工序失去了部分时差，而使 b 工序失去了全部自由机动时间。占用某一工序的总时差虽然不影响整个任务的最短工期，却有可能使其紧后工序失去自由机动时间的余地。

总时差为零的工序，其开始和结束时间都没有机动的余地，因而由这些工序所组成的路线就是网络中的关键路线，对应的工序就是关键工序。用计算工序总时差的方法确定网络中的关键工序和关键路线是确定关键路线最常用和方便的方法。a、d、g、k、l

工序的总时差为零，由这些工序组成的路线就是关键路线（见图6.42粗箭线），即①→②→④→⑥→⑦→⑧。

上述的网络时间参数计算可以在计算机上进行计算，也可以用表格法计算。按表6.6的格式计算并填写各工序的时间参数。

第一步：计算工序(i,j)的最早开始时间T_{ES}和最迟结束时间T_{LF}。

表6.6　工序的时间参数计算表

工序代号	工序时间 $T(i,j)$	最早时间		最迟时间		总时差 TF
		开始 T_{ES}	结束 T_{EF}	开始 T_{LS}	结束 T_{LF}	
a	60	0	60	0	60	0
b	45	60	105	90	135	30
c	10	60	70	107	117	47
d	20	60	80	60	80	0
e	40	60	100	80	120	20
f	18	70	88	117	135	47
g	30	80	110	80	110	0
h	15	100	115	120	135	20
k	25	110	135	110	135	0
l	35	135	170	135	170	0

由事项的最早时间$T_E(i)$和事项的最迟时间$T_L(j)$可得各工序的最早开始时间和最迟结束时间，即$T_{\mathrm{ES}}(i,j)=T_E(i)$，$T_{\mathrm{LF}}(i,j)=T_L(j)$。

第二步：计算工序的最早结束时间T_{EF}和最迟开始时间T_{LS}。

由工序的最早开始时间加上作业时间可得该工序的最早结束时间，工序的最迟结束时间减去作业时间可得该工序的最迟开始时间，即$T_{\mathrm{EF}}(i,j)=T_{\mathrm{ES}}(i,j)+T(i,j)$，$T_{\mathrm{LS}}(i,j)=T_{\mathrm{LF}}(i,j)-T(i,j)$。

第三步：计算各工序的总时差TF。

例6.14　求例6.12关键路线和工期。

解：事项的时间参数如图6.44所示，由此计算的各工序时间参数见表6.7。

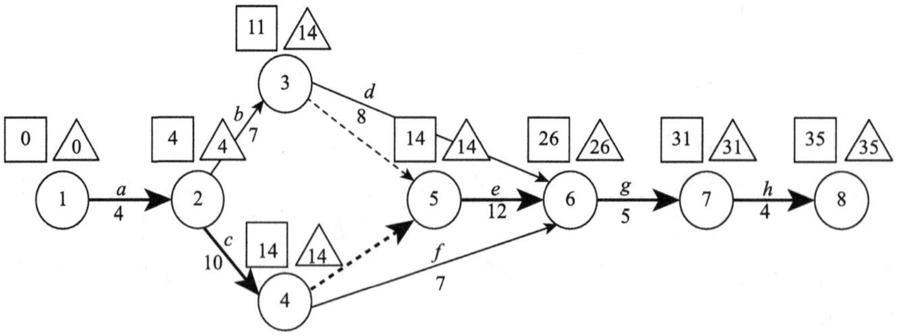

图6.44　事项的时间参数

表 6.7　例 6.14 工序的时间参数计算表

工序代号	作业时间 $T(i,j)$	紧前作业	最早时间		最迟时间		总时差 TF
			开始 T_{ES}	结束 T_{EF}	开始 T_{LS}	结束 T_{LF}	
a	4		0	4	0	4	0
b	7	a	4	11	7	14	3
c	10	a	4	14	4	14	0
d	8	b	11	19	18	26	7
e	12	b，c	14	26	14	26	0
f	7	c	14	21	19	26	5
g	5	d，e，f	26	31	26	31	0
h	4	g	31	35	31	35	0

由表 6.7 可得各作业的时间参数，关键工序为总时差为 0 的工序，即 a、c、e、g、h 工序，由关键工序组成的路线就是所求的关键路线，即①→②→④→⑤→⑥→⑦→⑧。

6.6.5　网络优化

通过绘制网络图，计算网络时间参数和确定关键路线，我们可以得到一项工程任务的初始网络计划方案，该方案仅考虑了工程的进度问题。一般情况，编制工程计划除了要考虑进度，还要综合考虑资源和成本等多方面的因素，以实现网络计划的优化，即需要对初始方案进行调整与完善。网络优化方案是以时间、资源和成本的综合平衡为前提，尽可能在成本最低、资源合理分配的同时实现工程的工期最短。

网络计划技术的网络优化主要包括以下三类问题。

1. 总工期优化

总工期优化，即在工程资源有保证的前提下，采取有力措施，加快工程进度，缩短工期。网络计划中各关键工序的作业时间决定了工程的总工期，所以应集中资源缩短关键工序的作业时间，可采取的措施有以下两方面。

（1）采取技术措施。通过增加新设备，采用新工艺或设计网络计划的平行作业、交叉作业等能够缩短关键工序的作业时间。为加快进程，常常把一项作业分为多项并行子作业同时进行，这时需要引入虚作业，如图 6.45 所示。同样为加快进程，也常常把几项作业分段交叉进行，这也需要引入虚作业，如图 6.46 所示。

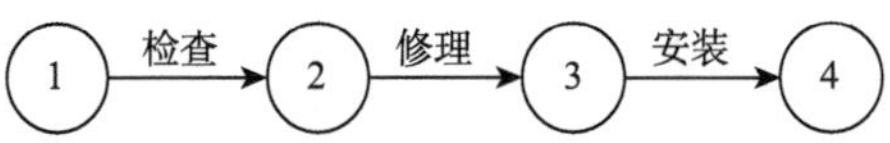

(a)　原图

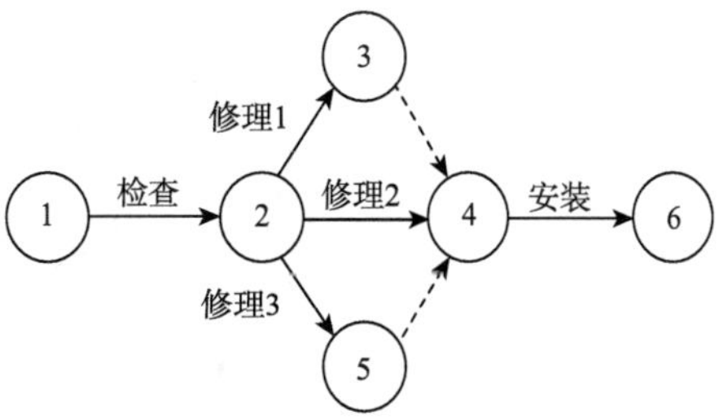

(b)　分为并行作业图

图 6.45　加快进度的并行作业

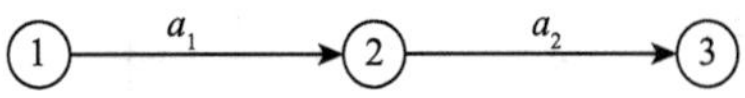

(a) 原图

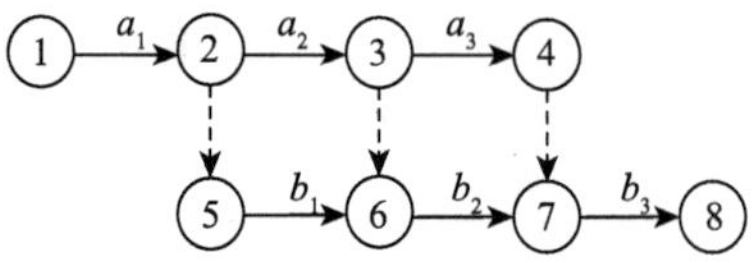

(b) 分为交叉作业图

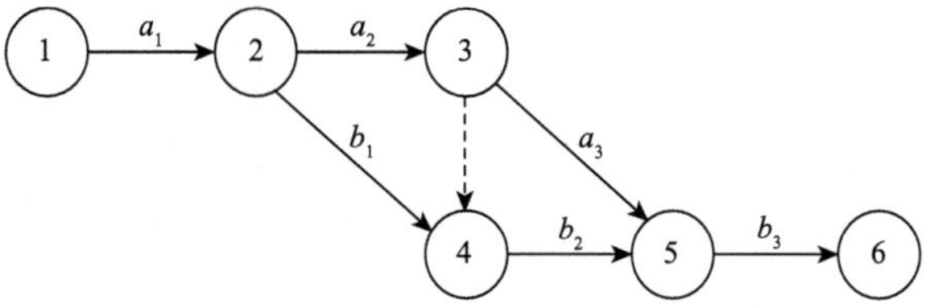

(c) 给(b)图的优化

图 6.46 加快进度的交叉作业

(2)采取组织措施。找出网络计划中时差不为零的非关键工序，利用非关键工序的机动时间，调整和合理利用非关键工序所需的人力、物力等资源，支援关键工序的作业，缩短关键工序的作业时间。

2. 工期资源优化

一项任务的可用资源总是有限的，因此在编制网络计划和安排工程进度时，我们要合理调配现有资源，使工程的进度与使用的资源都得到合理安排，做到既符合客观条件限制，又不延误工期。通常采用以下做法：

(1)确保关键工序的资源需要量得到满足；

(2)在不影响工期的情况下，利用工序的时差推迟非关键工序的开工时间，尽可能平衡资源需要量；

(3)要统筹兼顾工程进度和现有资源，往往要经过多次综合平衡，才能得到比较合理的计划方案。

现有一项工程，其网络图如图 6.47 所示，图中箭线下面的数字是完成工序的时间（单位：天），括号内的数字是该工序每天投入的人力，节点时间参数记在方框和三角形内。可见，关键工序为 c、f、g、h，关键路线为①→②→③→⑤→⑥，总工期为 2+2+3+4=11（天）。如果总工期不变，如何安排使工期内各时段的人力相对均衡？

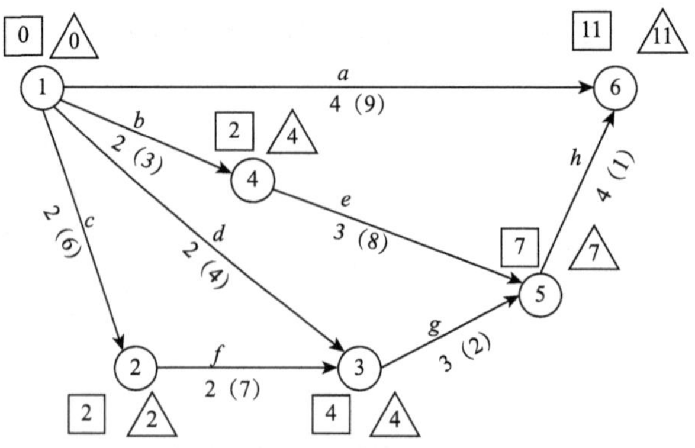

图 6.47 某工程的网络图

如果我们让各工序都按最早开始时间开始［见图 6.48（a）］，各时期所需人数如图 6.48（b）所示，可以看出，在整个施工期，各时段投入的人力很不平衡，在第 3、4 两天每天需要 24 人，而在第 8~11 天时，每天只需 1 人。为此，我们需要进行网络计划的优化。

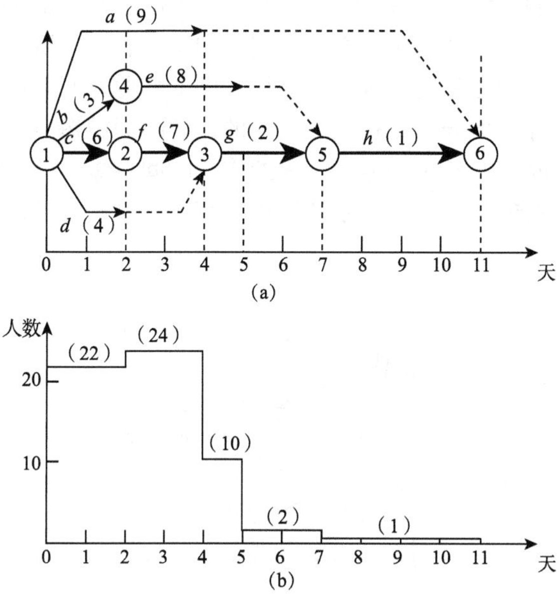

图 6.48　工序尽早开工的人力安排

优化时，我们可以利用工序的时差，对非关键工序的开工时间进行调整，尽量使人力的需要量均衡。具体做法是使工序 a 推迟 7 天开工，工序 e 和工序 b 推迟 2 天开工，这样安排可得各时段所需人力如图 6.49 所示。

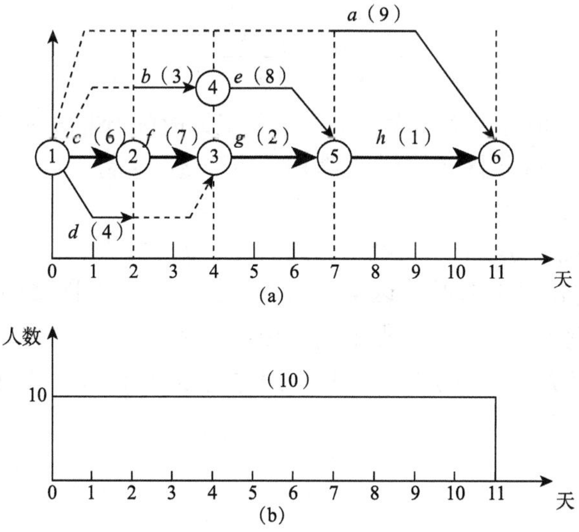

图 6.49　优化的人力安排

3. 工期—费用优化

工期—费用优化问题是指在保证既定的工程工期的条件下，研究如何使工程所需要的总费用最少；或者在限制费用的条件下，工程完工时间最短。任何一项任务的总费用一般包括直接费用和间接费用两部分，其中直接费用包括直接生产工人的工资和附加费、设备、能源、工具及材料消耗等直接与完工的工序有关的费用，间接费用包括管理人员的工资、办公费用和财务费用等。为缩短工序的作业时间，需要采取一定的技术组织措施，相应地要增加一部分直接费用，工序的作业时间越短，直接费用就越多，而间接费用通常按照施工时间的长短分摊，工序的作业时间越短，分摊的间接费用就越少。它们之间的关系如图 6.50 所示，在一定范围内，直接费用与工期成反向关系，间接费用与工期成正向关系。

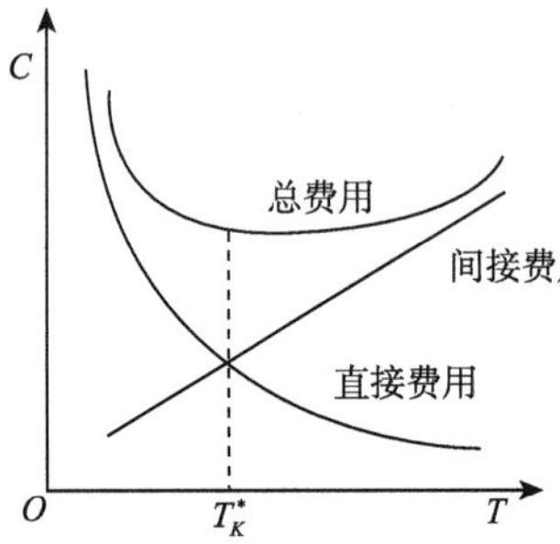

图 6.50 工期—费用关系图

缩短工序的作业时间是有一定限度的，称为工序的极限时间。假设完成工序(i,j)的正常时间为T_{ij}，正常完工的直接费用为C_{ij}，完成工序(i,j)的极限时间记为t_{ij}，极限完工的直接费用为c_{ij}，下式可以计算出工序(i,j)每缩短单位工期所增加的直接费用，称为极限费用率，用P_{ij}表示，即

$$P_{ij}=\frac{c_{ij}-C_{ij}}{T_{ij}-t_{ij}}$$

显然，工序的极限费用率越大，缩短单位工期时间所需要的直接费用就越多。因此，未来在缩短工期的同时得到最少的费用，应该选择关键工序中极限费用率最低的组合来压缩工序作业时间。

下面采用线性规划方法寻求工期—费用问题的优化方案，并运用启发式算法求解。设x_{ij}为在工序(i,j)的完成时间，这里为决策变量，x_j为在网络图的事项 i 的最早时间，这里也为决策变量，T_E为工程工期，极限费用率为P_{ij}，单位时间的间接费用为Q。要求工期不超过T_E，且总费用（直接费用与间接费用之和）最低的工期和各工序完成时间的数学模型为

$$\min Z = \sum_{(i,j)} P_{ij}\left(T_{ij} - x_{ij}\right) + Qx_n$$

$$\text{s.t.}\begin{cases} x_j - x_i \geqslant x_{ij}, \forall (i,j) \\ t_{ij} \leqslant x_{ij} \leqslant T_{ij}, \forall (i,j) \\ x_n \leqslant T_E \\ x_i \geqslant 0, i = 1,2,\cdots,n \end{cases}$$

该模型含有多个约束，用单纯形算法求解比较复杂，下面介绍一种启发式算法。该算法通过对网络中的工序进行合理压缩来求解，其基本思路：

（1）以正常时间进行网络分析，求得关键路线、工期及其总费用；

（2）在关键路线上，寻找极限费用率最小的工序进行作业时间的缩减，使工期缩短最多直到次长路线；

（3）缩短工期必须对所有的关键路线的共有工序进行试算压缩，使工期进一步缩短；

（4）在所有可压缩的方案中应优先选取总费用最少的方案。

例 6.15　已知图 6.32 中各道工序分别在正常情况下和采取措施后的作业时间及其所需要的直接费用，以及各工序极限费用率的资料，如表 6.8 所示，又知该工程项目间接费用为 400 元/天。问：各工序应比正常完工时间提前多少天，才能使整个工程因缩短工期而产生的总费用最少？

表 6.8　某机械工程的工序资料

工序代号	正常情况		采取措施		极限费用率/（元/天）
	正常时间/天	直接费用/元	极限时间/天	直接费用/元	
a	60	10 000	60	10 000	
b	45	4 500	30	6 300	120
c	10	2 800	5	4 300	300
d	20	7 000	10	11 000	400
e	40	10 000	35	12 500	500
f	18	3 600	10	5 440	230
g	30	9 000	20	12 500	350
h	15	3 750	10	5 750	400
k	25	6 250	15	9 150	290
l	35	12 000	35	12 000	

解：（1）以正常的作业时间求得关键路线及其总费用。关键路线为①→②→④→⑥→⑦→⑧，这时工期为 170 天（见表 6.9 路线长度 0 方案的黑体数字），把以正常作业时间的施工方案称为初始 0 方案，此方案的直接费用为表 6.8 第 3 列数字之和 68 900，总费用为直接费用与间接费用之和，即

$$68\,900+400\times170=136\,900（元）$$

表 6.9 工序、路线与工序可压缩时间

工序代号		a	b	c	d	e	f	g	h	k	l	路线长度/天	
极限费用率/（元/天）			120	300	400	500	230	350	400	290		0 方案	1 方案
②→⑦→⑧		√	√								√	140	140
②→③→⑦→⑧		√		√			√				√	123	123
②→④→⑥→⑦→⑧		√			√			√		√	√	**170**	**150**
②→④→⑤→⑦→⑧		√			√				√		√	130	130
②→⑤→⑦→⑧		√				√			√		√	150	**150**
可压缩时间/天	0 方案	0	15	5	10	5	8	10	5	10	0		
	1 方案	0	15	5	10	5	8	0	5	0	0		

（2）在关键路线上选取极限费用率最低的工序进行完工时间的缩减。由于正常作业的次关键路线长度为 150 天，可以考虑关键工序中 a、d、g、k、l 极限费用率低的工序进行完工时间的缩减，其中工序 k 和 g 的极限费用率低，各自能够缩减完工时间为 10 天，此时总工期可以缩短到 170−10−10=150（天）（见表 6.9 路线长度 1 方案的黑体数字），把该方案称为优化 1 方案，此方案的直接费用增加到

$$68\,900+290\times10+350\times10=75\,300\text{（元）}$$

间接费用减少到

$$400\times170-400\times20=60\,000\text{（元）}$$

优化 1 方案的总费用为

$$75\,300+60\,000=135\,300\text{（元）}$$

事实上，优化 1 方案缩短工期消耗的日均直接费用为（75 300−68 900）÷20=320（元），而缩短工期节省的日均间接费用为（68 000−60 000）÷20=400（元），且前者小于后者，否则经济上就没有缩短工期的必要了。

（3）原关键工序的作业时间压缩后，其他路线也有上升为关键路线的可能，需对各个关键路线共有的工序继续压缩，这时网络图中的关键路线为两条：①→②→④→⑥→⑦→⑧与①→②→⑤→⑦→⑧。它们没有共有的可压缩工序，停止缩减，即找到了经济上有力的工时压缩方案：k 工序缩短 10 天，g 工序缩短 10 天，总费用为 135 300 元，当前的工期 150 天也称为最低成本日程。

6.7 案例分析

案例 6.7.1 网络的中心（重心）与选址问题

设 $G=(V,A,W)$ 是个网络图，W 是长度参数，即每条弧上有长度参数 w_{ij}，另外每

个顶点 v_i 上有权重参数 w_i。用 $d_{i,j}$ 表示 v_i 到 v_j 的最短路长度。

定义网络图 G 的中心如下：

$e\left(v_{i^*}\right)=\min\limits_{1\leqslant i\leqslant n}\max\limits_{1\leqslant i\leqslant n} d_{i,j}$，即顶点 v_{i^*} 是中心，使该顶点到达最远的顶点距离是最小的。

定义网络图 G 的重心如下：

$w\left(v_{i^\circ}\right)=\min\limits_{1\leqslant i\leqslant n}\sum\limits_{1\leqslant j\leqslant n} w_j d_{i,j}$，即顶点 v_{i° 是重心，使该顶点到达其他顶点的权重距离之和是最小的。

中心和重心主要应用在选址问题上，具体的描述如下。

给定某个区域内各个村庄的网络图 $G=\left(V,A,W\right)$。现在要在网络内（某个顶点上）建设一个公共服务机构（如学校、医院、粮食存储中心等），问：该机构应该选在哪个顶点进行建设，才能使网络内离该服务机构最远的顶点到该服务机构最近？这个选址问题本质就是决定网络的中心问题。如果公共服务机构是个粮食存储中心，每个村庄把生产的粮食运送到粮食存储中心，每个村庄的运输量是粮食产量与该村庄到存储中心距离的乘积，问：如何选址才能使每个村庄到存储中心的运输量之和最小？这个选址问题的本质就是重心问题，此时每个顶点的权重就是每个村庄的粮食产量。如果选址问题是建设中心学校问题，则每个顶点的权重就是每个村庄的学生人数，最小化的目标则是村庄的学生人数与村庄到中心学校距离的乘积之和。

已知有 6 个村庄相互之间的距离如图 6.51 所示。拟建一所学校，已知 A 点有 55 名学生，B 点有 45 名学生，C 点有 30 名学生，D 点有 40 名学生，E 点有 60 名学生，F 点有 80 名学生。问：学校应该建在哪个村庄，学生上学才能最方便（走的总路程最短）？

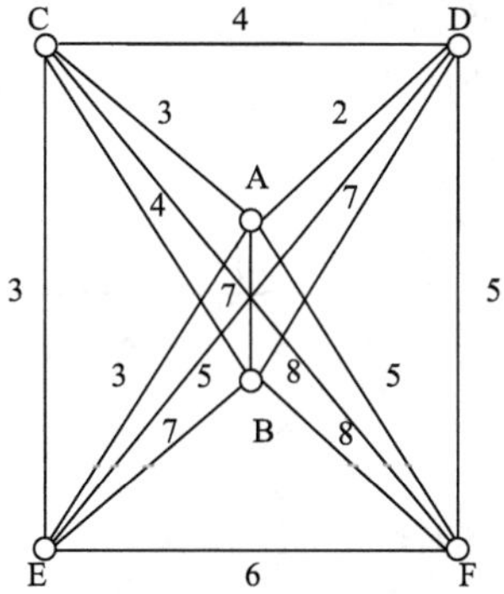

图 6.51　村庄网络图

解：首先求出村庄和村庄之间的最短路长度，见表 6.10。

表 6.10　村庄和村庄间的最短路长度

村庄	A（55）	B（45）	C（30）	D（40）	E（60）	F（80）	max	min	Σ	加权长度之和
A	0	7	3	2	3	5	7	√	20√	1 065√
B	7	0	4	7	7	8	8		33	1 845
C	3	4	0	4	3	8	8		22	1 325
D	2	7	4	0	5	5	7	√	23	1 245
E	3	7	3	5	0	6	7	√	24	1 250
F	5	7	8	5	6	0	8		31	1 390

max 表示某一个村庄到其他村庄的最大距离，其中 B、C、F 点为 8，A、D、E 点为 7，因此网络有 3 个中心，A、D、E 点都可以。

若不考虑该村的学生人数，则∑表示一个村庄到其他村庄的长度之和。A 村庄到其他村庄的长度之和最小。若考虑该村的学生人数，则应用加权长度之和表示每个村庄的学生人数与最短路长度的乘积之和，最小者为 A 点，即 A 点为网络的重心，学校应该建在 A 村。

案例 6.7.2 宝马汽车配件的配送问题

宝马公司需要做出一个方案，使得下个月从总厂（德国的斯图加特）运送到洛杉矶的配件尽可能多，以满足当地忽然增加的需求。当然总厂的配件有足够多供应量。图 6.52 是整个可用的配送网络，图 6.52 中弧上数值是线路容量限制。

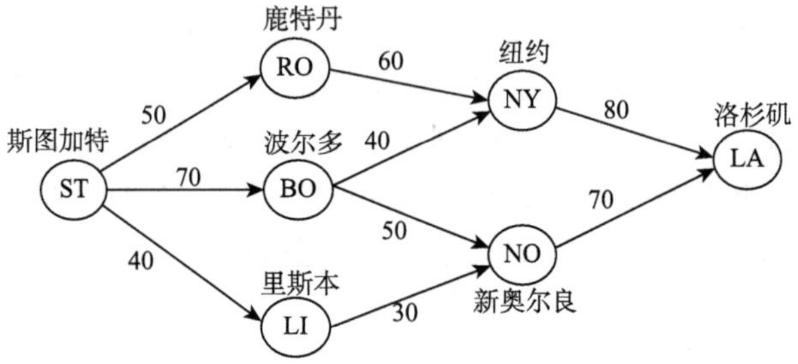

图 6.52 配送网络图

事实上，除了可以从总厂向洛杉矶提供配件之外，还可以从另外一个厂（德国的柏林）向洛杉矶发给配件。而且讨论认为，只是最大限度满足洛杉矶的需求是不太恰当的，应该保证运送到洛杉矶和西雅图两地配件总量最大。图 6.53 是扩充之后的配送网络。

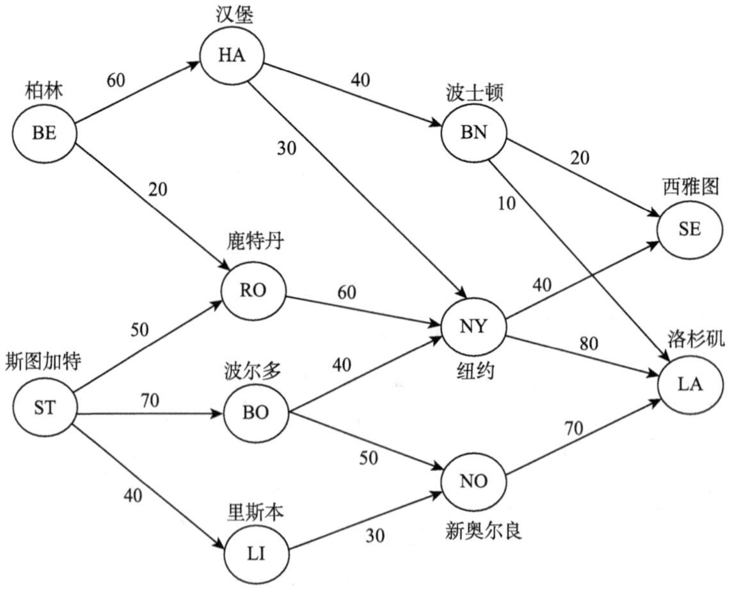

图 6.53 扩充的配送网络图

提示：其实这个扩充后的网络，可以变化成上面只有一个源点和收点的问题。我们可以想象在两个源点之外有个总源点，柏林和斯图加特的流都是从这个总源点来的，只是运输线路容量无限大；同样两个收点之外可以想象有一个总收点，到西雅图和洛杉矶的配件最后都要送到这个总收点去，同样地，到这个总收点的虚拟线路的容量无限。

案例 6.7.3　编制车间生产计划问题

某航空有限公司装配车间的生产计划如表 6.11 所示。现要求编制该工程的网络计划。

（1）不发生意外时施工，能在多少天内竣工？给出这时的费用。

（2）若不计成本，该工程最快能多少天完成及相应费用如何？

（3）完成该装配最优费用需要多少时间？

表 6.11　装配车间工序时间和费用表

工序代号	工序说明	紧前工序	正常情况		采取措施		极限费用率/（元/天）	资源消耗
			正常时间/天	直接费用/元	极限时间/天	直接费用/元		
1	虚工序		0	0	0	0		0
2	翼前缘肋组件装配	1	6	3 500	6	3 500		7
3	前梁装配	1	4	2 600	2	4 400	900	5
4	后梁装配	1	4	2 600	2	4 400	900	5
5	后腹板装配	1	5	3 000	4	3 950	950	6
6	前梁压铆	3	2	1 000	2	1 000		4
7	梁间肋装配	3	3	1 100	3	1 100		6
8	后梁压铆	4	2	1 000	2	1 000		4
9	铰链肋装配	4	6	4 000	5	5 000	1 000	6
10	装配上壁板	5	4	2 000	2	3 800	900	5
11	装配下壁板	5	4	2 000	2	3 800	900	5
12	翼梁装配	5	8	4 900	8	4 900		4
13	后梁总装配	8，9	11	7 500	8	11 400	1 300	8
14	铆接上下壁板	3	2	900	2	900		3
15	喷漆	13	2	700	1	1 100	400	2
16	垂尾总装	6，7，15	8	5 500	6	7 000	750	4
17	安装尾部型材	14	4	2 000	3	2 700	700	6
18	安装前肋	17	5	3 000	3	4 000	500	5
19	架外加工	2，16	6	2 500	4	3 400	450	3
20	虚工序	19	0	0	0	0		0

案例 6.7.4 NJ 市风景区游览线路问题

钟山风景区是 NJ 市著名的风景游览胜地，首批国家 AAAAA 级旅游景区，中国旅游胜地四十佳之一。全区包括明孝陵景区、中山陵景区、灵谷景区、头陀岭景区和其他景区五大部分，以及 14 个可供观光游览的景点，雄伟的风景和浓厚的人文底蕴每年吸引大量游客游览。但是，由于景区可供观光游览的景点众多，景区游览线路复杂，游客较难找到合适的旅游线路。在实际游览过程中，游客通常希望从同一始点出发，走过不同的线路游玩最多的景点，最终回到始点。同时，考虑到体力、时间等因素，希望走过总的线路长度最短。如何为游客设计最优的游览线路？

分析步骤：

1）数据采集

考察钟山风景区的旅游线路及各线路长度的测量问题，考虑到景区线路的变动、游客亲身体验不同等问题，采用实地考察及全球定位系统（global positioning system，GPS）定位测量的方法，对该景区主要景点及线路进行了测量，得到钟山风景区旅游线路（图 6.54）与旅游线路距离（表 6.12）。

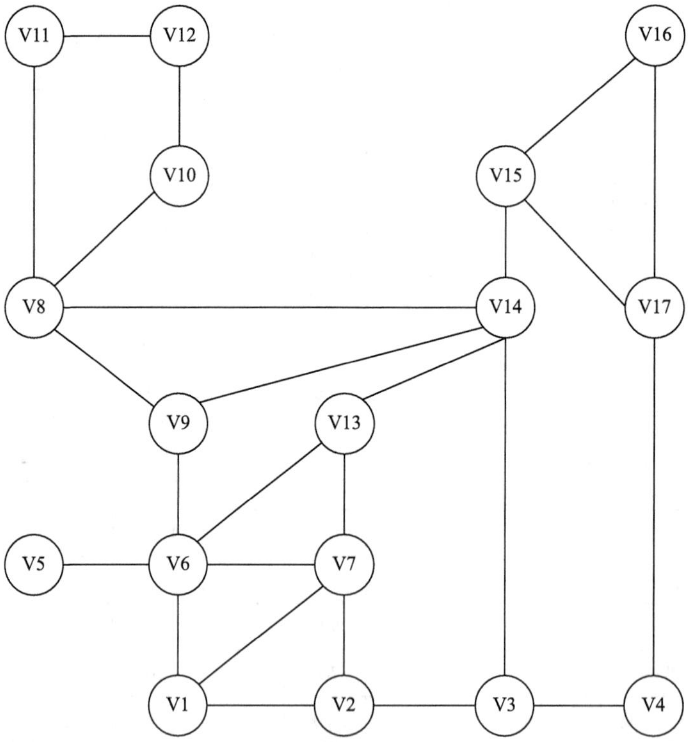

图 6.54 风景区旅游线路

V1 为苜蓿园；V2 为下马坊；V3 为孝陵卫；V4 为钟灵街；V5 为植物园；V6 为四方城；V7 为十朝历史文化园；V8 为金水桥；V9 为海底世界；V10 为定林山庄；V11 为明孝陵；V12 为碑林；V13 为美龄宫；V14 为纪念品店；V15 为中山陵；V16 为中山书院；V17 为灵谷寺

表 6.12　旅游线路距离（一）

始点	终点	长度/千米	始点	终点	长度/千米
V1	V2	1.7	V7	V13	0.46
V1	V5	1.8	V8	V9	0.7
V1	V6	1.1	V8	V10	0.2
V1	V7	0.83	V8	V11	0.63
V2	V7	1.2	V8	V14	1.3
V2	V3	0.95	V9	V14	0.75
V3	V14	2.5	V10	V12	0.4
V3	V4	1.2	V11	V12	0.25
V4	V17	2.8	V13	V14	1.3
V5	V6	1.3	V14	V15	0.5
V5	V8	1.1	V15	V16	0.86
V6	V7	0.4	V15	V17	2.4
V6	V9	0.8	V16	V17	2.8
V6	V13	0.36			

2）模型构建

在上述案例中，由于 V1（苜蓿园）、V2（下马坊）、V3（孝陵卫）、V4（钟灵街）均为地铁站，游客对于地铁站之间的路程长度不敏感。因此，在实际线路规划中，地铁站间的距离可以忽略不计（路程长度为零），故可将地铁站合并为一个始点，多重边取最短的边（图 6.54 中 V1-V7 与 V2-V7 取 V1-V7）。另外，去钟山风景区游玩的游客期望目的地多为 V15（中山陵），故将 V15（中山陵）设为游览线路的终点，故可重新构建风景区旅游线路（图 6.55）及重新计算旅游线路距离（表 6.13）。

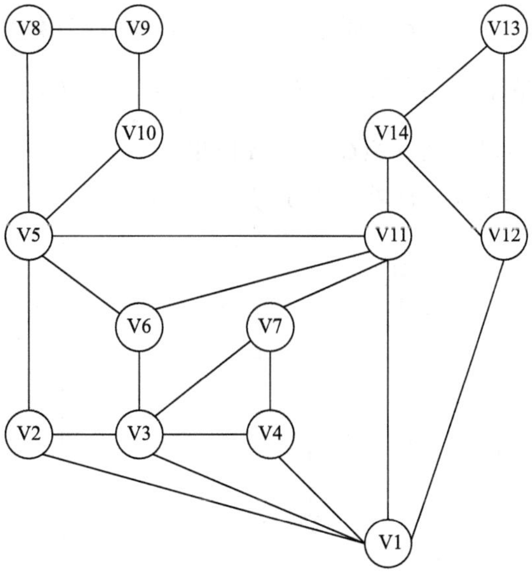

图 6.55　重构的风景区旅游线路

V1 为地铁站；V2 为植物园；V3 为四方城；V4 为十朝历史文化园；V5 为金水桥；V6 为四方城；V7 为美龄宫；V8 为明孝陵；V9 为碑林；V10 为定林山庄；V11 为纪念品店；V12 为灵谷寺；V13 为中山书院；V14 为中山陵

表 6.13 旅游线路距离（二）

始点	终点	长度/千米	始点	终点	长度/千米
V1	V2	1.8	V5	V8	0.63
V1	V3	1.1	V5	V10	0.2
V1	V4	0.83	V5	V11	1.3
V1	V11	2.5	V6	V11	0.75
V1	V12	2.8	V7	V11	1.3
V2	V3	1.3	V8	V9	0.25
V2	V5	1.1	V9	V10	0.2
V3	V4	0.4	V11	V14	0.5
V3	V6	0.8	V12	V13	2.8
V3	V7	0.36	V12	V14	2.4
V4	V7	0.46	V13	V14	0.86
V5	V6	0.7			

习 题 6

1. 利用图模型证明：任意选择 6 个人，则一定存在 3 个人，他们互相都认识，或者互相都不认识。

2. $G=(V,E)$ 是简单图，其中 $|V|=n,|E|=m,m>\frac{1}{2}(n-1)(n-2)$，证明 G 是连通图。

3. T 是一棵树，$\max\limits_{v_i\in V(T)} d_T(v_i)=k$，则 T 至少有 k 个悬挂点（树叶）。

4. 证明：任意有 n 个顶点 n 条边的简单图至少有一个圈。

5. $G=(V,E)$ 是个简单图，令 $\delta(G)=\min\limits_{v_i\in V(G)} d_G(v_i)$（$G$ 的最小次）。证明：若 $\delta(G)\geqslant 2$，则 G 一定包含至少 $\delta(G)+1$ 条边的圈。

6. 用破圈法和避圈法分别求解图 6.56 中的最小树。

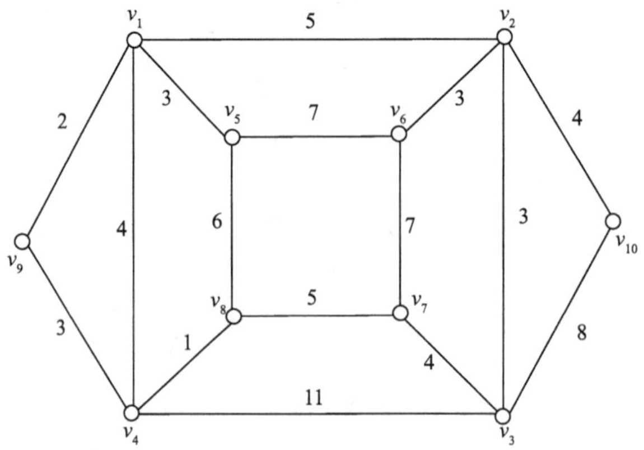

图 6.56

7. 用 Dijkstra 算法，求图 6.57 中 v_1 到其他各点的最短路。

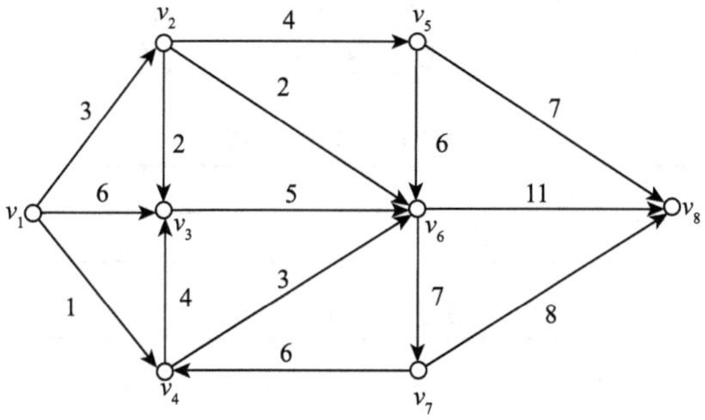

图 6.57

8. 用 Floyd-Warshall 算法，求图 6.58 中各顶点之间的最短路。

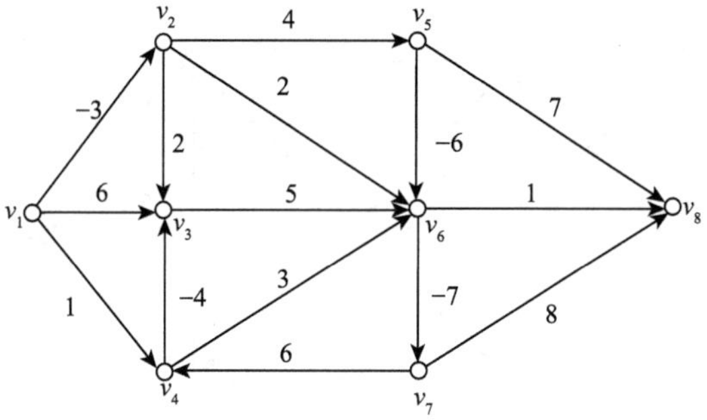

图 6.58

9. 已知有 6 个村庄相互之间的距离如图 6.59 所示。它们拟合建一所学校，已知 A 点有学生 50 人，B 点有学生 40 人，C 点有学生 60 人，D 点有学生 30 人，E 点有学生 70 人，F 点有学生 80 人。问：学校应该建在哪个村子，学生上学才能最方便（走的总路程最短）？

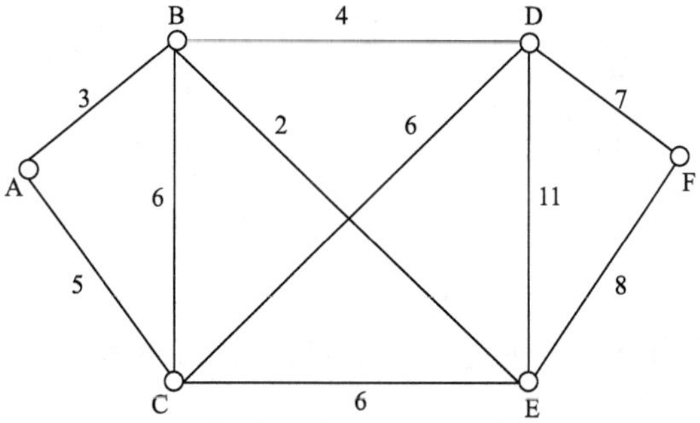

图 6.59

10. 某单位使用一台生产设备，在每年年初，单位领导都要决策下年度是购买新设备还是继续使用旧设备。若购置新设备，需要支付一笔购置费；如果继续使用旧设备，则要支付一定的维修费用。一般说来，维修费随设备使用年限的延长而增加。根据以往的统计资料，已经估算出设备在各年年初的购置费（单位：万元）和不同使用年限的年维修费（单位：万元），见表 6.14 和表 6.15。请设计设备更新计划。

表 6.14 年购置费

使用年限	1	2	3	4	5
购置费	11	11	12	12	15

表 6.15 年维修费

使用年限	1	2	3	4	5
维修费	5	6	8	11	18

11. 用 Dijkstra 算法求图 6.60 中 v_s 到 v_t 的最大流，并找出最小截集。弧旁的数字表示容量。

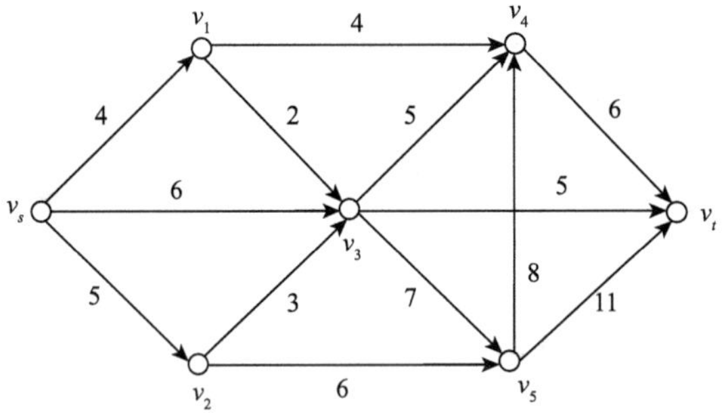

图 6.60

12. 以如图 6.61 所示的可行流为基础，弧旁的数字表示容量与流量，求出最大流和最小截集。

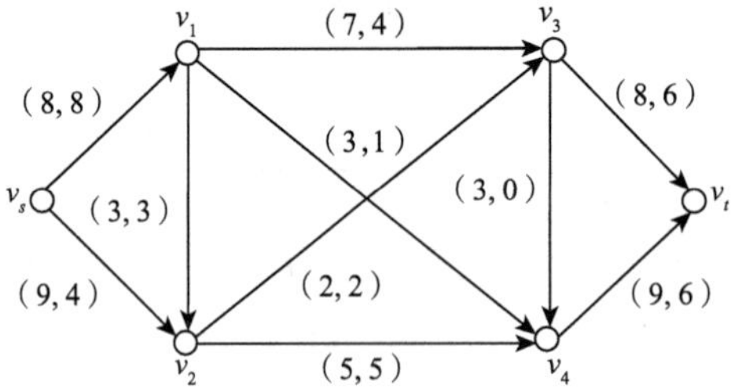

图 6.61

13. 已知某项工程由下列工序组成（表 6.16），试绘制其网络图。

表 6.16 工程任务分解表

工序代号	工时/天	紧前工序
a	15	
b	10	
c	10	*a*,*b*

续表

工序代号	工时/天	紧前工序
d	10	*a*,*b*
e	8	*b*
f	5	*d*,*e*
g	13	*c*,*f*
h	16	*d*,*e*
i	15	*g*,*h*

14. 设有如图 6.62 所示的网络图，计算每个工序的最早开始时间、最迟开始时间、最早结束时间、最迟结束时间；找出关键路线与关键工序。

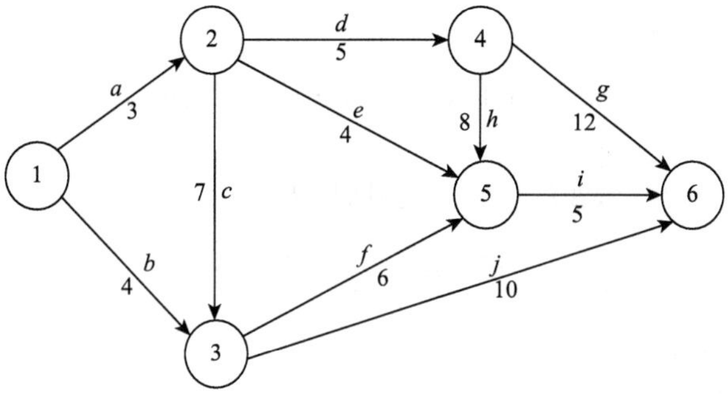

图 6.62

15. 考虑图 6.63 工程网络图，工程工序资料见表 6.17，假设每天的间接费用为 150 元。试回答下面问题。

（1）求各工序每缩短一天的费用率；

（2）求该工程最低成本的施工方案。

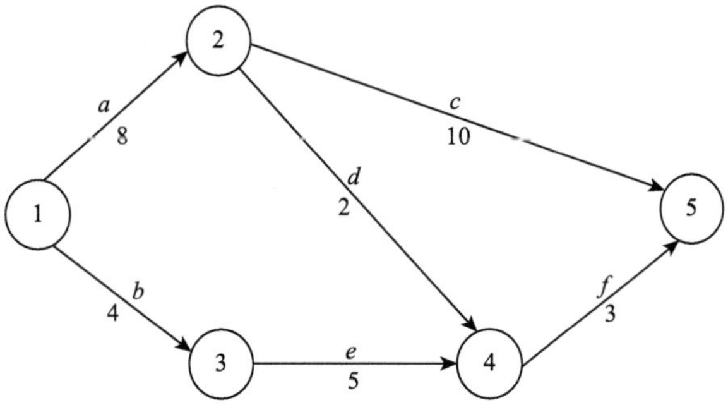

图 6.63

表 6.17　图 6.63 工程工序资料

工序	正常完工		最快完工	
	时间/天	费用/元	时间/天	费用/元
a	8	100	6	200
b	4	150	2	350

续表

工序	正常完工		最快完工	
	时间/天	费用/元	时间/天	费用/元
c	10	100	5	400
d	2	50	1	90
e	5	100	1	200
f	3	80	1	100

16. 某公司设计了一份引进信息化办公系统的项目书，该项目系统将改善文字处理及公司内的信息沟通。工程工序资料见表 6.18。

（1）绘制网络计划图。

（2）求关键工作和工期。

（3）若在 26 周以内完成该项目，如何做出极限决策的建议，使项目按时完成的总费用最少？

（4）若在 6 个月内完成该项目，需要增加多少费用？

表 6.18 工程工序资料

工作代码	工作说明	紧前工作	正常完工		最快完工	
			时间/周	费用/千元	时间/周	费用/千元
a	提出需求		10	30	8	70
b	订货	a	8	120	6	150
c	安装机器	b	10	100	7	170
d	建培训室	a	7	40	6	50
e	管理培训课程	d	10	50	8	750
f	测试系统	ce	3	50	3	

第7章

存　储　论

在社会生产和商品交换的种种活动中，存储是一种普遍的现象。例如，在工厂里，生产需要的原材料、辅助材料或外协零部件，如果存储太少，一旦供应不上则不能满足生产需求；如果存储过多，除了积压资金外，还要承担一笔可观的保管费用，以及由于物品存储过久造成锈蚀、霉烂变质等而发生的资源损失和浪费。在生产过程中，为了均衡生产，工序与工序之间也存在中间品的合理存储问题。再有，工厂的产品生产通常是根据市场需求和订货合同来进行的，由于市场需求具有不确定性，企业的决策者常常面临应该间隔多长时间生产一批产品、每批生产多少产品及仓库应该存放多少备货才合适等一系列问题。除了工业企业有存储问题外，在商业企业的卖场或仓库里，如果存储商品数量不足，发生缺货现象，则会失去销售机会而减少利润；同样如果存货过多，一时无法销售，则造成商品积压、占用流动资金过多甚至无法进行正常的资金周转，同样带来不应有的经济损失。工商企业之所以持有一定水平的库存，其部分原因在于难以准确预测产品的生产时间、销售情况及满足生产的物料需求等。对于大型企业，库存开支可能将高达数百万元，在涉及库存的应用中，企业管理者必须关注与存储有关的成本变化。本章通过科学的管理方法，通过建立数学模型来分析回答诸如库存补货的订货量、何时进行库存补货等关键的存储问题。

7.1　存储概述

与存储有关的现象一般表现为供应量与需求量、供应时期与需求时期的不一致，企业在供应与需求之间设计库存这一环节，主要是设计一个合理的存储规模以缓解供应与需求之间的不协调，实现更有效益的生产或销售。专门研究这类有关存储问题的学问，构成了运筹学的一个分支——存储论（inventory theory）。早在 1917 年，哈里斯（F. Harris）就针对银行货币资金的储备问题进行了详细的分析，建立了该问题的存储模型，并求得了最佳存储货币量公式。

为了全面了解存储论，下面首先介绍存储论的有关基本概念。

7.1.1 需求（存储的输出）

对于库存的存储物品，需求表现为从库存中被提取，物品的存储量减少，因此需求就是存储的输出。如图 7.1 所示，需求方式有的是间断式的，如工业企业的备件、贵重设备的需求；需求方式还有均匀连续式的，如人们对食品和日用品的需求。需求特征有的是确定性的，如火电厂每月固定需要燃烧一定的吨煤；需求特征还有随机性的，即需求不确定而且需求的可能性是可以用概率来描述的。

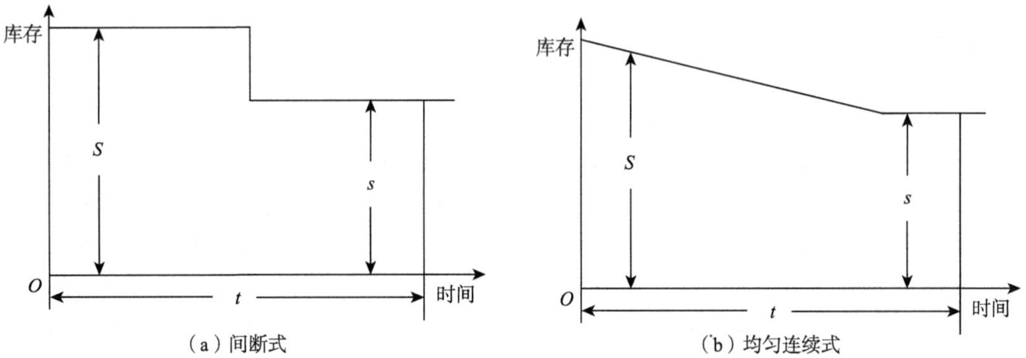

（a）间断式　　（b）均匀连续式

图 7.1 需求方式

7.1.2 补充（存储的输入）

企业通过订货或生产可以补充库存，相当于存储的输入。存储物品因需求不断输出而造成库存量减少，因此必须及时进行补充，否则将不能满足持续的需求。补充的方式可以是向供应商订货购买，也可以是自己组织生产。从订货到货物进入被存储的状态，或是从组织生产到产品入库往往需要一段时间，我们称为滞后时间。此外，为了能够及时补充库存，必须提前订货或组织生产，这段时间称作提前时间。滞后时间可能很长也可能较短，可能是确定性的，也可能是随机性的。

存储论在此要解决的问题是多长时间对存储物品进行补充及补充数量是多少。

7.1.3 存储系统

由一个或若干个具有补充与需求形成的存储单元组合而成的系统，称为存储系统。最简单的存储系统只有一个存储单元，叫作单点式存储系统［图 7.2（a）］。复杂的存储系统形式有：①多点并联式［图 7.2（b）］，如高炉供料设备系统，它由矿石、焦炭、石灰石等若干个存储单元并联而成；②多点串联式［图 7.2（c）］，如生产流水线；③多点串并联式［图 7.2（d）］，如流程较长的复杂生产系统。

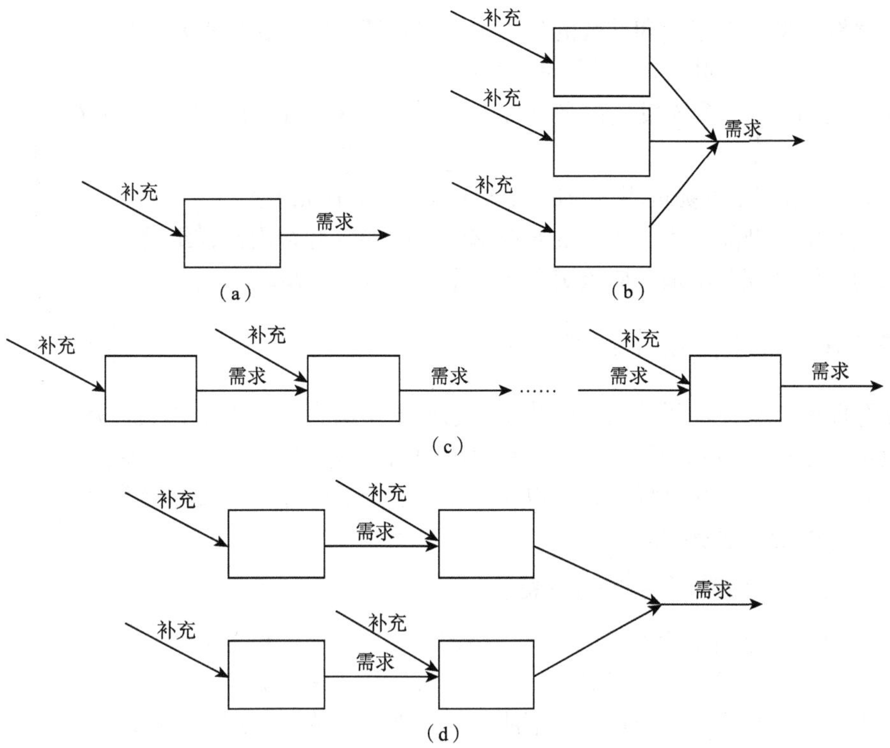

图 7.2 存储系统示意图

7.1.4 存储策略

企业一般都会持有一定的库存，以应对需求和供给的波动，如前所述，企业管理者需要决定多长时间补充存储物及确定补充的库存数量，我们称为存储策略。下面介绍常用的存储策略。

t-循环策略：不论现在库存数量为多少，每隔 t 时间补充固定的存储量 Q。

(s,S) 策略：随时检查库存，当存储量 $x>s$ 时，不补充；当存储量 $x\leqslant s$ 时，补充，增加的存储量为 $Q=S-x$ 。

(t,s,S) 混合策略：每隔 t 时间检查库存，当存储量 $x>s$ 时，不补充；当存储量 $x\leqslant s$ 时，补充，增加的存储量为 $Q=S-x$ 。

7.1.5 存储模型

确定存储策略时，通常是把实际问题抽象为数学模型。在开始形成数学模型的过程中，先对一些复杂的条件尽量简化，只要模型反映问题的本质特征即可，再对数学模型采用相应的数学方法加以处理及计算求解。模型结论正确与否，要到实践中加以检验，如果结论与实际不符，则要对模型重新进行研究与修改。根据长期的科学研究与经验积累，现已得出一些行之有效的库存控制存储模型，总体上基于需求特征可以分为两类：一类为确定需求下的确定性存储模型，另一类为随机需求下的随机性存储模型。不论是哪一种存储模型，在建模和求解的过程中，都要遵循以下 3 个重要步骤。

（1）根据实际问题，绘制存储量的变化状态图；

（2）分析存储系统发生的各种费用，建立具有可比性的存储系统费用函数（存储模型）；

（3）根据存储系统费用函数的数学性质，求解存储模型。

建立存储模型前，我们有必要对存储问题中的各种费用作详细的介绍。可比性意思是汇总的存储系统费用函数应该满足求和子项具有可加性。

7.1.6 存储问题中的各项费用

在存储模型中涉及四种类型的费用，它们的精确定义依赖于企业的类型，如工业企业通过不断生产产品来补充库存以应对市场的需求或客户的购买，商业企业通过采购来补充库存。在补充库存过程中，可以发生四种独立的库存成本或存储费用：订货费、单位成本、存储费和缺货损失费。

1. 订货费（生产准备费或订购费）

订货费有时也叫采购费（ordering cost），是指订货单位发出一次订单的费用，如手续费、差旅费、联络通信费等，订购费仅与订货次数有关而与订货数量无关。要确定这项费用金额须经过仔细的核算，不能简单地把搬运费、管理费等平均地摊到每一件物资上，因为这样做就与生产批量有关了。生产准备费（setup cost）是生产企业组织一次生产所需的固定成本，包括必要的机器调整、人工、物料、生产的损失等，它与生产批量无关。

2. 单位成本或货物单价

单位成本是指企业或组织为得到 1 个单位的物品而支出的费用，费用金额可以通过查看物品报价单或供应商开具的销售发票找到。显然它与订货量或生产批量有关，如物品本身的价格、运费等。如果单位成本是与时间和数量无关的常数，那么在计算存储总费用时，可以不予考虑，但是单位成本有时是变动的。例如，考虑资金的利息或作现值化的计算处理（把不同时间付出的价格，都按一定的折现率转化成现价）；又如，有时采购有批量折扣（quantity discount），即订货数量大时，货物单价有一定的折扣等，这时在计算存储系统的费用函数时需要予以考虑。

3. 存储费

存储费（holding cost），是指在一段时期内持有单位物品而支出的费用。例如，在一段时间储存一台大型设备所花费的成本，存储费一般与存储的数量和时间成正比。有时为了方便，将存储费金额表示为库存投资的百分比，常用的存储费用明细项如下。

（1）利息：物资占用的资金利息，有时也可不作为存储费的一部分而作为成本费的一部分来计算。

（2）物资的贮存损耗、折旧和跌价损失：物资存放在仓库中，除有腐蚀、变质、破碎、失窃等损耗外，常常还因技术发展或新产品的出现而使其价格下降等。

（3）物资的税金与保险费等。

（4）仓库的折旧费：保险费、通风、照明、起重、自控设备、房租、地租等费用。

（5）仓库内搬运费：仓库内整理、堆码、盘点、保养等搬运使用的机械费、燃料费、司机和搬运工人的工资等。

（6）其他管理费：如仓库保管人员的工资，仓库办公室设施的折旧、修理费，办公用品及低值易耗品的购置费等。

4. 缺货损失费

缺货损失费（shortage or stock out cost），是指存储未能满足需求时造成的损失。例如，当原材料或配件缺货时，将造成生产线的停工待料损失。有时为了生产急需，必须采用紧急订货而多付出一定的费用。当产品供不应求时，应有的销售机会没有把握，它将影响企业利润与信誉，造成不能履行合同而要缴纳罚款等的损失费用。一般缺货损失的情况与缺货数量和缺货时间有关，即缺货的数量越多、缺货时间越长，则损失越大。但由于存在多种不确定性，有时缺货损失很难确定。

考虑综上的存储系统各项费用影响，制定合理的存储策略，即研究确定何时订货、组织生产及确定订购或生产数量是多少，以实现存储系统全部费用的最小化目标。

7.2 确定性存储模型

确定性存储模型适用于需求率不变或近似不变的产品，假定在单位时间 t 内（或计划周期）的需求量是已知常数，其订货策略形成 t 循环策略，模型的目标函数是以实现总成本（总订货成本+总存储成本+总缺货成本）最小化为准则建立的。在建立确定性存储模型时，定义的参数及其符号如下。

R：固定需求率（constant demand per unit time）。

c_1：单位时间内单位货物的存储费（holding cost per unit per unit time）。

c_2：单位时间内单位货物的缺货损失费（shortage cost per unit per unit time）。

c_3：订货费，即生产准备费或订购费（setup cost or ordering cost）。

k：单位购置成本（unit acquisition cost）。

Q：订货批量或生产批量（order quantity or production lot size）。

q：最大缺货量（maximum backorder）。

n：单位时间内的订货次数（order frequency per unit time），显然 $n=1/t$，t 为订货周期。

7.2.1 经济订货量模型

经济订货量模型是针对固定需求率从库存中提取相同的产品或货物而设计的。例如，某汽车生产企业以 1 000 个/月的速度购买某汽车备件，按年计算，需求率为

$1000 \times 12 = 12000$（个）。除了固定需求率之外，模型还有两个关键的假设：

（1）订购的货物在一个时间点到达，即瞬时补充；

（2）货物不允许缺货。

关于订货数量的选择需要进行权衡，从而确定一个订货批量（Q）。当订货批量小时，则存储费少，但订货次数频繁，增加了订货费；当订货批量大时，则存储费高，但订货次数少，减少了订货费。为了在上述两种相互矛盾的选择中寻找合理的折中，我们引进一个数学模型，该模型将订货成本费用与库存持有成本费用进行综合表示，我们称为总费用函数模型。通过模型求解，做出关于订货批量和订货时间的决定，以尽可能降低其总成本费用。

设周期性订货（一个订单周期）满足的时间间隔为 t，需求率为 R，此时订货批量 $Q = Rt$，单位货物的存储费为 c_1。我们观察 t 时间内存储量随订货与需求而发生变化的状态图（图 7.3），并对涉及的存储费和订货费加总。需求率为常数，因此在 t 时间内的平均存储量为 $Q/2$（如图 7.3 中虚线所示），则单位时间内的平均存储费用函数为

$$C_1(t) = c_1 \frac{Q}{2} = \frac{1}{2} c_1 Rt$$

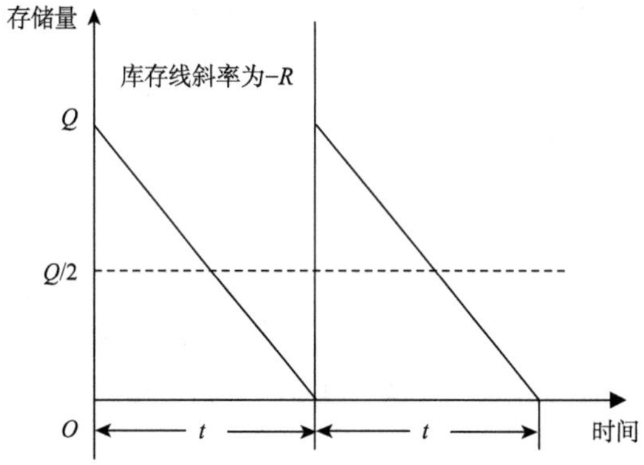

图 7.3　存储量变化状态图

此外，每次订货费为 c_3，货物单位购置成本为 k，订货支出费为 $c_3 + kQ$，单位时间内全部的平均订货费函数为

$$C_3(t) = \frac{c_3}{t} + k\frac{Q}{t} = \frac{c_3}{t} + kR$$

若不考虑上式中货物本身的成本项，则单位时间内的平均订货费函数为

$$C_3(t) = \frac{c_3}{t}$$

制定存储策略的总费用模型用存储费和订货费表示，由此可得一个订货周期时间 t 内的平均总费用函数为

$$C(t) = C_1(t) + C_3(t) = \frac{1}{2} c_1 Rt + \frac{c_3}{t}$$

最优存储策略，即平均总费用最小的订货批量，用 Q^* 表示。使用微积分方法求上

式的极值，令 $\frac{\partial C(t)}{\partial t}=0$，即

$$\frac{\partial C(t)}{\partial t}=\frac{1}{2}c_1R+(-1)\frac{c_3}{t^2}=0$$

得最佳订货时间为

$$t^*=\sqrt{\frac{2c_3}{c_1R}} \tag{7.1}$$

式（7.1）给出了总费用函数模型的参数变量，即最佳订货时间的计算公式，再由 $Q=Rt$，得经济订货批量为

$$Q^*=\sqrt{\frac{2c_3R}{c_1}} \tag{7.2}$$

式（7.2），即著名的经济订货量（economic order quantity）公式，简称 EOQ 公式，于 1917 年由美国西屋公司的经济学家 Ford Harris 提出。

当不考虑货物本身的成本时，则经济订货批量的最小费用为

$$C^*(t^*)=\sqrt{2c_1c_3R} \tag{7.3}$$

式（7.3）也可以利用模型 $C(t)$ 函数的算术—几何平均值不等式的性质得到，当且仅当 $C_1(t)=C_3(t)$ 时，可求得平均总费用函数的最小值 C^*（图 7.4）。

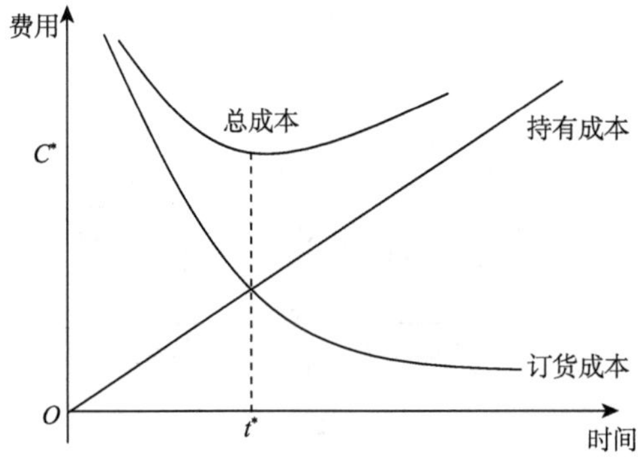

图 7.4 平均总费用函数 $C(t)$ 的变化图

例 7.1 某汽车制造厂需外购某种汽车零部件 100 件/月，不允许缺货。已知该厂向上游供应商订购这种汽车零部件订货费为 400 元/次，若这种零部件在仓库存放时，单位零部件存储费为 2 元/月，求汽车制造厂的经济订货批量及最佳订货周期。

解：需求率 $R=100$ 件/月，订货费 $c_3=400$ 元/次，存储费 $c_1=2$ 元/（件・月）。代入式（7.1）和式（7.2），得经济订货批量及最佳订货周期：

$$Q^*=\sqrt{\frac{2c_3R}{c_1}}=\sqrt{\frac{2\times400\times100}{2}}=200\text{（件）}$$

$$t^*=\sqrt{\frac{2c_3}{c_1R}}=\sqrt{\frac{2\times400}{2\times100}}=2\text{（月）}$$

例 7.2 某公司平均每天销售某项物资 2 吨，不允许缺货。已知订购费为 100 元/次，单位物资存储费为 60 元/月，求该公司经济订货批量、最佳订货周期及一年订购物资的最佳次数。

解：需求率 $R=2$ 吨/天，订货费 $c_3=100$ 元/次，存储费 $c_1=60\div 30=2$ 元/（吨·天）。经济订货批量及最佳订货周期分别为

$$Q^*=\sqrt{\frac{2c_3R}{c_1}}=\sqrt{\frac{2\times 100\times 2}{2}}=14.1\text{（吨）}$$

$$t^*=\sqrt{\frac{2c_3}{c_1R}}=\sqrt{\frac{2\times 100}{2\times 2}}=7.07\text{（天）}$$

一年订购物资的最佳次数为

$$n^*=\left\lceil\frac{T}{t^*}\right\rceil=\left\lceil\frac{360}{7.07}\right\rceil=\lceil 50.92\rceil=51\text{（次）}$$

这里$\lceil x\rceil$表示上取整，即不小于 x 的最小整数。

还需要说明一点，实际订货批量 Q 与最佳订货批量Q^*往往会有偏差，这时需考虑订货偏差对费用的影响。设实际订货偏差率为δ，则实际订货批量$Q=(1+\delta)Q^*$，因此实际订货周期为

$$t=\frac{Q}{R}=\frac{(1+\delta)Q^*}{R}=(1+\delta)t^*$$

订货费用函数为

$$\begin{aligned}C(t)&=\frac{c_3}{t}+\frac{1}{2}Qc_1\\&=\frac{1}{2(1+\delta)}\sqrt{2c_1c_3R}+\frac{1+\delta}{2}\sqrt{2c_1c_3R}\\&=\sqrt{2c_1c_3R}+\frac{\delta^2}{2(1+\delta)}\sqrt{2c_1c_3R}\\&=C^*(t)+\frac{\delta^2}{2(1+\delta)}C^*(t)\end{aligned}$$

上式第二项，即由实际订货批量偏差而增加的费用，费用偏差系数表示为

$$\Delta(\delta)=\frac{\delta^2}{2(1+\delta)}$$

当实际订货偏差率δ改变时，费用偏差系数$\Delta(\delta)$计算结果见表 7.1。表 7.1 说明，实际订货批量较最佳批量偏差 10%以内时，费用增加不超过 0.47%；而当实际订货批量较最佳订货批量多 100%或少 70%时，费用仅增加 27%，即偏差引起的费用增加并不明显，这是 EOQ 公式的一大优点，直观效果如图 7.5 所示。

表 7.1 偏差率和偏差系数对应表

δ	−0.7	−0.2	−0.1	0.1	0.2	0.3	0.7	1
$\Delta(\delta)$	0.27	0.027	0.006	0.004 7	0.017	0.037	0.083	0.27

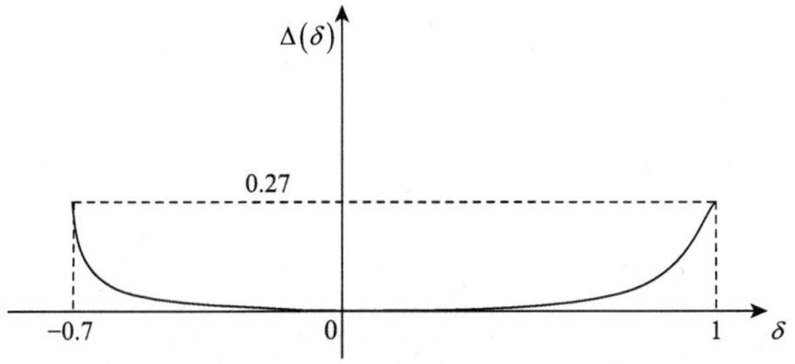

图 7.5 偏差系数变化趋势

7.2.2 允许缺货的 EOQ 模型

缺货或脱销是指供不应求。从经济学角度来看，人们有时计划着并允许缺货。例如，一家新开业的汽车零售商的库存，顾客期望的某种车型不一定到货或有库存，但如果顾客愿意等待若干时间，那么汽车零售商可以履行这种允许缺货的订单。允许缺货的EOQ 模型实际是 EOQ 模型的变形，其不同之处在于允许计划期内的缺货，当缺货发生时，受影响的客户将需要等待至再次得到该货物，且客户的缺货量将在补充库存的货物到达时瞬时得到满足。模型的假设有：

（1）订购的货物在补充库存时立即到达，即瞬时补充；

（2）货物允许缺货。

设周期性订货满足的时间间隔为 t，期初存储量为 S（最大库存量），需求率为 R，订货批量 $Q=Rt$，单位存储费为 c_1，单位缺货损失费为 c_2，订货费为 c_3。观察 t 时间内存储量随着订货批量与需求率而发生变化的状态图（图 7.6），具有可比性的订货费、缺货费和存储费分别由如下函数获得。

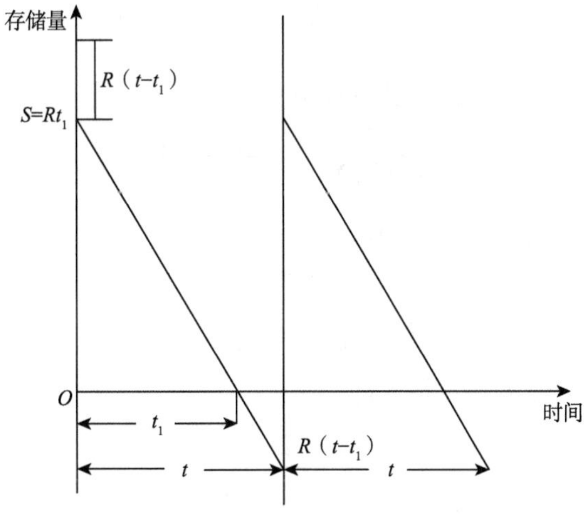

图 7.6 允许缺货的存储量变化状态图

在 $[0,t_1]$ 时段，平均存储量为 $\frac{1}{2}S$，且 $t_1=\frac{S}{R}$，则平均存储费函数为

$$C_1(S)=c_1\times\frac{1}{2}St_1=c_1\frac{S^2}{2R}$$

在$[t_1,t]$时段，存储量为 0，平均缺货量为$\frac{1}{2}R(t-t_1)$，则平均缺货损失费函数为

$$C_2(t,S)=c_2\times\frac{1}{2}R(t-t_1)^2=c_2\frac{(Rt-S)^2}{2R}$$

不考虑货物本身的成本时，在单位时间的平均订货费函数为

$$C_3(t)=\frac{c_3}{t}$$

由此得到一个订单周期的单位时间平均总费用函数为

$$C(t,S)=C_1(S)+C_2(t,S)+C_3(t)=\frac{1}{t}\left[c_1\frac{s^2}{2R}+c_2\frac{(Rt-s)^2}{2R}+c_3\right] \tag{7.4}$$

最优存储策略，即平均总费用最小的订货批量，利用多元函数求极值方法求解，令

$$\frac{\partial C}{\partial t}=-\frac{1}{t^2}\left[c_1\frac{S^2}{2R}-c_2\frac{(Rt-S)^2}{2R}\right]+\frac{1}{t}c_2(Rt-S)=0$$

$$\frac{\partial C}{\partial S}=\frac{1}{t}\left[c_1\frac{S}{R}-c_2\frac{Rt-S}{R}\right]=0$$

解得最佳订货周期为

$$t^*=\sqrt{\frac{2c_3(c_1+c_2)}{c_1c_2R}} \tag{7.5}$$

最大库存量为

$$S^*=\sqrt{\frac{2c_2c_3R}{c_1(c_1+c_2)}} \tag{7.6}$$

代入总费用函数，得经济订货最小费用为

$$C^*(t^*,S^*)=\sqrt{\frac{2c_1c_2c_3R}{c_1+c_2}} \tag{7.7}$$

同时，由$Q^*=Rt^*$，得最佳的经济订货批量，即

$$Q^*=\sqrt{\frac{2Rc_3(c_1+c_2)}{c_1c_2}} \tag{7.8}$$

由$q^*=Q^*-S^*$，得最大缺货量，即

$$q^*=\sqrt{\frac{2Rc_1c_3}{c_2(c_1+c_2)}} \tag{7.9}$$

观察到，当缺货损失费c_2很大时，有$\frac{c_2}{c_1+c_2}\to 1(c_2\to\infty)$，式（7.5）~式（7.7）化为式（7.1）~式（7.3），即 EOQ 模型公式。

例 7.3 某超市一贯采用不允许缺货的 EOQ 模型公式确定某品牌日用品的订货批

量，但由于激烈的市场竞争，公司不得不考虑改用允许缺货的订货策略。设日用品的需求率为 1 000 件/月，日用品的订货费为 40 元/次，单位日用品存储费为 1 元/月，单位日用品缺货损失费为 1 元/月，求最佳订货周期、经济订货批量、最大缺货量及经济订购总费用。

解：需求率 $R=1000$ 件/月，订货费 $c_3=40$ 元/次，存储费 $c_1=1$元/（件·月），$c_2=1$元/（件·月）。代入式（7.5）~式（7.7），最佳订货周期、经济订货批量及经济订购总费用分别为

$$t^*=\sqrt{\frac{2c_3\left(c_1+c_2\right)}{c_1c_2R}}=\sqrt{\frac{2\times40\times(1+1)}{1\times1\times1000}}=0.4\text{（月）}$$

$$Q^*=\sqrt{\frac{2Rc_3\left(c_1+c_2\right)}{c_1c_2}}=\sqrt{\frac{2\times1000\times40\times(1+1)}{1\times1}}=400\text{（件）}$$

$$C^*\left(t^*,S^*\right)=\sqrt{\frac{2c_1c_2c_3R}{c_1+c_2}}=\sqrt{\frac{2\times1\times1\times40\times1000}{1+1}}=200\text{（元）}$$

最大缺货量为

$$q^*=\sqrt{\frac{2Rc_1c_3}{c_2\left(c_1+c_2\right)}}=\sqrt{\frac{2\times1\times40\times1000}{1\times(1+1)}}=200\text{（件）}$$

7.2.3 有数量折扣的 EOQ 模型

经济订货批量模型即 EOQ 模型，用来确定企业在固定订货批量时一次订货（外购或自制）的数量，当企业按照经济订货批量订货时，可以实现订货成本和存储成本之和最小化。在一些实际的订货问题中，供应商往往根据订货量向供应链下游用户提供价格折扣，鼓励用户大量购买，此时由用户的订货批量确定批发价格，一般是订货批量的阶梯减函数，之所以是阶梯减函数是基于规模经济和交易成本的考虑。价格折扣对于博弈的双方都是有利的，对于制造商而言，随着生产批量加大和生产成本降低，以及销售规模增加和销售市场扩大，企业能获取更大利润；价格折扣对于各级分销商也是有利的，可以较少发生缺货，有效应对价格上涨、订货批量大带来的订货次数减少的问题，也使装运成本降低。本节将说明存在数量折扣时，如何应用 EOQ 模型，它的建模基本思路：先计算经济订货批量，然后代入不同折扣的单价，计算总的采购费用（含货物本身的成本），并取最小者的订货数量。当需求率和单位存储费给定时，该模型可以指导用户如何通过采购适合的货物数量，使总的采购费用最低。模型的假设有：

（1）订购货物在补充库存时立即到达，即瞬时补充；

（2）货物不允许缺货；

（3）不同订货批量有不同的货物单价；

（4）每次及不同订货批量的订货费不变。

设存储费为 c_1，订货费为 c_3，订货批量在区间 $\left[Q_i,Q_{i+1}\right)$ 内的货物单价为 $k_i\left(i=1,2,\cdots,n\right)$，价格折扣的订货批量分界点为 Q_i，显然有 $Q_1<Q_2<\cdots<Q_n$，

$k_1 > k_2 > \cdots > k_n$。

由订货批量$Q_i = Rt$，得$t = Q_i / R$，代入平均总费用函数，得数量折扣的平均总费用函数为

$$\mathrm{TC}^{(i)} = \frac{1}{2}c_1 Q_i + \frac{c_3 R}{Q_i} + k_i R, i = 1, 2, \cdots, n \tag{7.10}$$

为直观了解平均总费用函数性质，当存储周期为 t 时，以$n = 3$为例，画出式（7.10）图像，如图 7.7 所示（不含货物单价项），并且由于每种数量折扣的总采购费用函数只相差第三项，三条总采购费用曲线是平行的。

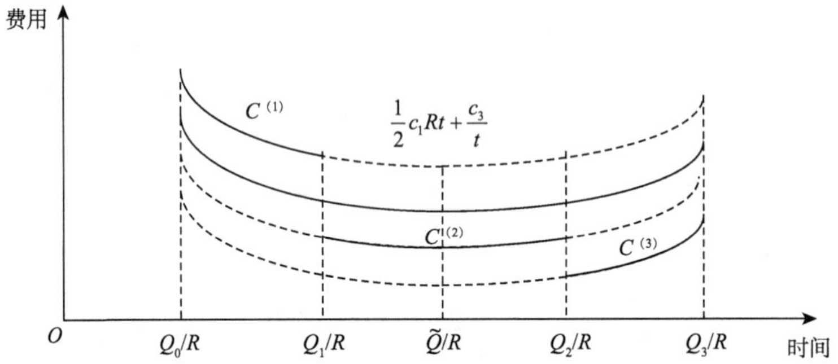

图 7.7　有三个数量折扣点的平均总费用函数

有数量折扣的 EOQ 模型求解步骤如下：

（1）求出忽略数量折扣的经济订货批量$\tilde{Q} = \sqrt{\dfrac{2c_3R}{c_1}}$；

（2）若$Q_i \leqslant \tilde{Q} < Q_{i+1}$，根据式（7.10），计算$\mathrm{TC}(\tilde{Q}) = \frac{1}{2}c_1\tilde{Q} + \frac{c_3R}{\tilde{Q}} + k_0R$，以及$\mathrm{TC}^{(j)} = \frac{1}{2}c_1Q_j + \frac{c_3R}{Q_j} + k_jR$，$j = i+1, i+2, \cdots, n$；

（3）$\min\limits_{\tilde{Q}, Q_j}\left\{\mathrm{TC}(\tilde{Q}), \mathrm{TC}^{(i+1)}, \mathrm{TC}^{(i+2)}, \cdots, \mathrm{TC}^{(n)}\right\} = \mathrm{TC}^*$，则$\mathrm{TC}^*$对应的批量为最小费用订货批量$Q^*$，最小费用对应的订购周期为$t^* = Q^*/R$。

例 7.4　某小型航空公司需用航空快餐 20 000 套/年，订货费为 36 元/次，每套快餐年存储费为 4 元。当订货批量小于 500 套时，单价为 11 元；当订货批量大于等于 500 套且小于 800 套时，单价为 10 元；当订货批量大于等于 800 套且小于 1 200 套时，单价为 9 元；当订货批量大于等于 1 200 套时，单价为 8 元。试确定航空快餐的最优订货批量及订购周期。

解：$R = 20\,000$套/年，c_3=36 元/次，$c_1 = 4$元/（套·年），分段的单位快餐价格函数为

$$k(Q)=\begin{cases}11, & 1\leqslant Q<500\\ 10, & 500\leqslant Q<800\\ 9, & 800\leqslant Q<1\,200\\ 8, & 1\,200\leqslant Q\end{cases}$$

先忽略有数量折扣的价格影响，计算 $\tilde{Q}=\sqrt{\dfrac{2c_3R}{c_1}}=600$（套）；该订货批量的价格为 10 元，此批量订货的总成本为

$$\begin{aligned}\mathrm{TC}\left(\tilde{Q}\right)&=\frac{1}{2}c_1\tilde{Q}+\frac{c_3R}{\tilde{Q}}+k_0R\\&=\frac{1}{2}\times4\times600+\frac{36\times20\,000}{600}+10\times20\,000\\&=202\,400(\text{元})\end{aligned}$$

分别计算 $Q_2=800$ 和 $Q_3=1\,200$ 时的总成本，即

$$\begin{aligned}\mathrm{TC}^{(2)}&=\frac{1}{2}c_1Q_2+\frac{c_3R}{Q_2}+k_2R\\&=\frac{1}{2}\times4\times800+\frac{36\times20\,000}{800}+9\times20\,000\\&=182\,500\ (\text{元})\end{aligned}$$

$$\begin{aligned}\mathrm{TC}^{(3)}&=\frac{1}{2}c_1Q_3+\frac{c_3R}{Q_3}+k_3R\\&=\frac{1}{2}\times4\times1\,200+\frac{36\times20\,000}{1\,200}+8\times20\,000\\&=163\,000\ (\text{元})\end{aligned}$$

又

$$\min\left\{\mathrm{TC}\left(\tilde{Q}\right),\mathrm{TC}^{(2)},\mathrm{TC}^{(3)}\right\}=\mathrm{TC}^{(3)}=163\,000\ (\text{元})$$

所以，最小费用订货批量 $Q^*=1\,200$ 套，有折扣的快餐单价为 8 元，采用订货 1 200 套/批的采购策略是最经济的，此时订购周期 $t^*=Q^*/R=0.06$ 年。

7.3 单阶段的随机性存储模型

对于 7.2 节的确定性存储模型，我们假定各时期产品的需求率不变且是确定的（deterministic）。但有些实际问题的需求率是不确定值，如时令性产品（如报纸和期刊，或季节性服装和食品等）的需求。这类产品存储问题的含义：如果本期存储的产品没有销售完，到下一期该产品就要贬值，价格甚至低于该产品的成本，造成利润减少；如果本期产品不能满足需求，则会因缺货或失去销售机会而带来机会损失。无论是供过于求还是供不应求都有损失，在这些情形下，每个订货期都是独立的，即只能提出一次

订货，即使发生短缺也不允许再订货，并且期末的剩余货物将被降价处理。每周期都要做出单阶段的库存决策，即决定在期初订购多少数量的产品，这就是单周期库存问题（single-period inventory problem）。

显然，如果单周期库存问题的需求是已知的固定值，我们很容易做出决策，简单地按照已知的需求量进行订购即可。然而，很多单周期库存问题的需求情况是不确定的。如果我们用数量分析的方式，经统计预测或经验找出一定的需求情况随机变化规律，并按照概率（probability）的分布处理需求，当有了各种需求量概率分布的信息时，我们就可以描述这种单阶段的随机性存储模型了。建立和评价单阶段的随机性存储模型，常采用损失期望值最小或获利期望值最大的准则。

7.3.1 离散需求的随机存储模型

离散需求的随机存储模型

报童问题：报童每天售出的报纸份数（报纸需求量）X 是离散型随机变量，已知概率 $P(X=x_i)=p_i$，$\sum_{i=0}^{\infty} p_i = 1$。报童每售出一份报纸能赚 k 元；如未售完报纸，每剩一份赔 h 元。问：报童每天应进货多少份报纸？

设报童每天应进货 Q 份报纸。现采用损失期望值最小准则来确定进货量。

当供过于求$(X \leqslant Q)$时，损失的期望值为

$$\sum_{x_i=0}^{Q} h(Q-x_i)p_i$$

当供不应求$(X > Q)$时，损失的期望值为

$$\sum_{x_i=Q+1}^{\infty} k(x_i-Q)p_i$$

总的损失期望值为

$$C(Q)=h\sum_{x_i=0}^{Q}(Q-x_i)p_i+k\sum_{x_i=Q+1}^{\infty}(x_i-Q)p_i$$

实现损失期望值最小值的必要条件要求最佳订货批量 Q 满足：

$$\begin{cases} C(Q) \leqslant C(Q-1) \\ C(Q) \leqslant C(Q+1) \end{cases}$$

即求

$$\begin{cases} h\sum_{x_i=0}^{Q}(Q-1-x_i)p_i+k\sum_{x_i=Q+1}^{\infty}(x_i-Q+1)p_i \geqslant C(Q) \\ h\sum_{x_i=0}^{Q}(Q+1-x_i)p_i+k\sum_{x_i=Q+1}^{\infty}(x_i-Q-1)p_i \geqslant C(Q) \end{cases}$$

化简为

$$\frac{h}{h+k} \leqslant \sum_{x_i=0}^{Q} p_i \tag{7.11}$$

求解满足式（7.11）成立的订货批量为最佳订货批量，记为Q^*。将式（7.11）左项结果值记为

$$N=\frac{h}{h+k} \tag{7.12}$$

N为损益转移概率或最优服务水平，即选择最佳订货批量Q^*能够使得避免缺货的概率不低于这一服务水平，此时对应的损失成本期望值实现了最小化。由式（7.11）计算Q^*的要点：将订货批量x_i对应的概率p_i逐个累加，当累加到刚好达到或超过N值时的订货批量就是最佳订货批量Q^*。

例 7.5 已知某商品销售量X服从泊松分布，平均销售量为6件。该商品进价为40元/件，售价为75元，商品过期后将削价为20元/件并一定可以售出。试确定该商品的进货策略。

解：已知$P(X=x_i)=\dfrac{e^{-\lambda}\cdot\lambda^{x_i}}{x_i!}$，$\lambda=6$。已售出的单位商品利润为75−40=35（元），未售出的单位商品损失为40−20=20（元），由式（7.12）计算损益转折概率$N=\dfrac{35}{35+20}=0.636\,4$。查泊松概率分布表得知，0.636 4的累积概率对应的随机变量在6和7之间，故最佳订货批量为7件。

7.3.2 连续需求的随机存储模型

连续需求的随机存储模型

设货物单价为k，单位售价为p，存储费为c_1。当需求量X是连续随机变量时，其概率密度函数为$p(x)$，$\int_0^{+\infty}p(x)\mathrm{d}x=1$。问：订货批量$Q$为何值时，赢利期望值最大？

当订货批量（或生产批量）为Q，需求量为X时，实际销售量为$\min[X,Q]$，因而实际销售收入为$p\bullet\min[X,Q]$，进货成本为$k\bullet Q$，货物存储费为

$$C_1(Q)=\begin{cases}c_1\bullet(Q-X), & X\leqslant Q\\ 0, & X>Q\end{cases}$$

记订货批量Q的赢利为$W(Q)$，即

$$W(Q)=p\bullet\min[X,Q]-k\bullet Q-C_1(Q)$$

赢利的期望值为

$$\begin{aligned}E[W(Q)]&=\left[\int_0^Q p(x)\varphi(x)\mathrm{d}x+\int_Q^\infty p(Q)\varphi(x)\mathrm{d}x\right]-k\bullet Q-\int_0^Q c_1(Q-x)\varphi(x)\mathrm{d}x\\&=\int_0^\infty p(x)\varphi(x)\mathrm{d}x-\int_Q^\infty p(x)\varphi(x)\mathrm{d}x+\int_Q^\infty p(Q)\varphi(x)\mathrm{d}x-k\bullet Q-\int_0^Q c_1(Q-x)\varphi(x)\mathrm{d}x\\&=pE(x)-\left[\int_Q^\infty p(x-Q)\varphi(x)\mathrm{d}x+\int_0^Q c_1(Q-x)\varphi(x)\mathrm{d}x+k\bullet Q\right]\end{aligned}$$

其中，$pE(x)$为平均赢利，与订货批量Q无关，记上式中的减项为

$$E\left[\mathrm{TC}(Q)\right]=\int_{Q}^{\infty}p(x-Q)\varphi(x)\mathrm{d}x+\int_{0}^{Q}c_1(Q-x)\varphi(x)\mathrm{d}x+k\cdot Q$$

实际为期望损失值（含货物进货成本），则 $\max E\left[W(Q)\right]$ 可转化为 $\min E\left[\mathrm{TC}(Q)\right]$。进一步使用微积分方法求上式的极值，有

$$\begin{aligned}\frac{\mathrm{d}E\left[\mathrm{TC}(Q)\right]}{\mathrm{d}Q}&=\frac{\mathrm{d}}{\mathrm{d}Q}\left[\int_{Q}^{\infty}p(x-Q)\varphi(x)\mathrm{d}x+\int_{0}^{Q}c_1(Q-x)\varphi(x)\mathrm{d}x+k\cdot Q\right]\\&=-p\int_{Q}^{\infty}\varphi(x)\mathrm{d}x+c_1\int_{0}^{Q}\varphi(x)\mathrm{d}x+k\\&=-(p-k)+(c_1+p)\int_{0}^{Q}\varphi(x)\mathrm{d}x\end{aligned}$$

令 $\frac{\mathrm{d}E\left[\mathrm{TC}(Q)\right]}{\mathrm{d}Q}=0$，有

$$F(Q)=\int_{0}^{Q}\varphi(x)\mathrm{d}x=\frac{p-k}{c_1+p} \tag{7.13}$$

由式（7.13）确定的订货批量为最佳订货批量，记为 Q^*，此时的损失期望值最小（图 7.8）。

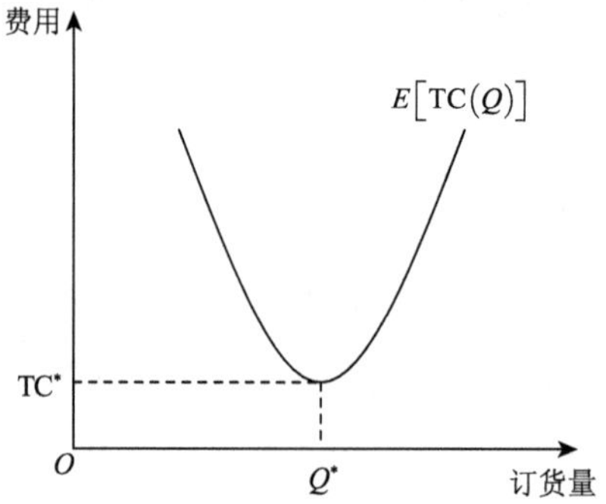

图 7.8 损失期望值函数变化示意图

当 $p-k<0$ 时，式（7.13）无意义，这种情况表示订购货物无利可图，故不应发生订购行为，即 $Q^*=0$。

例 7.6 某钢铁厂生产的某型优质钢材需求量 X 服从正态分布，期望值 $\mu=60$，标准差 $\sigma=3$。钢材成本为 22 000 元/吨，售价为 32 000 元/吨，每月单位存储费为 1 000 元。问：工厂每月生产该钢材多少吨，可使获利的期望值最大?

解：已知 $k=22\,000, p=32\,000, c_1=1\,000$。需求量 $x\sim \mathrm{N}\left(60,3^2\right)$，由式（7.13）得

$$F(Q)=\int_{0}^{Q}\varphi(x)\mathrm{d}x=\frac{p-k}{c_1+p}=\frac{32\,000-22\,000}{1\,000+32\,000}=0.303\,0$$

查正态分布函数表得 $Q=58.5$，故该钢铁厂应生产这种钢材 58.5 吨/月，可使期望损失值最小。

当缺货损失不但考虑销售收入的减少，还要考虑赔偿对方的损失时，假设缺货费为 c_2，有 $c_2>p$，只需在前面推导过程中用 c_2 代替 p 即可。这种情况的最佳订货批量 Q^* 由式（7.14）确定：

$$F(Q)=\int_0^Q \varphi(x)\mathrm{d}x=\frac{c_2-k}{c_1+c_2} \tag{7.14}$$

例 7.7 已知某商品的需求量 X 在区间[0，10]上均匀分布，$c_1=0.5$，$c_2=4.5$，$k=0.5$，该存储系统的最优策略是什么？

解：由式（7.13）计算临界数

$$\frac{c_2-k}{c_1+c_2}=\frac{4.5-0.5}{0.5+4.5}=0.8$$

再由

$$\int_0^Q \phi(x)\mathrm{d}x=\int_0^Q \frac{1}{10}\mathrm{d}x=0.8$$

得

$$\frac{1}{10}Q=0.8$$

即$Q=8$，该系统的最佳订货批量是 8 个单位，若 q 为期初存货，需订货$(8-q)$个单位。

7.4 案例分析

案例 7.4.1 某航空食品有限公司的最优存储问题

某航空食品有限公司是一家经营航空配餐的企业，配餐量达到 1.7 万份/日，服务航班超过100架次/日。随着旅游业的发展，越来越多的国内外航空公司开辟航线，增加航班，航空食品销售前景一片光明。由于航空食品的高品质性，航空食品生产所需的原料及生产后的冷藏运输大大增加了采购、配送等成本，在激烈竞争的今天，若要提高企业运营效率和取得更好的经济效益，必须制定最优的存储策略，最大限度降低成本。

经调查可知，该企业仓库常用原料共70余种，上一年全年原料耗费总额为10 800万元。由于消耗原料种类较多，消耗量多少相差很大，采购难易不尽相同，这给原料储备带来了困难。为了解决这一矛盾，并尽可能地降低成本，我们采用库存管理的ABC法（activity based classification）制订合理的仓储计划，航空配餐原料分类及比例如表7.2所示。

表 7.2 航空配餐原料分类及比例

原料分类	原料品种		原料支出	
	品种/项	占总项数	金额/万元	占总金额
A	7	10%	8 100	73%
B	21	30%	1 960	20%
C	42	60%	740	7%
合计	70	100%	10 800	100%

表 7.2 中A类原料品种为水果、蔬菜、肉禽、鸡蛋、小麦粉、白糖、食用油七项，从表7.2中可以看出虽然A类原料品种只占消耗原料总项数的 10%，支出资金却占

73%；其他原料（B 类和 C 类）原料品种占消耗原料总项数的 90%，但支出资金仅占 27%，因此应重点做好 A 类原料品种的存储管理工作。根据航空配餐市场需求和 A 类原料品种的供应商情况，七项 A 类原料品种的存储要求有：水果、蔬菜、肉禽原料不允许缺货且在需要时瞬时补货；鸡蛋原料不是所有的航空配餐都使用它，此种原料允许缺货；食用油原料消耗量较大，易于采购和长时间保存，造成不同批量的采购价格不同；白糖、小麦粉原料，除不允许缺货外，货源充足易于采购。设 A 类原料品种七项的每项原料当年的需求量、每次订购费、存储费和缺货费等消耗是已知的，针对各类原料如何采取最优的存储策略或制定最佳原料存储量和最佳订货时间呢？通过本章内容的学习，我们可以利用科学的方法为该企业做出最优的决策。

案例 7.4.2 华胜混凝土厂的钢筋存储问题

华胜混凝土厂从瑞典某公司引进设备和技术，之后改造生产线，2012 年重新投产，产品为加气混凝土砌块及加气混凝土屋面板，主要用于建筑的墙体及屋面，具有良好的保温、防火性能，且质轻，易于运输、利于抗震。考虑到能够获得相对较多的信息，这里将存储论的有关知识运用于该厂的钢筋存储问题中。该厂产品优势在加气混凝土板材上，钢筋是供车间生产板材时用的，如果缺货的话，将导致较大的缺货损失，包括板材相应的利润、大批工人停工的损失，顾客买不到相应的产品引起对企业不满造成的损失等，这些损失远远超过了钢筋的存储成本，所以这里视为不允许缺货的模型。另外，由于现在是买方市场，物流便捷方便。价格稳中有降，视为生产时间很短的模型。

经调查可知如下信息：

（1）年需求量的计算。

计划板材产量：9 万立方米。

钢筋消耗计划：38 千克/米^3。

年需求总量：90 000 立方米×38 千克/米^3 = 3 420 000 千克=3 420 吨。

由经验预测，其中

型号 6.7 的钢筋需求量：1 400 吨/年。

型号 8 的钢筋需求量：1 170 吨/年。

型号 10 的钢筋需求量：850 吨/年。

（2）存储费（ = 货物占用资金应付的利息 + 保管费 + 货物损坏费）。

年利率为 1.24%，钢筋单价为 2 400 元/吨。

货物占用资金应付的利息：2 400 元/吨 × 1.24%=29.76 元/吨。

货物损坏变质的费用：每年总有 1~2 捆钢筋因锈蚀而作废（1 捆钢筋为 1.7~2 吨，此处计为 1.7 吨；废钢筋为 600~800 元/吨，此处计为 800 元/吨）。

货物损坏费为 1.7 吨×（2 400−800）元/吨 = 2 720 元。

分摊到每一吨为 2 720 元÷3 420 吨 = 0.80 元/吨。

其他费用暂时视为 0，则存储费总共为 29.76 + 0.80 = 30.56（元/吨）

（3）订货费（固定费用=手续费 + 电信往来费 + 委派人员的费用）。

此费用为估算法。供应部门可确定具体值。现作如下估计：

每次派两人：供应科长及司机。

每次花时间为两个半天（包括洽谈订货、给支票、取发票等）。

交往费。

以上三项计为 200 元/次，其他费用（手续费、电信往来费）计为 20 元/次，则订货费为 220 元/次。

（4）生产准备期（为防止订货后，钢筋进厂的时间拖后或者板材生产量的突然增加导致缺货而设置的缓冲量）设为 4 天（在钢筋用完前 4 天就订货）。

请分别对型号 6.7 的钢筋、型号 8 的钢筋及型号 10 的钢筋存储问题进行科学决策。

案例 7.4.3 北京方舟科技发展有限公司的产品存储决策问题

北京方舟科技发展有限公司涉足多媒体网络应用、数字视频、电子出版和桌面印刷制版等技术领域。公司提供从产品开发、网络集成、系统销售，直到专业化的影视后期编辑、平面设计、电子出版物制作等多项服务。非线性视音频编辑系统是公司的主要产品之一。该系统应用于广播电视领域的专业计算机多媒体设备，主要用来完成电影、电视节目（如新闻、专题、电视剧等）的编辑制作。

目前，公司的非线性视音频编辑系统的核心硬件（Finish qxc/NT，Finish V60 及 Finish V80）均是从美国进口的，如何订货才能使公司的成本最低是在年初计划时必须解决的问题。

由于该产品的订购折扣是一定的，且在实际销售过程中并不要求必须是现货供应，因此，属于允许缺货的经济订货批量模型。具体统计数据如表 7.3 所示。

表 7.3 企业的相关统计数据

产品核心硬件	年订货量/套	单位产品成本/元	订货费/元	年存储费/元	缺货损失费/元
Finish qxc/NT	1 800	26 700	3 000	17 800	1 400
Finish V60	1 000	42 000	3 000	24 700	2 000
Finish V80	120	92 000	3 000	74 000	4 600

表 7.3 中的费用信息有以下说明：

（1）由于计算机多媒体技术发展非常快，技术折旧大，也就是说，产品如购进后没能及时售出，其技术折旧所带来的损失非常大，因此在年存储费中，不但有库存费，还包括了产品的年技术折旧损失。

（2）缺货损失费是指由于缺货而带来的合同损失费用，以及由此产生的公司信用等软性损失。

根据以上信息，该企业该如何制定其存储决策？

案例 7.4.4 TZ 品牌服装公司的随机需求存储决策问题

TZ 品牌服装公司自 2007 年创建以来，以奢华完美的选料、与欧美时尚同步的最新设计风格，一直受到消费者的青睐，目前的管理团队拥有丰富的管理经验，在全国几十个城市合作经营着过百家的服装专业大卖场，2013 年 TZ 品牌服装公司被中国服装协会正式授予“中国服装五星级专业店”的荣誉称号。2014 年公司设计一款新材料服装商品，公司在各地的商业卖场一般选择一周订货一次或者两周订货一次（订货与交货间的时滞可以忽略不计）。设一件商品运送到某卖场的存储费为6元/周，商品因未能及时供应给顾客而造成的缺货损失费为 100 元/件，已知一周时间内需要此商品的概率分布见表 7.4。

表 7.4 案例 7.4.4 一周内需求量的概率分布

n	0	1	2	3	4	7
$P_1(n)$	0.07	0.10	0.20	0.30	0.20	0.17

而且该商业卖场每订货一次需要支付订货费 40 元，问：公司的订货周期应该为一周还是两周，应该采取怎样的存储水平？（提示：商业卖场选择两周订货一次时，需要根据一周时间内需求商品数量的概率分布，利用全概率公式计算两周时间内需求此商品的概率分布，见表 7.5。）

表 7.5 两周内需求量的概率分布

n	0	1	2	3	4	5	第一周
$P_2(n)$	0.002 7	0.01	0.03	0.07	0.12	0.177	
n	6	7	8	9	10	第二周	
$P_2(n)$	0.2	0.108	0.13	0.06	0.022 7		

公司新面料的冬装商品销售会受到季节影响，通常各地卖场有计划地在冬季到来之前做好订购。若商品的进价是800元/套，预计销售可以获得80%的利润，冬季一过则只能各种折扣处理（各地卖场对过季商品的折扣力度不同），以回笼资金。根据市场需求预测，甲卖场该商品的销售量服从参数为1/80的指数分布，过季商品的折扣模式是按进价的 70%处理，试确定甲卖场最佳订货批量。乙卖场该商品的销售量服从期望值为70、标准差为 27 的正态分布，过季剩余商品不马上折价处理，而是库存到下一个冬季再销售，此时利润率只有 70%，还要支付 8%的占用流动资金的利息费用及 17%的存储费，在这种情况下试确定乙卖场最佳订货批量。

习 题 7

1. EOQ 模型的基本属性可以从图 7.4 反映，请利用图 7.4 中函数的表达式证明式（7.1）~式（7.3）。

2. 某工程队建设一条工厂铁路专用线，假设平均每天需要8根钢筋混凝土轨枕，每根 300 元。轨枕由预制厂运往工地需要动用预制厂的吊车，吊车是按台班收费，3 000 元一个台班，因此，工程队采用分批集中运输的办法向工地运输轨枕，但暂不使用的必须积压资金，如果资金的月利（息）率为 7.2%。问：在不允许缺货的情况下，一年修成专用线所需的轨枕分几批运输，每批需用吊车几个台班为最理想?

3. 某企业生产需要一种外购零部件，年需求量为 10 000 件，不允许缺货，市场供应充足，单价为 100 元。已知组织一次采购的费用为 2 000 元，每件每年的存储费为单价的 20%。试求最优经济订货批量和每年的总费用。

4. 某电子设备厂对一种电子元器件的年需求量 $R = 20\,000$ 件，订货提前期为 0，订货费为 27 元/次。该元器件成本为 70 元/件，年存储费为成本的 20%，如发生缺货，则每件每年的缺货损失费为 30 元。试回答：

（1）确定经济订货批量和每年的总费用；

（2）如不允许缺货，请重新确定经济订货批量。

5. 某建筑公司根据投标情况，预计在一年之内需用门窗平板玻璃300箱。假设价格为 200 元/箱，每箱每年的保管费为 20 元，采购费平均为 120 元/次，问：几次采购最好？若允许缺货时，设缺货损失费为 20 元/（箱·月），试求合理采购次数。

6. 某厂采购生产原料情况如表 7.6 所示。

表 7.6　某厂采购生产原料情况

采购数量/吨	0~1 999	2 000 以上
单价/元	100	80

假设年需要量为 10 000 吨，采购订货费为 2 000 元/次，原料存储费率为 20%，试求每次的订货批量。

又知该厂的原料需求分布如表 7.7 所示。

表 7.7　某厂的原料需求情况

需求量 R/吨	80	90	100	110	120
概率 P	0.1	0.2	0.3	0.3	0.1

在价格为 870 元/吨时，存储费为 47 元/吨，缺货损失费为 1 270 元/吨的情况下，试求（s，S）存储策略。

7. 某制造厂在装配作业中需要一种外购件，需求率为常数，全年需要量为 300 万件，不允许缺货。订货费为 100 元/次，存储费为 0.1 元/（件·月），库存占用资金每年利息、保险等费用为年平均库存金额的 20%，该外购件进货单价与订货批量有关，具体关系如表 7.8 所示。试求经济订货批量。

表 7.8 一周内需求量的概率分布

订货批量 Q/件	[0，10 000)	[10 000，30 000)	[30 000，70 000)	[70 000，∞)
单价/元	1.00	0.98	0.96	0.94

8. 某产品的市场需求量为670件/周，且均匀销售，订货费为27元/次，产品的单位成本为3元/件，存储费为0.07元/（周·件）。试求：

（1）假设不允许缺货，多久订购一次及每次订货批量；

（2）若缺货损失费为2元/（周·件），多久订购一次及每次订货批量；

（3）若允许缺货如（2），且送货延迟一周，多久订购一次及每次订货批量。

9. 某工厂生产中，需要某种机器配件为7 000件/年，不允许缺货，价格为20元/件，订货费为200元/次，年度存储费为库存物资资金的10%，试求：

（1）经济订货批量及最小平均总费用。

（2）如果订购费用为10元/次，每次订购多少为佳？最小平均总费用是多少？若允许缺货，设缺货损失费为3元/（件·月），再求订货批量、最小平均费用及最大缺货量。

10. 已知某产品的单位成本 $C=3.0$，单位存储费 $C_1=1.0$，单位缺货损失费 $C_2=5.0$，每次订货费 $C_3=5.0$。需求量 x 的密度函数：$f(x)=\begin{cases}\dfrac{1}{5}, & 5\leqslant x\leqslant 10\\ 0, & 其他\end{cases}$，设初期库存为0，试确定最优存储策略。

第8章

决 策 分 析

8.1 决策分析概论

决策存在于社会生活的各个领域，依赖于决策者个人或群体知识和才能的积累，诺贝尔经济学奖获得者西蒙有一句名言：“管理就是决策”，强调了决策是管理的核心。决策是指人们为实现预定的目标，根据一定的条件，采用科学的方法和手段，从所有可供选择的方案中找出最满意的一个方案付诸实施，直至目标的实现。

依据不同的标准，几种常见的决策分类如下：

（1）按决策目标的影响程度不同，决策可分为战略决策、策略决策和执行决策。战略决策具有全局性、方向性和原则性特征，涉及与企业生存和发展有关的全局性、长远性问题。例如，一个企业的厂址选择、产品开发方向、原料供应地的选择等。策略决策具有局部性、阶段性特征，是以完成战略决策所规定的目的而进行的决策。例如，企业生产工艺和设备的选择、工艺路线的布置、产品规格的选择等。执行决策是根据策略决策的要求对执行行为方案的选择，如日常生产调度的决策、产品合格标准的选择等。

（2）根据决策问题的重复性程度不同，决策可分为程序性决策和非程序性决策。程序性决策又称例行决策、常规决策，一般是为了解决那些经常重复出现、性质非常相近的例行性问题，可按程序化的步骤和常规性的方法处理。非程序性决策通常处理的是那些偶然发生、无先例可循、非常规性的问题，决策者难以照章行事，需要有一定创造性思维做出应变的决策。

（3）根据决策目标的多寡，决策分为单目标与多目标决策。单目标决策是就单一问题所进行的决策，常常只考虑某个主要的或者关键的决策目标；多目标决策是解决多项问题所进行的相对复杂的决策，通常考虑多个主要目标或者因素。一般地，重大问题的决策涉及因素较多、内容结构复杂、目标相对分散，这样的决策称为多目标决策，最优方案的确定过程比较困难。

（4）根据自然状态的可控程度，决策可分为确定型、不确定型和风险型三种决策。确定型决策是指自然状态完全确定，做出的选择结果也是确定的。例如，通过线性规划得到最优的生产计划等。不确定型决策是指不但无法确定未来出现哪种自然状态，而且无法估计各种自然状态的概率。风险型决策是指不能完全确定未来出现何种自然状态，但可以预测各种自然状态发生的概率。

（5）根据决策问题涉及决策人数的多少，决策又可分为单决策者决策和群决策。随着网络技术的推广应用、决策科学化和民主化的要求，群决策的应用日益广泛。

8.2 不确定型决策方法

不确定型决策是指决策者面临多种可能的自然状态，但未来自然状态出现的概率不可预知，不同状态下具有多种可选择的决策方案。由于所面临的是不确定状况，无法确定何种状态出现，决策者只能依据一定的决策准则来进行决策分析。

常用的决策准则有乐观准则、悲观准则、折中准则、等可能性准则、后悔值准则等。对于同一个决策问题，运用不同的决策准则，得到的最优方案有所不同。

8.2.1 乐观准则

乐观准则又称最大最大准则（max max 准则），是一种趋险型决策准则。决策者对未来持乐观态度，即使面临情况不明的决策情景，也决不放弃任何一个能取得好结果的机会。

决策者确定每个方案在最佳自然状态下的收益值，选择其中最大收益值对应的方案作为最优方案。

例 8.1 某沿海城市的一位空调经销商在夏季来临之前准备进货，必须决定进货的规模是大批量、中批量还是小批量。在不同天气状况下，3 种进货方案的损益值（单位：万元）见表 8.1，问：该空调经销商需采取何种进货方案？

表 8.1 进货方案损益表

进货方案	很热	一般	不热
大批量	10	6	4
中批量	6	8	5
小批量	4	5	7

解：找出每一个方案的最好结果：

大批量　max（10，6，4）=10（万元）

中批量　max（6，8，5）=8（万元）

小批量　max（4，5，7）=7（万元）

从上面 3 个结果中选择最好结果 max（10，8，7）=10（万元），即大批量进货，根据乐观准则，选择大批量进货为最优决策方案。

8.2.2 悲观准则

悲观准则又称最大最小准则（max min 准则），是一种避险型决策准则。决策者对未来持悲观态度，认为未来将出现最差的自然状态。在一些情况下，由于个人、企业或组织的财务能力有限，经验不足，承受不起巨额损失的风险，因此决策时非常谨慎。

首先，决策者确定每个方案在最差自然状态下的收益值，其次选择在最差自然状态下带来最多收益的方案。

例 8.2 试用悲观准则对例 8.1 的问题进行决策。

解：找出每一个方案的最坏结果：

大批量 min（10，6，4）=4（万元）

中批量 min（6，8，5）=5（万元）

小批量 min（4，5，7）=4（万元）

从上面 3 个结果中选择最好结果 max（4，5，4）=5（万元），即中批量进货。根据悲观准则，选择中批量进货为最优方案。

8.2.3 折中准则

在决策过程中，最好和最差的自然状态都有可能出现，决策者对未来事物的判断不能盲目乐观，也不可盲目悲观。因此，可以根据决策者的估计和判断对最好的自然状态设一个乐观系数α，相应的最差的自然状态就有一个悲观系数$(1-\alpha)$。这样，α与$(1-\alpha)$就分别表示最好与最差状态下的权重，反映决策者的风险态度，或者对未来事物发展可能性的判断。决策步骤：以各方案的最好与最差收益值为变量，计算各自的期望值，选择期望值最大者所对应的方案为最优方案。

例 8.3 设定乐观系数α=0.8，试用折中准则对例 8.1 的问题进行决策。

解：以0.8与0.2分别作为各方案在最好与最差状态下的权重，计算收益期望值，大批量进货期望收益值为 10×0.8+4×0.2=8.8（万元）；中批量进货期望收益值为 8×0.8+5×0.2=7.4（万元）；小批量进货期望收益值为 7×0.8+4×0.2=6.4（万元）。从3个期望收益值中选取最大值 max（8.8，7.4，6.4）=8.8（万元），对应方案是大批量进货。所以，依据折中准则，选择大批量进货为最优方案。

8.2.4 等可能性准则

因无法确知各种自然状态发生的概率，可以认为它们有同等的可能性，每一个自然状态发生概率数都是 1/状态数。在此基础上，先计算各个方案的期望收益值，然后进行比较。

例 8.4 利用等可能性准则对例 8.1 的问题进行决策。

解：题中有三种可能的自然状态，依据等可能性准则，每种状态出现的概率为

1/3。

计算每个方案的收益期望：

大批量进货收益预期值为 10×1/3+6×1/3+4×1/3=20/3（万元）；

中批量进货收益预期值为 6×1/3+8×1/3+5×1/3=19/3（万元）；

小批量进货收益期望值为 4×1/3+5×1/3+7×1/3=16/3（万元）。

选择 3 个收益期望值中最大值，即 max（20/3，19/3，16/3）=20/3（万元），对应的方案是大批量进货。所以，根据等可能性准则，选择大批量进货为最优方案。

8.2.5 后悔值准则

由于自然状态的不确定性，在决策实施后决策者很可能会觉得：如果采取了其他方案将会有更好的收益。由此决策者所造成的损失价值，称为后悔值。根据后悔值准则，每个自然状态下的最高收益值为理想值，该状态下每个方案的收益值与理想值之差作为后悔值。决策者追求最小后悔值，决策步骤：在各个方案中选择最大后悔值，比较各个方案的最大后悔值，从中选择最小者对应的方案为最优决策方案。

例 8.5 试用后悔值准则对例 8.1 的问题进行决策。

解：找出各状态下最大收益值，即理想值，3 种状态分别为 10、8、7。计算各状态下每个方案的后悔值，各状态理想值减去各状态损益值，所得到后悔值为 $\begin{bmatrix} 0 & 2 & 3 \\ 4 & 0 & 2 \\ 6 & 3 & 0 \end{bmatrix}$，各方案的最大后悔值分别为 3、4、6。找出 3 个方案的最大后悔值中的最小结果 min（3，4，6）=3（万元），对应于大批量进货方案。所以，依据后悔值准则，大批量进货方案为最优方案。

在不确定型决策中，决策准则的使用是因人、因时、因地而异的。在现实生活中，决策者面临不确定型决策问题时，常常会试图获取有关信息，通过统计分析或主观估计来得到各种自然状态发生的概率，使不确定型决策转化为风险型决策。

8.3 风险型决策方法

风险型决策是指决策者在进行决策时，虽然无法确知未来将会出现何种自然状态，但可以了解未来可能状态的种类及每种状态出现的可能性概率。决策者无论采取哪一种方案，都要承担一定的风险，因此称这种决策为风险型决策。在风险型决策中，一般采用期望值作为决策依据，分析过程可采用决策树方法。

8.3.1 最大收益期望值决策准则

最大收益期望值决策准则是指选择收益期望值最大的方案作为决策方案，每个方案的收益期望值为所有状态下的收益值与对应概率的乘积之和。即

$$E(A_i)=\sum_{j=1}^{n}P_jS_{ij}\quad(i=1,2,\cdots,m;j=1,2,\cdots,n)$$

其中，S_{ij} 为方案 A_i 在第 j 个状态下的收益值，P_j 为第 j 个状态出现的概率，选择 $\max E(A_i)$ 对应的方案为最优方案。

例 8.6　一企业为生产新产品需要建立新工厂，现有两种基建方案：一是建大厂，需投资 3 000 万元；二是建小厂，需投资 1 600 万元。据估计，两种方案在未来几年内的获利数见表 8.2。问：该采用哪种基建方案？

表 8.2　销售利润表

建厂方案	销售好（概率为 0.7）	销售差（概率为 0.3）
建大厂	10 000	−2 000
建小厂	4 000	1 000

解：计算各个方案的收益期望值。两个方案的收益期望值分别为

建大厂：$(10\,000-3\,000)\times0.7+(-2\,000-3\,000)\times0.3=3\,400$（万元）；建小厂：$(4\,000-1\,600)\times0.7+(1\,000-1\,600)\times0.3=1\,500$（万元）。

选择两个收益期望值中较大者对应的方案为决策方案，即选择建大厂的决策方案。

8.3.2　最小机会损失期望值决策准则

最小机会损失期望值决策准则，是指决策目标的指标为损失值时，选择损失期望值最小的方案作为决策方案。损失值计算与前面提过的后悔值相似，为每个方案在各状态下的收益值与该状态下最好收益值的差。

例 8.7　试用最小机会损失期望值决策准则对例 8.6 进行决策分析。

解：各状态下每个方案的损失期望值见表 8.3。

表 8.3　各状态下每个方案的损失期望值表

建厂方案	销售好（概率为 0.7）	销售差（概率为 0.3）
建大厂	0	4 400
建小厂	4 600	0

计算每个方案的损失期望值。建大厂：$0\times0.7+4\,400\times0.3=1320$（万元），建小厂：$4\,600\times0.7+0\times0.3=3\,220$（万元）。

选择损失期望值最小者对应的方案为决策方案，即应采用建大厂的决策方案。

8.3.3　渴望水平决策方法

例 8.8　一冰棒销售者以 0.7 元/支购进，1 元/支卖出，如果卖不出去，就要融化而损失，销售情况见表 8.4，该冰棒销售者渴望获利 60 元，那么最优行动是什么？

表 8.4 销售情况数据表

	买进	0	100	200	300	400	500
卖出	可能性	a_0	a_1	a_2	a_3	a_4	a_5
0	0.01	0	−70	−140	−210	−280	−350
100	0.05	0	30	−40	−110	−90	−250
200	0.10	0	30	60	−10	−80	−150
300	0.30	0	30	60	90	20	−50
400	0.30	0	30	60	90	120	50
500	0.24	0	30	60	90	120	150

解：从表 8.4 中可以看出，买进 200 支以上的冰棒方案才可能获利 60 元，各方案中，买进 200 支、300 支、400 支、500 支冰棒的获利在 60 元及以上的可能性分别为 $0.94(=0.1+0.3+0.3+0.24)$，$0.84(=0.3+0.3+0.24)$，$0.54(=0.3+0.24)$，$0.24(=0.24)$，由此，各方案中，买进 200 支获利 60 元的可能性最大。

8.3.4 决策树分析方法

决策树分析方法是风险型决策最常用的一种方法，它将决策问题按从属关系分为几个等级，用决策树形象地表示出来。通过决策树能统观整个决策的过程，从而能对决策方案进行全面的计算、分析和比较。决策树一般由 5 个部分组成：

（1）决策点：在图中以方框表示，决策者必须在决策点处进行最优方案的选择。从决策点引出方案分枝，在各方案分枝上标明方案内容及其期望损益值，各个方案之间的差别一目了然。

（2）状态点：在图中以圆圈表示，位于方案分枝的末端。由状态点引出状态分枝，在状态分枝上标明状态内容及其出现的概率。

（3）结果点：在图中以三角表示，是状态分枝的末梢，表示某方案在该状态下的损益值。

（4）方案分枝：由决策点引出的分枝，即方案分枝，在方案分枝上标明方案，有几个方案就引出几个方案分枝。

（5）状态分枝：由状态点引出的分枝，即状态分枝，在状态分枝上标明状态及其可能发生的概率，有几个状态就引出几个状态分枝。

决策树一般从左至右逐步画出，标出原始数据后，再从右至左计算出各结点的期望损益值，并标在相应的结点上，进而对决策点上的各个方案进行比较，依据期望值决策准则做出最终决策。用决策树分析方法进行决策分析，可分为单阶段决策和多阶段决策两类。

1. 单阶段决策

单阶段决策是指在决策过程中，决策者只需进行一次方案选择。

例 8.9 一外商携风险资金来某城市，欲投资电脑业，目前有两种方案可供选择：一是直接将资金投入已有一定基础的中型企业；二是扶持刚起步的小型企业。两种方案在不同经济形势下的获利情况见表 8.5。两个方案对应的投资额分别为 2 000 万元、1 500 万元，试决策：该采取哪种投资方案?

表 8.5 投资方案损益表

投资方案	好（概率为 0.5）	一般（概率为 0.3）	差（概率为 0.2）
投资中型企业（A_1）	5 000	2 500	1 500
扶持小型企业（A_2）	8 000	0	−2 500

解：绘出决策树，见图 8.1。决策点在左边，树枝向右伸开，因为有两个备选方案，方案分枝有两个；可能的自然状态有 3 种，所以每个状态点后有 3 个状态分枝。

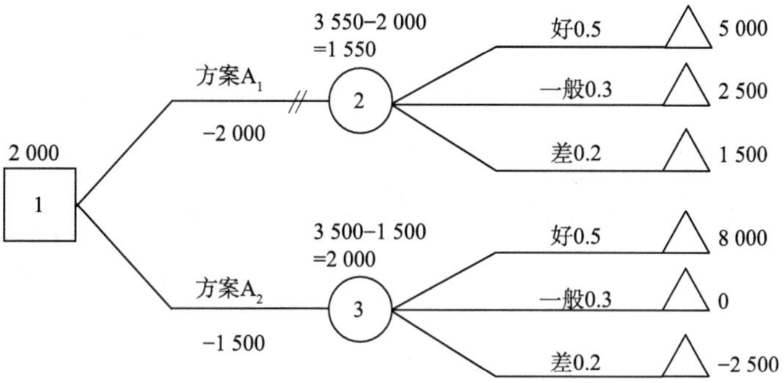

图 8.1 风险投资问题的决策树

计算各状态点的收益值。状态点 2：$5\,000\times0.5+2\,500\times0.3+1\,500\times0.2=3\,550$（万元）。状态点 3：$8\,000\times0.5+0\times0.3+(-2\,500)\times0.2=3\,500$（万元）。

计算各方案的收益期望值。方案 A_1：$3\,550-2\,000=1\,550$（万元），方案 A_2：$3\,500-1\,500=2\,000$（万元）。依据最大收益期望值决策准则，方案 A_2 收益期望值较大，为最优方案，也就是扶持小型企业为最优决策方案。同时把方案分枝 A_1 剪去，如图 8.1 所示。

2. 多阶段决策

很多实际决策问题，需要决策者进行多次决策，这些决策按先后次序分为几个阶段，后一阶段的决策内容依赖于前一阶段的决策结果及前一阶段决策后所出现的状态。在做前一阶段决策时，也必须考虑到后一阶段的决策情况，这类问题称为多阶段决策问题。

例 8.10 某化工原料厂由于某项工艺不甚好，产品成本高。在价格中等水平时无利可图，在价格低落时要亏本，只有在价格高时才盈利，且盈利也不多。现企业考虑进行技术革新，取得新工艺的途径有两种：一是自行研究，成功的可能性是 0.6；二是购买专利，估计成功的可能性是 0.8。不论是研究成功还是购买专利成功，生产规模有两种方案：一是产量不变；二是产量增加。若研究失败或者购买专利失败，则仍然采用原工艺进行生产，生产保持不变。根据市场预测，今后五年内这两种产品跌价的可能性是 0.1，保持中等水平的可能性是 0.5，涨价的可能性是 0.4。现在企业需要考虑：是否购买专利，是否自行研究。其投资方案决策表见表 8.6。

表 8.6 投资方案决策表 单位：万元

价格（概率）	按原工艺生产	购买专利成功（0.8）		自行研究成功（0.6）	
		产量不变	增加产量	产量不变	增加产量
价格跌落 Q_1（0.1）	−1 000	−2 000	−3 000	−2 000	−3 000
中等 Q_2（0.5）	0	500	500	0	−2 500
高涨 Q_3（0.4）	1 000	1 500	2 500	2 000	6 000

解：该问题的决策树见图 8.2。

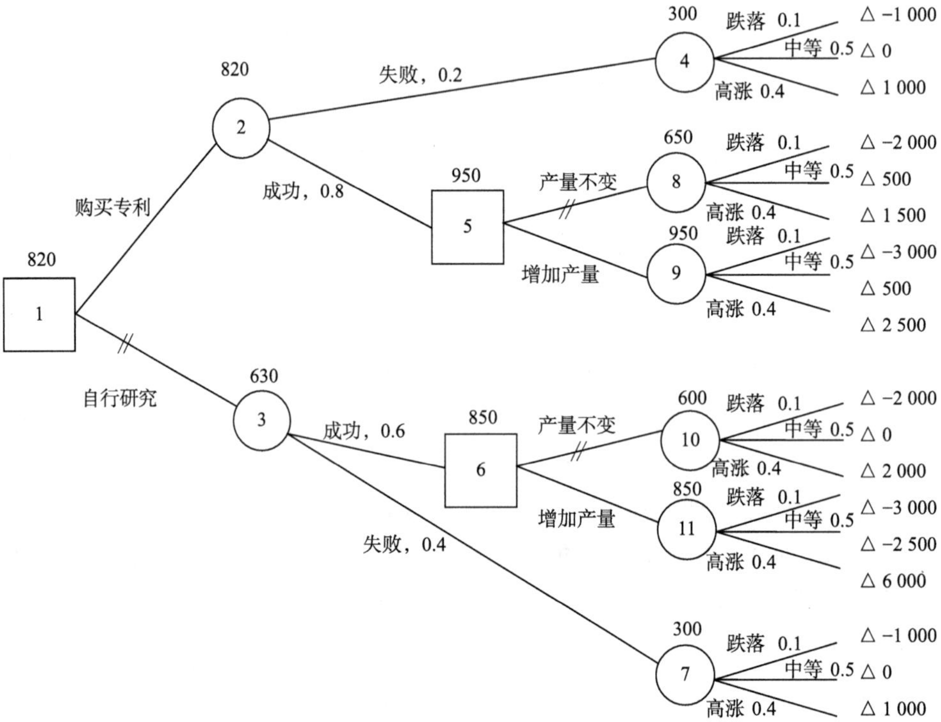

图 8.2 化工原料厂的决策树

各点收益期望值为

状态点 4：$0.1\times(-1\,000)+0.5\times 0+0.4\times 1\,000=300$

状态点 8：$0.1\times(-2\,000)+0.5\times 500+0.4\times 1\,500=650$

状态点 9：$0.1\times(-3\,000)+0.5\times 500+0.4\times 2\,500=950$

状态点 10：$0.1\times(-2\,000)+0.5\times 0+0.4\times 2\,000=600$

状态点 11：$0.1\times(-3\,000)+0.5\times(-2\,500)+0.4\times 6\,000=850$

状态点 7：$0.1\times(-1\,000)+0.5\times 0+0.4\times 1\,000=300$

在状态点 5，由于增加产量方案的收益期望值为 950，产量不变方案的收益期望值为 650，状态点 9 的收益期望值大于状态点 8，因此在状态点 5，剪去产量不变方案分枝，状态点 9 的收益期望值移到状态点 5。

在状态点 6，由于增加产量方案的收益期望值为 850，产量不变方案的收益期望值为 600，状态点 11 的收益期望值大于状态点 10，因此在状态点 6，剪去产量不变方案分枝，状态点 11 的收益期望值移到状态点 6。

状态点 2：$0.2\times300+0.8\times950=820$

状态点 3：$0.6\times850+0.4\times300=630$

在状态点 1，由于购买专利方案的收益期望值为 820，自行研究方案的收益期望值为 630，状态点 2 的收益期望值大于状态点 3，因此在状态点 1，剪去自行研究方案分枝，状态点 2 的收益期望值移到状态点 1。

因此我们的最终决策为：企业购买专利；在成功时增加产量；失败时按原来工艺生产。

3. 贝叶斯分析方法

状态概率，一般是指先验概率分布。一般情况下给定准确的先验概率分布是一件很困难的事情。在这种环境下决策，决策者的风险很大。对此，常常可以通过一定的方式来减少环境的不确定性，提高状态发生概率估计的准确性。例如，产品销售若与天气情况有关，单凭决策者经验估计天晴与否具有很大的不可靠性，而如果获得了天气预报信息，则对天气情况的预测准确度会大大提高；又如，对产品市场销售量的估计，也可以通过小批量预销售来获得未来产品的销售量分布可能性。这种通过试验获得的概率一般称为后验概率，计算方法依据贝叶斯公式。

例 8.11 某海域天气变化无常。该地区有一渔业公司，每天决定是否出海捕鱼。若晴天出海，则可获利15万元，若阴天出海，则亏损5万元。根据气象资料，当前季节该海域晴天的概率为 0.8，阴天的概率为 0.2。为了更好地掌握天气情况，公司成立了一个气象站，对相关海域进行气象预测。该气象预测站的预报精度如下：若某天是晴天，则预报准确率为 0.95；若某天是阴天，则预报准确率为 0.9。若气象预测站预报某天为晴天，那是否应该出海；若预报某天是阴天，则是否应该出海？

解：设 H_1、H_2 表示气象预测站预报为晴天、阴天两种情况；θ_1、θ_2 表示某天是晴天、阴天两种情况。气象预测站的预报精度可以表示为

$$\begin{cases}P(H_1/\theta_1)=0.95, P(H_2/\theta_1)=0.05\\P(H_1/\theta_2)=0.1, P(H_2/\theta_2)=0.9\end{cases}$$

现在实际问题是需要求解 $P(\theta_1/H_1), P(\theta_1/H_2), P(\theta_2/H_1), P(\theta_2/H_2)$。

根据贝叶斯公式，容易得到：

$$P(\theta_1/H_1)=\frac{P(H_1/\theta_1)P(\theta_1)}{P(H_1/\theta_1)P(\theta_1)+P(H_1/\theta_2)P(\theta_2)}=\frac{0.95\times0.8}{0.95\times0.8+0.1\times0.2}=0.974\,4$$

$$P(\theta_1/H_2)=\frac{P(H_2/\theta_1)P(\theta_1)}{P(H_2/\theta_1)P(\theta_1)+P(H_2/\theta_2)P(\theta_2)}=\frac{0.05\times0.8}{0.05\times0.8+0.9\times0.2}=0.181\,8$$

$$P(\theta_2/H_1)=\frac{P(H_1/\theta_2)P(\theta_2)}{P(H_1/\theta_1)P(\theta_1)+P(H_1/\theta_2)P(\theta_2)}=\frac{0.1\times0.2}{0.1\times0.2+0.95\times0.8}=0.025\,6$$

$$P(\theta_2/H_2)=\frac{P(H_2/\theta_2)P(\theta_2)}{P(H_2/\theta_1)P(\theta_1)+P(H_2/\theta_2)P(\theta_2)}=\frac{0.9\times0.2}{0.9\times0.2+0.05\times0.8}=0.818\,2$$

绘制决策树，如图 8.3 所示（单位：万元）。

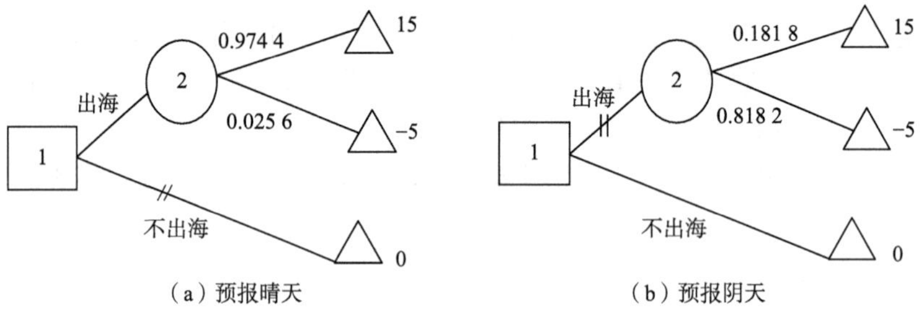

图 8.3 渔业公司的决策树

当预报为晴天时，出海捕鱼的收益期望值为$15\times0.974\,4-5\times0.025\,6=14.488$（万元）；不出海的收益为 0。此时最优方案为出海。

当预报为阴天时，出海捕鱼的收益期望值为$15\times0.181\,8-5\times0.818\,2=-1.364$（万元）；不出海的收益为 0。此时最优方案为不出海。

例 8.12 某工厂的产品每 1 000 件装成一箱出售。每箱中产品的次品率有 0.01、0.40、0.90 三种可能，其概率分别是 0.2、0.6、0.2。现在的问题是，出厂前是否要对产品进行严格检验，将次品挑出。可以选择的行动方案有两个：①整箱检验，检验费为 100 元/箱；②整箱不检验，但如果顾客在使用中发现次品，每件次品除调换为合格品外还要赔偿0.25元损失费。为了更好地做出决定，可以先从一箱中随机抽取一件作为样本检验，然后根据这件产品是否为次品再决定该箱是否要检验，抽样成本为4.20元。要决策的问题：①是否抽检？②如果不抽检，是否进行整箱检验？③如果抽检，应如何根据抽检结果决定行动？

解：假设a_1为整箱检验；a_2为整箱不检验；θ_1、θ_2、θ_3表示次品率分别为 0.01、0.40、0.90 的三种自然状态；S_1表示抽取一件样品的行动；$x=1$，$x=0$为抽样是次品和合格品的两个结果。

由表 8.7 收益矩阵可得各行动方案后悔值矩阵，如表 8.8 所示。

表 8.7 收益矩阵

A \ θ	θ_1	θ_2	θ_3
	0.2	0.6	0.2
a_1	−100	−100	−100
a_2	−2.5	−100	−225

表 8.8　后悔值矩阵

A \ θ	θ_1	θ_2	θ_3
	0.2	0.6	0.2
a_1	97.5	0	0
a_2	0	0	125

抽取一件样品的抽样分布如表 8.9 所示。

表 8.9　抽样分布表

抽样	θ_1	θ_2	θ_3
$x=0$	0.99	0.6	0.1
$x=1$	0.01	0.4	0.9

绘制决策树，如图 8.4 所示。计算有关概率。

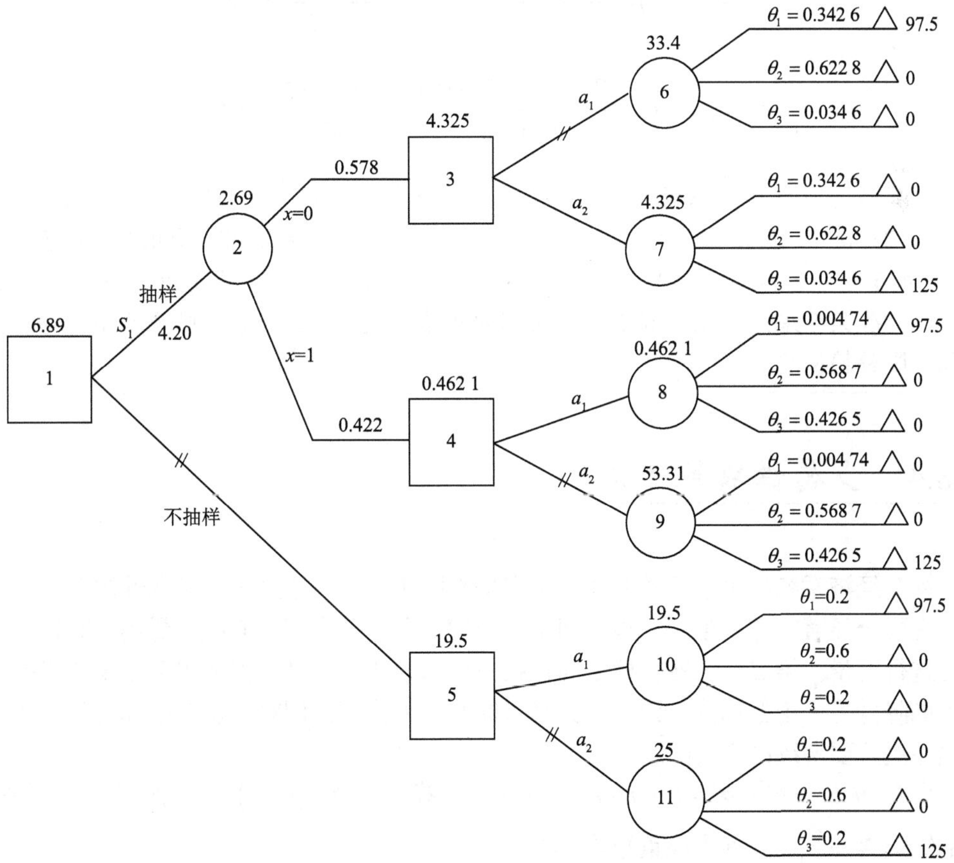

图 8.4　产品抽检的决策树

1）抽样各有关概率

$$P(x=0)=\sum_{i=1}^{3}P(x=0/\theta_i)P(\theta_i)=0.99\times0.2+0.60\times0.6+0.10\times0.2=0.578$$

$$P(x=1)=\sum_{i=1}^{3}P(x=1/\theta_i)P(\theta_i)=0.01\times0.2+0.40\times0.6+0.90\times0.2=0.422$$

2）在 $x=0$ 的情况下，出现各种不同自然情况的概率

利用贝叶斯公式，$P(\theta_1/x=0)=\dfrac{0.99\times0.2}{0.578}=0.342\,6$。同理可求出，

$$P(\theta_2/x=0)=\frac{0.60\times0.6}{0.578}=0.622\,8，\quad P(\theta_3/x=0)=\frac{0.1\times0.2}{0.578}=0.034\,6$$

3）在 $x=1$ 的情况下，出现各种不同自然情况的概率

$$P(\theta_1/x=1)=\frac{P(x=1/\theta_1)P(\theta_1)}{P(x=1)}=\frac{0.01\times0.2}{0.422}=0.004\,74$$

$$P(\theta_2/x=1)=\frac{P(x=1/\theta_2)P(\theta_2)}{P(x=1)}=\frac{0.40\times0.6}{0.422}=0.568\,7$$

$$P(\theta_3/x=1)=\frac{P(x=1/\theta_3)P(\theta_3)}{P(x=1)}=\frac{0.90\times0.2}{0.422}=0.426\,5$$

计算各方案点和状态点的后悔期望值。状态点 6：97.5×0.342 6=33.4（元），状态点 7：125×0.034 6=4.325（元），状态点 8：97.5×0.004 74=0.462 1（元），状态点 9：125×0.426 5=53.31（元），状态点 10：97.5×0.2=19.5（元），状态点 11：125×0.2=25（元）。决策结果是首先抽取 1 件产品作为样品检验，如该件合格则整箱不检验。如是次品，则整箱检验。

8.4 多属性决策方法

社会经济系统的决策问题往往涉及多个不同属性。一般来说，多属性决策（综合评价）有两个显著特点：第一，指标间不可公度，即属性之间没有统一量纲，难以用同一标准进行度量。第二，某些指标之间存在一定的矛盾性，某一方案提高了某个指标值，却可能降低另一个指标值。因此，克服指标间不可公度的困难，协调指标间的矛盾，是多属性决策要解决的主要问题。

设有 m 个备选方案 $a_i(1\leqslant i\leqslant m)$，$n$ 个决策指标 $f_j(1\leqslant j\leqslant n)$，$m$ 个方案 n 个指标构成的矩阵 $\boldsymbol{X}=(x_{ij})_{m\times n}$ 称为决策矩阵。

基于 n 个指标值，如何选择最优方案？多属性决策方法主要涉及两个步骤：一是决策指标的标准化；二是基于标准化数据的方案择优方法。

8.4.1　决策指标的标准化

由于指标体系中指标量纲不同，如产值的单位为万元，产量的单位为万吨，投资回收期的单位为年等，这给多属性决策带来许多困难。将不同的量纲的指标通过适当的变换，转化为无量纲的标准化指标，称为决策指标的标准化。决策指标根据指标变化方向，大致可以分为两类，即效益型（正向）指标和成本型（逆向）指标。效益型指标具有越大越优的性质，成本型指标具有越小越优的性质。

1. 向量归一化法

在决策矩阵 $\boldsymbol{X}=\left(x_{ij}\right)_{m\times n}$ 中，令

$$y_{ij}=\frac{x_{ij}}{\sqrt{\sum_{i=1}^{m}x^{2}{}_{ij}}}\left(1\leqslant i\leqslant m,1\leqslant j\leqslant n\right) \tag{8.1}$$

矩阵 $\boldsymbol{Y}=\left(y_{ij}\right)_{m\times n}$ 称为向量归一标准化矩阵。$\boldsymbol{Y}$ 的列向量的模等于 1，即 $\sum_{i=1}^{m}y_{ij}^{2}=1$。经过归一化处理后，其指标值均满足 $0\leqslant y_{ij}\leqslant 1$，并且正、逆向指标的方向没有发生变化，即正向指标归一化变换后，仍是正向指标，逆向指标归一化变换后，仍是逆向指标。

2. 线性比例变换法

在 $\boldsymbol{X}=\left(x_{ij}\right)_{m\times n}$ 中，对于正向指标 f_j，取 $x_j^{*}=\max\limits_{1\leqslant i\leqslant m}x_{ij}\neq 0$，则

$$y_{ij}=\frac{x_{ij}}{x_j^{*}}\left(1\leqslant i\leqslant m,1\leqslant j\leqslant n\right) \tag{8.2}$$

对于逆向指标 f_j，取 $x_j^{*}=\min\limits_{1\leqslant i\leqslant m}x_{ij}$，且 $x_{ij}\neq 0$，则

$$y_{ij}=\frac{x_j^{*}}{x_{ij}}\left(1\leqslant i\leqslant m,1\leqslant j\leqslant n\right) \tag{8.3}$$

$\boldsymbol{Y}-\left(y_{ij}\right)_{m\times n}$ 称为线性比例标准化矩阵，经过线性比例变换后，标准化指标满足 $0\leqslant y_{ij}\leqslant 1$，并且正、逆向指标均化为正向指标，最优值为 1。

3. 极差变换法

在 $\boldsymbol{X}=\left(x_{ij}\right)_{m\times n}$ 中，对于正向指标 f_j，取 $x_j^{*}=\max\limits_{1\leqslant i\leqslant m}x_{ij}$，$x_j^{0}=\min\limits_{1\leqslant i\leqslant m}x_{ij}$，则

$$y_{ij}=\frac{x_{ij}-x_j^{0}}{x_j^{*}-x_j^{0}}\left(1\leqslant i\leqslant m,1\leqslant j\leqslant n\right) \tag{8.4}$$

对于逆向指标 f_j，取 $x_j^{*}=\min\limits_{1\leqslant i\leqslant m}x_{ij}$，$x_j^{0}=\max\limits_{1\leqslant i\leqslant m}x_{ij}$，则

$$y_{ij}=\frac{x_j^{0}-x_{ij}}{x_j^{0}-x_j^{*}}\left(1\leqslant i\leqslant m,1\leqslant j\leqslant n\right) \tag{8.5}$$

矩阵 $\boldsymbol{Y}=\left(y_{ij}\right)_{m\times n}$ 称为极差变换标准化矩阵。经过极差变换之后，均有 $0\leqslant y_{ij}\leqslant 1$，并且正、逆向指标均化为正向指标。

4. 定性指标量化处理方法

在多属性决策指标体系中，有些指标是定性指标，只能作为定性描述，如“可靠性”“灵敏度”“员工素质”等。对定性指标作量化处理，常用的方法是将这些指标依问题性质划分为若干级别，分别赋以不同的量值。一般可划分为 5 个级别，正向指标下最优值为 9 分，最劣值为 1 分，其余级别赋以适当分值。具体分值见表 8.10。

表 8.10 定性指标的标度标定

定性标度	很低	低	一般	高	很高
正向指标	1	3	5	7	9
逆向指标	9	7	5	3	1

例 8.13 某公司在国际市场上购买飞机，按 6 个决策指标对不同型号的飞机进行综合评价，这 6 个指标是最大速度 (f_1)、最大范围 (f_2)、最大负载 (f_3)、价格 (f_4)、可靠性 (f_5)、灵敏度 (f_6)。现在 4 种型号的飞机可供选择，具体指标值见表 8.11。写出决策矩阵，并进行标准化处理。

表 8.11 各机型飞机属性表

机型	最大速度/马赫	最大范围/千米	最大负载/千克	价格/百万元	可靠性	灵敏度
a_1	2.0	1 500	20 000	5.5	一般	很高
a_2	2.5	2 700	18 000	6.5	低	一般
a_3	1.8	2 000	21 000	4.5	高	高
a_4	2.2	1 800	20 000	5.0	一般	一般

注：1 马赫=340 米/秒

解：在决策指标中，f_1、f_2、f_3 是正向指标，f_4 是逆向指标，f_5、f_6 是定性指标。按照表 8.10 的分级量化值，将 f_5、f_6 作量化处理，得到决策矩阵：

$$\boldsymbol{X}=\left(x_{ij}\right)_{4\times 6}=\begin{bmatrix} 2.0 & 1\,500 & 20\,000 & 5.5 & 5 & 9 \\ 2.5 & 2\,700 & 18\,000 & 6.5 & 3 & 5 \\ 1.8 & 2\,000 & 21\,000 & 4.5 & 7 & 7 \\ 2.2 & 1800 & 20\,000 & 5.0 & 5 & 5 \end{bmatrix}$$

根据不同的方法作标准化处理（计算保留 2 位小数）。

（1）向量归一化法。标准化矩阵为

$$Y=\left(y_{ij}\right)_{4\times 6}=\begin{bmatrix}0.47 & 0.37 & 0.51 & 0.51 & 0.48 & 0.67\\0.58 & 0.66 & 0.46 & 0.60 & 0.29 & 0.31\\0.42 & 0.49 & 0.53 & 0.41 & 0.67 & 0.52\\0.51 & 0.44 & 0.51 & 0.46 & 0.48 & 0.37\end{bmatrix}$$

（2）线性比例变换法。标准化矩阵为

$$Y=\left(y_{ij}\right)_{4\times 6}=\begin{bmatrix}0.80 & 0.56 & 0.95 & 0.82 & 0.71 & 1.00\\1.00 & 1.00 & 0.86 & 0.69 & 0.43 & 0.56\\0.72 & 0.74 & 1.00 & 1.00 & 1.00 & 0.78\\0.88 & 0.67 & 0.95 & 0.90 & 0.71 & 0.56\end{bmatrix}$$

（3）极差变换法。标准化矩阵为

$$Y=\left(y_{ij}\right)_{4\times 6}=\begin{bmatrix}0.28 & 0 & 0.67 & 0.50 & 0.51 & 1.00\\1.00 & 1.00 & 0 & 0 & 0 & 0\\0 & 0.42 & 1.00 & 1.00 & 1.00 & 0.50\\0.57 & 0.52 & 0.67 & 0.25 & 0.50 & 0\end{bmatrix}$$

8.4.2 线性加权方法

线性加权方法是根据实际情况，确定各决策指标的权重，再对决策矩阵进行标准化处理，求出各方案的指标综合值，以此作为各可行方案排序的依据。应该注意的是，线性加权方法对决策矩阵的标准化处理，应当使所有的指标正向化。基本步骤：用适当的方法确定各决策指标的权重，设权重向量为 $W=\left(w_1,w_2,\cdots,w_n\right)^{\mathrm{T}}$，其中，$\sum_{j=1}^{n}w_j=1$。对 $X=\left(x_{ij}\right)_{m\times n}$ 作标准化处理，标准化矩阵为 $Y=\left(y_{ij}\right)_{m\times n}$，标准化后的指标为正向指标。

求出各决策方案的线性加权指标值：

$$u_i=\sum_{j=1}^{n}w_jy_{ij}\quad\left(1\leqslant i\leqslant m\right)\tag{8.6}$$

以 u_i 为依据，选择最大者为最优方案，即

$$u\left(a^*\right)=\max_{1\leqslant i\leqslant m}u_i=\max_{1\leqslant i\leqslant m}\sum_{j=1}^{n}w_jy_{ij}\tag{8.7}$$

用线性加权方法对例 8.13 的购机问题进行决策。

解：设购机问题中，6 个决策指标的权重向量为 $W=\left(0.2,0.1,0.1,0.1,0.2,0.3\right)^{\mathrm{T}}$。用线性比例变换法，将决策矩阵 $X=\left(x_{ij}\right)_{4\times 6}$ 标准化，标准化矩阵为

$$Y=\left(y_{ij}\right)_{4\times 6}=\begin{bmatrix}0.80 & 0.56 & 0.95 & 0.82 & 0.71 & 1.00\\1.00 & 1.00 & 0.86 & 0.69 & 0.43 & 0.56\\0.72 & 0.74 & 1.00 & 1.00 & 1.00 & 0.78\\0.88 & 0.67 & 0.95 & 0.90 & 0.71 & 0.56\end{bmatrix}$$

计算各方案的综合指标值 $u_1=0.835,u_2=0.709,u_3=0.853,u_4=0.738$，因此，最优方

案是 $u\left(a^*\right)=\max\limits_{1\leqslant i\leqslant 4}u_i=u_3=u\left(a_3\right)$，即 $a^*=a_3$，购机问题各方案的排序结果是 $a_3>a_1>a_4>a_2$。

8.4.3 理想解方法

理想解方法又称为 TOPSIS（technique for order preference by similarity to ideal solution）法，这种方法通过构造多属性决策问题的理想解和负理想解，并以靠近理想解和远离负理想解两个基准作为评价各可行方案的依据。理想解是设想各指标属性都达到最满意的解；负理想解是设想指标属性都达到最不满意的解。

例如，在二指标 f_1、f_2 的决策问题中，不妨设二指标均为效益型指标，指标值越大越优。该问题有 m 个可行方案 $a_i\left(i=1,2,\cdots,m\right)$，各方案的两个指标分别记为 x_{i1}、x_{i2}。记 $x_1^{\ *}=\max\limits_{1\leqslant i\leqslant m}\left\{x_{i1}\right\},x_2^{\ *}=\max\limits_{1\leqslant i\leqslant m}\left\{x_{i2}\right\},x_1^{\ -}=\min\limits_{1\leqslant i\leqslant m}\left\{x_{i1}\right\},x_2^{\ -}=\min\limits_{1\leqslant i\leqslant m}\left\{x_{i2}\right\}$，则此问题的理想解为 $\left(x_1^*,x_2^*\right)$，负理想解为 $\left(x_1^-,x_2^-\right)$。

确定了理想解和负理想解，还需确定一种测度方法，表示各方案目标值靠近理想解和远离负理想解的程度，一般用欧氏距离计算方法。设方案 a_i 对应到理想解和负理想解的距离分别为 $S_i^*=\sqrt{\sum\limits_{j=1}^{2}\left(x_{ij}-x_j^*\right)^2}$，$S_i^-=\sqrt{\sum\limits_{j=1}^{2}\left(x_{ij}-x_j^-\right)^2}$，方案 a_i 与理想解、负理想解的相对贴近度定义为 $C_i^*=\dfrac{S_i^-}{S_i^-+S_i^*}$，容易看出，相对贴近度满足 $0\leqslant C_i^*\leqslant 1$。当 $a_i=a^*$ 时，即方案为理想方案时，则 $C_i^*=1$；当 $a_i=a^-$ 时，即方案为负理想方案时，则 $C_i^*=0$。当 $a_i\to a^*$ 时，即方案逼近理想解而远离负理想解时，则 $C_i^*\to 1$。因此，相对贴近度 C_i^* 是理想解排序的判据。

设 $\boldsymbol{X}=\left(x_{ij}\right)_{m\times n}$，指标权重向量为 $\boldsymbol{W}=\left(w_1,w_2,\cdots,w_n\right)^{\mathrm{T}}$，理想解方法基本步骤：用向量归一化法对决策矩阵作标准化处理，得到标准化矩阵 $\boldsymbol{Y}=\left(y_{ij}\right)_{m\times n}$；计算加权标准化矩阵 $\boldsymbol{V}=\left(v_{ij}\right)_{m\times n}=\left(w_j y_{ij}\right)_{m\times n}$；确定理想解和负理想解；计算各方案的相对贴近度，根据相对贴近度大小排定方案优劣。

例 8.14 用理想解方法对例 8.13 的购机问题进行决策。

解：用向量归一化法求得 $\boldsymbol{X}=\left(x_{ij}\right)_{4\times 6}$ 的标准化矩阵；设指标权重向量为 $\boldsymbol{W}=\left(0.2,0.1,0.1,0.1,0.2,0.3\right)^{\mathrm{T}}$，计算加权标准化矩阵，求得

$$
\boldsymbol{V}=\left(v_{ij}\right)_{4\times 6}=\begin{bmatrix}0.0934 & 0.0366 & 0.0506 & 0.0506 & 0.0962 & 0.2012\\ 0.1168 & 0.0659 & 0.0455 & 0.0598 & 0.0577 & 0.1118\\ 0.0841 & 0.0488 & 0.0531 & 0.0414 & 0.1347 & 0.1565\\ 0.1028 & 0.0439 & 0.0506 & 0.0460 & 0.0962 & 0.1118\end{bmatrix}
$$

分别确定理想解和负理想解为

$$
\boldsymbol{V}^*=\{0.1168,\ 0.0659,\ 0.0531,\ 0.0414,\ 0.1347,\ 0.2012\}
$$

$$V^- = \{0.0841, 0.0366, 0.0455, 0.0598, 0.0577, 0.1118\}$$

各方案到理想解和负理想解的距离分别是

$$S_1^* = 0.0545, \quad S_2^* = 0.1197, \quad S_3^* = 0.0580, \quad S_4^* = 0.1009$$

$$S_1^- = 0.0983, \quad S_2^- = 0.0439, \quad S_3^- = 0.0920, \quad S_4^- = 0.0458$$

各方案的相对贴近度 $C_1^* = 0.643$，$C_2^* = 0.268$，$C_3^* = 0.613$，$C_4^* = 0.312$，用理想解方法求得各方案的排序结果是 $a_1 > a_3 > a_4 > a_2$。

8.4.4 层次分析法

层次分析法（analytic hierarchy process，AHP）是20世纪70年代由美国数学家T. L. Saaty 提出的一种定量定性相结合的评价方法，该方法力求避开复杂的数学建模方法进行复杂问题的决策，其原理如下：将复杂的问题逐层分解为若干元素，组成一个相互关联和具有隶属关系的层次结构模型，对各元素进行判断，以获得各元素的重要性。运用AHP，大体上可按下面 4 个步骤进行。

步骤 1：分析系统中各因素间的关系，建立系统的递阶层次结构。

步骤 2：对同一层次各元素关于上一层次中某一准则的重要性进行两两比较，构造两两比较的判断矩阵。

步骤 3：由判断矩阵计算被比较元素对该准则的相对权重，并进行判断矩阵一致性检验。

步骤 4：计算各层次对于系统的总排序权重，并进行排序。最后，得到各方案对于总目标的总排序。

下面以例子说明 4 个步骤的实现过程。

1. 递阶层次结构的建立

应用 AHP 决策分析问题时，首先要把问题条理化、层次化，构造出一个有层次的结构模型。在这个模型下，复杂问题被分解为元素的组成部分，这些元素又按其属性及关系形成若干层次，上一层次的元素作为准则对下一层次的有关元素起支配作用。这些层次可以分为三类：①最高层（目标层），只有一个元素，一般是分析问题的预定目标或理想结果；②中间层（准则层），包括为实现目标所涉及的中间环节，它可以由若干个层次组成，包括所需要考虑的准则、子准则；③最底层（方案层），包括为实现目标可供选择的各种措施、决策方案等。

递阶层次结构的层次数与问题的复杂程度及需要分析的详尽程度有关，一般地，层次数不受限制。每一层次中各元素所支配的元素一般不要超过 9 个，这是因为支配的元素过多会给两两比较带来困难。一个好的层次结构对于解决问题是极为重要的，如果在层次划分和确定层次元素间的支配关系上举棋不定，那么应该重新分析问题，弄清元素间相互关系，以确保建立一个合理的层次结构。递阶层次结构是 AHP 中最简单也是最实用的层次结构形式。当一个复杂问题用递阶层次结构难以表示时，可以采用更复杂的扩展形式，如内部依存的递阶层次结构、反馈层次结构等。

例 8.15 知识员工评价问题。知识员工具有创新能力，能帮助企业在千变万化的市场环境中赢得优势。知识员工评价可从员工的知识储备、研发创新能力、团队合作能力和以往研发业绩等方面考核。某企业拟基于上述 4 个方面，对 3 位拟引进的员工进行选择评价，可得到该问题的评价指标体系结构，如图 8.5 所示。

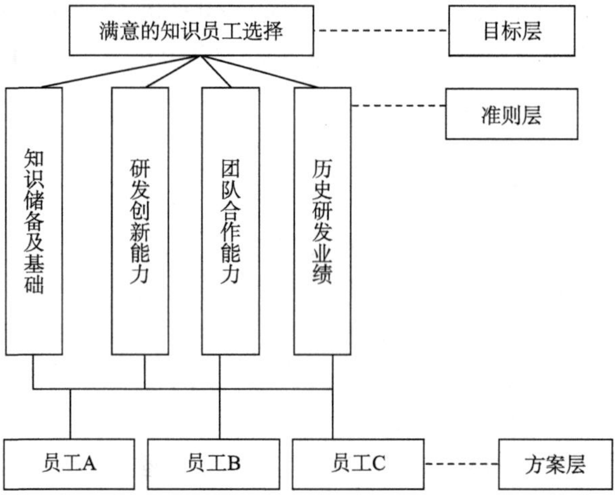

图 8.5 知识员工选择评价指标体系

2. 构造两两比较的判断矩阵

在建立递阶层次结构以后，上下层元素间的隶属关系就被确定了。下一步是要确定各层次元素的权重。对于大多数社会经济问题，特别是比较复杂的问题，元素的权重不容易直接获得，这时就需要通过适当的方法导出它们的权重，AHP 利用决策者对方案两两比较给出判断矩阵的方法导出权重。

记准则层元素 C 所支配的下一层次的元素为 $U_1,U_2,\cdots,U_n$。针对准则层元素 C，决策者比较两个元素 U_i 和 U_j 哪一个更重要，重要程度如何，并按表 8.12 定义的比例标度对重要性程度赋值，形成判断矩阵 $\boldsymbol{A}=\left(a_{ij}\right)_{n\times n}$，其中 a_{ij} 就是元素 U_i 与 U_j 相对于准则层元素 C 的重要性比例标度。

表 8.12 比例标度数值表

比例标度	含义
1	两个元素相比，具有相同的重要性
3	两个元素相比，前者比后者稍（略）重要
5	两个元素相比，前者比后者明显（较）重要
7	两个元素相比，前者比后者强烈（非常）重要
9	两个元素相比，前者比后者极端（绝对）重要
2，4，6，8	表示上述相邻判断的中间值

判断矩阵 $\boldsymbol{A}$ 具有如下性质：① $a_{ij}>0$；② $a_{ji}=\dfrac{1}{a_{ij}}$；③ $a_{ii}=1$，称为正互反判断矩阵。根据判断矩阵的互反性，对于一个由 n 个元素构成的判断矩阵只需给出其上（或下）三角的 $\dfrac{n(n-1)}{2}$ 个判断数据即可。

例 8.15 中，基于"知识储备及基础"指标，通过分析这方面，员工 A 比员工 B 略好不足，员工 A 比员工 C 非常好有余，但是绝对好不足，员工 B 比员工 C 较好有余，非常好不足，则可以得到如下的判断矩阵（下三角判断矩阵的元素由互反性得到）：

$$\boldsymbol{A}=\begin{bmatrix} & \text{员工A} & \text{员工B} & \text{员工C} \\ \text{员工A} & 1 & 2 & 8 \\ \text{员工B} & 1/2 & 1 & 6 \\ \text{员工C} & 1/8 & 1/6 & 1 \end{bmatrix}$$

3. 权重向量和一致性指标

通过两两比较得到的判断矩阵 $\boldsymbol{A}$ 不一定满足判断矩阵的互反性条件，从复杂决策问题判断的本身来看，由于决策问题的复杂性，决策者判断的逻辑性可能不一致。例如，某评价者在评价时，认为员工 A 比员工 B 稍好，员工 B 比员工 C 稍好，则员工 A 应比员工 C 绝对好。若由于某种原因，评价者认为员工 A 比员工 C 稍好，则评价逻辑可能出现偏差。对此，AHP 采用一个数量标准来衡量 $\boldsymbol{A}$ 的不一致程度。设 $\boldsymbol{w}=(w_1,w_2,\cdots,w_n)^{\mathrm{T}}$ 是 n 阶判断矩阵排序权重向量（可根据排序权重向量 $\boldsymbol{w}$ 来决定方案的优劣），当 $\boldsymbol{A}$ 为一致性判断矩阵时，有

$$\boldsymbol{A}=\begin{bmatrix} 1 & \dfrac{w_1}{w_2} & \cdots & \dfrac{w_1}{w_n} \\ \dfrac{w_2}{w_1} & 1 & \cdots & \dfrac{w_2}{w_n} \\ \vdots & \vdots & & \vdots \\ \dfrac{w_n}{w_1} & \dfrac{w_n}{w_2} & \cdots & 1 \end{bmatrix}=\begin{bmatrix} w_1 \\ w_2 \\ \vdots \\ w_n \end{bmatrix}\begin{bmatrix} \dfrac{1}{w_1} & \dfrac{1}{w_2} & \cdots & \dfrac{1}{w_n} \end{bmatrix}$$

用 $\boldsymbol{w}=(w_1,w_2,\cdots,w_n)^{\mathrm{T}}$ 右乘上式，得到 $\boldsymbol{A}\boldsymbol{w}=n\boldsymbol{w}$，表明 $\boldsymbol{w}$ 为 $\boldsymbol{A}$ 的特征向量，且特征根为 n，即对于一致的判断矩阵，排序向量 $\boldsymbol{w}$ 就是 $\boldsymbol{A}$ 的特征向量。如果 $\boldsymbol{A}$ 是一致的互反矩阵，则有以下性质：$a_{ij}a_{jk}=a_{ik}$。当 $\boldsymbol{A}$ 具有一致性时，$\lambda_{\max}=n$，将 $\lambda_{\max}$ 对应的特征向量归一化后 $\left(\sum_{i=1}^{n}w_i=1\right)$ 记为 $\boldsymbol{w}=(w_1,\cdots,w_n)^{\mathrm{T}}$，$\boldsymbol{w}$ 称为权重向量，它表示 $U_1,U_2,\cdots,U_n$ 在准则层元素 C 中的权重。如果判断矩阵不具有一致性，则 $\lambda_{\max}>n$，$\lambda_{\max}$ 表示 $\boldsymbol{A}$ 的最大特征根。此时的特征向量 $\boldsymbol{w}$ 就不能真实地反映 $U_1,U_2,\cdots,U_n$ 在目标中所占比重。定义衡量不一致程度的数量指标，$\mathrm{CI}=\dfrac{\lambda_{\max}-n}{n-1}$。

对于具有一致性的正互反判断矩阵来说，CI=0。由于客观事物的复杂性和人们认识的多样性，以及认识可能产生的片面性跟问题的因素多少、规模大小有关，仅依靠CI值作为 $\boldsymbol{A}$ 是否具有满意一致性的标准是不够的。为此，引进平均随机一致性指标RI，对于 n=1~11，平均随机一致性指标 RI 的取值如表 8.13 所示。

表 8.13　一致性指标 RI 的取值表

n	1	2	3	4	5	6	7	8	9	10	11
RI	0	0	0.58	0.90	1.12	1.24	1.32	1.41	1.45	1.49	1.51

定义 CR 为一致性比例，$\mathrm{CR}=\dfrac{\mathrm{CI}}{\mathrm{RI}}$，当 $\mathrm{CR}\leqslant 0.1$ 时，则称判断矩阵具有满意一致性，否则就不具有满意一致性。

例 8.15 中判断矩阵 $\boldsymbol{A}$，可得到其最大特征值 $\lambda_{\max}=3.019$［特征值计算方法可采用一定的软件进行，如 Matlab 软件中的[p，q]=eig（$\boldsymbol{A}$）即可得到判断矩阵 $\boldsymbol{A}$ 的特征值 p 和特征向量 $\boldsymbol{q}$；在 Excel 软件中，可用 Mdeterm、Mmult 和 Minverse 等函数联合计算］，$\mathrm{CI}=\dfrac{3.019-3}{3-1}=0.01$，一致性比例 $\mathrm{CR}=\dfrac{0.01}{0.58}=0.017\leqslant 0.1$，表明该判断矩阵的一致性可以接受。此外，可以得到 $\boldsymbol{w}=(0.593,0.341,0.066)^{\mathrm{T}}$。

设研发创新能力指标下构成判断矩阵为

$$\begin{bmatrix} & \text{员工A} & \text{员工B} & \text{员工C} \\ \text{员工A} & 1 & 1/3 & 1/4 \\ \text{员工B} & 3 & 1 & 1/2 \\ \text{员工C} & 4 & 2 & 1 \end{bmatrix}$$

在团队合作能力下 3 位员工构成的判断矩阵为

$$\begin{bmatrix} & \text{员工A} & \text{员工B} & \text{员工C} \\ \text{员工A} & 1 & 1/4 & 1/6 \\ \text{员工B} & 4 & 1 & 1/3 \\ \text{员工C} & 6 & 3 & 1 \end{bmatrix}$$

在历史研发业绩下 3 位员工构成的判断矩阵为

$$\begin{bmatrix} & \text{员工A} & \text{员工B} & \text{员工C} \\ \text{员工A} & 1 & 1/3 & 4 \\ \text{员工B} & 1/3 & 1 & 7 \\ \text{员工C} & 1/4 & 1/7 & 1 \end{bmatrix}$$

在 4 个评价指标方面，哪个指标更为重要？可以采用同样的比较方法得到 4 个评价指标的权重向量，设有判断矩阵：

$$\begin{bmatrix} & 知识储备及基础 & 研发创新能力 & 团队合作能力 & 历史研发业绩 \\ 知识储备及基础 & 1 & 2 & 3 & 2 \\ 研发创新能力 & 1/2 & 1 & 4 & 1/2 \\ 团队合作能力 & 1/3 & 1/4 & 1 & 1/4 \\ 历史研发业绩 & 1/2 & 2 & 4 & 1 \end{bmatrix}$$

基于上述指标下各方案的特征向量可总结为表 8.14（设各判断矩阵的一致性均可接受），4 个评价指标的特征向量 $\boldsymbol{w}=(0.398,0.218,0.085,0.299)^{\mathrm{T}}$。

表 8.14 评价指标特征向量表

员工类型	知识储备及基础	研发创新能力	团队合作能力	历史研发业绩
员工 A	0.593	0.123	0.087	0.265
员工 B	0.341	0.320	0.274	0.655
员工 C	0.066	0.557	0.639	0.080

从表 8.14 来看，在知识储备及基础方面，员工 A 最优，员工 B 和员工 C 其次；在研发创新能力方面，员工 C 最优，员工 B 和员工 A 其次；在团队合作能力方面，员工 C 最优，员工 B 和员工 A 其次；在历史研发业绩方面，员工 B 最优，员工 A 和员工 C 其次。

从上述 4 个指标综合来看，哪个员工最优？

4. AHP 的总排序

计算同一层次所有因素对于最高层相对重要性的排序权值，称为层次总排序，这一过程是由最高层到最底层逐层进行的。最底层得到的层次总排序，就是 n 个被评价方案的总排序。若上一层次 A 包含 m 个因素 $A_1,A_2,\cdots,A_m$，其层次总排序权值分别为 $a_1,a_2,\cdots,a_m$，下一层次 B 包含 n 个因素 $B_1,B_2,\cdots,B_n$，它们对于因素 A_j 的层次单排序的权值分别为 $b_{1j},b_{2j},\cdots,b_{nj}$（当 B_k 与 A_j 无关时，取 b_{kj} 为 0），此时层次 B 的总排序权值由表 8.15 给出。

表 8.15 层次 B 的总排序权值表

层次 A \ 层次 B	A_1	A_2	…	A_m	层次 B 总排序值
	a_1	a_2	…	a_m	
B_1	b_{11}	b_{12}	…	b_{1m}	$\sum_{j=1}^{m} a_j b_{1j}$
…	…	…	…	…	…
B_n	b_{n1}	b_{n2}	…	b_{nm}	$\sum_{j=1}^{m} a_j b_{nj}$

如果层次 B 某些因素对于 A_j 的一致性指标为 CI_j，平均随机一致性指标为 RI_j，则

层次 B 总排序一致性比例 $\mathrm{CR}=\dfrac{\sum\limits_{j=1}^{m}a_j\mathrm{CI}_j}{\sum\limits_{j=1}^{m}a_j\mathrm{RI}_j}$。

AHP 最终得到方案层各决策方案相对于总目标的权重，并给出这一组合权重所依据整个递阶层次结构所有判断的总一致性指标，据此，决策者可以做出决策。

例 8.15 中，员工 A 的总得分为

$$0.398\times0.593+0.218\times0.123+0.085\times0.087+0.299\times0.265=0.349$$

员工 B 的总得分为

$$0.398\times0.341+0.218\times0.320+0.085\times0.274+0.299\times0.655=0.425$$

员工 C 的总得分为

$$0.398\times0.066+0.218\times0.557+0.085\times0.639+0.299\times0.080=0.226$$

由此，可以看出，在选择满意的知识员工的目标下，员工 B 的得分最高，员工 A 其次，员工 C 最劣。因此，从 4 个指标的综合来看，应该选择引进员工 B 的方案。

8.5 案例分析

案例 8.5.1 基于 AHP 的某大型客机供应商质量管理流程评价

大型客机的生产是一类非常复杂的系统集成工程，存在生产技术难度较大、系统组成复杂、研制周期长、投资风险大等基本特点。为了减少设计时间、缩短产品生产周期、降低生产成本、减少投资风险，以占有更多市场，大型客机的绝大部分零部件需要依靠供应商来完成，其生产过程主要表现为“主制造商—供应商”生产模式，主制造商是客机的生产组织者，供应商是其重要的合作伙伴，参与研制等重要领域，对飞机研制成功起着决定性的作用。例如，波音民机与全球 5 000 多家供应商保持联系，零部件供应商就有 545 家。因此，大型客机的质量水平主要由供应商的质量管理水平决定，主制造商必须有一套有效的供应商质量管理流程，以严格监控其供应商的质量管理活动及其产品的质量水平，保证大型客机的整体质量水平。

由美国供应链管理专业协会编制的《供应链管理流程标准》中专门针对质量管理流程做出了详细描述，提出了衡量质量管理流程的指标。供应商质量管理支持型文件方面包括质量政策、质量手册及质量流程文档 3 项指标；供应商质量管理引导型文件方面包括质量管理计划 1 项指标；供应商质量管理过程控制方面包括质量审计、质量沟通、流程实施与控制、纠错行动、质量流程持续改进、质量文件和记录控制、关键质量特性控制、质量培训 8 项指标；供应商质量管理结果方面包括质量管理成本、产品准时交货率、产品合格率、供应商售后服务质量 4 项指标。16 项指标涉及范围广、权威性高，适合于所有行业供应商质量管理流程的绩效评价，属于共性指标。供应商质量管理流程从上述 16 项指标进行评价，可总结为 4 个一级指标，具体见图 8.6。各项指标解释见表 8.16。

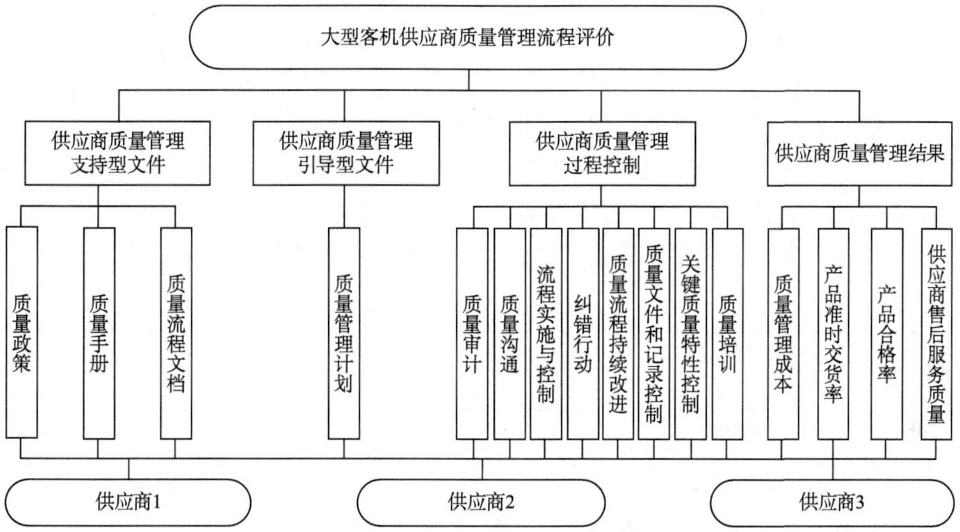

图 8.6　供应商质量管理流程评价指标体系

表 8.16　二级指标解释

指标	内涵解释
质量政策	作为供应商质量管理行为的主要指南，起稳定剂的作用
质量手册	对质量管理体系做概括阐述、指导质量管理体系实践的纲领性文件
质量流程文档	将供应商质量管理流程文档化，用来储备积累的知识、描绘质量管理流程和程序
质量管理计划	针对供应商质量管理所专项规定的质量管理方法及其活动顺序的文件
质量审计	一项独立的质量流程审查活动，确保供应商质量管理执行过程符合主制造商有关质量管理定义的方针政策、标准和程序
质量沟通	与供应商在质量上存在双向沟通，以提高信息传递的准确性、有效性
流程实施与控制	供应商质量管理流程的实施方法和控制手段
纠错行动	对供应商质量管理流程中双方产生的错误给予指出并改正
质量流程持续改进	攻克供应商质量管理流程中重复发生的问题，对个别流程进行优化
质量文件和记录控制	对供应商质量管理相关文件和记录实施有效控制
关键质量特性控制	对主要决定和影响产品质量的相关质量特性进行有效管理和控制
质量培训	参与供应商质量管理相关人员在质量技能方面的专业培训
质量管理成本	对供应商质量整个流程管理所消耗的费用
产品准时交货率	供应商在一定时间内准时交货的次数占其总交货次数的百分比
产品合格率	供应商提供的产品中合格品数量占订货总数量的百分比
供应商售后服务质量	供应商将产品交给主制造商后为其提供一系列服务的情况

AHP 具有处理定量和定性属性的能力，应用简单，容易被现场人员接受，适合用于供应商质量管理流程评价问题。设某商用飞机研制过程中的供应商质量管理流程绩效评价问题，考虑到流程本身和流程评价信息的复杂性采用 AHP，对提供某标准件的三家供应商（用 1~3 表示）质量管理流程进行绩效评价。基于目标层，两两比较支持型文件、引导型文件、过程控制和管理结果四个指标，得到判断矩阵（数据略），分析该判断矩阵的一致性比例，其一致性比例满足要求，求解得到权重分别为 0.068、0.12、0.313、0.499，说明管理结果准则最为重要，其余比较见表 8.17，表明供应商 2 得分最高，供应商 3 其次，供应商 1 最差。因此，供应商 2 将被作为首选供应商。

表 8.17 各指标数值表

供应商	支持型文件	引导型文件	过程控制	管理结果	权重
供应商 1	0.648	0.3	0.075	0.075	0.141
供应商 2	0.230	0.6	0.592	0.333	0.439
供应商 3	0.122	0.1	0.333	0.592	0.420

案例 8.5.2 基于决策树的投资策略分析

某房地产企业拥有 5 000 万元资金，用于某商业用地开发项目投资，估计成功率为 90%，成功时一年可获利 15%；若商业用地开发项目投资失败，有丧失 50%资金的危险。如果把资金用于理财基金购买，则可稳得年利 3.15%。为评估项目可行性，该企业可咨询专业评估公司，评估费用为 500 000 元，但评估意见仅供参考，便于做决策。专业评估公司过去 500 例的项目评估意见的实施结果见表 8.18。

表 8.18 项目评估意见实施结果表

评估意见	投资成功/次	投资失败/次	合计/次
可以投资	378	25	403
不宜投资	53	44	97
合计	431	69	500

试用决策树法分析：该房地产企业是否应该咨询专业评估公司；该企业资金应如何合理使用?

分析：资金用于商业开发项目成功时可获利 7 500 000 元，如果购买理财基金可获利 1 575 000 元。设 A_1：专业评估公司意见可以投资；A_2：专业评估公司意见不宜投资；B_1：投资成功；B_2：投资失败。

由题意知 $P(A_1)=0.806, P(A_2)=0.194, P(B_1)=0.862, P(B_2)=0.138$。

因为 $P(B|A)=P(AB)/P(A)$，$P(A_1B_1)=0.756$，$P(A_1B_2)=0.05$，$P(A_2B_1)=0.106$，$P(A_2B_2)=0.088$。

故求得 $P(B_1|A_1)=0.938, P(B_2|A_1)=0.062; P(B_1|A_2)=0.546, P(B_2|A_2)=0.454$。

决策树图及计算过程见图 8.7。

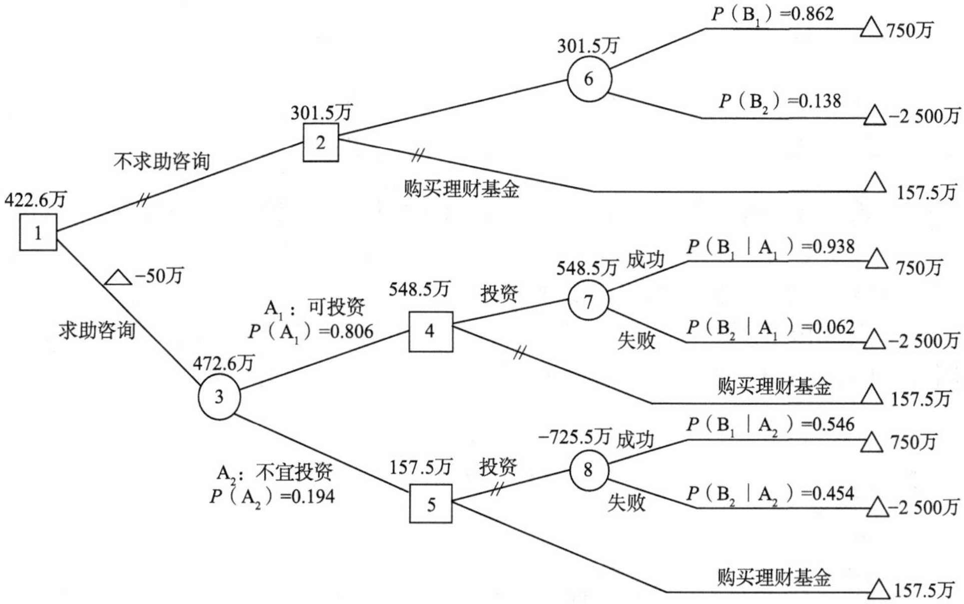

图 8.7 投资问题的决策树

结论：①该企业应该咨询专业评估公司；②如果专业评估意见可投资开发，可投资于商业用地开发项目，如果专业评估意见不可投资开发，应将资金购买理财基金。

案例 8.5.3 中标单位优选

某大型水电站修建，由于施工技术复杂，只存在少量潜在投标人可供选择，根据《工程项目施工招标投标方法》需采用邀请招标的方式，邀请 4 家具备投标资格的施工单位，以 A_1、A_2、A_3、A_4 表示。评选方式有最低投标价法和综合评估法，由于大型水利工程具有公益性、复杂性和专业技术性等特点，最低投标价法只从价格指标进行评价，不能对技术指标进行量化处理，对业主方存在较大的投资风险，同时也增加了投标人工程承包经营的风险。鉴于以上的原因，大型水电站的建设通常采用综合评估法，如多属性决策方法。

评审指标主要涉及商务标、技术标和社会信誉 3 个方面：商务标和投标单位的财务能力有关，此处以价格衡量（单位：万元），隶属于成本型指标，以 C_1 表示；技术标主要考虑施工方案、组织设计及管理措施这几方面（以 0~100 进行打分），隶属于效益型指标，以 C_2 表示；社会信誉包括投标单位银行信用等级、承担的类似工程业绩和合同信用等情况（以 0~10 进行打分），隶属于效益型指标，以 C_3 表示。各投标单位在各指标下的评价矩阵见表 8.19。

表 8.19 水电站投标单位评价矩阵

	C_1	C_2	C_3
A_1	130	90	8
A_2	115	96	9

续表

	C_1	C_2	C_3
A_3	140	98	8
A_4	120	98	10

（1）试采用多属性决策方法选择较优的投标单位，并说明选择的理由。

（2）在水电站投标单位选择中，利益相关者对指标的权重认识是否一致？如果不一致将会产生冲突，请你考虑如何处理。

（3）表 8.19 的数据准确性将直接影响方案的选择，请结合该例子考虑如何有效设计指标。如果表 8.19 中的部分数据存在测量误差，请谈谈如何处理为好。

习 题 8

1. 已知面对 4 种自然状态的 3 种备选方案如表 8.20 所示。假设不知道各种自然状态出现的概率。

表 8.20 方案损益表

方案	S_1	S_2	S_3	S_4
A_1	16	7	0	−8
A_2	5	13	7	4
A_3	2	5	11	13

请分别用乐观准则、悲观准则、折中准则（乐观系数 $\alpha = 0.6$）、等可能性准则、后悔值准则求最优行动方案。

2. 第 1 题中，设各自然状态出现的可能性分别为 0.2、0.3、0.3、0.2，试用风险型决策方法进行决策分析。

3. 根据以往资料，某面包店所需要的面包数可能为下面各数量的一个，括号内为需求概率，120（0.1），180（0.3），240（0.3），300（0.2），360（0.1）。如果一个面包当天没有销售掉，则在当天结束时以 0.1 元处理给饲养场，新面包售价为 1.2 元/个，面包成本为 0.5 元/个。请分析面包店的最优进货策略。

4. 某建筑公司承建一项工程，需要决定下个月是否开工。如果开工后天气好，可以按期完工，获得利润 500 万元；如果开工后天气不好将损失 200 万元；如果不开工，不管天气如何，都要付出窝工损失 50 万元。根据气象资料，预计下个月天气好的概率为 0.4，天气不好的概率为 0.6。为使利润最大、损失最小，该公司是否应该开工？

5. 某制造厂加工了 150 个零件，经验表明由于加工设备的原因，这一批零件不合格率 p 有 0.05 和 0.25 两种可能，p 为 0.05 的概率是 0.8。这些零件将被用来组装成部件。制造厂可在组装前按零件 10 元/个的费用来检验这批零件中的每个零件，发现不合格立即更换，也可以不予检验就直接组装，但发现一个不合格品进行返工的费用是 100 元。

请分析该厂的最优检验方案。

6. 某服装厂设计了一款新式女装准备推向全国。如果直接大批生产与销售，主观估计成功与失败的概率各为0.5，其分别获利为1 200万元与−500万元，如取消生产销售计划，则损失设计与准备费用为 40 万元。为稳妥起见，可先小批生产试销，试销的投入需要为 45 万元；据历史资料与专家估计，试销成功与失败概率分别为 0.6 与 0.4；又根据过去情况，大批生产销售成功的例子中，试销成功的占 84%；大批生产销售失败的事例中，试销成功的占 36%。试根据以上数据，先计算在试销成功与失败两种情况下，进行大批生产与销售时成功与失败的各自概率；再画决策树，按最大收益期望值决策准则确定最优决策。

7. 某投资银行拟对 4 家企业进行投资，抽取 5 项指标进行评估，即产值、投资成本、销售额、国家收益比重、环境污染，5 项指标的权重分别为 0.2、0.2、0.3、0.15、0.15。投资银行考察了上年度 4 家企业的上述指标情况，所得到的评估结果如表 8.21 所示，试采用线性加权方法和 TOPSIS 法以确定最佳投资方案，比较不同的标准化方法所得到的决策结果。

表 8.21 企业投资决策表

企业	产值/万元	投资成本/万元	销售额/万元	国家收益比重	环境污染
1	8 560	5 090	6 135	0.82	严重
2	7 809	5 400	6 527	0.65	一般严重
3	10 000	8 000	9 000	0.59	很严重
4	6 709	6 000	8 892	0.74	严重

8. 在应用 AHP 决策中，某决策者针对某指标对 5 个方案进行两两比较，给出了如下的判断矩阵 $\boldsymbol{B}$，请分析该判断矩阵的一致性，并计算方案的权重。

$$\boldsymbol{B}=\begin{bmatrix} 1 & 2 & 1/2 & 1 & 2 \\ 1/2 & 1 & 2 & 1 & 3 \\ 2 & 1/2 & 1 & 1 & 5 \\ 1 & 1 & 1 & 1 & 2 \\ 1/2 & 1/3 & 1/5 & 1/2 & 1 \end{bmatrix}$$

9. 试用AHP从5个候选城市中遴选1个“最佳发展城市”，请建立评价指标体系，进行决策分析。

第9章

排 队 论

排队是我们在日常生活中经常遇到的现象，如病人到医院看病、客户到银行汇款、城市拥堵路段的汽车排队、电话占线等。排队现象产生的原因之一是服务的数量超过了服务机构（服务规则）的容量，也就是有部分的服务对象不能立即得到服务；原因之二是系统服务对象到达和服务时间均存在随机性。前者可以通过增加服务机构的容量来解决排队现象，但无休止地增加服务机构的容量会导致追加投资并可能发生系统资源长时间闲置情况。后者，也就是系统服务对象到达和服务时间均存在随机性，致使无法准确预测估算排队拥堵的具体情况。所以，在服务系统中的排队现象几乎不可避免。

排队论（queuing theory）或称随机服务系统理论（random service system theory）是研究服务系统中排队现象随机规律的学科。它起源于 1909 年丹麦电话工程师 A. K. 爱尔朗（Agner Krarup Erlang）在解决自动电话设计问题时形成的话务理论。20 世纪 30 年代苏联数学家 A. Я. 辛钦（Aleksandr Yakovlevich Khinchin）提出了最简单流的概念。随后瑞典数学家巴尔姆又引入有限后效流等概念和定义。他们用数学方法深入地分析了电话呼叫的本征特性，促进了排队论的研究。20 世纪 50 年代初，美国数学家关于生灭过程的研究及英国数学家 D. G. 肯德尔（David George Kendall）提出嵌入马尔可夫链理论的研究为排队论奠定了理论基础。在这以后，L. 塔卡奇等又将组合方法引进排队论，使它更能适应各种类型的排队问题。20 世纪 70 年代以来，人们开始研究排队网络和复杂排队问题的渐近解等，成为研究现代排队论的新趋势。

9.1 排队论的基本概念

排队论是先对服务对象到达及服务时间进行统计研究，得出这些数量指标（等待时间、排队长度、忙期长短等）的统计规律，然后根据这些规律来改进服务系统的结构或重新组织服务对象，使得服务系统既能满足服务对象的需要，又能使服务机构的费用最经济或某些指标最优。

9.1.1 排队系统的一般表示

排队系统由服务机构和服务对象（顾客）构成。一个排队系统可以抽象描述为：为了获得服务的顾客到达服务设施前排队，等候接受服务，服务完毕后就自行离开。把要求得到服务的对象称为顾客，而把提供服务的服务者统称为服务设施或服务台。这里将顾客的到达和离开称为排队系统的输入和输出，潜在的顾客总体称为顾客源或输入源。因此任何一个排队系统都是一种输入—输出系统，其基本结构如图 9.1 所示。

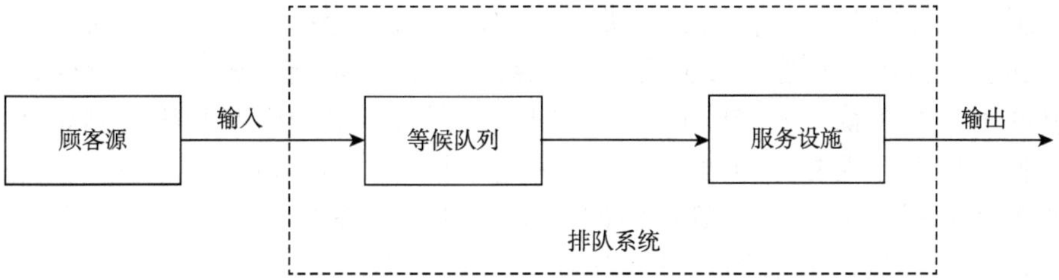

图 9.1 排队系统示意图

一般的排队系统有 3 个基本组成部分：输入过程、排队规则和服务机构。

1. 输入过程

输入过程，即顾客到达排队系统，它反映顾客到达排队系统的情况，主要包括顾客相继到达系统的时间间隔、顾客到达系统的方式（顾客可能单个到达，也可能成批到达）及顾客源情况。

输入过程考察的是顾客到达服务系统的规律。它可用一定时间内顾客到达的数量或前后两个顾客相继到达的间隔时间来描述，一般可划分为确定型和随机型两种。例如，在自动装配线上装配的各部件就必须是按确定时间间隔到达装配点，定期的航班、长途客车等都是确定型的；顾客到商店购买商品、病人到医院就诊等都是随机型的。在排队论中，讨论的输入过程主要是随机型的。

随机型的输入是指在时间 t 内顾客到达数量 n（t）服从一定的概率分布。如果服从泊松分布，则在时间 t 内到达 n 位顾客的概率为

$$P_n(t)=\frac{e^{-\lambda t}(\lambda t)^n}{n!}(n=0,1,\cdots,N,t>0) \tag{9.1}$$

或相继到达的顾客的间隔时间 T 服从负指数分布，即

$$P(T\leqslant t)=1-e^{-\lambda t} \tag{9.2}$$

其中，λ 为单位时间顾客期望到达数量，称为平均到达率；$1/\lambda$ 为平均间隔时间。

排队论的系统输入还要关注顾客源是有限集还是无限集。工厂内待修的机器数显然是有限集，而到某航空售票处购票的顾客源则可以认为总体是无限的。

顾客的到达可以是相互独立的，也就是说，以前的顾客到达情况对以后顾客的到达没有影响，否则就是有关联的。例如，工厂内的机器在一个短的时间区间内出现故障（顾客到达）的概率就受已经待修或被修理机器数目的影响。我们主要讨论的是相互独立的情形。

输入过程可以是平稳的，或称为对时间是齐次的，是指描述顾客相继到达的时间间隔分布和所含参数（如期望值、方差等）都是与时间无关的，否则称为非平稳的。我们主要讨论的是平稳的情形。

2. 排队规则

排队规则是指顾客来到排队系统后如何排队等候服务的规则，一般有即时制（损失制）、等待制和混合制三大类，其中，即时制是指当顾客到达时，如果所有服务台都已被占用，顾客可以随即离开系统。等待制是指顾客到达系统时，所有服务台被占用，顾客就加入排队队列等待服务。混合制是即时制和等待制相结合的一种排队服务规则，主要分为两种情况：一是队长有限制的情况，即当顾客排队等候服务的人数超过规定数量（等待空间有限）时，后来的顾客就自动离开，另求服务；二是排队等候时间有限制的情况，即顾客排队等候超过一定时间就会自动离开，不能再等。

对于等待制，为顾客进行服务的次序可以采用下列各种规则，最常见的等待制排队规则有先到先服务（first come first service，FCFS）、后到先服务（last come first service，LCFS）、具有优先权的服务（priority queueing services，PS）、随机服务（service in random order，SIRO）等。

先到先服务：按到达次序接受服务，这是最常见的情形。

后到先服务：如仓库中存放的货物常常是后放入的先被出库使用。

具有优先权的服务：如医院对病情严重的病人予以优先治疗，公交车上对老年人予以优先上车就坐等。

随机服务：服务员从等待的顾客中随机地选取其中一个进行服务而不管到达的先后，如电话交换台接通呼唤的电话。

3. 服务机构

排队系统的服务机构（服务规则）主要包含服务员（服务设施）数量及其连接形式（并联或串联）；顾客是单个接受服务还是成批接受服务；服务时间的分布。

依据系统服务设施的数量将排队系统分为单服务台排队系统和多服务台排队系统，如图 9.2 所示。在一个单服务台系统中，一个服务台为所有的顾客服务。例如，一个专科医生为所有前来就诊的病人看病。在多服务台排队系统中，我们要关注系统的结构是并联、串联还是混合排列。

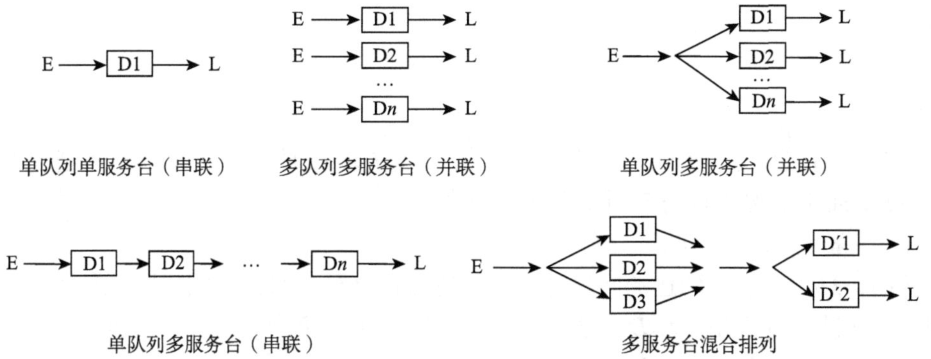

图 9.2　各类型排队系统

E 表示顾客到达开始排队，D 和 D′ 表示服务台，L 表示顾客接受完服务离开服务台

服务台的服务时间一般也分成确定型和随机型两种。例如，自动冲洗汽车的装置对每辆汽车冲洗（服务）时间是相同的，因而是确定型的。但大多数情况下服务时间是随机型的，对于随机型的服务时间，我们需要知道服务时间 V 的概率分布。如果服务时间 V 服从负指数分布，则其分布函数是

$$P(V \leqslant t)=1-\mathrm{e}^{-\mu t}\ (t \geqslant 0) \tag{9.3}$$

其中，μ 为平均服务率，$1/\mu$ 为平均服务时间。

服务台系统的结构可能是并联、串联或混合排列。

9.1.2　排队系统的分类

依据排队系统的输入过程、排队规则和服务机构可对排队系统进行描述和分类。20 世纪 50 年代初，Kendall 提出了一些排队系统的分类符号，称为 Kendall 符号。Kendall 符号的形式为 $X/Y/Z$。各符号的含义如下。

X 为顾客相继到达间隔时间的分布；

Y 为服务时间的分布；

Z 为并列的服务台数目。

表示相继到达的间隔时间和服务时间分布符号常用以下符号表示：

M：负指数分布，表示每位顾客接受服务的时间相互独立，具有相同的负指数分布。

$$b(t)=\begin{cases}\mu \mathrm{e}^{-\mu t}, & t \geqslant 0\\ 0, & t<0\end{cases}$$

其中，$\mu>0$，为一常数。

顾客到达时间间隔为独立的、负指数分布，常称为泊松流；

负指数分布描述的随机现象对于过去的事件具有无记忆性，即 Markov 性，因此用 Markov 开头字母 M 表示；

D：定长分布，表示每位顾客接受服务的时间是一个确定的常数；

E_k：k 阶爱尔朗分布，表示每位顾客接受服务的时间服从 k 阶爱尔朗分布，其密度

函数为

$$b_k(t)=\frac{k\mu(k\mu t)^{k-1}}{(k-1)!}\mathrm{e}^{-k\mu t}$$

当$k=1$时，爱尔朗分布就是负指数分布；当k增加时，爱尔朗分布逐渐变为对称的。当$k\geqslant 30$时，爱尔朗分布近似于正态分布。

G：一般（general）随机分布。

例如，$M/M/1$ 表示到达的间隔时间服从负指数分布，服务时间也服从负指数分布的单服务台排队系统模型。$M/D/2$ 表示到达间隔时间服从负指数分布，而服务时间为定长分布的双服务台排队系统模型。

1971 年有关排队论符号的标准化会议将 Kendall 符号扩展为 $X/Y/Z/A/B/C$，其中，A 表示排队系统的容量，取非负整数或∞；B 表示顾客源的数目，取非负整数或∞；C 表示服务规则（FCFS、LCFS、PS、SIRO 等）。

如$M/M/1/\infty/\infty$/FCFS表示顾客到达的时间间隔服从负指数分布，服务时间服从负指数分布，单服务台、系统容量为无限，顾客源为无限，排队规则为先到先服务的排队模型。我们这一章的模型只讨论 FCFS 的情形，因此后面都略去第 6 项。

9.1.3 排队系统的衡量指标

构建了排队系统的模型后，需要对排队系统的运行效率和服务质量进行研究和评估，以确定排队系统的结构是否合理。任何排队系统开始运行时，其状态在很大程度上取决于排队系统的初始状态和运转的时间。但排队系统运行了一段时间后，排队系统将进入稳定状态（稳态，系统运行充分长时间后，初始状态的影响基本消失，系统状态不再随时间变化）。对排队系统进行分析主要是指对其稳态的运行效率指标进行分析。常用于分析排队系统效率的指标有：

（1）平均队长L_s和平均排队长L_q。平均队长L_s指一个排队系统的顾客平均数（其中包括正在接受服务的顾客），而平均排队长L_q则是指系统中等待服务的顾客平均数。

（2）平均逗留时间w_s和平均等待时间w_q。平均逗留时间w_s指进入系统的顾客逗留时间的平均值（包括接受服务的时间），而平均等待时间w_q则是指进入系统的顾客等待时间的平均值。

（3）忙期和闲期。忙期是指服务机构两次空闲的时间间隔，这是一个随机变量，是服务员最关心的指标，因为它关系到服务员的服务强度；与忙期相对的是闲期，它是服务机构连续保持空闲的时间。在排队系统中，忙期和闲期总是交替出现的。

（4）服务强度ρ。每个服务台单位时间内平均服务时间。

其中，L_s、L_q、w_s和w_q通常称为重要的运行指标。它们取值越小，说明系统队长越短，顾客等候时间越少，因此系统的性能就越好。

下面在稳态下，讨论单服务台排队系统和多服务台排队系统。

9.2 单服务台排队系统分析

只有一个服务台为一个队列顾客提供服务的排队是最简单的排队问题，我们称这类问题为单服务台排队问题。本节讨论输入过程为泊松流，服务时间服从负指数分布的单服务台排队系统。其中有标准的 $M/M/1/\infty/\infty$ 系统、有限等待空间的 $M/M/1/N/\infty$ 系统、顾客为有限源的 $M/M/1/\infty/m$ 系统。

9.2.1 标准的 $M/M/1/\infty/\infty$ 系统

假设排队系统顾客源是无限的，按泊松流输入。在单位时间内顾客到达的平均人数（输入强度）为 λ，服务时间服从负指数分布，单位时间内接受服务的顾客数（服务强度）为 μ。如果平均到达速度大于平均服务速度，系统永远不会达到一种稳态。到来的顾客总比接受服务后离开的顾客多，队会越排越长。但我们的分析研究必须假定系统能达到一种稳态，也就是说要满足 $\mu > \lambda$。单服务台排队系统，系统按 FCFS 的规则进行服务。当顾客来到系统时，若服务台已被占用，顾客就排队等待，等候空间无限制。可用图 9.3 反映系统各状态的转移关系。通常把符合上述到达（服从泊松分布）和服务（服从负指数分布）规律的单服务台排队问题称为标准的 $M/M/1/\infty/\infty$（简称 $M/M/1$）系统。

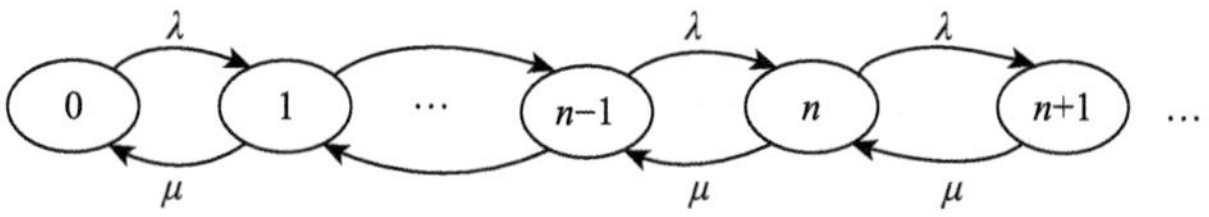

图 9.3 标准的 $M/M/1$ 系统状态转移关系图

在分析标准的 $M/M/1$ 系统时，需要求出稳态下系统在任意时刻 t 的状态为 n（系统中有 n 位顾客）的概率 $P_n(t)$。由于稳态下 $P_n(t)$ 与 t 无关，可写成 P_n，我们将其称为系统状态 n 的概率。

在稳态条件下，对于每一个系统状态而言，进入或离开系统的顾客数保持平衡，或称系统的输入率和输出率相等。由图 9.3 可见，系统状态从 0 转移到 1 的转移率为 λP_0，而系统状态从 1 转移到 0 的转移率为 μP_1。因此对状态 0 而言，必须满足以下平衡方程：

$$\lambda P_0 = \mu P_1 \tag{9.4}$$

得

$$P_1 = \frac{\lambda}{\mu} P_0$$

同样，对系统的任何状态 $n \geqslant 1$，系统状态从 n 转移到 $n+1$ 和 $n-1$ 的转移率为 $\lambda P_n + \mu P_n$，而系统状态从 $n+1$ 和 $n-1$ 转移到 n 的转移率为 $\mu P_{n+1} + \lambda P_{n-1}$。由平衡条件

可得

$$\lambda P_{n-1} + \mu P_{n+1} = (\lambda + \mu) P_n \tag{9.5}$$

得

$$P_n = \left(\frac{\lambda}{\mu}\right)^n P_0, \quad n = 1, 2, \cdots \tag{9.6}$$

令 $\rho = \dfrac{\lambda}{\mu} < 1$，可解得 $P_n = \rho^n P_0$，$n = 1, 2, \cdots$

其中，$\rho = \dfrac{\lambda}{\mu}$ 为平均到达率和平均服务率之比，即在相同时段内顾客到达的平均数与被服务完毕顾客的平均数之比。如果 $\rho > 1$，则排队等待服务的顾客数将随时间延续而愈来愈多。因此我们不讨论 $\rho > 1$ 的等待制系统。

ρ 还可以表示为 $\rho = \dfrac{1/\mu}{1/\lambda}$，这时 ρ 表示顾客的平均服务时间和顾客到达的平均间隔时间之比。因此 ρ 是衡量整个系统工作强度的一个指标。通常称 ρ 为服务强度（traffic intensity）。ρ 越接近于 1，说明系统的服务强度越高，服务机构越忙。

在 $\rho < 1$ 的条件下，标准的 $M/M/1$ 系统的重要运行指标如下：

1. 在稳态下系统中顾客数为 n 的概率 P_n

由于 $\sum_{n=0}^{\infty} P_n = 1$，所以 $P_0 + \sum_{n=1}^{\infty} \rho^n P_0 = 1$

故

$$P_0 = \frac{1}{1 + \sum_{n=1}^{\infty} \rho^n} = \left(\sum_{n=0}^{\infty} \rho^n\right)^{-1} = \left(\frac{1}{1-\rho}\right)^{-1} = 1 - \rho$$

$$P_n = (1-\rho)\rho^n, \quad n = 1, 2, \cdots$$

由此可知，ρ 是系统中至少有一位顾客的概率，也就是服务台处于忙期（正为顾客服务）的概率，它反映了系统的繁忙程度。$P_0 = 1 - \rho$ 为系统空闲（系统中没有顾客要求服务）的概率。

2. 系统在稳态下的平均队长（包括等待和接受服务的顾客数）L_s

$$L_s = \sum_{n=0}^{\infty} nP_n = \sum_{n=0}^{\infty} n(1-\rho)\rho^n = (\rho + 2\rho^2 + 3\rho^3 + \cdots) - (\rho^2 + 2\rho^3 + 3\rho^4 + \cdots)$$

$$= \rho + \rho^2 + \rho^3 + \cdots = \frac{\rho}{1-\rho}$$

或

$$L_s = \frac{\lambda}{\mu - \lambda} \tag{9.7}$$

3. 系统在稳态下平均排队长（系统排队等待的顾客数）L_q

平均排队人数等于系统的平均人数减去平均的正在接受服务的人数：

$$L_q=\sum_{n=0}^{\infty}(n-1)P_n=\sum_{n=0}^{\infty}nP_n-\sum_{n=0}^{\infty}P_n=L_s-\rho=\frac{\rho^2}{1-\rho} \tag{9.8}$$

或

$$L_q=L_s-\frac{\lambda}{\mu}=\frac{\lambda}{\mu-\lambda}-\frac{\lambda}{\mu}=\frac{\lambda^2}{\mu\cdot(\mu-\lambda)} \tag{9.9}$$

设每位顾客在系统中平均逗留时间为 W_s。顾客在系统中逗留的时间 T 服从参数为 $\mu-\lambda$ 的负指数分布，即顾客在系统中逗留时间超过 t 的概率为

$$P\{T>t\}=\mathrm{e}^{-(\mu-\lambda)t}, \quad t\geqslant 0$$

因此顾客在系统中平均逗留时间为

$$W_s=E(T)=\frac{1}{\mu-\lambda}$$

或

$$W_s=\frac{L_s}{\lambda}=\frac{1}{\lambda}\cdot\frac{\lambda}{\mu-\lambda}=\frac{1}{\mu-\lambda} \tag{9.10}$$

每位顾客在系统中平均等待时间为 W_q，平均等待时间为顾客在系统中平均逗留时间减去平均服务时间：

$$W_q=W_s-\frac{1}{\mu}=\frac{\lambda}{\mu(\mu-\lambda)}=\frac{\rho}{\mu-\lambda}$$

或

$$W_q=\frac{L_q}{\lambda} \tag{9.11}$$

例 9.1 假设某高铁售票处仅有一台自助售票机，买票的人随机到来，且服从泊松分布，平均为20人/小时。如果售票的服务时间需0.5分钟/人，售票机前会排多长的队？如果平均服务时间为1.0分钟或者2.0分钟，情况会怎样？顾客平均在系统中花费多少时间？

解：顾客平均到达速度为 $\lambda=20$（人/小时），平均服务速度为 $\mu=120$（人/小时）。

平均排队人数为 $L_q=\dfrac{\lambda^2}{\mu\cdot(\mu-\lambda)}=\dfrac{20^2}{120\cdot(120-20)}=0.033$（人）；

平均等待时间为 $W_q=\dfrac{L_q}{\lambda}=\dfrac{0.033}{20}=0.0017$（小时）=0.10（分钟）。

如果平均服务时间为 1 分钟，相应的平均服务速度 μ 为 60 人/小时，平均排队人数与平均等待时间为

L_q=0.17（人），W_q=0.008（小时）或 0.5（分钟）

如果平均服务时间延长到 2 分钟，平均服务速度 μ 为 30 人/小时，平均排队人数与平均等待时间为

L_q=1.33（人），W_q=0.066（小时）或 4（分钟）

按式（9.7）和式（9.10），可以分别计算系统中的顾客数及顾客在系统中平均花费的时间。

若 $\mu=120$，

$$L_s=\frac{\lambda}{\mu-\lambda}=\frac{20}{120-20}=0.20\text{（人）}$$

$$W_s=\frac{1}{\mu-\lambda}=\frac{1}{120-20}=0.01\text{（小时）}=0.60\text{（分钟）}$$

若 $\mu=60$，则

$$L_s=\frac{\lambda}{\mu-\lambda}=0.5\text{（人）}$$

$$W_s=\frac{1}{\mu-\lambda}=1.5\text{（分钟）}$$

若 $\mu=30$，则

$$L_s=\frac{\lambda}{\mu-\lambda}=2\text{（人）}$$

$$W_s=\frac{1}{\mu-\lambda}=6\text{（分钟）}$$

9.2.2 有限等待空间的 $M/M/1/N/\infty$ 系统

假定一排队服务系统可容纳 N 位顾客，当系统中已有 N 位顾客时，第 $N+1$ 位顾客到达后被拒绝进入系统而自动离去，这种系统称为有限等待空间或容量有限的 $M/M/1/N/\infty$ 系统，这是一种混合制的排队系统。

对有限等待空间的 $M/M/1/N/\infty$ 系统来说，系统状态是有限集合，即 $n\in S=\{0,1,\cdots,N\}$。可用如图 9.4 所示的状态转移关系表明系统状态之间的状态关系。

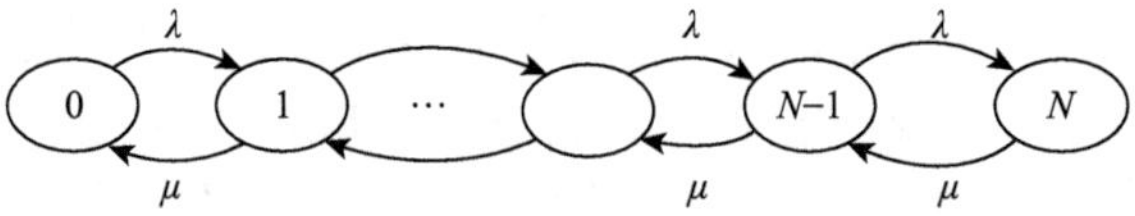

图 9.4 有限等待空间的 $M/M/1/N/\infty$ 系统状态转移关系图

在稳态条件下，可得如下状态平衡方程：

$$\begin{cases}\mu P_1=\lambda P_0\\ \mu P_{n+1}+\lambda P_{n-1}=(\lambda+\mu)P_n,1\leqslant n\leqslant N-1\\ \mu P_N=\lambda P_{N-1}\end{cases}\tag{9.12}$$

得

$$P_n=\left(\frac{\lambda}{\mu}\right)^n P_0,n=1,2,\cdots,N\tag{9.13}$$

在等待空间无限的情形下，假定 $\rho=\dfrac{\lambda}{\mu}<1$，这不仅是实际问题的需要，也是无穷

级数收敛所必需的。但在等待空间有限的情形下，这个条件就没有必要了。不过当$\rho>1$时，被拒绝排队的顾客平均数为λP_N，损失将是很大的。

由于$\sum_{n=0}^{N}P_n=\sum_{n=0}^{N}\rho^n P_0=P_0\sum_{n=0}^{N}\rho^n=1$，所以

$$P_0=\frac{1}{\sum_{n=0}^{N}\rho^n}=\frac{1-\rho}{1-\rho^{N+1}},\rho\neq1$$
$$P_n=\frac{1-\rho}{1-\rho^{N+1}}\cdot\rho^n,0\leqslant n\leqslant N \tag{9.14}$$

由此可以计算系统的有关运行指标。

1. 平均队长L_s

$$L_s=\sum_{n=0}^{N}nP_n=\frac{\rho}{1-\rho}-\frac{(N+1)\rho^{N+1}}{1-\rho^{N+1}} \tag{9.15}$$

当$N\to\infty\ (\rho<1)$时，

$$L_s=\frac{\rho}{1-\rho}-\frac{(N+1)\rho^{N+1}}{1-\rho^{N+1}}\to\frac{\rho}{1-\rho} \tag{9.16}$$

此时有限等待空间的$M/M/1/N/\infty$系统是标准的$M/M/1$系统的特殊情形。

与系统空间无限情况下$L_s=\dfrac{\rho}{1-\rho}$比较：当等候空间有限且$\rho<1$时，系统中的平均顾客数明显减少。

有限等待空间的$M/M/1/N/\infty$系统是一种混合制的系统，当系统状态等于N时，新来的顾客会自动离去。因此，真正进入服务系统的顾客平均输入率小于顾客平均到达率λ的有效到达率为λ_e。

由于系统容量为N，所以$\lambda_e=\lambda(1-P_N)$。

故

$$1-P_0=\frac{\lambda_e}{\mu}$$

2. 平均排队长L_q

$$L_q=L_s-\frac{\lambda_e}{\mu}=L_s-(1-P_0)$$

3. 平均逗留时间W_s

$$W_s=\frac{L_s}{\lambda_e}=\frac{L_s}{\mu(1-P_0)}$$

4. 平均等候时间W_q

$$W_q=W_s-\frac{1}{\mu}$$

例 9.2 单人理发馆有 4 个椅子供人们排队等待理发。当 4 个椅子都坐满时，后来的顾客就自动离开。若顾客按泊松流到达，平均间隔时间为 20 分钟，顾客理发时间服从负指数分布，平均理发时间为 15 分钟。试求任一顾客的平均等待时间等相关参数。

解：由于这是一个有限等待空间的 $M/M/1/N/\infty$ 系统，$N=5$。

已知：$\lambda=3$，$\mu=4$，所以 $\rho=\dfrac{\lambda}{\mu}=0.75$

顾客一到达就可以理发的概率：$P_0=\dfrac{1-\rho}{1-\rho^{N+1}}=\dfrac{1-0.75}{1-0.75^6}=0.304$

需要等待的顾客数的期望值：

$$L_s=\frac{\rho}{1-\rho}-\frac{(N+1)\rho^{N+1}}{1-\rho^{N+1}}=\frac{0.75}{1-0.75}-\frac{6\times0.75^6}{1-0.75^6}=1.701\text{（人）}$$

$$L_q=L_s-(1-P_0)=1.701-(1-0.304)=1.005\text{（人）}$$

有效到达率 $\lambda_e=\mu(1-P_0)=4\times(1-0.304)=2.784$（人/小时）

平均逗留时间 $W_s=\dfrac{L_s}{\lambda_e}=\dfrac{1.701}{2.784}=0.611$（小时）≈37（分钟）

平均等候时间 $W_q=W_s-\dfrac{1}{\mu}$（小时）$=0.611-0.25=0.361$（小时）≈22（分钟）

潜在顾客的损失率，即系统满员的概率：$P_5=\rho^5P_0=0.75^5\times0.304=0.072=7.2\%$

9.2.3 顾客为有限源的 $M/M/1/\infty/m$ 系统

现以最常见的机器因故障停机待修的问题来说明。设共有 m 台机器（顾客总体），到达的顾客即有故障的机器，服务台为维修工人，本节假设只有一个维修工人。顾客总体为 m 位，但每位顾客被服务后，他仍然可以再回到原来的总体中。在顾客源为无限集的情况下，平均到达率是按全体顾客考虑的，而有限源的情形则需要按每一位顾客来考虑。为简便起见，设每一位顾客的到达率都是相同的 λ（在这里 λ 的含义是每台机器单位运转时间内发生故障的概率或平均次数），这时在系统外的顾客平均数为 $m-L_s$，系统的有效到达率应是

$$\lambda_e=\lambda(m-L_s) \tag{9.17}$$

所以该排队系统平均到达率随系统状态的变化而变化。该排队系统的状态转移关系图如图 9.5 所示。

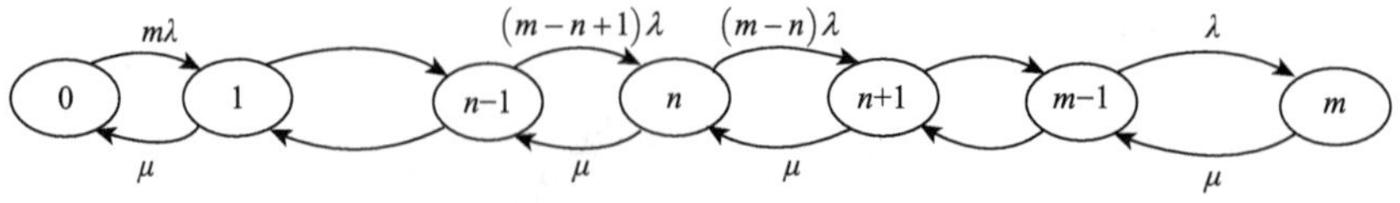

图 9.5 顾客为有限源的 $M/M/1/\infty/m$ 系统的状态转移关系图

系统的状态平衡方程为

$$\begin{cases}\mu P_1 = m\lambda P_0 \\ \mu P_{n+1} + (m-n+1)\lambda P_{n-1} = \left[(m-n)\lambda + \mu\right]P_n, 1 \leqslant n \leqslant m-1 \\ \mu P_m = \lambda P_{m-1}\end{cases} \tag{9.18}$$

得

$$P_1 = \frac{m\lambda}{\mu}P_0$$

$$P_n = \frac{m!}{(m-n)!}\left(\frac{\lambda}{\mu}\right)^n P_0，\quad n = 1,2,\cdots,m \tag{9.19}$$

因为$\sum_{n=0}^{m} P_n = 1$，所以并不要求$\rho = \frac{\lambda}{\mu} < 1$。

$$\sum_{n=0}^{m} P_n = \sum_{n=0}^{m} \frac{m!}{(m-n)!}\left(\frac{\lambda}{\mu}\right)^n P_0 = P_0 \sum_{n=0}^{m} \frac{m!}{(m-n)!}\left(\frac{\lambda}{\mu}\right)^n = 1$$

所以

$$P_0 = \frac{1}{\sum_{n=0}^{m} \frac{m!}{(m-n)!} \cdot \left(\frac{\lambda}{\mu}\right)^n} \tag{9.20}$$

由此可推导出系统的各项运行指标。

1）平均顾客数L_s

若平均顾客数为L_s，则系统外潜在平均顾客数为$m - L_s$。系统有效到达率$\lambda_e = (m - L_s)\lambda$，服务台利用率 $1-P_0=\frac{\lambda_e}{\mu}$，因此$\mu(1-P_0) = (m-L_s)\lambda$。由此可推导出系统内平均顾客数为

$$L_s = m - \frac{\mu}{\lambda}(1 - P_0)$$

2）平均排队长L_q

$$L_q = L_s - \frac{\lambda_e}{\mu} = L_s - (1 - P_0)$$

3）平均逗留时间W_s

$$W_s = \frac{L_s}{\lambda_e} = \frac{L_s}{\lambda(m - L_s)} = \frac{m - \frac{\mu}{\lambda}(1 - P_0)}{\mu(1 - P_0)} = \frac{m}{\mu(1 - P_0)} - \frac{1}{\lambda}$$

4）平均等待时间W_q

$$W_q = W_s - \frac{1}{\mu}$$

例 9.3 某车间共有 6 台机床，每台机床的连续运转时间服从负指数分布，平均连续运转时间为 60 分钟。车间有一名维修人员，该工人每次修理时间服从负指数分布，平均每次维修时间为 6 分钟。试计算以下问题：

（1）工人空闲的概率；
（2）6 台机床都出故障的概率；
（3）出故障的平均机床数；
（4）等待修理的平均机床数；
（5）平均停工的时间；
（6）平均等待修理的时间；
（7）机床设备利用率。

解：这是一个顾客为有限源的 $M/M/1/\infty/m$ 系统，m=6。已知：

$$\lambda = 1/60, \mu = 1/6\ ;\quad \rho = \frac{\lambda}{\mu} = 0.1$$

1）工人空闲的概率

$$P_0 = \frac{1}{\sum_{n=0}^{m} \frac{m!}{(m-n)!} \cdot \left(\frac{\lambda}{\mu}\right)^n} = 0.484\,5$$

2）6 台机床都出故障的概率

$$P_6 = \frac{m!}{(m-n)!} \cdot \left(\frac{\lambda}{\mu}\right)^n P_0 = \frac{6!}{(6-6)!} \cdot (0.1)^6 \cdot 0.484\,5 = 0.000\,3 = 0.03\%$$

3）出故障的平均机床数

$$L_s = m - \frac{\mu}{\lambda}(1 - P_0) = 6 - \frac{10}{1}(1 - 0.484\,5) = 0.845\ （台）$$

4）等待修理的平均机床数

$$L_q = L_s - (1 - P_0) = 0.845 - (1 - 0.484\,5) = 0.329\,5\ （台）$$

5）平均停工的时间

$$W_s = \frac{m}{\mu(1 - P_0)} - \frac{1}{\lambda} = \frac{6}{10(1 - 0.484\,5)} - \frac{1}{1} = 0.163\,9\ （小时）\approx 10\ （分钟）$$

6）平均等待修理的时间

$$W_q = W_s - \frac{1}{\mu} = 0.163\,9 - 0.1 = 0.063\,9\ （小时）\approx 4\ （分钟）$$

7）机器设备利用率

$$\tau = \frac{m - L_s}{m} = \frac{6 - 0.845}{6} = 85.9\%$$

9.3 多服务台排队系统分析

银行、邮局、加油站、收费站等一般都有 N 个并联服务台同时为顾客服务。若对任一服务台而言，顾客到达和接受服务服从与 $M/M/1$ 系统同样的规律时，多服务台排队系

统称为 $M/M/N$ 系统，如当服务台个数为 2 时，称为 $M/M/2$ 系统。

对于多服务台排队系统，本节假定：

（1）N 个完全相同的服务台并联工作；

（2）只有一队顾客；

（3）顾客随机到达；

（4）随机的服务时间长度；

（5）服务规则为 FCFS；

（6）系统可以达到稳态；

（7）对于队列中的顾客数量没有限制；

（8）对于接受服务的顾客数量没有限制；

（9）所有到来的顾客都等待服务。

本节讨论输入过程为泊松流，服务时间服从负指数分布的多服务台排队系统，包括标准的 $M/M/c/\infty/\infty$ 系统、有限等待空间的 $M/M/c/N/\infty$ 系统和顾客为有限源的 $M/M/c/\infty/m$ 系统。

9.3.1 标准的 $M/M/c/\infty/\infty$ 系统

标准的 $M/M/c/\infty/\infty$ 系统各种特征的规定与标准的 $M/M/1$ 系统的规定相同。顾客的平均到达率为常数 λ，每个服务台的平均服务率均为 μ，同时规定各服务台的工作是相互独立的。就整个服务机构而言，平均服务率与系统状态有关，即

$$\mu_n = \begin{cases} c\mu, n \geqslant c \\ n\mu, n < c \end{cases} \tag{9.21}$$

同时要求系统的服务强度（服务机构的平均利用率）$\rho = \dfrac{\lambda}{c\mu} < 1$，这样系统不会排成无限队列。

标准的 $M/M/c/\infty/\infty$ 系统状态转移关系图如图 9.6 所示。

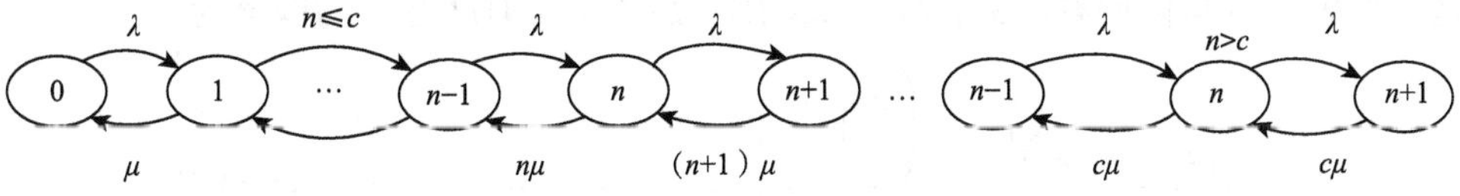

图 9.6 标准的 $M/M/c/\infty/\infty$ 系统状态转移关系图

由图 9.6 可得

$$\begin{cases} \mu P_1 = \lambda P_0 \\ (n+1)\mu P_{n+1} + \lambda P_{n-1} = (\lambda + n\mu)P_n, 1 \leqslant n \leqslant c \\ c\mu P_{n+1} + \lambda P_{n-1} = (\lambda + c\mu)P_n, n > c \end{cases} \tag{9.22}$$

用递推法求解上述差分方程，可得状态概率。

$$P_0=\left[\sum_{n=0}^{c-1}\frac{1}{n!}\bullet\left(\frac{\lambda}{\mu}\right)^n+\frac{\left(\frac{\lambda}{\mu}\right)^c}{c!(1-\rho)}\right]^{-1} \tag{9.23}$$

$$P_n=\begin{cases}\frac{1}{n!}\left(\frac{\lambda}{\mu}\right)^n\bullet P_0, 1\leqslant n\leqslant c\\ \frac{1}{c!c^{n-c}}\left(\frac{\lambda}{\mu}\right)^n\bullet P_0, n>c\end{cases} \tag{9.24}$$

系统的其他运行指标计算如下：

1）平均排队长和平均队长

$$L_q=\sum_{n=c+1}^{\infty}(n-c)P_n=\frac{\rho(c\rho)^c}{c!(1-\rho)^2}P_0\text{；}\quad L_s=L_q+\frac{\mu}{\lambda}$$

系统服务强度 $\rho=\frac{\lambda}{c\mu}$ 表示服务系统的平均利用率，或每台服务台平均服务的顾客数，所以 $c\rho=\frac{\lambda}{\mu}$ 表示服务系统平均服务的顾客数。

2）平均等待和逗留时间

$$W_q=\frac{L_q}{\lambda}\text{，}\quad W_s=\frac{L_s}{\lambda}$$

例 9.4 某邮局有 3 个窗口，来办理业务的人员随机到达，平均每小时 25 人到达。每位顾客办理业务的平均时间为 6 分钟，也就是每个窗口每小时可以为 10 位顾客提供服务。试求解这一排队系统的相关参数。

解：平均到达速度 $\lambda=25$，平均服务速度为每个服务台 $\mu=10$，服务台数量 $c=3$。这是一个 $M/M/3$ 排队问题。3 个窗口都空闲（系统中没有顾客）的概率为

$$P_0=\left[\sum_{n=0}^{c-1}\frac{1}{n!}\bullet\left(\frac{\lambda}{\mu}\right)^n+\frac{\left(\frac{\lambda}{\mu}\right)^c}{c!\left(1-\frac{\lambda}{c\mu}\right)}\right]^{-1}=\frac{1}{6.625+7.813\times 2}=0.045=4.5\%$$

在系统中有 n 位顾客的概率计算如下：

当 $0\leqslant n\leqslant 3$ 时，计算公式为 $P_n=\frac{1}{n!}\left(\frac{\lambda}{\mu}\right)^n\bullet P_0$，则

$$P_1=\frac{25}{10}\times 0.045=0.113=11.3\%$$

$$P_2=\frac{1}{2!}\left(\frac{25}{10}\right)^2\times 0.045=0.141=14.1\%$$

$$P_3=\frac{1}{3!}\left(\frac{25}{10}\right)^3\times 0.045=0.117=11.7\%$$

当 $n>3$ 时，计算公式为 $P_n=\dfrac{1}{c!c^{n-c}}\left(\dfrac{\lambda}{\mu}\right)^n\cdot P_0$，则

$$P_4=\frac{1}{6\times 3}\times\left(\frac{25}{10}\right)^4\times 0.045=0.098=9.8\%$$

$$P_5=\frac{1}{6\times 9}\times\left(\frac{25}{10}\right)^5\times 0.045=0.081=8.1\%$$

$$P_6=\frac{1}{6\times 27}\times\left(\frac{25}{10}\right)^6\times 0.045=0.068=6.8\%$$

……

排队等候的平均人数为

$$L_q=\frac{\rho(c\rho)^c}{c!(1-\rho)^2}P_0=\frac{\left(\frac{25}{10}\right)^3\times 25\times 10}{(3-1)!\times(3\times 10-25)^2}\times 0.045=3.51$$

在系统中平均顾客数 $L_s=L_q+\dfrac{\mu}{\lambda}=3.51+\dfrac{25}{10}=6.01$

平均每位顾客的排队时间 $W_q=\dfrac{L_q}{\lambda}=\dfrac{3.51}{25}=0.14$（小时）

平均每位顾客在系统中的时间 $W_s=W_q+\dfrac{1}{\mu}=0.24$（小时）

9.3.2 有限等待空间的 $M/M/c/N/\infty$ 系统

若某排队系统中共有 c 个服务台，可容纳的顾客逗留的最大容量为 N（$\geqslant c$）。当系统中顾客数 n 已达到最大容量 N 时，再来的顾客就会自动离去。该排队系统的其他条件与标准的 $M/M/c/\infty/\infty$ 系统相同。该排队系统的状态转移关系图如图 9.7 所示。

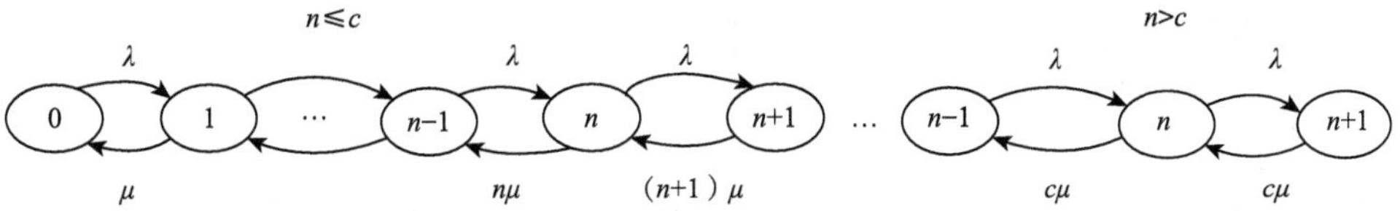

图 9.7 有限等待空间的 $M/M/c/N/\infty$ 系统状态转移关系图

由图 9.7 可得

$$\begin{cases}\mu P_1=\lambda P_0\\(n+1)\mu P_{n+1}+\lambda P_{n-1}=(\lambda+n\mu)P_n,1\leqslant n\leqslant c\\c\mu P_{n+1}+\lambda P_{n-1}=(\lambda+c\mu)P_n,n>c\\c\mu P_N=\lambda P_{N-1}\end{cases}\tag{9.25}$$

可得系统有关状态运行指标如下：

$$P_0=\left[\sum_{n=0}^{c}\frac{1}{n!}\bullet(c\rho)^n+\frac{c^c\rho\left(\rho^c-\rho^N\right)}{c!(1-\rho)}\right]^{-1},\rho\neq 1 \tag{9.26}$$

$$P_n=\begin{cases}\dfrac{1}{n!}(c\rho)^n\bullet P_0,1\leqslant n\leqslant c\\ \dfrac{c^c}{c!}\rho^n\bullet P_0,c<n\leqslant N\end{cases} \tag{9.27}$$

其中，$\rho=\dfrac{\lambda}{c\mu}$，这里不必对系统强度作限制。系统的其他运行指标如下：

（1）$L_q=\sum_{n=c+1}^{N}(n-c)P_n=\dfrac{(c\rho)^c\rho}{c!(1-\rho)^2}\left[1-\rho^{N-c}-(N-c)\rho^{N-c}(1-\rho)\right]P_0$；

（2）$L_s=L_q+\dfrac{\lambda_e}{\mu}=L_q+\dfrac{\lambda(1-P_N)}{\mu}=L_q+c\rho(1-P_N)$；

（3）$W_q=\dfrac{L_q}{\lambda_e}=\dfrac{L_q}{\lambda(1-P_N)}$；

（4）$W_s=W_q+\dfrac{1}{\mu}$。

鉴于有些服务机构不允许排队（如停车场一般不允许排队等待空位），这时 $N=c$，即系统最大容量 N 和服务台数 c 相等时系统由混合制变成即时制。此时有

$$P_0=\left[\sum_{n=0}^{c}\frac{1}{n!}(c\rho)^n\right]^{-1},P_n=\frac{(c\rho)^n}{n!}P_0,1\leqslant n\leqslant N \tag{9.28}$$

并且 $L_q=0,L_s=c\rho(1-P_c),W_q=0,W_s=\dfrac{1}{\mu}$。

9.3.3 顾客为有限源的 $M/M/c/\infty/m$ 系统

假设排队系统有 c 个服务台，顾客总数为 m 位，同时假设 $c<m$，系统的状态转移关系图如图 9.8 所示。

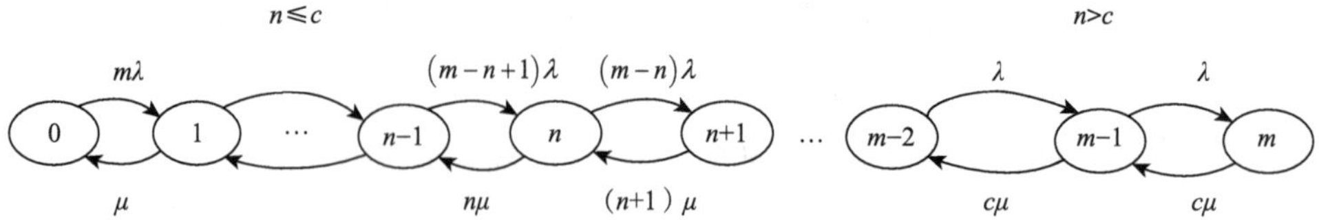

图 9.8 顾客为有限源的 $M/M/c/\infty/m$ 系统状态转移关系图

其中，顾客到达率 λ 也是按每位顾客来考虑的，即单位时间内每位顾客到达排队系统的概率或平均次数。因此当系统状态为 n 时，系统外顾客对系统的平均到达率 $\lambda_n=(m-n)\lambda$。同时假定每个服务台工作是相互独立的，且每个服务台的平均服务率 μ

也相同。就整个服务机构而言，平均服务率也随系统状态变化而变化，即

$$\mu_n = \begin{cases} c\mu, c \leqslant n \leqslant m \\ n\mu, n < c \end{cases} \tag{9.29}$$

系统的状态概率为

$$P_0 = \left[\sum_{n=0}^{c} \binom{m}{n} \left(\frac{\lambda}{\mu}\right)^n + \sum_{n=c+1}^{m} \binom{m}{n} \frac{n!}{c!c^{n-c}} \left(\frac{\lambda}{\mu}\right)^n \right]^{-1} \tag{9.30}$$

$$P_n = \begin{cases} \binom{m}{n} \left(\frac{\lambda}{\mu}\right)^n P_0, & 1 \leqslant n < c \\ \binom{m}{n} \frac{n!}{c!c^{n-c}} \left(\frac{\lambda}{\mu}\right)^n P_0, & c \leqslant n \leqslant m \end{cases} \tag{9.31}$$

有效到达率 $\lambda_e = (m - L_s)\lambda$ 。

该排队系统的其他运行指标如下：

（1）$L_q = \sum_{n=c+1}^{m} (n-c) P_n$ ；

（2）$L_s = L_q + \frac{\lambda_e}{\mu} = L_q + \left[c - \sum_{n=0}^{c-1} (c-n) P_n \right]$ ；

（3）$W_s = \frac{L_s}{\lambda_e} = \frac{L_s}{\lambda(m - L_s)}$ ；

（4）$W_q = \frac{L_q}{\lambda_e} = \frac{L_q}{\lambda(m - L_s)}$ 。

9.4 案例分析

案例 9.4.1 大型超市服务台设计

随着城市化进程的不断加快，大型超市在全国各地遍地开花。大型超市或称综合超市是采取自选销售方式，以销售大众化实用品为主，并将超市和折扣店的经营优势结合为一体的，品种齐全，满足顾客一次性购齐要求的零售业态。大型超市通常具有一定的人流保证、较大的营业面积和自身的品牌。

通常我国大型超市一般选址于商业中心、住宅区或交通要道等城市主要商业中心。由于地处商业中心的原因，大型超市的市场竞争也异常激烈。顾客选择超市的标准，不仅是价廉物美的商品，也有好的服务质量。在激烈的市场竞争中，如何提高服务质量、自身经营效率和效益，吸引更多的顾客是大型超市经营商最关心的问题。

服务台是大型超市服务的主要窗口，它不仅能够反映大型超市的形象，更与大型超市的服务质量和经营效率密切相关。当然收银员的形象、服务态度、职业技能等是影响

大型超市服务质量的主要因素，但服务台优化设置也直接影响大型超市的服务效率和效益。服务台设置过多，当然每位顾客的平均等待时间就会下降，顾客的满意度上升；但这不仅会增加大型超市投资和日常成本支出，有时还有可能发生资源空闲浪费的现象。服务台设置过少，超市的投资和日常成本支出会下降，但会增加每位顾客的平均等待时间，影响服务质量，可能造成客源流失。因此设置合理的服务台数量对大型超市的成本控制及顾客满意度至关重要。

1）大型超市排队系统的组成与特征

任何排队系统均包含 3 个组成部分：输入过程、排队规则和服务机构。大型超市排队系统也不例外：大型超市的输入过程是顾客在超市中选购好商品后进入服务台排队结账的过程；大型超市常用的排队规则是 FCFS 规则；大型超市的服务机构即服务台，顾客付款被认为是接受服务。通常大型超市设置的服务和排队规则可能有以下两种：单队单服务台或单队多服务台的方式排队。大型超市排队系统示意图见图 9.9。

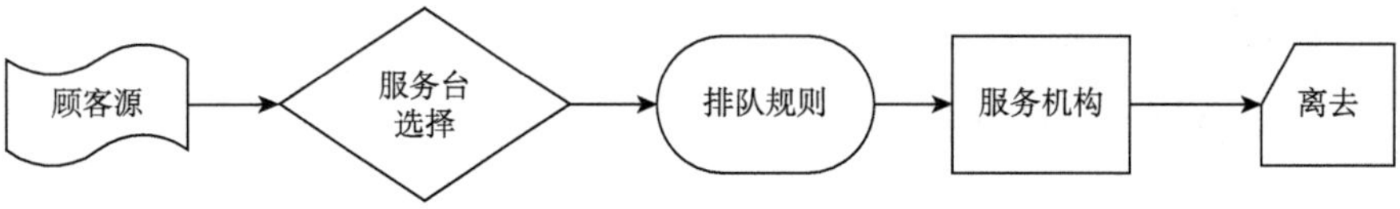

图 9.9 大型超市排队系统示意图

2）不同规则下大型超市排队系统的相关参数计算

假设在大型超市的排队系统中，输入过程服从泊松分布，服务时间服从负指数分布。用 λ 表示单位时间内平均到达的顾客数，用 μ 表示各个服务台的平均服务速率（服务员的服务能力）。用 ρ 表示平均每单位时间中系统可以为顾客服务的比例，即服务强度。W_s 表示顾客在系统中的平均逗留时间（包括排队等待的时间和接受服务的时间），W_q 表示顾客排队等待的平均时间，L_s 表示系统平均队长（包括等待和接受服务的顾客数），L_q 表示超市中排队等待的顾客平均数，可通过如下公式计算：

（1）在单队单服务台的情况下：$W_s=\dfrac{1}{\mu-\lambda}$，$W_q=\dfrac{\rho}{\mu-\lambda}$，$L_s=\dfrac{\lambda}{\mu-\lambda}$，$L_q=L_s-\rho=\dfrac{\rho^2}{1-\rho}$。

（2）在单队多服务台情况下就为 $M/M/C$ 系统，此时有

$$P_0=\left[\sum_{n=0}^{c-1}\frac{1}{n!}\bullet\left(\frac{\lambda}{\mu}\right)^n+\frac{\left(\dfrac{\lambda}{\mu}\right)^c}{c!(1-\rho)}\right]^{-1}$$

$$L_q=\sum_{n=c+1}^{\infty}(n-c)P_n=\frac{\rho(c\rho)^c}{c!(1-\rho)^2}P_0$$

$$L_s=L_q+\frac{\mu}{\lambda}，\ W_q=\frac{L_q}{\lambda}，\ W_s=\frac{L_s}{\lambda}$$

案例 9.4.2 某大型超市服务台排队系统分析

某大学城附近有一大型超市，由于靠近大学城，该大型超市的顾客源较稳定。目前该超市平均每小时有 60 位顾客到服务台前结账，每位顾客在服务台付款的平均时间为 3 分钟，也就是每个服务台每小时可以为 20 位顾客提供服务。第一，若该超市仅设置 1 个服务台，计算其相应参数；第二，若该超市设置 6 个服务台，且实行单队多服务台的排队规则，计算其相应参数。

首先讨论第一种情形，即该超市仅设置 1 个服务台。此时为标准的 $M/M/1$ 系统。应用相应的公式计算系统的平均等待时间和平均队长。

此时 $\lambda=60$，$\mu=20$，所以不满足条件 $\lambda/\mu<1$。此时采用单队单服务台的方式排队会造成无限制的队长。这将造成超市的混乱，因此这里不作讨论。

其次讨论第二种情形，即该超市设置 6 个服务台，且实行单队多服务台的排队规则。计算此时系统的平均等待时间和平均队长。

$$p_0=\left[\sum_{n=0}^{c-1}\frac{1}{n!}\cdot\left(\frac{\lambda}{\mu}\right)^n+\frac{\left(\frac{\lambda}{\mu}\right)^c}{c!(1-\rho)}\right]^{-1}=\frac{1}{18.4-0.51}=0.056$$

首先讨论在系统中有 n 位顾客的概率：

当 $0\leqslant n\leqslant 6$ 时

$$p_n=\frac{1}{n!}\left(\frac{\lambda}{\mu}\right)^n p_0$$

$$p_1=\frac{1}{1!}\left(\frac{60}{20}\right)^1 0.056=0.168\text{；}\quad p_2=\frac{1}{2!}\left(\frac{60}{20}\right)^2 0.056=0.252\text{；}$$

$$p_3=\frac{1}{3!}\left(\frac{60}{20}\right)^3 0.056=0.252$$

$$p_4=\frac{1}{4!}\left(\frac{60}{20}\right)^4 0.056=0.189\text{；}\quad p_5=\frac{1}{5!}\left(\frac{60}{20}\right)^5 0.056=0.113\text{；}$$

$$p_6=\frac{1}{6!}\left(\frac{60}{20}\right)^6 0.056=0.057$$

当 $n>6$ 时

$$p_n=\frac{1}{c!c^{n-c}}\left(\frac{\lambda}{\mu}\right)^n p_0$$

$$p_7=\frac{1}{6!6^{7-6}}\left(\frac{60}{20}\right)^7 0.056=0.028\text{；}\quad p_8=\frac{1}{6!6^{8-6}}\left(\frac{60}{20}\right)^8 0.056=0.014\text{；}$$

$$p_9=\frac{1}{6!6^{9-6}}\left(\frac{60}{20}\right)^9 0.056=0.007$$

排队等候的平均人数为

$$L_q=\sum_{n=c}^{\infty}(n-c)p_n=\frac{\rho(c\rho)^c}{c!(1-\rho)^2}p_0=0.1134$$

系统中平均顾客数为

$$L_s=L_q+\frac{\mu}{\lambda}=0.1134+\frac{20}{60}=0.4467$$

平均每位顾客的排队时间为

$$W_q=\frac{L_q}{\lambda}=\frac{0.1134}{60}=0.0019\text{（小时）}$$

平均每位顾客在系统中的时间

$$W_s=\frac{L_s}{\lambda}=\frac{0.4467}{60}=0.0074\text{（小时）}$$

此时不难得出该超市现有的服务台能满足现有的顾客流量，并且服务台有空闲的概率为 5%，排队的顾客人数不多。因此该超市可以考虑采用广告等形式吸引顾客。假设该超市能吸引 100 人/小时的顾客流量，这里计算一下参数会发生哪些变化。

此时有 $\lambda=100$，服务台空闲的概率为

$$p_0=\left[\sum_{n=0}^{c-1}\frac{1}{n!}\cdot\left(\frac{\lambda}{\mu}\right)^n+\frac{\left(\frac{\lambda}{\mu}\right)^c}{c!(1-\rho)}\right]^{-1}=\frac{1}{91.41-5.43}=0.012$$

在系统中有 n 位顾客的概率：

当 $0\leqslant n\leqslant 6$ 时，有

$$p_n=\frac{1}{n!}\left(\frac{\lambda}{\mu}\right)^n p_0$$

$$p_1=\frac{1}{1!}\left(\frac{100}{20}\right)^1 0.012=0.06\text{；}\quad p_2=\frac{1}{2!}\left(\frac{100}{20}\right)^2 0.012=0.15\text{；}$$

$$p_3=\frac{1}{3!}\left(\frac{100}{20}\right)^3 0.012=0.25\text{；}\quad p_4=\frac{1}{4!}\left(\frac{100}{20}\right)^4 0.012=0.3125\text{；}$$

$$p_5=\frac{1}{5!}\left(\frac{100}{20}\right)^5 0.012=0.3125\text{；}\quad p_6=\frac{1}{6!}\left(\frac{100}{20}\right)^6 0.012=0.26$$

当 $n>6$ 时

$$p_n=\frac{1}{c!c^{n-c}}\left(\frac{\lambda}{\mu}\right)^n p_0$$

$$p_7=\frac{1}{6!6^{7-6}}\left(\frac{100}{20}\right)^7 0.012=0.217\text{；}\quad p_8=\frac{1}{6!6^{8-6}}\left(\frac{100}{20}\right)^8 0.012=0.181\text{；}$$

$$p_9 = \frac{1}{6!6^{9-6}}\left(\frac{100}{20}\right)^9 0.012 = 0.151$$

排队等候的平均人数为

$$L_q = \sum_{n=c+1}^{\infty}(n-c)p_n = \frac{\left(\frac{\lambda}{\mu}\right)^N \lambda\mu}{(N-1)!(N\mu-\lambda)^2}p_0 = \frac{\left(\frac{100}{20}\right)^6 \times 100 \times 20}{(6-1)!(6\times 20-100)^2}\times 0.012 = 7.8125$$

系统中平均顾客数为

$$L_s = L_q + \frac{\mu}{\lambda} = 7.8125 + \frac{20}{100} = 8.0125$$

平均每位顾客的排队时间为

$$W_q = \frac{L_q}{\lambda} = \frac{7.8125}{100} = 0.078\text{（小时）}$$

平均每位顾客在系统中的时间为

$$W_s = \frac{L_s}{\lambda} = \frac{8.0125}{100} = 0.08\text{（小时）}$$

不难得出顾客流量为100位/小时，系统的平均顾客数有所上升，每位顾客在系统中的时间也有所增加。但总体上平均顾客数和每位顾客的排队时间应该是比较理想的。因此就该超市而言，应该采取措施吸引顾客，增加单位时间的顾客流量。

此外，若收银员的素质提高，顾客的平均服务时间缩短，则相应的单队单服务台和单队多服务台情形下系统的平均等待时间缩短，平均队长也同时缩短。若该大型超市增设服务台，同样单队单服务台和单队多服务台情形下系统的平均等待时间缩短，平均队长也同时缩短。当然员工素质的提高（或者说招聘高素质的员工）和增设服务台都会带来该大型超市成本的增加。现有情形下也可以通过对超市布局进行合理规划，为顾客营造出温馨、便捷的购物环境，让顾客在尽量短的时间内买到自己想买的商品，提高单位时间内进出超市的客流，这样既节省顾客的时间，也使超市增加顾客流量，从而使超市的经营效率得到提高。当然也可以在适当的位置增加导购员，减少顾客漫无目的的逗留时间，让顾客获得良好的购物体验。

习 题 9

1. 思考题

（1）排队论主要研究的问题是什么？

（2）试述排队模型的种类及各部分的特征。

（3）Kendall 符号 $X/Y/Z/A/B/C$ 中各字母分别代表什么意义？

（4）试述队长和排队长、等待时间和逗留时间、忙期和闲期等概念及它们之间的联系和区别。

2. 某超级市场，顾客按泊松流到达唯一的计价收款台，已知平均到达 20 位/小时，计价收款时间服从负指数分布，平均每位顾客需要 2.5 分钟，试求该超级市场计价收款台的有关运行指标。

3. 某机关接待室只有一位对外接待人员，每天工作 10 小时，来访人员和接待时间都是随机的。若来访人员按泊松流到达，其到达速率 $\lambda = 7$ 人/小时，接待时间服从负指数分布，其服务速率为 $\mu = 7.5$ 人/小时，求：

（1）来访者需要在接待室逗留多久？等待多久？

（2）排队等待接待的人数。

（3）若希望来访者逗留时间减少一半，则接待人数应提高多少？

4. 某医院内科门诊处只有一位值班医生。病人的到达过程为泊松流，平均到达时间间隔为 20 分钟，诊断时间服从负指数分布，平均需 12 分钟，求：

（1）病人到来不用等待的概率。

（2）门诊部内病人的平均数。

（3）病人在门诊部的平均逗留时间。

（4）若病人在门诊部的平均逗留时间超过 1 小时，则医院方将考虑增加值班医生。问：病人平均到达率为多少时，医院才会增加医生？

5. 某单人理发店内有 4 把椅子接待人们排队等待理发。当 4 把椅子都坐满顾客时，后来的顾客就不进店而离去。顾客到达速率为 4 人/小时，每人的理发时间为 10 分钟。设到达过程为泊松流，服务时间服从负指数分布，求：

（1）顾客一到达就能理发的概率；

（2）系统中顾客数的期望值 L 和排队等待的顾客数的期望值；

（3）顾客在理发店内逗留的全部时间的期望值 W；

（4）在可能到达的顾客中因客满离开的概率。

6. 某街区医院门诊部只有一名医生值班，此门诊部备有 6 张椅子供患者等候应诊。当椅子坐满时，后来的患者就自动离去，不再进来。已知每小时有 4 名患者按泊松流分布到达，每名患者的诊断时间服从负指数分布，平均诊断速率为 12 分钟/人，求：

（1）患者无须等待的概率；

（2）门诊部内患者平均数；

（3）需要等待的患者平均数；

（4）有效到达率；

（5）患者在门诊部逗留时间的平均值；

（6）患者等待就诊的平均时间；

（7）有多少患者因满座而自动离去？

7. 某加油站有 4 台加油机，来加油的汽车按泊松流分布到达，平均每小时到达 20 辆。4 台加油机的加油时间服从负指数分布，每台加油机平均每小时可给 10 辆汽车加油，求：

（1）前来加油的汽车平均等待时间；

（2）汽车来加油时，4 台加油机都在工作，这时平均等待的时间。

8. 某公司有3名打字员，文件到达服从泊松流分布，打字员处理文件时间服从负指数分布，打印文件的速度为 $\mu=6$ 件/小时，文件到达率 $\lambda=15$ 件/小时，求

（1）在等待打印的平均文件数 L_q；

（2）系统内的平均文件数 L；

（3）文件在系统内的平均停留时间 W；

（4）文件的平均等待时间 W_q；

（5）3 名打字员均不空闲的概率 $P\{n>3\}$。

9. 某售票处有 3 个售票口，顾客到达服从泊松流分布，平均每分钟到达 0.9 人，3 个售票口的服务时间都服从负指数分布，平均每分钟服务 0.4 人，可归纳为 $M/M/3$ 系统，求：

（1）整个售票处空闲的概率；

（2）平均队长；

（3）平均逗留时间；

（4）平均等待时间；

（5）顾客到达后的等待概率。

10. 一个美容院有3个服务台，顾客到达率为5人/小时，美容速率为30分钟/人，求：

（1）美容院中没有顾客的概率；

（2）只有 1 个服务台被占用的概率。

第 10 章

实　　验

随着科技的发展，各类软件逐步完善，利用计算机来指导学生解决一些数学问题已经成为课堂教学的一部分。对于以线性规划为主要分支与核心内容的运筹学来说，利用软件来解决线性规划中一定约束条件下管理系统有限资源统筹规划类问题的方法，是现代科学的重要途径之一。

计算机相关软件可提供线性规划问题的精确解，这不仅避免了较大型规划问题手工求解的困难，还将问题的准确结果与答案分析以表格形式充分展现。目前可提供线性规划问题计算的软件有 Excel、Matlab、Lindo/Lingo、WinQSB、SPSS 等。

10.1　运筹学中几种常见软件介绍

10.1.1　Excel

Excel 是微软公司的办公软件 Microsoft Office 的组件之一，是 Microsoft 为使用 Windows 和 Apple Macintosh 操作系统的电脑而编写和运行的一款试算表软件。Excel 是微软办公套装软件的一个重要组成部分，确切地说，它是一个电子表格软件，可以用来制作电子表格，完成许多复杂的数据运算，进行数据处理、统计分析、预测和辅助决策操作，并且具有强大的制作图表功能，广泛地应用于管理、统计、金融等众多领域。Excel 中大量的公式函数可以被选择和应用，可以方便地实现许多计算、信息分析、电子表格生成与管理、数据统计与管理等功能。Excel 界面友好、使用方便。Excel 的最大魅力就在于它的通用性。

在 Excel 中所做的工作是在一个工作簿中进行的。工作簿是计算和存储数据的文件，每一个工作簿都可以包含多张工作表（电子表格），因此，可以在单个文件中管理各种类型的相关信息。工作簿是工作表的集合，每个工作簿最多能包含 255 张工作表，工作簿如同活页夹，工作表如同其中的一张张活页纸。工作表是一个由行和列组成的表格，是用来存储和处理数据的最主要文档，所有对数据进行的操作，都是在工作表上进行的。工作表名称显示于工作簿窗口底部的工作表标签上。工作表的特殊性在于其中的单元格之间有着密切的联系，当一个单元格内的数据发生变动时，就有可能直接影响到其他单元格内的数据，也就是说，工作表是一个动态表格。单元格是 Excel 工作表的最基本单位，数据的输入和编辑是以（活动）单元格为对象的。公式是在工作表中对数据进行分析的等式。它可以对工作表数值进行加法、减法或乘法等运算。还可以引用同一工作表中的其他单元格、同一工作簿不同工作表中的单元格或者其他工作簿的工作表中的单元格。在 Excel 中可以创建许多种公式，其中既有进行简单代数运算的公式，也有分析复杂数学模型的公式。输入公式的方法有两种：一是直接键入，二是利用公式选项板。Excel 提供了近 200 个函数，并将它们按功能分类，列在“粘贴函数”对话框。

Excel 可用来进行优化决策，用 Excel 求解线性规划最优解的基本步骤如下：

（1）打开 Excel，文件—选项—加载项—规划求解加载项，打钩确定。

（2）在 Excel 中建立表格模型，用公式建立各个数据之间的联系。

（3）确定需要做出的决策，并且制定可变单元格显示这些决策。

（4）确定对这些决策的约束条件，并将以数据和决策表示被限制的结果放入输出单元格。

（5）选择要输入目标单元格的以数据和决策表示的决策目标。

（6）点数据—分析—规划求解，设置目标—选定可变单元格—输入约束，在“使无约束变量为非负数”处打钩，选择求解方法为“单纯线性规划”，再点“求解”，这样完成了整个线性规划问题的求解。

目前许多软件厂商借助 Excel 的友好界面和强大的数据处理功能开始研究将其以更简单的方式应用到企业管理和流程控制中，如 ESSAP（Excel & SQL 平台）就是很好的把 Excel 和数据库软件 MS SQL 相结合应用到企业管理和各行各业数据处理的例子。ESSAP 是一个用于构建信息系统的设计与运行平台，其以 Excel 为操作界面，结合大型数据库软件 MS SQL 与工作流技术，用户只要运用自己已经掌握的 Excel 操作技术（不需依靠专业 IT 人员），就可以设计满足自己需要（管理意图）的各种信息管理系统。另外，系统设计完成并投入使用以后，并不意味着系统就从此不能改变，而是还可以根据管理的需要进行不断的优化与功能扩展，真正做到“持续优化，因需而变”，达到设计系统永不落伍。

10.1.2 Matlab

Matlab 是矩阵实验室（matrix laboratory）的简称，是美国 MathWorks 公司出品的商业数学软件，用于算法开发、数据可视化、数据分析及数值计算的高级技术计算语言和交互式环境，主要包括 Matlab 和 Simulink 两大部分。它将数值分析、矩阵计算、科学数据可视化及非线性动态系统的建模和仿真等诸多强大功能集成在一个易于使用的视窗环境中，为科学研究、工程设计及进行有效数值计算的众多科学领域提供了一种全面的解决方案，并在很大程度上摆脱了传统非交互式程序设计语言（如 C、Fortran）的编辑模式，代表了当今国际科学计算软件的先进水平。

Matlab、Mathematica 和 Maple 并称为三大数学软件。它们在数学类科技应用软件关于数值计算方面首屈一指。Matlab 可以进行矩阵运算、绘制函数和数据、实现算法、创建用户界面、连接其他编程语言的程序等，主要应用于工程计算、控制设计、信号处理与通信、图像处理、信号检测、金融建模设计与分析等领域。Matlab 拥有内容丰富、功能强大的多种工具箱，为用户提供了极大的便利。

Matlab 中的优化工具箱，可以求解线性规划、非线性规划和多目标规划问题。具体而言，包括线性、非线性最小化，最大最小化，二次规划，半无限问题，线性、非线性方程（组）的求解，线性、非线性的最小二乘问题。Matlab 求解优化问题的主要函数见表 10.1。

表 10.1 Matlab 中常见优化函数

类型	模型	基本函数名
一元函数极小	$\min F(x)$ s.t. $x_1<x<x_2$	x=fminbnd（'F'，x_1，x_2）
无约束极小	$\min F(X)$	X=fminunc（'F'，X_0） X=fminsearch（'F'，X_0）
线性规划	$\min c^{\mathrm{T}}X$ s.t. $AX\leqslant b$	X=linprog（c，A，b）
二次规划	$\min \frac{1}{2}x^{\mathrm{T}}Hx+c^{\mathrm{T}}x$ s.t. $Ax\leqslant b$	X=quadprog（H，c，A，b）
约束极小 （非线性规划）	$\min F(X)$ s.t. $G(X)\leqslant 0$	X=fmincon（'FG'，X_0）
达到目标问题	$\min r$ s.t. $F(x)-wr\leqslant$ goal	X=fgoalattain（'F'，x，goal，w）
极小极大问题	$\min\limits_{X}\max\limits_{i}\{F_i(x)\}$ s.t. $G(x)\leqslant 0$	X=fminimax（'FG'，x_0）

使用优化工具箱时，由于优化函数要求目标函数和约束条件满足一定的格式，所以需要用户在进行模型输入时注意以下几个问题。

1. 目标函数最小化

优化函数 fminbnd、fminsearch、fminunc、fmincon、fgoalattain、fminimax 和 lsqnonlin 都要求目标函数最小化，如果优化问题要求目标函数最大化，可以通过使该目标函数的负值最小化来实现。近似地，对于 quadprog 函数提供 $-H$ 和 $-f$，对于 linprog 函数提供 $-f$。

2. 约束非正

优化工具箱要求非线性不等式约束的形式为 $C_i(x)\leqslant 0$，通过对不等式取负可以达到使大于零的约束形式变为小于零的不等式约束形式的目的，如 $C_i(x)\geqslant 0$ 形式的约束等价于 $-C_i(x)\leqslant 0$。

10.1.3 LINDO/LINGO

LINDO是linear interactive and discrete optimizer的缩写，即“交互式的线性和离散优化求解器”。LINGO是linear interactive and general optimizer的缩写，即“交互式的线性和通用优化求解器”。LINDO/LINGO是美国LINDO系统公司开发的一套专门用于求解最优化问题的软件包。LINDO 用于求解线性规划和二次规划问题，LINGO 除了具有 LINDO 的全部功能外，还可以用于求解非线性规划问题，也可以用于一些线性和非线性方程组的求解及代数方程求根等。LINDO/LINGO 的最大特色在于它们可以允许优化模型中的决策变量是整数（整数规划，包括 0-1 整数规划），方便灵活，而且执行速度很快。LINGO 实际上还是最优化问题的一种建模语言，包括许多常用函数，可供使用者建立优化模型时调用，并提供与其他数据文件（如文本文件、Excel 电子表格文件、数据库文件等）的接口，易于方便地输入、求解和分析大规模最优化问题。由于这些特点，LINDO/LINGO在教学、科研和工业、商业、服务等领域得到广泛应用。

一个LINGO程序一般包括集合段（以关键字sets开头，以endsets结尾）、数据输入段（以关键字 data 开头，以 enddata 结尾）、优化目标和约束段、初始段（以关键字init开头，以endinit结尾）、数据预处理段（以关键字calc开头，以endcalc结尾）等部分。详细内容可参考有关教材和资料。

10.1.4 WinQSB

QSB是quantitative systems for business的缩写，WinQSB在Windows操作系统下运行，是一款管理运筹学软件，有抽样分析（analog signature analysis，ASA）、综合计划（aggregate planning，AP）编制、决策分析（decision analysis，DA）等19个子程序模块，还有大量的模型。对于非大型的问题一般都能计算，较小的问题还能演示中间的计算过程，特别适合多媒体课堂教学。该软件可用于管理科学、决策科学、运筹学及生产运作管理等领域的求解问题。

WinQSB 属于绿色软件，原则上在安装以后可以把其程序文件夹复制到其他地方使用。用户可以根据不同的问题选择子程序，操作简单方便。WinQSB 可以与 Office 文档直接进行数据交换，可从 Excel 或 Word 文档中直接复制数据到 WinQSB，也可将WinQSB的数据、计算结果复制到Office文档中保存。

10.1.5 SPSS

SPSS（Statistical Product and Service Solutions，统计产品与服务解决方案）软件最初全称为“社会科学统计软件包”（solutions statistical package for the social sciences），但是随着SPSS产品服务领域的扩大和服务深度的增加，SPSS公司已于2000年正式将英文全称更改为“统计产品与服务解决方案”，标志着SPSS的战略方向做出重大调整。

SPSS 是世界上最早采用图形菜单驱动界面的统计软件，它最突出的特点就是操作界面极为友好，输出结果美观漂亮。它将几乎所有的功能都以统一、规范的界面展现出来，使用Windows的窗口方式展示各种管理和分析数据方法的功能，对话框展示出各种功能选择项。用户只要掌握一定的Windows操作技能，精通统计分析原理，就可以使用该软件为特定的科研工作服务。SPSS采用类似Excel表格的方式输入与管理数据，数据接口较为通用，能方便地从其他数据库中读入数据，其统计过程包括了常用的、较为成熟的统计过程，完全可以满足非统计专业人士的工作需要。输出结果十分美观，存储时则是专用的 SPO 格式，可以转存为 HTML 格式和文本格式。对于熟悉老版本编程运行方式的用户，SPSS 还特别设计了语法生成窗口，用户只需先在菜单中选好各个选项，然后按“粘贴”按钮就可以自动生成标准的SPSS程序，极大地方便了中、高级用户。

10.2 利用Excel求解线性规划问题

以例 1.1 中“计划安排问题”为例介绍如何使用 Excel 软件求解线性规划问题。Excel 中的线性规划求解功能并不能作为命令直接显示在菜单中，因此，使用前需要首先加载该模块。具体操作为：菜单栏中先选中“文件/选项/Excel 选项/加载项”，点击“转到”，然后在对话框中选择“规划求解加载项”，并点击“确定”，见图 10.1。

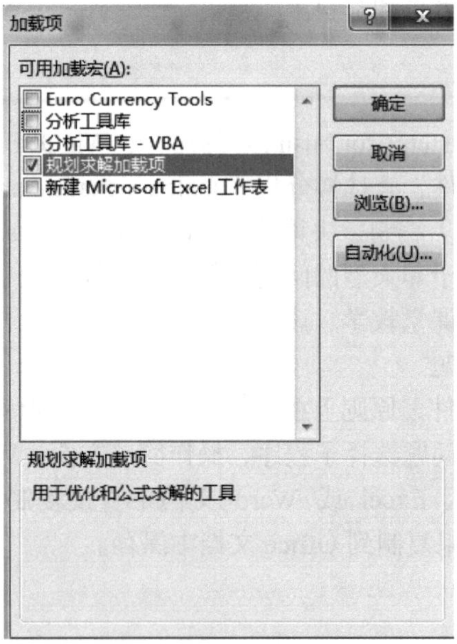

图 10.1 Excel 功能模块加载

步骤1：首先把线性规划模型写成Excel电子表格。通常分为4个部分：基础数据、决策变量、目标函数及约束条件，如图 10.2 所示。其中“变量”中的值是任意输入的初始值。图 10.2 中最后 3 行是公式，其中 SUMPRODUCT 函数的功能是在给定的几组数组中，将数组间对应的元素相乘并相加。例如：

SUMPRODUCT（B3：C3，B7：C7）=B3×B7+C3×C7=0×0+3×1=3。因此使用时Excel 表中显示的不是公式而是计算结果 3。

	A	B	C	D
1				
2		产品 I	产品 II	资源总量
3	原材料 A/吨	0	3	15
4	原材料 B/吨	4	0	12
5	原材料 C/吨	2	2	14
6	单件利润	2	3	
7	变量	0	1	
8	总利润	=SUMPRODUCT（B7:C7,B6:C6）		
9				
10				
11				
12				
13	原材料 A	=SUMPRODUCT（B3:C3,B7:C7）		
14	原材料 B	=SUMPRODUCT（B4:C4,B7:C7）		
15	原材料 C	=SUMPRODUCT（B5:C5,B7:C7）		

图 10.2　计划安排问题电子表格

步骤 2：加载成功后，在菜单栏中选择“数据/规划求解”，便会弹出“规划求解参数”对话框，如图 10.3 所示。在该对话框中，目标单元格在开始求解之前，需要在对话框中设置好各种参数，包括目标单元格、问题类型（求最大值或最小值）、可变单元格及约束条件等。具体说，在此例中先将目标单元格选择为 B8，问题类型是求最大值，可变单元格是 B7~C7，点击“添加”约束，使 3 个约束条件一一被添加。然后勾选“使无约束变量为非负数”，求解方法下拉菜单选择“单纯线性规划”，最后单击“确定”回到下列对话框。

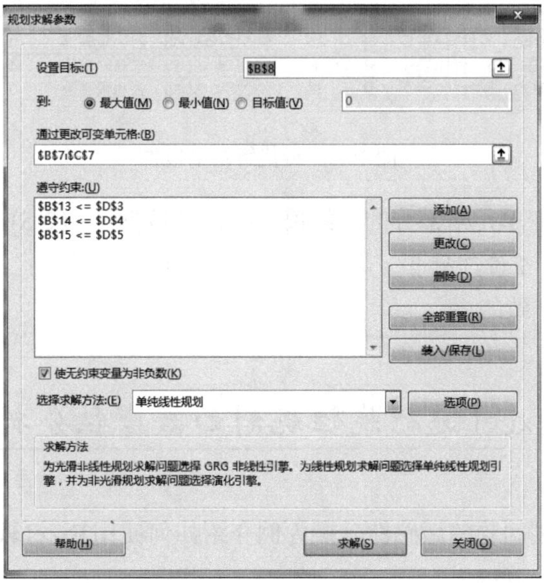

图 10.3　参数设置对话框

步骤 3：设置完成后，点击图 10.3“求解”，将弹出“规划求解结果”对话框，如图 10.4 所示。选定“保存规划求解的解”及“运算结果报告”，点击“确定”。如果模型没有最优解，“规划求解结果”对话框将显示“规划求解找不到有用的解”或“设置目标单元格的值未收敛”。例 1.1 的最优解报告，如图 10.5 所示。

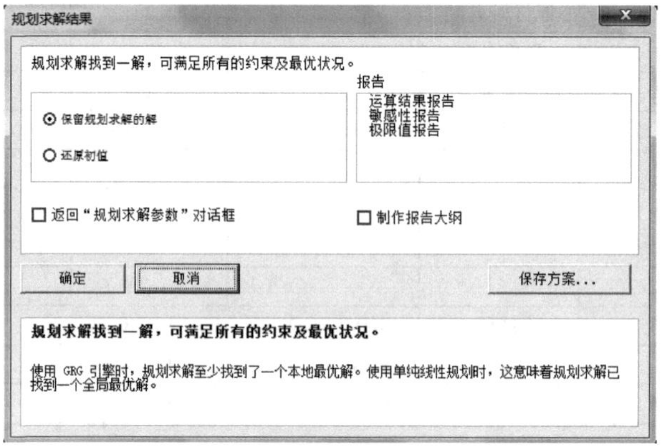

图 10.4 规划求解结果对话框

目标单元格 (最大值)

单元格	名称	初值	终值
$B$8	总利润 产品Ⅰ	19	19

可变单元格

单元格	名称	初值	终值	整数
$B$7	变量 产品Ⅰ	2	2	约束
$C$7	变量 产品Ⅱ	5	5	约束

约束

单元格	名称	单元格值	公式	状态	型数值
$B$13	原材料A资源总量	15	$B$13<=$D$3	到达限制值	0
$B$14	原材料B资源总量	8	$B$14<=$D$4	未到限制值	4
$B$15	原材料C资源总量	14	$B$15<=$D$5	到达限制值	0

图 10.5 最优解结果报告

在图 10.5 中可变单元格部分的“终值”下面的数据 $\boldsymbol{x}=(2,5)^{\mathrm{T}}$ 代表是最优解，工厂应生产 2 件产品Ⅰ及 5 件产品Ⅱ，可获得最高利润为 19（万元）。此结果与使用图解法的结果（例 1.5）是一致的。

10.3 利用 Excel 进行线性规划的敏感性分析

以例 2.9 线性规划问题的敏感性分析为例介绍如何使用 Excel 软件求解线性规划的敏感性分析问题。

步骤 1：输入线性规划模型例 2.9 的基础数据、决策变量、目标函数及约束条件，如图 10.6 所示。

	A	B	C	D	E
1					
2		产品A	产品B	产品C	资源量
3	甲原料	1	1	1	12
4	乙原料	1	2	2	20
5	单件利润	5	8	6	
6					
7	变量	1	0	0	
8	总利润	=SUMPRODUCT(B5:D5,B7:D7)			
9					
10	甲原料	=SUMPRODUCT(B3:D3,B7:D7)			
11	乙原料	=SUMPRODUCT(B4:D4,B7:D7)			

图 10.6　计划生产问题电子表格

步骤 2：输入各种参数，包括目标单元格、问题类型、可变单元格及约束条件等。与例 1.1 的步骤 2 类似。

步骤 3：先在“规划求解结果”对话框中选中“敏感性报告”，如图 10.7 所示。然后点击“确定”按钮就会出现敏感性报告，如图 10.8 所示。

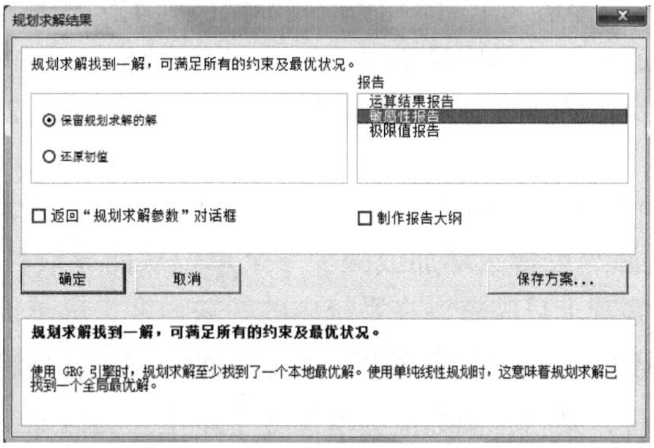

图 10.7　敏感性报告对话框

Microsoft Excel 16.0 敏感性报告
工作表: [工作簿1.xlsx]Sheet4
报告的建立: 2018/9/7 17:12:50

可变单元格

单元格	名称	终值	递减成本	目标式系数	允许的增量	允许的减量
$B$7	变量 产品A	4	0	5	3	1
$C$7	变量 产品B	8	0	8	2	2
$D$7	变量 产品C	0	−2	6	2	1E+30

约束

单元格	名称	终值	阴影价格	约束限制值	允许的增量	允许的减量
$B$10	甲原料 产品A	12	2	12	8	2
$B$11	乙原料 产品A	20	3	20	4	8

图 10.8　敏感性报告

在图 10.8 的可变单元格部分，“终值”下面对应的数据 $\boldsymbol{X}=(4, 8, 0)^{\mathrm{T}}$ 是最优解，它代表了最优生产方案，结果与例 2.9 中使用单纯形算法求解的结果一致。“目标式系数”栏表示价值系数 C 的现值。“允许的增量”与“允许的减量”栏代表在最优解保持不变的前提下价值系数 C_i 允许的增量与减量。其中“1E+30”代表 10^{30}，意味着无穷大。因此本例中的价值系数的变化范围能被确定。

$$-1 \leqslant \Delta C_1 \leqslant 3,\ 即 -1 \leqslant C_1-5 \leqslant 3,\ 则\ 4 \leqslant C_1 \leqslant 8$$

$$-2 \leqslant \Delta C_2 \leqslant 2,\ 即 -2 \leqslant C_2-8 \leqslant 2,\ 则\ 6 \leqslant C_2 \leqslant 10$$

$$-\infty \leqslant \Delta C_3 \leqslant 2,\ 即 -\infty \leqslant C_3-6 \leqslant 2,\ 则 -\infty \leqslant C_3 \leqslant 8$$

上述数据显示产品 A 的单件利润 C_1 的取值范围在[4，8]区域内时，最优解不发生改变。同样产品 B 和产品 C 的单件利润 C_2 和 C_3 的取值范围分别是[6，10]和（$-\infty$，8]时，最优解不发生改变。这些结果与例 2.9 中的分析结果是一致的。

在图 10.8 的约束部分，“终值”下面对应的数据 $\boldsymbol{b}=(12,20)^{\mathrm{T}}$ 是当前的资源约束量。最后两栏代表在最优解保持不变的前提下资源约束 b_i 允许的增量与允许的减量。本案例中的资源约束 b_i 的变化范围为

$$-2 \leqslant \Delta b_1 \leqslant 8,\ 即 -2 \leqslant b_1-12 \leqslant 8,\ 则\ 10 \leqslant b_1 \leqslant 20$$

$$-8 \leqslant \Delta b_2 \leqslant 4,\ 即 -8 \leqslant b_2-20 \leqslant 4,\ 则\ 12 \leqslant b_2 \leqslant 24$$

上述数据显示当原料甲的供应量 b_1 在[10，20]变化时，不影响最优基。同样原料乙的供应量 b_2 在[12，24]变化时，不影响最优基。这些结果与例 2.9 中的分析结果是一致的。

图 10.8 的敏感性报告中显示出另一个重要信息就是影子价格。影子价格是指线性规划的原问题中某个资源约束常数增加或减少一个单位从而导致目标函数值的增量或减量。影子价格的大小客观上反映资源在系统内的稀缺程度，影子价格越高，资源在系统中越稀缺。图 10.8 中约束部分“阴影价格”栏显示的 $(2,3)^{\mathrm{T}}$ 就是影子价格，它意味着如果甲原料增加 1 个单位，则目标函数值会增加 2 个单位。类似地，如果乙原料增加 1 个单位，则目标函数值会增加 3 个单位。

10.4 利用 Excel 对运输问题求解

在实际生活中，经常面临着物资的运输问题，我们需要在错综复杂的运输方案中选取最优方案从而使总运费最小，其一般的数学模型已经表述在第 3 章运输问题中。对一般的运输问题我们常常使用的是表上作业法，对于它的烦琐程度大家通过例题和作业已经有深刻体会。本节将介绍如何使用 Excel 对运输问题求解。以例 3.4 为例介绍 Excel 软件求解产销不平衡运输问题的基本步骤。

步骤 1：按照图 10.9 显示的结构输入运输问题例 3.4 的基础数据，结果如图 10.10 所示。其中从第 9 行到第 11 行的 3×4 矩阵代表的是各个工厂到各个销售点的单位产品运价。需要注意几点：

图 10.9　数据填写结构

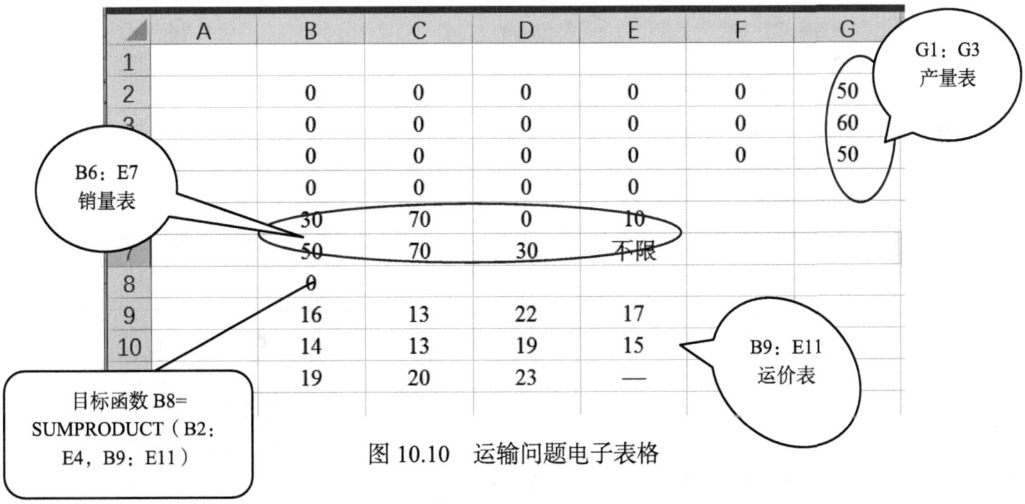

图 10.10　运输问题电子表格

（1）左上方最终调运量（矩阵形式）的初值可以输入任意数值，图 10.10 中输入的初值是零矩阵；

（2）F 栏下面从 F2 到 F4 的单元格中输入的是对应的左边产量的求和公式（图 10.11），回车以后这 3 个单元格均显示数字“0”；

（3）B5、C5、D5 和 E5 这 4 个单元格也是输入的对应上方销售量的求和公式（图 10.11），回车以后这 4 个单元格均显示数字“0”。

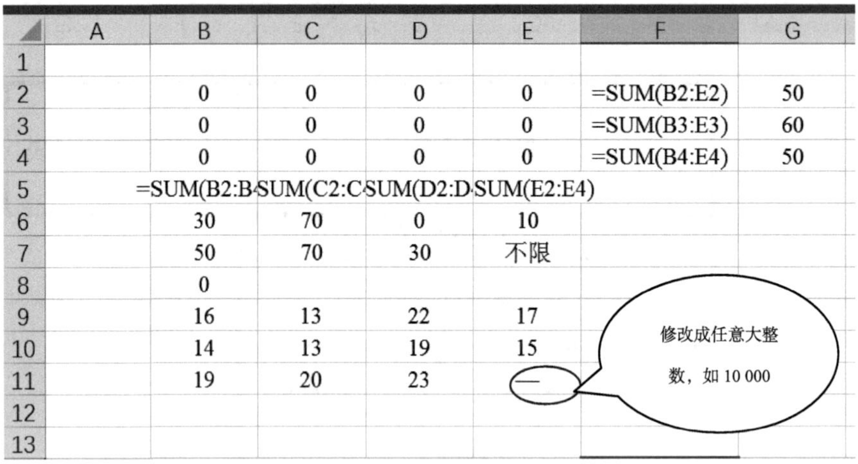

	A	B	C	D	E	F	G
1							
2		0	0	0	0	=SUM(B2:E2)	50
3		0	0	0	0	=SUM(B3:E3)	60
4		0	0	0	0	=SUM(B4:E4)	50
5		=SUM(B2:B	SUM(C2:C	SUM(D2:D	SUM(E2:E4)		
6		30	70	0	10		
7		50	70	30	不限		
8		0					
9		16	13	22	17		
10		14	13	19	15		
11		19	20	23	—		
12							
13							

图 10.11 单元格中公式输入方式

步骤 2：在“规划求解参数”对话框中设置各种参数，包括目标单元格、问题类型、可变单元格及约束条件等，如图 10.12 所示。

图 10.12 运输问题参数输入

步骤 3：设置完成后，点击图 10.12 中的“求解”，选定“保存规划求解结果”及

“运算结果报告”，点击“确定”后，最优解报告被显示在图 10.13 中，最优解等于可变单元格部分的终值，把它填写到表 10.2 中作为最优调配方案。结果与例 3.4 求解的结果一致。

目标单元格 (最小值)

单元格	名称	初值	终值
$B$8		0	2 460

可变单元格

单元格	名称	初值	终值	整数
$B$2		0	0	约束
$C$2		0	50	约束
$D$2		0	0	约束
$E$2		0	0	约束
$B$3		0	0	约束
$C$3		0	20	约束
$D$3		0	0	约束
$E$3		0	40	约束
$B$4		0	50	约束
$C$4		0	0	约束
$D$4		0	0	约束
$E$4		0	0	约束

约束

单元格	名称	单元格值	公式	状态	型数值
$B$5		50	$B$5<=$B$7	到达限制值	0
$B$5		50	$B$5>=$B$6	未到限制值	20
$C$5		70	$C$5=$C$7	到达限制值	0
$D$5		0	$D$5<=$D$7	未到限制值	30
$D$5		0	$D$5>=$D$6	到达限制值	0
$E$5		40	$F$5>=$E$6	未到限制值	30
$F$2		50	$F$2=$G$2	到达限制值	0
$F$3		60	$F$3=$G$3	到达限制值	0
$F$4		50	$F$4=$G$4	到达限制值	0

图 10.13　运输问题结果报告

表 10.2　最优方案

销地 / 产地	Ⅰ	Ⅱ	Ⅲ	Ⅳ	产量
A	0	50	0	0	50
B	0	20	0	40	60
C	50	0	0	0	50
销量	50	70	0	40	

我们也可以对运输问题进行敏感性分析，如图 10.14 所示。敏感性分析报告中，可变单元格部分给出了从 A_i 到 B_j 运输单位物资运价 c_{ij} 的敏感性分析结果，约束部分给出了销量约束量和产量约束量的敏感性分析报告，影子价格也显示在此报告中。完整的分析过程可参照 10.3 节，这部分留给大家作为练习。

可变单元格

单元格	名称	终值	递减成本	目标式系数	允许的增量	允许的减量
\$B\$2		0	2	16	1E+30	2
\$C\$2		50	0	13	2	1E+30
\$D\$2		0	4	22	1E+30	4
\$E\$2		0	2	17	1E+30	2
\$B\$3		0	0	14	1	2
\$C\$3		20	0	13	2	2
\$D\$3		0	1	19	1E+30	1
\$E\$3		40	0	15	2	1
\$B\$4		50	0	19	2	1
\$C\$4		0	2	20	1E+30	2
\$D\$4		0	0	23	1	3
\$E\$4		0	9 980	10 000	1E+30	9 980

约束

单元格	名称	终值	阴影价格	约束限制值	允许的增量	允许的减量
\$B\$5		50	−1	50	30	0
\$B\$5		50	0	30	20	1E+30
\$C\$5		70	−2	70	30	20
\$D\$5		0	0	30	1E+30	30
\$D\$5		0	3	0	30	0
\$E\$5		40	0	10	30	1E+30
\$F\$2		50	15	50	20	30
\$F\$3		60	15	60	1E+30	30
\$F\$4		50	20	50	0	30

图 10.14 运输问题敏感性分析

10.5 利用 Excel 求解整数规划

线性规划中的变量（部分或全部）限制为整数时，称为整数规划。0-1 整数规划在整数规划中占有重要地位，一方面，因为许多实际问题，如指派问题、选地问题、送货问题都可归结为此类规划，另一方面，任何有界变量的整数规划都与 0-1 整数规划等价，用 0-1 整数规划方法还可以把多种非线性规划问题表示成整数规划问题。

10.5.1 整数规划求解

以例 4.1 为例介绍如何使用 Excel 求解整数规划问题。这是一个集装箱托运货物问题，最终要求货物甲和货物乙各装多少箱能使利润最大同时又满足集装箱的一些限制条件。基础数据输入如图 10.15 所示。

	A	B	C	D
1				
2		货物甲	货物乙	托运限制
3	体积	5	4	24
4	质量	200	500	1 300
5	单件利润	2 000	1 000	
6				
7	变量	0	1	
8	总利润	=SUMPRODUCT(B7:C7,B5:C5)		
9				
10	体积	=SUMPRODUCT(B3:C3,B7:C7)		
11	质量	=SUMPRODUCT(B4:C4,B7:C7)		
12				

图 10.15 装箱问题电子表格

使用Excel计算例4.1的步骤与上述线性规划求解类似。需要注意的是货物甲和货物乙的箱数必须指明是整数。如图 10.16 所示，在“添加约束”对话框中指明在“B7”位置上的第 1 个变量被限制为整数“int”。所有约束条件被添加完成后，整个参数设置的结果显示在图 10.17 中。

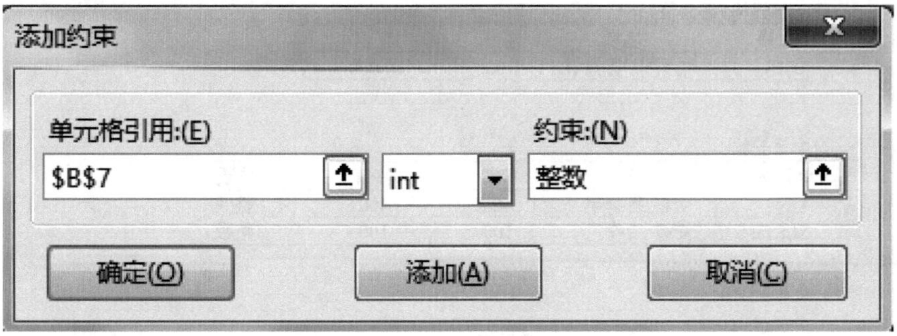

图 10.16 整数约束对话框

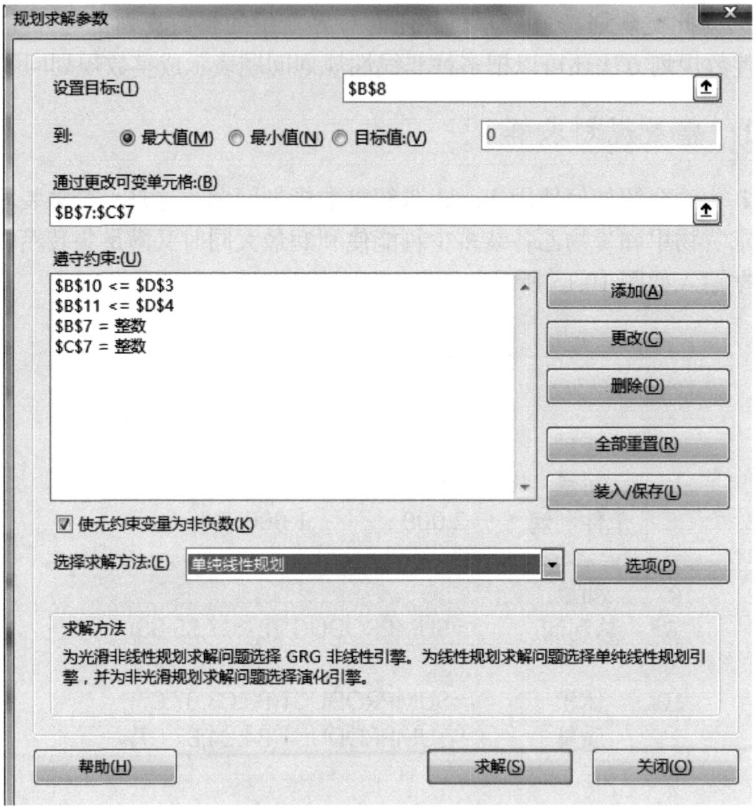

图 10.17 整数规划求解参数设置

在点击“求解”按钮后，得到装箱问题的整数最优解如图 10.18 所示。在可变单元格部分，“初值”栏显示的是任意输入的初始变量数值。“终值”栏显示的是最终的最优整数解，当货物甲装 4 箱和货物乙装 1 箱时可获得最大利润 9 000 元。

目标单元格 (最大值)

单元格	名称	初值	终值
$B$8	总利润 货物甲	1 000	9 000

可变单元格

单元格	名称	初值	终值	整数
$B$7	变量 货物甲	0	400	整数
$C$7	变量 货物乙	100	100	整数

约束

单元格	名称	单元格值	公式	状态	型数值
$B$10	体积 货物甲	24	$B$10<=$D$3	到达限制值	0
$B$11	质量 货物甲	13	$B$11<=$D$4	到达限制值	0
$B$7=整数					
$C$7=整数					

图 10.18 装箱问题的整数最优解

10.5.2 0-1 整数规划求解

以例 4.6 为例介绍如何使用 Excel 求解 0-1 整数规划问题。把基础数据输入 Excel 电子表格中，如图 10.19 所示。

	A	B	C	D	E
1					约束常数
2	系数矩阵	1	2	−1	2
3		1	4	1	4
4		1	1	0	3
5		4	0	1	6
6	价值系数	3	−2	5	
7					
8	变量	1	0	0	
9	目标	=SUMPRODUCT(B6:D6,B8:D8)			
10					
11	约束	=SUMPRODUCT(B8:D8,B2:D2)			
12		=SUMPRODUCT(B8:D8,B3:D3)			
13		=SUMPRODUCT(B8:D8,B4:D4)			
14		=SUMPRODUCT(B8:D8,B5:D5)			

图 10.19 矩阵形式电子表格模型

用 Excel 进行 0-1 整数规划求解的步骤与一般的整数规划求解类似。不同点是我们需要指明所有变量是 0-1 决策变量。例如，说明在“B8”位置上的第一个变量是 0-1 形式的变量，在选择按钮处选择“bin”就意味着第 1 个变量被限制为“0-1”决策变量，如图 10.20 所示。

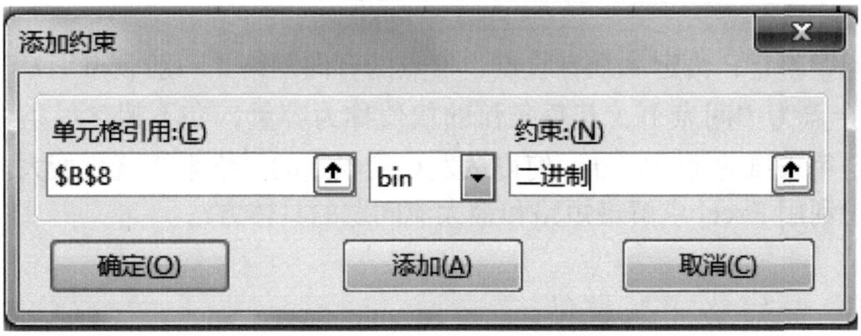

图 10.20 二进制形式的约束

在所有参数被设置完后点击“求解”，最优解报告显示在图 10.21 中。在可变单元格部分，“初值”栏显示的是任意输入的初始变量数值（x_1，x_2，x_3）=（1，0，0）。“终值”栏显示的是最终的最优 0-1 整数解（x_1，x_2，x_3）=（1，0，1），最大值被显示在目标单元格部分，为 8。结果与例 4.6 中使用隐枚举法求解的结果一致。

目标单元格 (最大值)

单元格	名称	初值	终值
$B$9	目标	3	8

可变单元格

单元格	名称	初值	终值	整数
$B$8	变量	1	1	二进制
$C$8	变量	0	0	二进制
$D$8	变量	0	1	二进制

约束

单元格	名称	单元格值	公式	状态	型数值
$B$11	约束	0	$B$11<=$E$2	未到限制值	2
$B$12		2	$B$12<=$E$3	未到限制值	2
$B$13		1	$B$13<=$E$4	未到限制值	2
$B$14		5	$B$14<=$E$5	未到限制值	1
$B$8=二进制					
$C$8=二进制					
$D$8=二进制					

图 10.21 0-1 形式最优解

10.6 利用 Excel 求解最短路和最大流问题

最短路问题是图论中应用最广泛的问题之一。最短路问题一般可描述在给定的有向网络中，找出任意给定点间的权数之和最小的路。许多优化问题，如设备更新、厂区布局等选址、投资问题及某些整数规划和动态规划的问题，都可以归结为最短路问题，而且依据图论方法能够使问题描述得更清楚，求解更有效。因此这类问题在生产实际中应用非常广泛。

最大流问题就是，给定一个有收点、发点的有向网络（一般收点用V_t表示，发点用V_s表示，其余点为中间点），其每条弧的权值称为容量，在不超过每条弧容量的前提下，要求确定每条弧的流量安排，使得从发点到收点的网络系统流量最大。

下面给出利用 Excel 求解最短路和最大流问题的具体方法。

10.6.1 最短路问题求解

对于最短路问题，图论中已有解决的方法，如 Dijkstra 算法、Floyd 算法等，但此类算法较烦琐，功能强大的 Excel 软件为我们提供了一种很好的求解方法。下面将利用 Excel 软件中的“规划求解”工具，建立并求解网络最短路问题。

以图 10.22 为例，介绍如何使用 Excel 求解最短路问题。构建一个网络图 G。其中 V1 是始点，V8 为终点，其余各节点为中间点，各有向边上的数字权重即路程长度。求一条从始点到终点的路径，使得路途最短。

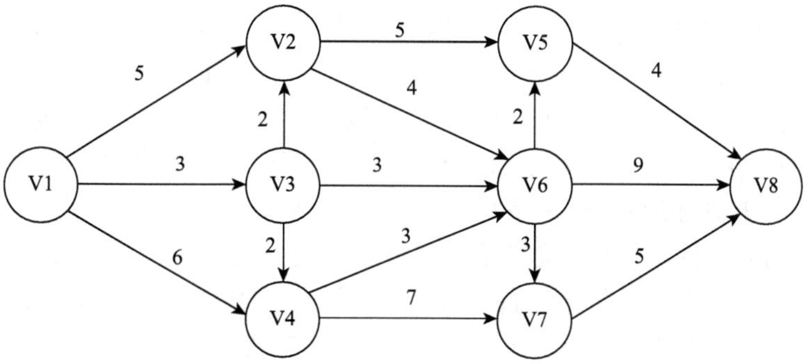

图 10.22　有向网络示意图

求解思路：不同于 Dijkstra 算法，Excel 求解建模方法因为要适用于规划求解，存在着自己的建模逻辑思路。在用 Excel 解决最短路问题时，可以作如下转换：

网络图 G 中的每一条边 $\langle V_i, V_j \rangle$ 上的权重为 W_{ij}，给定网络图 G 中的一个始点 V1 和终点 V8，设 P 是网络图 G 中从始点到终点的一条路，要求一条 P 使得路途最短。

以 V_i 为始点的边数称为点 V_i 的出度，以 V_i 为终点的边数称为 V_i 的入度，点 V_i 的出度与入度的差，称为进出度数和。

这样一来，即得 Excel 规划求解的基本原理：设决策变量为 X_{ij}，当 $X_{ij}=1$，表示最短路 P 通过 $\langle V_i, V_j \rangle$，当 $X_{ij}=0$，表示最短路 P 不通过 $\langle V_i, V_j \rangle$。在最短路 P 中，除始点和终点之外，每个点的进出度数和为 0，始点为 1，终点为−1。目标函数为各边权数与对应决策变量 X_{ij} 的乘积之和的最小值。

下面是按照上述解释给出最短路问题的 Excel 模型及其求解过程（图 10.23）。

	A	B	C	D	E	F	G	H	I
1	最短路问题								
2									
3	起点	终点	是否为最短路（决策变量）	距离		节点	进出度数和		
4	V1	V2	0	5		V1	=C4+C5+C6	=	1
5	V1	V3	0	3		V2	=C7+C8-C4-C9	=	0
6	V1	V4	0	6		V3	=C9+C10+C11-C5	=	0
7	V2	V5	0	5		V4	=C12+C13-C6-C10	=	0
8	V2	V6	0	4		V5	=C14-C7-C15	=	0
9	V3	V2	0	2		V6	=C15+C16+C17-C8-C11-C12	=	0
10	V3	V4	0	2		V7	=C18-C13-C17	=	0
11	V3	V6	0	3		V8	=-C14-C16-C18	=	-1
12	V4	V6	0	3					
13	V4	V7	0	7					
14	V5	V8	0	4					
15	V6	V5	0	2					
16	V6	V8	0	9					
17	V6	V7	0	3					
18	V7	V8	0	5					
19									
20									
21									
22		目标函数：	=SUMPRODUCT(C4:C18,D4:D18)						
23									

图 10.23　电子表格模型

步骤 1：如图 10.23 所示，建立模型。A 列与 B 列分别代表某条有向弧的始点和终点，D 列代表这条弧的权重系数（距离）。C 列是一组 0-1 变量，用来表示是否经过某条弧。F 列分别代表图 10.23 中的 8 个节点，由以上分析知，始点 V1 的进出度数和为 1，终点 V8 的进出度数和为−1，其余中间点为 0，I 列即设定好的进出度数数值列，G 列为检验列，需要和 F 列相应行保持一致。其中，G 列如图 10.23 中公式所示。

步骤 2：约束条件和目标函数设置。约束条件总共有两个，第 1 个约束条件需要将 C 列设为 0-1 变量；第 2 个约束条件需要使 G 列与 I 列数值一致，以保证图形逻辑。目标函数变量即 C22，为 C 列与 D 列点乘之积。具体规划求解方案如图 10.24 所示。

图 10.24 求解的参数设置

步骤 3：在所有参数被设置完后点击“求解”，最优解报告显示在图 10.25 中。在单元格部分，“初值”栏显示的是初始的决策变量数值。“终值”栏显示的是最终的解，“终值”为 1，代表最短路通过该条路，反之，最短路不通过该条路。最短路径值显示在目标单元格中，为 12。最短路即 V1—V3—V6—V5—V8。

目标单元格 (最小值)

单元格	名称	初值	终值
$C$22	目标函数：是否为最短路（决策变量）	0	12

单元格

单元格	名称	初值	终值	整数
$C$4	V2 是否为最短路（决策变量）	0	0	二进制
$C$5	V3 是否为最短路（决策变量）	0	1	二进制
$C$6	V4 是否为最短路（决策变量）	0	0	二进制
$C$7	V5 是否为最短路（决策变量）	0	0	二进制
$C$8	V6 是否为最短路（决策变量）	0	0	二进制
$C$9	V2 是否为最短路（决策变量）	0	0	二进制
$C$10	V4 是否为最短路（决策变量）	0	0	二进制
$C$11	V6 是否为最短路（决策变量）	0	1	二进制
$C$12	V6 是否为最短路（决策变量）	0	0	二进制
$C$13	V7 是否为最短路（决策变量）	0	0	二进制
$C$14	V8 是否为最短路（决策变量）	0	1	二进制
$C$15	V5 是否为最短路（决策变量）	0	1	二进制
$C$16	V8 是否为最短路（决策变量）	0	0	二进制
$C$17	V7 是否为最短路（决策变量）	0	0	二进制
$C$18	V8 是否为最短路（决策变量）	0	0	二进制

约束

单元格	名称	单元格值	公式	状态	型数值
$G$4	V1 进出度数和	1	$G$4=$I$4	到达限制值	0
$G$5	V2 进出度数和	0	$G$5=$I$5	到达限制值	0
$G$6	V3 进出度数和	0	$G$6=$I$6	到达限制值	0
$G$7	V4 进出度数和	0	$G$7=$I$7	到达限制值	0
$G$8	V5 进出度数和	0	$G$8=$I$8	到达限制值	0
$G$9	V6 进出度数和	0	$G$9=$I$9	到达限制值	0
$G$10	V7 进出度数和	0	$G$10=$I$10	到达限制值	0
$G$11	V8 进出度数和	-1	$G$11=$I$11	到达限制值	0
$C$4:$C$18=二进制					

图 10.25　最短路问题最优解

10.6.2　最大流问题求解

在用 Excel 求解时，最大流问题的特征与最小费用流问题的特征是非常相似的，其模型的构建与最短路是基本相同的，有几个条件需要改变。首先是流量为小于或等于容量的关系；其次是始点与终点的逻辑判断值不再是 1 和−1 而变为无限制；最后是目标函数应该求最大值。

以图 10.26 为例，介绍如何使用 Excel 求解最大流问题。某公司要运输一批物资，如图 10.26 所示，构建一个网络图 *G*。其中 V1 是始点，V8 为终点，其余各节点为中间点，各有向边上的数字权重即容量。求从始点到终点的运输方案，使得运输量最大。

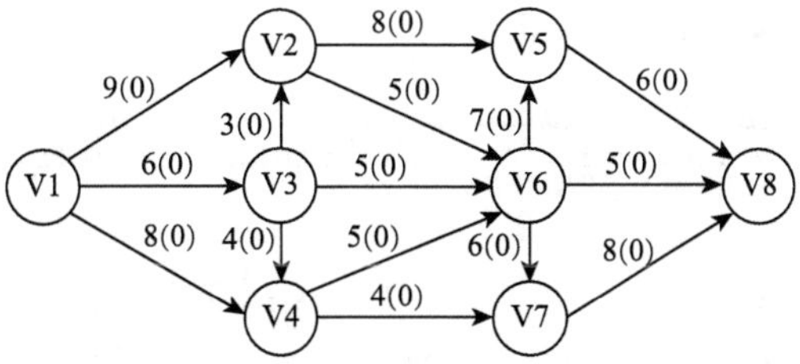

图 10.26　有向网络示意图

步骤 1：根据图 10.26 建立模型。A 列与 B 列的含义与最短路一致；C 列代表路径流量，不再设限制；弧上的容量体现在 E 列中，E 列大于等于 C 列；H 列为各点的出量减去入量，因而始点 V1 与终点 V8 不设限制而中间点应为 0，但始点与终点在数值上应为相反数关系。J 列即逻辑判断值限制列。H 列的设置与最短路问题十分相似，具体设置如图 10.27 所示。

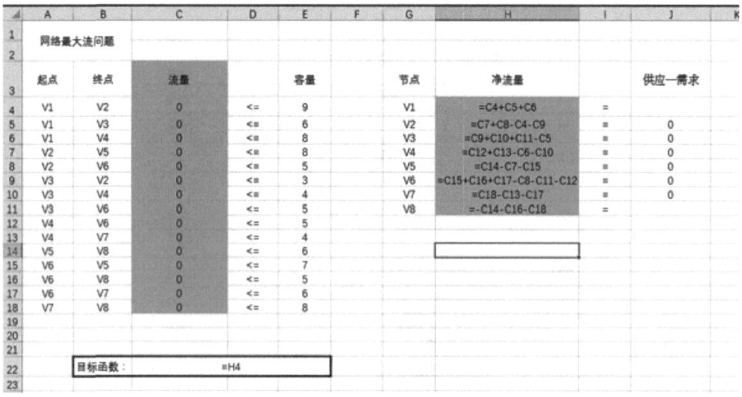

图 10.27 电子表格模型

步骤 2：约束条件和目标函数。约束条件共两个，即流量小于等于容量及净流量等于供应—需求。目标函数即净流量始点 V1 的值最大。规划求解方案如图 10.28 所示。

图 10.28 最大流问题参数设置

步骤 3：在所有参数被设置完后点击“求解”，最优解报告显示在图 10.29 中。在可变单元格部分，“初值”栏显示的是初始的决策变量数值。“终值”栏显示的是最终的解，“终值”代表对应的流量。净流量不为 0 的弧所对应的净流量值即最大流经过的流量值（如从 V1 到 V2 的弧流量为 9）；求解的最大流为 19。

目标单元格 (最大值)

单元格	名称	初值	终值
$C$22	目标函数：流量	0	19

可变单元格

单元格	名称	初值	终值	整数
$C$4	V2 流量	0	9	约束
$C$5	V3 流量	0	3	约束
$C$6	V4 流量	0	7	约束
$C$7	V5 流量	0	6	约束
$C$8	V6 流量	0	5	约束
$C$9	V2 流量	0	2	约束
$C$10	V4 流量	0	0	约束
$C$11	V6 流量	0	1	约束
$C$12	V6 流量	0	5	约束
$C$13	V7 流量	0	2	约束
$C$14	V8 流量	0	6	约束
$C$15	V5 流量	0	0	约束
$C$16	V8 流量	0	5	约束
$C$17	V7 流量	0	6	约束
$C$18	V8 流量	0	8	约束

约束

单元格	名称	单元格值	公式	状态	型数值
$H$5	V2 净流量	0	$H$5=$J$5	到达限制值	0
$H$6	V3 净流量	0	$H$6=$J$6	到达限制值	0
$H$7	V4 净流量	0	$H$7=$J$7	到达限制值	0
$H$8	V5 净流量	0	$H$8=$J$8	到达限制值	0
$H$9	V6 净流量	0	$H$9=$J$9	到达限制值	0
$H$10	V7 净流量	0	$H$10=$J$10	到达限制值	0
$C$4	V2 流量	9	$C$4<=$E$4	到达限制值	0
$C$5	V3 流量	3	$C$5<=$E$5	未到限制值	3
$C$6	V4 流量	7	$C$6<=$E$6	未到限制值	1
$C$7	V5 流量	6	$C$7<=$E$7	未到限制值	2
$C$8	V6 流量	5	$C$8<=$E$8	到达限制值	0
$C$9	V2 流量	2	$C$9<=$E$9	未到限制值	1
$C$10	V4 流量	0	$C$10<=$E$10	未到限制值	4
$C$11	V6 流量	1	$C$11<=$E$11	未到限制值	4
$C$12	V6 流量	5	$C$12<=$E$12	到达限制值	0
$C$13	V7 流量	2	$C$13<=$E$13	未到限制值	2
$C$14	V8 流量	6	$C$14<=$E$14	到达限制值	0
$C$15	V5 流量	0	$C$15<=$E$15	未到限制值	7
$C$16	V8 流量	5	$C$16<=$E$16	到达限制值	0
$C$17	V7 流量	6	$C$17<=$E$17	到达限制值	0
$C$18	V8 流量	8	$C$18<=$E$18	到达限制值	0

图 10.29 最大流问题最优解

利用 Excel 求解能有效地提高组织决策的速度和准确性，能进一步提高科学决策的信息化水平。

参 考 文 献

埃文斯 J R. 2014. 数据、模型与决策[M]. 4 版. 杜本峰译. 北京：中国人民大学出版社.

安德森 D R. 2003. 数据、模型与决策[M]. 于淼，等译. 北京：机械工业出版社.

刁在筠. 2001. 运筹学[M]. 北京：高等教育出版社.

耿修林. 2006. 数据、模型与决策[M]. 北京：科学出版社.

郭耀煌. 2001. 管理运筹学[M]. 成都：西南交通大学出版社.

韩伯棠. 2006. 管理运筹学[M]. 2 版. 北京：高等教育出版社.

胡运权. 2003a. 运筹学教程[M]. 2 版. 北京：清华大学出版社.

胡运权. 2003b. 运筹学习题集[M]. 3 版. 北京：清华大学出版社.

胡运权. 2006. 运筹学基础及应用[M]. 哈尔滨：哈尔滨工业大学出版社.

李国平，刘成. 2009. 基于 Excel 的 0-1 整数规划求解[J]. 科技文汇（6）：272-273.

李牧南. 2008. 运筹学实验教程：典型的建模计算方法及软件使用[M]. 广州：华南理工大学出版社.

李荣钧. 2003. 运筹学[M]. 广州：华南理工大学出版社.

马良. 2008. 高级运筹学[M]. 北京：机械工业出版社.

宁宣熙. 2007. 管理运筹学教程[M]. 北京：清华大学出版社.

宋学锋. 2004. 运筹学[M]. 南京：东南大学出版社.

孙爱萍，王瑞梅. 2009. 如何利用 EXCEL 求解线性规划问题及其灵敏度分析[J]. 办公自动化：综合月刊（22）：44-46.

吴振奎，王全文. 2006. 运筹学[M]. 北京：中国人民大学出版社.

徐玖平. 2007. 运筹学[M]. 北京：科学出版社.

徐渝. 2005. 运筹学[M]. 北京：清华大学出版社.

徐裕生，张海英. 2006. 运筹学[M]. 北京：北京大学出版社.

杨超. 2010. 数据、模型与决策[M]. 武汉：武汉理工大学出版社.

《运筹学》教材编写组. 2005. 运筹学[M]. 3 版. 北京：清华大学出版社.

赵可培. 2000. 运筹学[M]. 上海：上海财经大学出版社.

赵则民. 2002. 运筹学[M]. 重庆：重庆大学出版社.

朱建军，刘士新，王梦光，等. 2004. 大型钢铁企业重要备件：轧辊供应商评价[J]. 系统工程理论与实践（11）：49-56.